U0613641

辽宁省渔业船员 考试题库

杨书魁 / 主编

中国农业出版社
北　京

辽宁省渔业船员考试题库
编写人员名单

主　　编：杨书魁

副主编：吕　涵　于海根　张　欣　刘　伟

参编人员：李志宏　董　晖　李成久　黄金辉

　　　　　潘　野　刘永兴　时　磊　高　航

　　　　　张明晋　葛　坤　白　杰　王鸿博

　　　　　王建芳　王　晶　吴　波　王　玮

　　　　　谷孝悦　何小明　赵　林　李　思

前言

　　为满足《1995 年捕捞渔船船员培训、发证和值班标准国际公约》和农业农村部《中华人民共和国渔业船员管理办法》要求，进一步规范辽宁省渔业船员管理，提升渔业船员业务素质，保障水上交通安全和渔业生产作业安全，推动海洋渔业经济持续健康发展，中华人民共和国辽宁渔港监督局组建了辽宁省渔业船员理论考试题库编写委员会，选聘渔港监督机构和培训学校有关方面专家，根据农业农村部渔业渔政管理局《渔业船员考试大纲》，结合辽宁省相关渔业领域的实际情况，编写了《辽宁省渔业船员考试题库》，作为辽宁省渔业船员理论考试参考用书。本书充分考虑到渔业船舶学员特点，注重理论联系实际，具有较强的针对性、系统性和可操作性。

　　在题库的撰写、修改、审定和编印过程中，得到诸多专家和有关人员的关心和帮助，在此，一并致以衷心的谢意。由于水平所限，题库中难免出现不当之处，欢迎批评指正。

编　者

2023 年 10 月

目录

第一部分

驾 驶 人 员

一级船长

一、选择题

序号	题目内容	可选项	正确答案
1	地球是一个不规则的____。	A. 椭圆形 B. 椭圆体 C. 圆体 D. 椭球体	D
2	1 n mile 等于____m。	A. 1852 B. 1882 C. 1582 D. 1888	A
3	航海上最常用的表示方向的方法是____。	A. 圆周法 B. 半圆法 C. 罗经点法 D. 无法判断	A
4	单一船位线可用于____。①避险；②导航；③测定罗经差。	A. ①③ B. ①② C. ②③ D. ①②③	D
5	船速 10 kn，$\Delta L = 0.0\%$，流速 2 kn，顺流航行 1 h 后相对计程仪记录的航程为____。	A. 8 n mile B. 10 n mile C. 12 n mile D. 14 n mile	B
6	视时是以____为参照点得到的时间计量单位。	A. 春分点 B. 视太阳 C. 平太阳 D. 无法判断	B
7	AIS 用于船舶避碰，可以克服雷达/ARPA____方面的缺陷。	A. 盲区 B. 量程 C. 显示方式 D. 运动模式	A

序号	题目内容	可选项	正确答案
8	在磁罗经的罗经柜内左右两边水平纵向放置的磁棒为____校正器，用于校正罗经的____。	A. 硬铁；半圆自差力 B. 硬铁；象限自差力 C. 软铁；半圆自差力 D. 软铁；象限自差力	A
9	在磁罗经的罗盆中心正下方的垂直铜管内放置的垂直校正器为____校正器，用于校正船铁的____自差。	A. 硬铁；半圆 B. 硬铁；倾斜 C. 软铁；倾斜 D. 软铁；象限	B
10	当低层和高层的水平气压梯度相等时，地转风速____。	A. 低层大于高层 B. 低层小于高层 C. 低层等于高层 D. 风速与高度无关	B
11	通常将由低压向外延伸的狭长区域称为____。	A. 低压带 B. 高压带 C. 低压槽 D. 高压脊	C
12	雾和云的形成机理一样，主要区别在于____。	A. 云由冰晶组成，雾由水滴组成 B. 云悬挂在空中，雾贴近地表 C. 云可见，雾不可见 D. 云稳定，雾不稳定	B
13	在地面传真天气图上，FOG［W］表示海上能见度为____。	A. ＜10 km B. ＜1 km C. 1～10 km D. ＞10 km	B
14	俗话说的"风大浪大"是指风浪，风浪的特征为____。	A. 波峰尖、波长短、常有浪花出现 B. 背风面比迎风面陡、波向与风向一致 C. 以上均是 D. 以上均不是	C
15	锋形成于____。	A. 冷气团内部 B. 暖气团内部 C. 冷暖气团交汇处 D. 任何地方	C

序号	题目内容	可选项	正确答案
16	通常移动性冷高压的强度随高度的增加而____。	A. 不变 B. 少变 C. 减弱 D. 增强	C
17	在北半球副热带高压的西部偏北高纬度一侧，其天气特征为____。	A. 多锋面气旋、阴雨和风暴天气 B. 多阴雨天气 C. 风暴天气 D. 以上均是	D
18	全球产生热带气旋最多的海域是____。	A. 东北大西洋 B. 西北大西洋 C. 东北太平洋 D. 西北太平洋	D
19	随着热带气旋的接近，逐渐出现了____。	A. 卷层云 B. 高层云 C. 层积云 D. 以上都是	D
20	传真天气图上，表示台风的为____。	A. TD B. TS C. T D. S	C
21	表示海图比例尺的常用方法有____。①数字比例尺；②直线比例尺；③文字比例尺	A. ①②③ B. ①② C. ②③ D. ①③	B
22	我国海图采用____作为水深起算面。	A. 大潮高潮面 B. 1986 国家高程基准面 C. 理论最低低潮面 D. 潮高基准面	C
23	光栅海图____显示纸海图的信息，____显示辅助导航信息。	A. 可以；可以 B. 可以；不可以 C. 不可以；不可以 D. 不可以；可以	B

序号	题目内容	可选项	正确答案
24	通过电子海图可以读取本船的____。①航向；②航速；③经纬度	A. ①③ B. ①② C. ②③ D. ①②③	D
25	雷达荧光屏上海浪干扰强弱与风向的关系为____。	A. 上风舷强 B. 下风舷强 C. 上、下风舷一样 D. 无法判断	A
26	我国沿岸流的总趋势为____。	A. 由北向南 B. 由南向北 C. 由东南向西北 D. 无法判断	A
27	陆标定位中，定位精度最高的方法是____。	A. 三标方位定位 B. 方位移线定位 C. 距离定位 D. 三标两水平角定位	D
28	本航次的海图作业，应保留至____方可擦去。	A. 船舶进港后 B. 本航次结束后 C. 如发生海事，待海事处理完毕后 D. BC 都对	D
29	潮差最大的潮汐称为____。	A. 大潮升 B. 小潮升 C. 潮高 D. 大潮	D
30	半日潮的周期为____。	A. 12 h 25 min B. 12 h C. 24 h D. 24 h 25 min	A
31	从潮高基准面到平均大潮高潮面的高度称为____。	A. 大潮升 B. 小潮升 C. 潮高 D. 高潮高	A

序号	题目内容	可选项	正确答案
32	以下哪项不是中版《潮汐表》的内容？	A. 主港潮汐预报表 B. 附港潮汐预报表 C. 调和常数表 D. 格林尼治月中天时刻表	C
33	潮差比是____之比。	A. 附港平均潮差与主港平均潮差 B. 主港潮差与附港潮差 C. 主港平均潮差与附港平均潮差 D. 附港最大潮差与主港最大潮差	A
34	航标的主要作用____。①指示航道；②供船舶定位；③标识危险区	A. ①③ B. ①② C. ②③ D. ①②③	D
35	中国海区水上助航标志制度表示航标特征的方法有____。①标色；②标形；③顶标	A. ①③ B. ①② C. ②③ D. ①②③	D
36	现有的两种国际性的浮标制度区域是____。	A. A区域和B区域 B. C区域和D区域 C. M区域和N区域 D. X区域和Z区域	A
37	国际性的浮标制度规定中国适用于____。	A. A区域 B. B区域 C. A区域和B区域 D. X区域和Z区域	A
38	闪光80～160次/min（我国：120次/min）的灯质为____。	A. 闪光 B. 快闪光 C. 甚快闪 D. 超快闪	C
39	中国沿海航标表按照海域分为____。①黄海、渤海海区；②东海海区；③南海海区	A. ①③ B. ①② C. ②③ D. ①②③	D

序号	题目内容	可选项	正确答案
40	中版《航标表》的主要内容有____。①灯质；②射程；③构造	A. ①③ B. ①② C. ②③ D. ①②③	D
41	中版《航标表》的编号一般按地理位置从____向____的顺序排列的。	A. 北；南 B. 东；西 C. 海；港 D. ABC 都是	D
42	中版《航海通告》第五部分的改正资料可用于改正中版的____。	A. 海图 B. 航路指南 C. 无线电航行警告 D. 航标表	B
43	英版《航路指南》一般每隔____年出新版。	A. 1 B. 2 C. 3 D. 4	C
44	以下属于《进港指南》主要内容的是____。①港界信息；②进港所需文件信息；③无线电通信信息	A. ①③ B. ①② C. ②③ D. ①②③	D
45	《进港指南》是由英国航运指南公司发行，一般每____年改版____次。	A. 1；1 B. 1；2 C. 2；1 D. 2；2	C
46	《无线电信号表》第6卷的内容是____。	A. 海运无线电台 B. 无线电航标 C. 海运安全信息服务 D. 引航服务	D
47	航行中发现有人落水时应立即停车，向____快速操满舵，并派人到高处瞭望落水人员情况。	A. 落水者一舷 B. 落水者另一舷 C. AB 都对 D. AB 都不对	A

序号	题目内容	可选项	正确答案
48	沿岸航行的特点包括____。①航线离岸近，附近航行危险物、障碍物较多，水深有时较浅；②沿岸海区水流复杂；③受潮流影响较大	A. ①③ B. ①② C. ②③ D. ①②③	D
49	狭水道航行，采用导标方位导航法时，应事先根据海图确定所选导标的____，然后结合本船的罗经差，换算出相应的____，航行中保持实测方位等于预先测定值即可。	A. 真方位；磁方位 B. 罗方位；真方位 C. 真方位；罗方位 D. 磁方位；罗方位	C
50	下列哪种方法可以检查本船是否在航道内或计划航线上行驶？	A. 查看前后浮标法 B. 前标舷角变化法 C. 舷角航程法 D. 以上都可以	D
51	接近冰区的预兆有____。①刮西北风或者西风时，在海上遇到波高2 m左右的波浪；②在冰区方向的云中会出现灰白色的反光；③有时在冰区的边缘伴有薄雾带	A. ①③ B. ①② C. ②③ D. ①②③	D
52	一般情况下，冰山水下体积和水上体积分别约为冰山总体积的____和____。	A. 1/8；7/8 B. 7/8；1/8 C. 4/10；7/8 D. 6/10；1/8	B
53	雷达天线的转速通常是____。	A. 15～30 r/min B. 90 r/min C. 120 r/min D. 随机	A
54	GPS卫星导航系统中，几何精度因子为____。	A. GDOP B. HDOP C. VDOP D. PDOP	A

序号	题目内容	可选项	正确答案
55	关于总吨位的用途的说法不正确的是____。	A. 表明船舶大小及作为国家统计船舶吨位之用 B. 计算净吨位 C. 作为海事赔偿计算之基准 D. 计算各种税收基准	D
56	平静水面看水尺时,如读得整数,则是以水线在____。	A. 数字的上缘为准 B. 数字的中间为准 C. 数字的下缘为准 D. 两相邻数字的中间为准	C
57	干舷大小是衡量船舶____的重要标志。	A. 纵倾大小 B. 储备浮力大小 C. 稳性大小 D. 强度大小	B
58	当船体受总纵弯曲应力时,受力最大的一层甲板称为____。	A. 强力甲板 B. 舱壁甲板 C. 干舷甲板 D. 量吨甲板	A
59	纵横强度合理,较大型船普遍使用的船体骨架结构形式是____。	A. 纵骨架式 B. 横骨架式 C. 纵横混合骨架式 D. 自由骨架式	C
60	提高船舶载重能力的具体措施包括____。	A. 正确确定和使用船舶载重线 B. 轻重货物合理搭配 C. 合理确定货位及紧密堆装货物 D. 保证安全前提下适量超载	A
61	船舶发生横倾时,倾斜前后两浮力作用线的交点称为____。	A. 漂心 B. 横稳心 C. 纵稳心 D. 浮心	B
62	船舶稳性高度是指____。	A. 重心至稳心之距离 B. 重心至浮心之距离 C. 浮心至稳心之距离 D. 浮心至漂心之距离	A

序号	题目内容	可选项	正确答案
63	冷藏舱在装渔货前，必须预冷，须提前 48 h 打冷，____达到预定温度。	A. 装货时 B. 装货前 8 h C. 装货前 16 h D. 装货前 24 h	D
64	散装冰鲜鱼入舱应采用____与下舱鱼箱纵横交叉层叠，这都是保证适度稳性的必要措施。	A. 鱼层不应太高 B. 薄鱼薄冰 C. 闸板分隔 D. 舱口下方应用箱装	C
65	在使用自动舵时，下列情况中应转换成人工操舵的是____。①在避让时和雾航时；②大风浪航行时；③狭水道航行时；④航行于渔区，礁区等复杂海区时	A. ①②③④ B. ②③④ C. ①②④ D. ①②③	A
66	若需在自动操舵情况下大角度改向，则应逐次进行，且每次改变的最大角度最好应不超过____。	A. 10° B. 15° C. 20° D. 30°	A
67	尾倾船的特点是____。	A. 航向稳定性差，旋回圈大 B. 航向稳定性差，旋回圈小 C. 航向稳定性好，旋回圈大 D. 航向稳定性好，旋回圈小	C
68	船速对旋回初径的影响为____。	A. 船速提高，旋回初径将稍微变小 B. 船速提高，旋回初径将稍微变大 C. 船速提高，旋回初径将明显变小 D. 船速提高，旋回初径将明显变大	B
69	船舶旋回中，随着转头角速度增加，将出现向用舵相反一侧外倾。下列哪种情况下，其外倾角将越大？	A. 旋回直径越小，稳性高度 GM 越小，航速越慢 B. 旋回直径越大，稳性高度 GM 越小，航速越快 C. 旋回直径越小，稳性高度 GM 越大，航速越快 D. 旋回直径越小，稳性高度 GM 越小，航速越快	D

序号	题目内容	可选项	正确答案
70	船舶倒车停止性能或最短停船距离是指船在前进三中开后退三，从____停止时船舶所前进的距离。	A. 发令开始至船对地 B. 发令开始至船对水 C. 螺旋桨开始倒转至船对地 D. 螺旋桨开始倒转至船对水	B
71	舵的正压力是指____。	A. 平行于舵叶纵剖面所受到的力 B. 垂直于舵叶纵剖面所受到的力 C. 平行于水流方向所受到的力 D. 垂直于水流方向所受到的力	B
72	航行中的船舶，若要提高舵力转船力矩，可采取的措施包括____。	A. 增大舵角、提高舵速和增大舵面积 B. 增大舵角和增大舵面积 C. 提高舵速和增大舵面积 D. 增大舵角和提高舵速	D
73	伴流在螺旋桨轴的周围分布情况是____。	A. 螺旋桨轴左侧伴流比右侧大 B. 螺旋桨轴右侧伴流比左侧大 C. 螺旋桨轴下方伴流比上方大 D. 螺旋桨轴上方伴流比下方大	D
74	为了保护主机，一般港内最高主机转速为海上常用转速的____。	A. 80％～90％ B. 70％～80％ C. 60％～70％ D. 50％～70％	B
75	船舶倒车冲程与排水量和初始船速有关，在其他情况相同的条件下____。	A. 排水量越大，初始船速越小，倒车冲程越大 B. 排水量越大，初始船速越大，倒车冲程越大 C. 排水量越小，初始船速越小，倒车冲程越大 D. 排水量越小，初始船速越大，倒车冲程越大	B
76	右旋定距桨的船舶在船前进中倒车，____。	A. 若尾向左偏，应用右舵控制 B. 若尾向右偏，应用左舵控制 C. 若尾向左偏，应在倒车前用左舵预防 D. 若尾向右偏，应在倒车前用右舵预防	C

序号	题目内容	可选项	正确答案
77	船舶后退时，水动力中心____。	A. 在重心附近 B. 在重心之前 C. 在重心之后 D. 在转心附近	C
78	船舶高速前进中，若正横前来风，则船舶的偏转规律是____。	A. 满载、船尾受风面积大时，船首向上风偏转 B. 满载、船尾受风面积大时，船尾向上风偏转 C. 空载、船首受风面积大时，船首向上风偏转 D. 空载、船首受风面积大时，船尾向下风偏转	A
79	船舶空载、船首受风面积大、低速前进中右正横前来风，则船舶的偏转规律是____。	A. 船首向右偏转，操右舵纠正 B. 船首向右偏转，操左舵纠正 C. 船首向左偏转，操右舵纠正 D. 船首向左偏转，操左舵纠正	C
80	全速航进的船舶斜顶风较斜顺风更易于保向的原因是____。	A. 风动力矩与水动力矩方向相反，用小舵角产生的舵力矩即可克服偏转 B. 风动力矩与水动力矩方向相同，用小舵角产生的舵力矩即可克服偏转 C. 风动力矩与水动力矩方向相反，用大舵角产生的舵力矩即可克服偏转 D. 风动力矩与水动力矩方向相同，用大舵角产生的舵力矩即可克服偏转	A
81	"把定"操舵是指____。	A. 将舵轮把定不变 B. 保持当时航向不变 C. 保持当时转出舵角不变 D. 将舵转回至正舵	B
82	在确定港内顺流抛锚掉头方向时，对于右旋单桨的船舶一般应____。	A. 向左掉头，抛左锚 B. 向右掉头，抛右锚 C. 向左掉头，抛右锚 D. 向右掉头，抛左锚	B

序号	题目内容	可选项	正确答案
83	在风、流影响相互不一致时，船舶抛锚时应____。	A. 主要考虑水流的影响 B. 主要考虑风的影响 C. 结合本船的载况，考虑影响较大的一方 D. 能按无风、流的情况处理	C
84	当风速为 30 m/s（风力 11 级）时，根据经验，用水深 h 表示单锚泊出链长度正确的是____。	A. 3 h＋125（m） B. 3 h＋145（m） C. 4 h＋125（m） D. 4 h＋145（m）	D
85	在流向有变，宽度有限的水道适合抛____。	A. 单锚泊 B. 一字锚 C. 八字锚 D. 平行锚	B
86	在什么情况下宜抛一字锚？	A. 水流较急地区 B. 旋回区域较大处 C. 底质较差的区域 D. 来往船只较多的狭水道	D
87	单锚泊船偏荡激烈时，可抛另一舷锚（止荡锚）抑制偏荡，该锚应在其舷侧的____。	A. 平衡位置向极限位置过渡中抛出，出链长度应控在 4.5 倍水深以内 B. 平衡位置向极限位置过渡中抛出，出链长度应控在 2.5 倍水深以内 C. 极限位置向平衡位置过渡中抛出，出链长度应控在 4.5 倍水深以内 D. 极限位置向平衡位置过渡中抛出，出链长度应控在 2.5 倍水深以内	D
88	在河口或江河等急流地区长期锚泊，需每 1～2 日重起重抛，其原因是____。	A. 该水域流速较高，易于走锚 B. 该水域泥沙多流动，锚易被深埋不易起出 C. 该水域流沙现象严重，易于走锚 D. 该水域流速较高，不宜抛锚	B
89	船舶靠码头操纵之前，应掌握的港口信息包括____。①航道信息；②泊位信息；③交通信息；④气象信息	A. ①② B. ①③④ C. ②③④ D. ①②③④	D

序号	题目内容	可选项	正确答案
90	大型船靠码头，以余速向泊位淌航中，一般应____。	A. 与码头线呈较大角度接近，并备外舷锚 B. 与码头线呈较小角度接近，并备外舷锚 C. 与码头线呈尽可能平行地接近，然后拖船助操 D. 与码头线平行，停船后用拖船或绞缆入泊	D
91	一般情况下，船舶靠泊操纵中，在风、流不大时，船首抵达泊位前端的横距应有____的安全余量。	A. 60 m B. 40 m C. 20 m D. 10 m	C
92	船舶离开码头采用尾离法时，前倒缆应尽可能____。	A. 带至船首附近码头边的缆桩上 B. 带至船尾附近码头边的缆桩上 C. 带至船中附近码头边的缆桩上 D. 带至船中之后码头边的缆桩上	C
93	船舶在海底沿其船宽方向有明显倾斜的浅水域航行时，____。	A. 容易产生船首转向浅水现象，应向深水一舷操舵保向 B. 容易产生船首转向浅水现象，应向浅水一舷操舵保向 C. 容易产生船首转向深水现象，应向深水一舷操舵保向 D. 容易产生船首转向深水现象，应向浅水一舷操舵保向	D
94	在狭水道航行，离岸壁太近会出现____。	A. 船首岸推，船尾岸吸 B. 船首岸推，船尾岸推 C. 船首岸吸，船尾岸推 D. 船首岸吸，船尾岸吸	A
95	船体距岸距离、航道宽度对岸壁效应的影响为____。	A. 距岸越近，岸壁效应越剧烈；航道宽度越大，岸壁效应越明显 B. 距岸越远，岸壁效应越剧烈；航道宽度越大，岸壁效应越明显 C. 距岸越近，岸壁效应越剧烈；航道宽度越小，岸壁效应越明显 D. 距岸越远，岸壁效应越剧烈；航道宽度越小，岸壁效应越明显	C

序号	题目内容	可选项	正确答案
96	船舶一侧靠近岸壁航行时，为了保向____。	A. 需向内舷压舵，且应使用大舵角 B. 需向内舷压舵，且应使用小舵角 C. 需向外舷压舵，且应使用小舵角 D. 需向外舷压舵，且应使用大舵角	B
97	船舶在波浪中的纵摇周期____。	A. 与船长成正比 B. 与船长成反比 C. 与船长的平方根成正比 D. 与船长的平方根成反比	C
98	船舶正横受浪时，减轻横摇的有效措施是____。	A. 改变航速 B. 改变航向 C. 调整吃水差 D. 三者都无效	B
99	大风浪中偏浪航行，其方法是船首与波浪方向成____。	A. 10°～20°交角 B. 20°～30°交角 C. 30°～40°交角 D. 40°以上交角	A
100	大风浪中顶浪航行，为保证安全，应避免____。	A. 保持慢速 B. 两首舷交替受浪 C. 横浪 D. 加速	C
101	在北半球可航半圆的特点和可行的避台操纵法是____。①风向左转；②左首顶风全速驶离；③右首受风顶风滞航；④右尾受风驶离	A. ①④ B. ①③ C. ①③④ D. ②③④	A
102	在北半球，若船舶处在台风前进路上，则最好的防台操纵法是____。	A. 使船首右舷受风航行 B. 使船首左舷受风航行 C. 使船尾右舷受风航行 D. 使船尾左舷受风航行	C
103	在碰撞不可避免的情况下，为了减小碰撞损失，在操船方面应采取哪些措施？	A. 全速进车右满舵 B. 全速倒车刹减船速 C. 全速进车左满舵 D. 立即停车并维持航向	B

序号	题目内容	可选项	正确答案
104	船舶自力脱浅时可采用___。①移（卸）载；②等候高潮；③车舵锚配合；④拖船协助脱浅	A. ①②③④ B. ①②③ C. ①③④ D. ②③④	B
105	船舶航行中，突然发现有人落水，为了防止船舶和螺旋桨对落水者造成伤害，应立即怎样操纵船舶？	A. 向落水者相反一舷操满舵，并停车 B. 向落水者相反一舷操满舵，并加速 C. 向落水者一舷操满舵，并停车 D. 向落水者一舷操满舵，并加速	C
106	在海上遇险和救助中，搜寻基点可由___确定。①岸上当局；②海面搜寻协调船；③救助船的推算	A. ①②③ B. ①② C. ②③ D. ①③	A
107	单旋回法适用于人落水后的___。	A. 立即行动 B. 延迟行动 C. 人员失踪 D. 搜寻行动	A
108	海上拖带时，被拖船发生偏荡可采取的抑制措施包括___。	A. 加长拖缆，加快拖航速度 B. 加长拖缆，降低拖航速度 C. 缩短拖缆，加快拖航速度 D. 缩短拖缆，降低拖航速度	D
109	《一九七二年国际海上避碰规则》（以下简称"规则"）适用的水域为___。	A. 公海 B. 与公海相连接并可供海船航行的一切水域 C. 公海和领海 D. 公海和与公海相连接并可供海船航行的一切水域	D
110	"规则"适用的水域是指___。	A. 海洋 B. 与海洋连接的并可供海船航行的一切水域 C. 公海以及与公海相连接并可供海船航行的一切水域 D. 连接于公海，并可供海船航行的一切感潮水域	C

序号	题目内容	可选项	正确答案
111	"规则"中规定,不得妨碍各国政府为军舰及护航下的船舶和结队从事捕鱼的渔船制定额外的队形灯、信号灯或号型,这些额外的队形灯、信号灯、号型应____。	A. 尽可能与"规则"规定的信号、号灯或号型一致 B. 在结构和设置方面应符合"规则"附录的有关要求 C. 可以任意设置 D. 尽可能不被误认为"规则"其他条文所规定的任何号灯、号型或信号	D
112	"规则"除适用于公海之外,还适用于____。	A. 与公海相连接并可供海船航行的一切水域 B. 领海,并与之相连接的内河、江海、湖泊、港口、港外锚地以及一切内陆水域 C. 港口当局所管辖的一切水域 D. 可供海船安全航行的一切水域	A
113	船舶进入某港口管辖的水域,应____。	A. 只遵守"规则" B. 只遵守港章的规定 C. 除严格执行港章外,还应顾及"规则" D. 由船长酌情自行决定遵守港章还是"规则"	C
114	下列哪种船舶应遵守"规则"?	A. 在海面作超低空飞行的水上飞机 B. 脱离水面处于非排水状态下的气垫船 C. 在海面以下潜行的潜水艇 D. 在船坞修理的海船	B
115	某种特殊构造和用途的船舶如不能完全遵守"规则"中对号灯或号型的数量、位置等方面做出的规定,应经哪个部门确定是否可行?	A. IMO B. 有关政府 C. 有关主管机关 D. 有关船级社	B
116	下列不属于失控船的为____。	A. 主机故障 B. 舵机失灵 C. 帆船无风 D. 大风浪中操纵困难	D

序号	题目内容	可选项	正确答案
117	在"规则"中,"船舶"一词的定义是指___。	A. 具有适航能力的、能够用作水上运输工具的各类水上船筏 B. 用作或能够用作水上运输工具的各类水上船筏,不包括水上飞机和非排水船筏 C. 具有适航能力的、用作或能够用作水上运输工具的各类水上船筏,不包括水上飞机和非排水船筏 D. 用作或能够用作水上运输工具的各类水上船筏,包括水上飞机和非排水船筏	D
118	下列各船中,哪种是操纵能力受到限制的船舶?	A. 失去控制船舶 B. 从事捕鱼的船舶 C. 限于吃水的船舶 D. 从事挖泥作业的挖泥船	D
119	下列情况中的船舶,属于在航的是___。	A. 用锚掉头中的船舶 B. 与另一锚泊船并靠中的船舶 C. 船底部分坐浅的船舶 D. 第一根缆已带上码头的船舶	A
120	某船用帆行驶,同时用机器推进,并使用曳绳钓捕鱼,该船是"规则"中的___。	A. 在航帆船 B. 在航机帆船 C. 在航机动船 D. 从事捕鱼船舶	C
121	下列不属于失去控制的船舶为___。	A. 舵机故障 B. 因天气恶劣操纵困难 C. 机舱失火 D. 碰撞后无法航行	B
122	下列船舶中可能是操纵能力受到限制的船舶是___。	A. 从事拖带作业船 B. 从事清除水雷作业船 C. 从事疏浚作业船 D. 从事发放、回收航空器的船	A

序号	题目内容	可选项	正确答案
123	符合"规则"第一章第三条中"从事捕鱼船"的条件是指____。	A. 该船正在从事捕鱼作业 B. 所使用的渔具使其操纵能力受到限制 C. 该船正在从事捕鱼作业且所使用的渔具使其操纵能力受到限制 D. 该船正在从事捕鱼作业，与所使用的渔具无关	C
124	"失控船"是指由于某种____，不能按"规则"要求进行操纵，因而不能给他船让路的船舶。	A. 原因 B. 情况 C. 不可抗力 D. 异常情况	D
125	下列船舶中属于从事捕鱼的船舶为____。	A. 用绳钓捕鱼的船舶 B. 正在探索鱼群的船舶 C. 用曳绳钓捕鱼的船舶 D. 正在驶往或驶离渔场的渔船	A
126	白天能见度不良时，船舶应____。	A. 只显示规定的号型 B. 只显示规定的号灯 C. 显示规定的号型，也可显示规定的号灯 D. 显示规定的号灯和号型	D
127	在显示号灯期间，不应显示的灯光为____灯光。①会被误认为"规则"条款订明的；②会削弱号灯能见距离和显著特性的；③会妨碍正规瞭望的	A. ①② B. ①③ C. ②③ D. ①②③	D
128	拖带灯是一盏____。	A. 黄色环照灯 B. 黄灯，且具有尾灯的特性 C. 白色环照灯 D. 红灯	B
129	舷灯的水平光弧显示范围为____。	A. 360° B. 正横前 C. 正前方到各自一舷正横前 22.5° D. 正前方到各自一舷正横后 22.5°	D

序号	题目内容	可选项	正确答案
130	船长 54 m 的船舶桅灯的最小能见距离为____。	A. 2 n mile B. 3 n mile C. 5 n mile D. 6 n mile	D
131	20≤L<50 m 的船舶，其舷灯的最小能见距离为____。	A. 6 n mile B. 5 n mile C. 3 n mile D. 2 n mile	D
132	12≤L<20 m 的船舶，其舷灯的最小能见距离为____。	A. 6 n mile B. 5 n mile C. 3 n mile D. 2 n mile	D
133	机动船在航时，除显示桅灯外____。	A. 仅在对水移动时，显示舷灯和尾灯 B. 仅在对地移动时，显示舷灯和尾灯 C. 在不对水移动时，不需显示舷灯和尾灯 D. 不论是否对水移动，均应显示舷灯和尾灯	D
134	当机动船的拖带长度小于或等于 200 m 时，白天应在最易见处显示____。	A. 圆柱体信号 B. 圆锥体信号 C. 菱形体信号 D. 不必显示任何信号	D
135	你看到来船显示垂直四盏白灯，则来船为____。	A. 拖带长度<200 m 的船 B. 拖带长度>200 m，船长≥50 m 的机动船 C. 拖带长度<200 m，船长<50 m 的机动船 D. 旁拖他船的船舶	B
136	机帆并用的船舶在航行中____。	A. 夜间应按帆船的规定显示号灯 B. 夜间应按机动船的规定显示号灯 C. 白天应显示一个尖端向下的圆锥体号型 D. 夜间应按机动船的规定显示号灯、白天应显示一个尖端向下的圆锥体号型	D

序号	题目内容	可选项	正确答案
150	"长声"指历时____。	A. 约 1 s 的笛声 B. 约 1～2 s 的笛声 C. 约 2～3 s 的笛声 D. 约 4～6 s 的笛声	D
151	船舶操纵声号和警告声号中可以用灯光补充的是____。	A. 长声 B. 长声与短声 C. 短声与长声 D. 短声	D
152	"规则"中规定的"短声"与"短声"之间的时间间隔为____。	A. 1 s B. 约 1 s C. 约 2 s D. 3 s	B
153	"规则"第四章第三十四条第1款所规定的"行动声号"的含义是____。	A. 本船正在进行的行为 B. 本船的行动意图 C. 表示从哪一舷相互驶过的建议 D. 警告或提醒来船注意本船行动的信号	A
154	你船在驶近可能被居间障碍物遮蔽他船的狭水道的弯头或地段时，应鸣放____，居间障碍物后方的任何听到该声号的来船应回答____。	A. 一长声；一长声 B. 五短声；一长声 C. 两长声；五短声 D. 三短声；五短声	A
155	追越声号适用的对象为狭水道中互见的____。	A. 从事捕鱼的船舶 B. 失去控制的船舶 C. 机动船 D. 任何配备有号笛的船舶	D
156	操纵声号表示____。	A. 正在操纵的行动 B. 准备操纵的行动 C. 已经操纵的行动 D. 将要操纵的行动	A
157	雾中你船用雷达测得他船在右前方，且存在着碰撞危险，你船应____。	A. 鸣一短声右转 B. 鸣二短声左转 C. 鸣三短声倒车 D. 按规定鸣放雾号同时采取相应行动	D

序号	题目内容	可选项	正确答案
158	你船按章沿狭水道行驶，后船鸣放追越声号，你船同意追越，应鸣放的声号为____。	A. 二长声继以一短声 B. 二长声继以二短声 C. 一长、一短、一长、一短声 D. 至少五声短而急的笛号	C
159	怀疑声号和警告声号适用于____。	A. 能见度不良时 B. 任何能见度 C. 互见中的分道通航制水域 D. 任何互见中的水域	D
160	你船为机动船，在大雾中以安全航速航行，应以每次不超过2 min鸣放____。	A. 一长声 B. 二长声 C. 一短、一长、一短声继以四短声 D. 一长声、两短声	A
161	你船在雾中听到一短、一长、一短继以四短声，则来船为____。	A. 对水移动的引航船 B. 不对水移动的引航船 C. 在锚泊中的引航船 D. 最后一艘被拖船	C
162	雾中，你船听到一船每隔约1 min，则急敲号钟约5 s，且在急敲号钟之前和之后，各分隔而清楚地敲打号钟三声，则该船为____。	A. 搁浅船 B. 锚泊船 C. 失去控制的船舶 D. 从事捕鱼的船舶	A
163	下列不是船舶遇险信号的为____。	A. 无线电话发出"梅代"语音信号 B. 放出橙色烟雾的烟雾信号 C. 以短的间隔，每次放一个抛射红星的火箭或信号弹 D. 用探照灯的灯光向四周扫描	D
164	你船在海上航行，用望远镜看到前方船显示上面一个球体，下面一面方旗的信号，它表示____。	A. 他船失控 B. 从事敷设电缆的船舶正在作业 C. 遇险船需要救助 D. 从事清除水雷作业的船舶警告来船接近是危险的	C

序号	题目内容	可选项	正确答案
165	船舶遇难需要救助时，如何使用"规则"附录四第1款规定的信号？	A. 分别 B. 一起 C. 分别或一起 D. "规则"没有规定	C
166	下列不是船舶遇险信号的为＿＿。	A. 船上的火焰 B. 以任何通信方式发出莫尔斯码SOS信号 C. 两臂侧伸，缓慢而重复地上下摆动 D. 船舶显示垂直三盏环照红灯	D
167	"规则"对保持瞭望的要求适用于＿＿。	A. 值班驾驶员 B. 专职瞭望人员 C. 值班驾驶员和专职瞭望人员 D. 任何值班人员	C
168	正确瞭望的最基本手段是＿＿。	A. 视觉 B. 听觉 C. 雷达 D. 视觉、听觉、雷达	A
169	"规则"中的瞭望条款的适用范围是＿＿。	A. 夜间一切船舶 B. 能见度不良时的一切船舶 C. 能见度良好时的任何船舶 D. 任何能见度情况下的所有船舶	D
170	保持正规瞭望的最基本手段为＿＿。	A. 视觉瞭望 B. 听觉瞭望 C. 用雷达观测 D. 用无线电话互通情报	A
171	应保持正规瞭望的船舶为＿＿。	A. 失去控制的船舶 B. 从事捕鱼的船舶 C. 机动船 D. 任何在航的船舶、锚泊船舶以及搁浅的船	D

序号	题目内容	可选项	正确答案
172	在决定"安全航速"时，考虑的主要因素是___。	A. 经济因素将是决定性的因素 B. 船长应以船公司的指令为依据 C. 船长首先应考虑航行的区域，即：大海或狭窄水道，并将其视为首要因素 D. 不但应全面考虑当时的环境及情况，还应注意本船的操纵性能与可使用的雷达性能	D
173	"规则"对船舶安全航速的要求适用的时间为___。	A. 白天 B. 夜间 C. 航行中 D. 任何时间	D
174	船舶决定安全航速时，应考虑的因素为___。①通航密度；②能见度；③夜间出现的背景亮光	A. ①② B. ①③ C. ②③ D. ①②③	D
175	来船的罗经方位即使有明显变化，有时也可能存在碰撞危险的情况是___。①对方是一个拖带船组；②近距离驶近他船；③当驶近一艘很大的船舶时	A. ①② B. ①③ C. ②③ D. ①②③	D
176	在判断碰撞危险时，下列哪种资料是充分的？	A. 相对方位的估计 B. 凭雾号获得的 C. 利用雷达两次以上测得数据进行标绘的 D. 利用 VHF 获得的资料	C
177	船舶应正确判断碰撞危险的要求不适用于船舶在什么情况下？	A. 有地方特殊规定的水域 B. 通海江河 C. 近岸水域 D. 任何水域都应正确判断	D
178	船舶当对是否存在碰撞危险有任何怀疑时，都应断定为___。	A. 不存在碰撞危险 B. 使用安全航速行驶并继续观测 C. 用适当的信号引起来船注意 D. 存在碰撞危险，并采取有效的避碰行动	D

序号	题目内容	可选项	正确答案
179	在判断碰撞危险时，下列属于充分资料的是____。	A. 根据舷角变化判断出的结果 B. 根据来船雾号变化判断出的结果 C. 用雷达两次观测得出的结果 D. 根据雷达标绘得出的结果	D
180	船舶采取增速避让为____。	A. 违反"规则"规定的行动 B. 是不符合安全航速的行动 C. 是"规则"提倡的行动 D. "规则"不提倡但也没禁止的行动	D
181	为避免碰撞而采取的任何行动，如环境许可应及早地进行，但不适用于____。	A. 让路船 B. 直航船 C. 同义务船 D. 在能见度不良的水域中互见之前	B
182	形成紧迫局面的原因有____。①未正确判断碰撞危险；②未使用安全航速；③未保持正规瞭望	A. ①② B. ①③ C. ②③ D. ①②③	D
183	对"规则"中的安全距离的正确理解为____。	A. 安全距离为一个固定值 B. 有关安全距离的规定仅适用于让路船 C. 有关安全距离的规定不适用于同义务船 D. 安全距离不是一个固定值，而是因具体情况而变化	D
184	单凭转向可能是避免紧迫局面的最有效行动，其先决条件是____。	A. 有范围足够大的水域 B. 及时地、大幅度地转向 C. 不能造成另一紧迫局面 D. 不能造成另一紧迫危险	A
185	当一艘不应妨碍的船舶和一艘不应被妨碍的船舶相遇致有构成碰撞危险时，下列观点中正确的是____。	A. 不应被妨碍的船舶一定是一艘让路船 B. 一艘不应妨碍他船的船舶一定是一艘直航船 C. 一艘不应妨碍他船的船舶可能是一艘直航船 D. 不应被妨碍的船舶一定是一艘直航船	C

序号	题目内容	可选项	正确答案
186	当两船接近到单凭一船的避让行动已不能使两船在安全的距离上驶过时，此时____。	A. 致有构成碰撞危险 B. 已形成紧迫局面 C. 已形成紧迫危险 D. 应背离"规则"	B
187	为避免碰撞所采取的任何行动，如当时环境许可，应是积极地并及早地进行和运用良好船艺，这一规定适用于____。	A. 互见中构成碰撞危险的船舶 B. 能见度不良时任何构成碰撞危险的船舶 C. 任何能见度情况下的任何负有避让责任的船舶 D. 任何能见度情况下的任何构成碰撞危险的船舶	C
188	安全距离不是一个固定值，而应因具体情况而变化，一般说来要求____。	A. 大船应小于小船 B. 大船应大于小船 C. 大船应等于小船 D. 小船应大于大船	B
189	下列说法正确的是____。	A. 不应被妨碍的船舶有时也须给他船让路 B. 当不应妨碍的船舶处于直航船的位置时，就解除了其不应妨碍的义务 C. 不应被妨碍的船舶均是深吃水的船舶 D. 不应被妨碍的船舶肯定是直航船	A
190	为避免碰撞所采取的任何行动，应是积极地并及早地进行和运用良好船艺，它的先决条件是____。	A. 在互见中 B. 当时环境许可 C. 没有任何先决条件 D. 能见度不良时	B
191	"规则"要求，为避免碰撞而采取的行动，应能做到____。	A. 从他船的后方通过 B. 从他船的前方通过 C. 从他船的右舷通过 D. 在安全的距离上驶过	D
192	在海上用雷达协助避让时，如用降速，应至少降速多少才能作为宽让？	A. 原航速的1/4 B. 原航速的3/4 C. 原航速的1/2 D. 原航速的1/3	C
193	在狭水道或航道中，某船未鸣放追越声号而强行追越，结果导致碰撞事故，该船应____。	A. 负次要责任 B. 负主要责任乃至负全部责任 C. 负全部责任 D. 不负任何责任	B

序号	题目内容	可选项	正确答案
194	对船舶穿越狭水道的正确理解为____。	A. 任何情况下都可以穿越 B. 任何情况下都不可以穿越 C. 能见度良好时才可穿越 D. 若穿越会妨碍只能在狭水道或航道内安全航行的船舶通行则不应穿越	D
195	穿越狭水道或航道的船舶不应妨碍____。	A. 任何在狭水道或航道内航行的船舶的通行 B. 任何在狭水道或航道内航行的机动船的通行 C. 只能在狭水道或航道内安全航行的船舶的通行 D. 只能在狭水道或航道内安全航行的机动船的通行	C
196	在狭水道或航道内企图追越他船的船舶，____。	A. 应鸣放追越声号，以征求被追越船同意之后，方可追越 B. 不必鸣放追越声号，即可自行追越 C. 应鸣放追越声号之后，即可自行追越 D. 若对本船是否能安全追越持有怀疑时，应鸣放追越声号，直至被追越船采取相应措施之后方可追越	D
197	狭水道中的关于追越的规定被写进"船舶在任何能见度情况下的行动准则"，狭水道追越规则适用于____。	A. 任何能见度 B. 仅适用于"互见" C. 任何时候 D. 能见度良好	B
198	穿越狭水道船舶不应妨碍____的通行	A. 从事捕鱼的船舶 B. 长度小于20 m的船舶 C. 机动船 D. 只能在狭水道或航道以内安全航行的船舶	D
199	"规则"中的狭水道右行规则适用于____。	A. 非机动船之外的任何船舶 B. 除长度小于20 m的船舶和帆船以外的任何船舶 C. 除失控船，操限船外的任何船舶 D. 任何沿狭水道或航道行驶的船舶	D

序号	题目内容	可选项	正确答案
200	一船驶近有建筑物遮蔽他船的地段时,应鸣放____。	A. 五短声 B. 一长声 C. 三短声 D. 四短声	B
201	有关狭水道的航行与避让,下列说法正确的是____。	A. 在狭水道追越时,应尽量保证从右舷追越并注意消除航向交角 B. 如被追越船不同意追越时,被追越船应鸣放三短声 C. 在水道宽度较窄的水域,可以适当加速,快速通过 D. 如被追越船不同意追越时,被追越船应鸣放五短声	D
202	使用分道通航制区域的船舶应尽可能在____附近行驶。	A. 通航分道的左侧 B. 通航分道的右侧 C. 通航分道的中央 D. 靠近通航分隔带	C
203	不应使用沿岸通航带的船舶为____。	A. 从事捕鱼的船舶 B. 在紧急情况下为避免紧迫危险的船舶 C. 帆船 D. 过境通行的船舶	D
204	对使用分道通航制水域的船舶的要求是____。	A. 在相应的通航分道内沿船舶的总流向行驶 B. 尽可能靠近分隔线或分隔带 C. 通常在通航分道的中部驶进或驶出 D. 禁止锚泊	A
205	船舶在分道通航制的区域中航行,如不能保证安全时,应尽可能在____锚泊。	A. 通航分道内 B. 分道通航制区域的端部 C. 通航分隔带内 D. 沿岸通航带内	D
206	下列说法正确的是____。	A. 捕鱼船不应妨碍按通航分道行驶的任何船舶的通行,这也就意味着该船进入分道行驶捕鱼是不符合"规则"规定的 B. 帆船与捕鱼船在通航分道内相互逼近,帆船应严格执行"规则"有关规定,自始至终均应给捕鱼船让路 C. 穿越通航分道的船舶,首先有让路的责任 D. 不使用分道通航制区域的船舶,应尽可能远离该区	D

序号	题目内容	可选项	正确答案
207	不应妨碍按通航分道行驶的任何船舶通行的是___。	A. 机动船 B. 长度小于 20 m 的船 C. 从事捕鱼的船 D. 穿越通航分道的船舶	C
208	互见中，甲机动船在通航分道内行驶，乙机动船从甲船右舷穿越分道，且构成碰撞危险，则___。	A. 甲船应保向保速 B. 甲船应让乙船 C. 乙船让甲船 D. 甲、乙方都是让路船	B
209	同舷受风的两帆船相互驶近，构成碰撞危险，应___。	A. 上风船让下风船 B. 下风船让上风船 C. 互让 D. 视情况决定相互间避让关系	A
210	某船在追越过前船船首后马上左转，因而导致碰撞，其责任为___。	A. 违背追越条款 B. 违背交叉相遇局面条款 C. 违背船舶之间的责任条款 D. 违背责任条款	A
211	你船追越前船，你船解除让路船责任的时机为___。	A. 看到前船的舷灯时 B. 看到前船的桅灯时 C. 驶过前船正横时 D. 最后驶过让清时	D
212	一艘被追越的机动船，应给下列哪种追越船让路？	A. 帆船 B. 操限船 C. 从事捕鱼的船 D. 无需对任何船让路	D
213	下列不正确的说法为___。	A. 不论其他各条规定如何，追越船均应给被追越船让路 B. 船舶之间的责任条款仅适用于互见中 C. 狭水道中的追越也仅适用于互见中 D. 直航船采取独自行动时让路船也可以保向保速	D

序号	题目内容	可选项	正确答案
214	下列说法正确的是____。	A. 除"规则"第二章第一节和第二节另有规定外，追越船应给被追越船让路 B. 任何情况下，只要一船从另一的正横后大于22.5°方向上赶上他船，就必须给他船让路 C. 任何情况下，一船从另一船的正横前22.5°方向上赶上他船，就必须给他船让路 D. 无论"规则"第二章第一节和第二节如何规定，追越船均应给被追越船让路	D
215	你船是一艘从事拖带作业的机动船，在一艘机动船的右舷驶近，有时看到他船尾灯，而有时又看到其绿舷灯，此时____。	A. 他船应给你船让路 B. 两船都必须采取让路行动以让清他船 C. 你船有义务让清他船 D. 应按特殊情况处理	C
216	"规则"中的追越条款的规定优先于____。	A. 船舶在互见中的行动规则 B. 船舶在能见度不良时的行动规则 C. 船舶在任何能见度情况下的规则 D. 船舶在互见中的行动规则和在任何能见度情况下的规则	D
217	"规则"中的追越条款适用于____。	A. 互见中 B. 能见度不良 C. 任何能见度 D. 能见度良好	A
218	"规则"中的追越条款优先于____。	A. 帆船条款 B. 对遇局面条款 C. 不应妨碍条款 D. 帆船条款和不应妨碍条款等	D
219	大风浪中航行，你船在正前方偶尔看见他船的桅灯和一盏舷灯，偶尔看见其尾灯，则____。	A. 你船为让路船 B. 他船为让路船 C. 根据舷灯颜色，确定避让关系 D. 两船避让关系难以确定	A

序号	题目内容	可选项	正确答案
220	对遇局面的"航向相反或接近相反"是指____。	A. 罗航向相反或接近相反 B. 磁航向相反或接近相反 C. 航迹向相反或接近相反 D. 船首相反或接近相反	D
221	下列船舶中能与机动船构成对遇局面的是____。	A. 失去控制的船舶 B. 操纵能力受到限制的船舶 C. 机帆并用船 D. 从事捕鱼作业的船舶	C
222	下列说法中正确的为____。	A. 只要在互见中，就有让路船和直航船之分 B. 在对遇局面下，应采取向左转向避让 C. 在对遇局面下，严禁向左转向 D. 交叉相遇局面下就有让路船和直航船之分	D
223	下列做法中不属于良好的船艺的为____。	A. 对遇局面向左转向，以增大会遇距离 B. 雾中用雷达对物标进行系统观测 C. 失控后用耀眼的灯光引起他船注意 D. 在能见度不良的白天显示号灯	A
224	下列构成对遇局面的是____。	A. 互见中，一艘机动船与一艘用机器推进的从事捕鱼的船舶航向相反致有构成碰撞危险时 B. 互见中一艘操限船与一艘限于吃水的船舶对驶致有构成碰撞危险时 C. 互见中，一艘限于吃水的船舶与一艘驶帆并悬挂有一尖顶朝下的圆锥体号型的船舶对驶致有构成碰撞危险时 D. 互见中一艘操限船与一艘失控船对驶致有构成碰撞危险时	C
225	你船发现另一船的两盏桅灯和两盏舷灯，你应认为____。	A. 适用对遇局面条款 B. 适用追越条款 C. 适用交叉相遇局面条款 D. 局面无法断定	D
226	对遇局面条款不适用于____。	A. 互见中 B. 大洋上 C. 受限制水域 D. 一艘机动船和一艘非机动船	D

序号	题目内容	可选项	正确答案
227	构成交叉相遇局面的条件是____。①航向交叉；②构成碰撞危险；③两艘机动船	A. ①② B. ②③ C. ①③ D. ①②③	D
228	你船为按章沿狭水道航行的机动船，当一艘操纵能力受到限制的船舶从你船左前方穿越狭水道并且构成碰撞危险，此时____。	A. 你船为让路船 B. 他船为让路船 C. 你船为直航船 D. 两船避让责任、义务相同	A
229	对在交叉相遇局面下让路船"如当时环境许可，还应避免横越他船前方"的正确理解为____。	A. 让路船必须采取减速避让 B. 让路船必须采取停车避让 C. 直航船应加速 D. 让路船不应采取加速避让	D
230	在交叉相遇局面下，大角度交叉的特点为____。①两船相对速度大；②两船接近慢；③易与追越混淆	A. ①② B. ②③ C. ①③ D. ①②③	B
231	互见中，一艘限于吃水的船舶与一艘操限船交叉相遇致有构成碰撞危险，则____。	A. 两船均应采取避让行动 B. 在本船右舷的船应给另一船让路 C. 操限船为让路船 D. 限于吃水的船舶为让路船	D
232	在夜间，你发现左前方有一机动船与你船航向交叉，经观察，来船的前、后桅灯间距逐渐增大，这表明____。	A. 来船将从你船前方通过 B. 来船将从你船后方通过 C. 两船存在碰撞危险 D. 你船将从来船后方通过	A
233	在狭水道的直航段中，一艘穿越狭水道的机动船在互见中与另一艘沿着狭水道航行的机动船交叉相遇且致有构成碰撞危险，该局面适用____。	A. 交叉局面条款 B. 狭水道条款 C. 这是一种特殊情况，不适用交叉局面条款 D. 分道通航制条款	A

序号	题目内容	可选项	正确答案
234	交叉相遇局面规定适用于____。	A. 机动船与操纵能力受到限制的船舶 B. 机动船与机动船 C. 机动船与从事捕鱼的船舶 D. 机动船与失去控制的船舶	B
235	让路船如采取转向的行动，应尽可能避免____。	A. 对正横前的船采取向左转向 B. 对正横前或正横后的船采取朝着他转向 C. 对正横前或正横后的船采取背着他转向 D. 对航向作一连串小变动	D
236	下列说法不正确的是____。	A. 只有在互见中才有让路船和直航船之分 B. 只要不在互见中，就无让路船和直航船之分 C. 直航船的义务就是保向、保速 D. 在特定情况下，直航船可以适当地改变航向、航速	C
237	直航船在独自采取操纵行动之前应该鸣放____。	A. 四短声 B. 至少五短声 C. 一短声 D. 二短声	B
238	直航船的行动条款适用于____。	A. 互见中的机动船 B. 任何能见度情况下的机动船 C. 互见中的任何直航船 D. 任何能见度下的船舶	C
239	下列哪种情况下，直航船的行动是不正当的？	A. 直航船在到达转向点附近转向 B. 为校对罗经而作航向的改变 C. 到达港口前为了安全进港而减速 D. 由于风浪变大，为防止主机超负荷运转而采取适当地降低转速的措施	B
240	当在航机动船对本船的责任和义务难以断定时，应把本船断定为____。	A. 让路船 B. 直航船 C. 同义务船 D. 不应妨碍他的船	A
241	互见中，当两船的距离接近到单凭让路船的行动不能避免碰撞时，则直航船____。	A. 可独自采取行动以避免碰撞 B. 应采取最有助于避碰的行动 C. 应鸣放五短声再看让路船是否采取行动 D. 应向右转向	B

序号	题目内容	可选项	正确答案
242	关于让路船行动的说法不正确的为____。	A. 让路船应及早采取大幅度的行动，宽裕地让清他船 B. 只有在互见中，才有让路船和直航船之分 C. 让路船可能是让路能力优良的船舶 D. 让路船不可能是让路能力低劣的船舶	D
243	两船中的一船应给另一船让路时，另一船应____。	A. 同时采取行动 B. 保速保向 C. 采取最有助于避碰的行动 D. 独自采取操纵行动	B
244	甲机动船发现乙船显示垂直两个黑球，从左舷 060°方向驶近，方位不变，按"规则"要求应是____。	A. 甲让乙 B. 乙让甲 C. 双方互让 D. 两船各自向右转向	A
245	如环境许可，下列哪种船舶应避免妨碍限于吃水的船舶的安全航行?	A. 机动船 B. 从事捕鱼船 C. 帆船 D. 除失控船和操限船外的任何船舶	D
246	你是机动船，在海上遇到从左舷驶来的挂有三盏垂直红灯的他船，存在碰撞危险，他船应____。	A. 保向保速 B. 右转让你 C. 左转让你 D. 为让路船，可采取减速、停车避免碰撞	D
247	你是限于吃水船，在受限水域中航行，与从左舷 025°方向驶来的挂有圆柱体号型的他船相遇，构成碰撞危险，此时的让路责任是____。	A. 你船为让路船 B. 他船为让路船 C. 他船不应妨碍 D. 互为让路船	B
248	一艘从事捕鱼的船舶与一艘操纵能力受到限制的船舶航向相反，致有构成碰撞危险时，应____。	A. 两船各自向右转向 B. 两船各自向左转向 C. 从事捕鱼的船舶为让路船 D. 操纵能力受到限制的船舶为让路船	C

序号	题目内容	可选项	正确答案
249	"船舶在能见度不良时的行动规则"中关于"以适合当时能见度不良的环境和情况的安全航速行驶"的规定适用于___。	A. 机动船 B. 失去控制的船舶 C. 从事捕鱼的船舶 D. 每一艘船舶	D
250	你船在雾中航行，当本船与右前方的他船不能避免紧迫局面时，你船应采取___。	A. 背着它转向 B. 朝着它转向 C. 保向、保速 D. 立即减速、停车，必要时倒车	D
251	某船在能见度不良时用雷达发现与右正横前的船舶存在碰撞危险，在采取转向避碰行动时应尽可能做到___。	A. 左转结合增速 B. 左转结合减速 C. 右转结合减速 D. 右转结合增速	C
252	在能见度不良的水域中，如采取转向以避免碰撞的发生，则___。	A. 向左转向的行动是不符合"规则"的要求的 B. 向左转向的行动是不符合海员通常做法的 C. 向右转向的行动是不符合"规则"的要求的 D. 向右转向的行动是符合海员通常做法的	D
253	当一船听到"一短一长一短"的雾号显示在本船的正前方，且该船在事先未采取雷达探测，则___。	A. 立即停车，并维持航向 B. 必要时，应把船安全停住 C. 应立即将航速减到维持航向的最低速度，必要时把船停住 D. 立即把船安全停住	C
254	雾航中与左前方的他船不能避免紧迫局面时，你船应采取___。	A. 左转 B. 右转 C. 减低到维持航向的最小速度 D. 保向保速	C
255	雾中用雷达测得他船的相对方位050°，距离5 n mile，20 min后，方位不变，距离4 n mile，你船应___。	A. 立即右转避让 B. 立即左转避让 C. 保向、保速 D. 立即减速、停车、倒车	A
256	当一船听到他船雾号显示在本船正横以前，不论是否存在碰撞危险，本船___。	A. 应将航速减到能维持航向的最小速度 B. 应立即停车、倒车 C. 应立即向右转向 D. 应视具体情况采取相应措施	D

序号	题目内容	可选项	正确答案
257	在雾区中，一船发现与正横以前的他船不能避免紧迫局面时，____。	A. 应立即停车，并维持航向 B. 应鸣放三短声，立即倒车 C. 应立即采取大幅度的右转 D. 应立即采取大幅度的左转	A
258	某船因未发现号灯损坏而导致碰撞，应属于____疏忽。	A. 遵守"规则"各条的 B. 海员通常做法上的 C. 对当时特殊情况可能要求的任何戒备上的 D. 遵守"规则"各条的或海员通常做法上的	A
259	某船因在锚泊船的上风通过，由于风、流的作用导致碰撞，应属于____的疏忽。	A. 遵守"规则"各条 B. 海员通常做法 C. 对当时特殊情况可能要求的任何戒备上 D. 遵守"规则"各条的或海员通常做法上的	B
260	一船驾驶员，对另一船会采取违背"规则"的行动，缺乏思想准备，这应属于____。	A. 对遵守"规则"各条的任何疏忽 B. 对海员通常做法可能要求的任何戒备上的疏忽 C. 对当时特殊情况可能要求的任何戒备上的疏忽 D. 未运用良好的船艺	C
261	"规则"第一章第二条"责任"应包括____。	A. 刑事责任 B. 民事责任 C. 行政责任 D. 刑事责任、民事责任、行政责任	D
262	下列关于背离"规则"的说法正确的是____。	A. 背离"规则"就是违背"规则" B. 背离"规则"是有严格的条件限制的 C. 只要未发生碰撞，所有的背离"规则"就是合理的 D. 背离"规则"可以背离"规则"所有条款	B
263	为避免紧迫危险，船舶可以背离____。	A. "规则"所有各条 B. 除号灯、号型、声响和灯光信号外，"规则"的其他任何各条 C. "规则"有关避碰行动的规定 D. 号灯、号型有关规定	C

序号	题目内容	可选项	正确答案
264	在船舶不适航的情况下，责令限期出航，应属于＿＿＿的疏忽。	A. 船舶上所有人 B. 船长 C. 船员 D. 船长或船员	A
265	某机动船在对遇局面下，因未料到他船会采取向左转向的行动导致碰撞，应属于＿＿＿的疏忽。	A. 遵守"规则"各条 B. 海员通常做法 C. 对当时特殊情况可能要求的任何戒备上 D. 遵守"规则"各条的或海员通常做法上	C
266	某船因就餐时无人瞭望而导致碰撞，应属于＿＿＿疏忽。	A. 遵守"规则"各条的 B. 海员通常做法上的 C. 对当时特殊情况可能要求的任何戒备上的 D. 遵守"规则"各条的或海员通常做法上的	A
267	某锚泊船因未料到他船或本船会突然走锚导致碰撞，应属于＿＿＿的疏忽。	A. 遵守"规则"各条 B. 海员通常做法 C. 对当时特殊情况可能要求的任何戒备上 D. 遵守"规则"各条的或海员通常做法上	C
268	背离"规则"的条件是＿＿＿。	A. 危险确实存在 B. 危险必须是紧迫的 C. 背离是合理的 D. 合理地避免存在的紧迫危险	D
269	我国渔船作业避让规定适用于＿＿＿。	A. 我国正在从事海上捕捞的船舶 B. 其他国家正在从事海上捕捞的船舶 C. 所有从事海上渔业生产的船 D. 我国所有渔船	A
270	从事定置渔具作业的渔船一般应在流网渔船的＿＿＿方向放设定置渔具。	A. 下风、下流 B. 上风、上流 C. 任何方向 D. 上风方向	B
271	脱离渔具的漂流中的渔船，应显示＿＿＿的号灯。	A. 从事捕鱼作业的船舶 B. 操纵能力受到限制的船舶 C. 在航机动船 D. 失去控制船	C

序号	题目内容	可选项	正确答案
272	灯诱中的围网渔船，应显示____的号灯。	A. 从事捕鱼作业的船舶 B. 操纵能力受到限制的船舶 C. 在航机动船 D. 失去控制船	A
273	停靠在围网渔船网圈旁或在围网渔船旁直接从网中起（捞）鱼的运输船舶，应显示____的号灯、号型。	A. 从事围网作业渔船 B. 操纵能力受到限制的船舶 C. 在航机动船 D. 失去控制船	A
274	下列有关渔船值班说法不正确的是____。	A. 参加值班的船员必须是符合主管机关规定的合格船员 B. 每个值班船员应明确自己的职责 C. 船长必须确保值班的安排足以保证船舶的安全 D. 值班驾驶员在保证船舶安全基础上可以适当休息	D
275	渔船在航行或作业时间，有权下达舵令的人员为____。	A. 船长 B. 值班驾驶员 C. 值班水手 D. 船长或值班驾驶员	D
276	在下列哪种情况下值班驾驶员应立即报告船长？	A. 在预计的时间看到陆地时 B. 在预计时间看到航标时 C. 在预计的时间测不到水深时 D. 在预计时间看到陆地、航标时	C
277	有引航员在引航船舶时，对船舶安全承担义务的人员是____。	A. 船长 B. 引航员 C. 船长、引航员以及值班驾驶员 D. 船长和引航员	C
278	值班人员必须认真扫视四周海面，确信无航行危险迫近时，才可____。	A. 做海图作业或记录《航海日志》、雷达观测 B. 吃饭 C. 去厕所 D. 做值班工作以外的事情	A
279	引航员在船引航，若引航员发出的指令与船长不同时，值班驾驶员应执行____。	A. 待船长、引航员的意见一致后再执行 B. 引航员的命令 C. 船长的命令 D. 值班驾驶员自行决定	C

序号	题目内容	可选项	正确答案
280	渔船航行中遇到下列哪些情况，值班驾驶员不必报告船长？	A. 如遇到或预料到能见度不良时 B. 对通航条件或他船动态发生怀疑时 C. 对保持航向发生困难时 D. 在预计的时间看到陆地、航标或测得水深时	D
281	在交接班时，接班人员应至少提前____上驾驶台做好接班准备。	A. 5 min B. 10 min C. 15 min D. 20 min	B
282	渔捞作业值班要求，渔船无论何种作业方式，起放网时应由____值班。	A. 船长 B. 船副 C. 驾驶员 D. 值班驾驶员	A
283	发现走锚或危险迫近时，应首先立即通知____。	A. 船长 B. 甲板人员 C. 机舱人员 D. 全船有关人员	A
284	渔船锚泊中值班驾驶员的交接内容应包括____。①锚、锚位、船首向、锚链受力和船舶的偏荡情况；②号灯、号型、号旗的显示情况；③船长的指示	A. ①② B. ①③ C. ②③ D. ①②③	D
285	____是渔业安全生产的直接责任人，在组织开展渔业生产、保障水上人身与财产安全、防治渔业船舶污染水域和处置突发事件方面，具有独立决定权。	A. 船长 B. 轮机长 C. 渔捞长 D. 水手长	A
286	下列哪项属于船长的职责？	A. 掌握本船结构性能 B. 掌握主辅机及各种机械、设备、仪器的概况 C. 都属于 D. 都不属于	C
287	渔业船员在船工作期间，应当履行的职责包括____。①充分熟悉并掌握船舶的航行与作业环境；②按照"规则"航行；③保持适当瞭望；④采取安全航速	A. ①②③④ B. ①②④ C. ①③④ D. ①②③	A

序号	题目内容	可选项	正确答案
288	在火灾警报发出后，____应马上到达指定地点。	A. 船长 B. 轮机长 C. 全体船员 D. 以上都不对	C
289	雾中航行时，本船停车后，且不在水上移动时，才能发放停车的声号。声号为____。	A. 一长声 B. 二长声 C. 二长一短声 D. 一短二长声	B
290	大风浪中操作要谨慎小心，最佳的顶浪航行角度为____左右。	A. 10° B. 20° C. 30° D. 90°	B
291	交班工作由____组成。	A. 实物交接 B. 情况介绍 C. 现场交接 D. 以上都是	D
292	船舶明火作业，在洋航行和作业由____提出申请，报____审批。	A. 水手长；船副 B. 船副；船长 C. 水手长；船长 D. 船副；轮机长	B
293	船舶靠岸停泊时，必须将驾驶台门窗锁好，未经____批准，不许参观。	A. 船长 B. 部门长 C. 水手长 D. 船副	A
294	船长应提前____小时将预计开航时间通知轮机长，如停港不足____小时，应在抵港后立即将预计离港时间通知轮机长。	A. 12；12 B. 24；24 C. 24；12 D. 以上都不对	B
295	对船舶压载的调整以及可能涉及海洋污染的任何操作，____和____应建立起有效的联系制度，包括书面通知和相应的记录。	A. 船副；轮机长 B. 船长；轮机长 C. 值班驾驶员；值班轮机员 D. 驾驶部门；轮机部门	D

序号	题目内容	可选项	正确答案
296	值班驾驶员根据____指示或航道、海面、气象等条件决定是否使用自动舵，出港后是否使用自动舵时由____决定。	A. 船副；船长 B. 船长；船副 C. 船长；船长 D. 船副；船副	C
297	救生艇至少____要吊放一次，并由驾驶员、轮机员做短时间航行试验，以备应急使用。	A. 一个月 B. 三个月 C. 六个月 D. 一年	A
298	靠离泊时，必须由____亲自驾驶指挥。	A. 水手长 B. 渔捞长 C. 船副 D. 船长	D
299	高空作业的注意事项包括____。	A. 禁止一手携物，另一手扶直梯上下 B. 安全带与座板绳分开系固 C. 上下运送物件禁止抛掷 D. 以上都是	D
300	吊杆的稳索、保险索应尽可能与吊杆成____的角度，并注意勿与吊货钢丝互相摩擦。	A. 30° B. 60° C. 90° D. 120°	C
301	国家在财政、信贷和税收等方面采取措施，鼓励、扶持____的发展，并根据渔业资源的可捕捞量，安排内水和近海的捕捞力量。	A. 远洋捕捞业 B. 近海捕捞业 C. 集体捕捞业 D. 国营捕捞业	A
302	《渔业法》规定，近海其他作业的捕捞许可证由____人民政府渔业行政主管部门批准发放。	A. 省、自治区、直辖市 B. 县（县市） C. 乡、镇 D. 中央	A

序号	题目内容	可选项	正确答案
303	国家对____等珍贵、濒危水生野生动物实行重点保护，防止其灭绝。禁止捕杀、伤害国家重点保护的水生野生动物。因科学研究、驯养繁殖、展览或者其他特殊情况，需要捕捞国家重点保护的水生野生动物的，依照____的规定执行。	A. 白鳍豚；《中华人民共和国野生动物保护法》 B. 重要经济鱼类；《渔业资源保护法》 C. 白鳍豚；《渔业资源保护法》 D. 二级以上的水生野生动物；《渔业法》	A
304	国内现有捕捞渔船从事远洋作业期间，其船网工具控制指标____。	A. 予以撤销 B. 予以保留 C. 时间不超过 6 个月的可以申请保留 D. 时间不超过 12 个月的可以申请保留	B
305	关于渔业捕捞许可证的管理，下列叙述正确的是____。①在中华人民共和国管辖水域从事渔业捕捞活动，应当经主管机关批准并领取渔业捕捞许可证；②在公海从事渔业捕捞活动，应当经主管机关批准并领取渔业捕捞许可证；③规定的作业类型、场所、时限、渔具数量；④规定捕捞限额作业；⑤渔业捕捞许可证必须随船携带	A. ①②③④⑤ B. ①②③④ C. ①②④⑤ D. ①②③⑤	A
306	船长在航行中死亡或者因故不能履行职责的，应当由____中职务最高的人代理船长职务；船舶在下一个港口开航前，其所有人、经营人或者管理人应当指派新船长接任。	A. 驾驶员 B. 轮机员 C. 轮机长 D. 以上都对	A
307	根据《中华人民共和国渔港水域交通安全管理条例》规定，____负责沿海水域渔业船舶之间交通事故的调查处理。	A. 海事局 B. 渔业行政主管部门 C. 渔政渔港监督管理机构 D. 当地海事法院	C

序号	题目内容	可选项	正确答案
308	根据《中华人民共和国渔港水域交通安全管理条例》规定，渔业船舶必须经船舶检验部门检查合格，取得船舶____，并领取渔政渔港监督管理机关签发的渔业船舶____后，方可从事渔业生产。	A. 登记证书；航行签证簿 B. 国籍证书；航行签证簿 C. 国籍证书；登记证书 D. 技术证书；航行签证簿	D
309	根据《中华人民共和国渔港水域交通安全管理条例》规定，渔业船舶在向渔政渔港监督管理机关申请船舶登记，并取得渔业船舶____或____后，方可悬挂中华人民共和国国旗航行。	A. 登记证书；航行签证簿 B. 国籍证书；航行签证簿 C. 国籍证书；登记证书 D. 船舶技术证书；航行签证簿	C
310	制造、改造的渔业船舶的初次检验，应当____。	A. 在制造、改造开工进行 B. 与渔业船舶的制造、改造同时进行 C. 在制造、改造完工后进行 D. 以上均对	B
311	渔业船舶检验机构对渔业船舶实施营运检验的项目包括____。①渔业船舶的结构和机电设备；②与渔业船舶安全有关的设备、部件；③与防止污染环境有关的设备、部件	A. ①②③ B. ②③ C. ①② D. ①③	A
312	根据《中华人民共和国渔业船舶登记办法》规定，有关渔业船舶船名的叙述正确的是____。①渔业船舶只能有一个船名；②远洋渔业船舶、科研船和教学实习船的船名由申请人在申请船网工具指标时提出，经省级登记机关通过全国海洋渔船动态管理系统查询，无重名、同音且符合规范的，在《渔业船网工具指标申请书》上标注其船名、船籍港；渔业行政主管部门核发的《渔业船网工具指标批准书》应当载明上述船名、船籍港；③公务船舶的船名按照农业农村部的规定办理	A. ①②③ B. ①② C. ②③ D. ①③	A

序号	题目内容	可选项	正确答案
313	《渔业港航监督行政处罚规定》处罚的种类包括____。①警告；②罚款；③扣留或吊销船舶证书或船员证书；④法律、法规规定的其他行政处罚	A. ②③④ B. ①③④ C. ①②③④ D. ①②③	C
314	根据《渔业船舶水上安全事故报告和调查处理规定》，自然灾害事故是指____或其他灾害造成渔业船舶损坏、沉没或人员伤亡、失踪的事故。①台风或大风、龙卷风；②风暴潮、雷暴；③海啸；④海冰	A. ①②③④ B. ①②④ C. ①③④ D. ①②③	A
315	根据《中华人民共和国渔业船员管理办法》规定，申请渔业职务船员证书，应当具备的条件包括____。①持有渔业普通船员证书；②符合任职岗位健康条件要求；③完成相应的适任培训；④具备相应的任职资历，并且任职表现和安全记录良好	A. ①②③④ B. ②④ C. ①②③ D. ①③④	A
316	关于渔业船员职业保障，下列叙述正确的是____。①渔业船舶所有人或经营人应当依法与渔业船员订立劳动合同；②渔业船舶所有人或经营人应当依法为渔业船员办理保险；③渔业船舶所有人或经营人应当为船员提供必要的船上生活用品、防护用品、医疗用品；④渔业船员在船上工作期间受伤或者患病的，渔业船舶所有人或经营人应当及时给予救治	A. ①②③④ B. ②④ C. ①②③ D. ①③④	A
317	下列符合我国现行《海洋环境保护法》要求的是____。①船舶必须持有防污证书和文书；②船舶必须配置相应的防污设备和器材；③船舶应防止因海难事故造成海洋环境的污染；④所有船舶均有监视海上污染的义务	A. ①②③ B. ①②④ C. ②③④ D. ①②③④	D

序号	题目内容	可选项	正确答案
318	下列有关船舶污染事故等级的划分正确的是___。①特别重大船舶污染事故，是指船舶溢油1 000 t以上，或者造成直接经济损失2亿元以上的船舶污染事故；②重大船舶污染事故，是指船舶溢油500 t以上不足1 000 t，或者造成直接经济损失1亿元以上不足2亿元的船舶污染事故；③较大船舶污染事故，是指船舶溢油100 t以上不足500 t，或者造成直接经济损失5 000万元以上不足1亿元的船舶污染事故；④一般船舶污染事故，是指船舶溢油不足100 t，或者造成直接经济损失不足5 000万元的船舶污染事故	A. ①②③④ B. ②③④ C. ①② D. ③④	A
319	《防治船舶污染海洋环境管理条例》，船舶发生事故有沉没危险，船员离船前，应尽可能___。①关闭所有货舱（柜）管系的阀门；②关闭所有油舱（柜）管系的阀门；③堵塞货舱（柜）通气孔；④堵塞油舱（柜）通气孔	A. ①②③ B. ①④ C. ②③ D. ①②③④	D
320	《防治船舶污染海洋环境管理条例》规定，在我国管辖海域不得违法违规（包括国际公约）或者超标排放___。①船舶垃圾、生活污水、含油污水；②含有毒有害物质污水；③废气；④压载水	A. ①②③④ B. ①②③ C. ①②④ D. ①②	A
321	我国自___年开始，在黄海、渤海、东海海域实行全面伏季休渔制度。	A. 1995 B. 1996 C. 1997 D. 1999	A
322	定置作业休渔时间不少于三个月，具体时间由沿海各省、自治区、直辖市渔业行政主管部门确定，报___备案。	A. 国务院 B. 农业农村部 C. 交通部 D. 渔业局	B
323	"闽粤海域交界线"以北的渤海、黄海、东海海域的休渔作业类型包括___。	A. 拖网 B. 围网 C. 单层刺网 D. 以上都是	D

序号	题目内容	可选项	正确答案
324	自 2014 年 6 月 1 日起，____海区全面实施海洋捕捞准用渔具和过渡渔具最小网目尺寸制度。	A. 黄海、渤海 B. 东海 C. 南海 D. 以上都是	D
325	网目长度测量时，网目应沿____方向充分拉直，每次逐目测量相邻 5 目的网目内径，取其最小值为该网片的网目内径。	A. 有结网的纵向 B. 无结网的长轴 C. AB 都对 D. AB 都不对	C
326	为了保护渔业资源，下列应当禁止的渔业活动是____。①使用炸鱼、毒鱼、电鱼等方法进行捕捞；②使用禁用的渔具；③在禁渔区、禁渔期进行捕捞；④使用大于最小网目尺寸的网具进行捕捞	A. ①②③④ B. ①②③ C. ①②④ D. ①③④	B
327	____年，农业部为规范水产种质资源保护区的设立和管理，加强水产种质资源保护，根据《渔业法》等有关法律法规，制定了《水产种质资源保护区管理暂行办法》。	A. 2010 B. 2011 C. 2012 D. 2014	B
328	水产种质资源保护区管理机构的主要职责包括____①制定水产种质资源保护区具体管理制度；②设置和维护水产种质资源保护区界碑、标志物及有关保护设施；③救护伤病、搁浅、误捕的保护物种；④开展水产种质资源保护的宣传教育	A. ①②③④ B. ①②③ C. ①②④ D. ①③④	A
329	根据《中华人民共和国和日本国渔业协定》（简称"中日渔业协定"），获得许可的渔船____，并明确显示缔约另一方规定的渔船标识。	A. 应将许可证妥善收藏 B. 安排专人保管许可证 C. 应将许可证置于驾驶舱明显之处 D. 应由船长亲自保管许可证	C
330	根据"中日渔业协定"，缔约各方应对在暂定措施水域从事渔业活动的____采取管理及其他必要措施。	A. 本国国民及渔船 B. 另一方的国民及渔船 C. AB 都对 D. AB 都不对	A

序号	题目内容	可选项	正确答案
331	《中华人民共和国政府和大韩民国政府渔业协定》（简称"中韩渔业规定"）于 2001 年 6 月 30 日正式生效。它的有效期为 ___ 年。缔约任何一方在最初五年期满时或在其后，可提前一年以书面形式通知缔约另一方，随时终止本协定。	A. 长期有效 B. 10 C. 8 D. 5	D
332	在"中韩渔业协定"规定的维持现有渔业活动水域内 ___ 。①维持现有渔业活动；②不将本国有关渔业的法律、法规适用于缔约另一方的国民及渔船；③应由缔约双方协议管理	A. ①② B. ②③ C. ①③ D. ①②③	A
333	到中韩暂定措施水域作业的渔船应具备哪些基本条件？①持有有效的渔业捕捞许可证书、船舶检验证书、船舶登记证书（或船舶国籍证书）、电台执照及其他必备证书；②适航航区在Ⅱ类以上，并处于适航状态，装备有全球卫星定位仪（GPS）；③按规定配齐船员，职务船员应持有有效的职务船员证书；④渔具最小网目符合规定	A. ①②③④ B. ②③④ C. ①③④ D. ①②③	D
334	根据《中华人民共和国政府和越南社会主义共和国政府北部湾渔业合作协定》（简称"中越北部湾渔业合作协定"）的规定，中越双方本着互利的精神，在共同渔区内进行长期渔业合作，根据共同渔区的 ___ 以及对缔约各方渔业活动的影响，共同制订共同渔区生物资源的养护、管理和可持续利用措施。①自然环境条件；②生物资源特点；③可持续发展的需要；④环境保护	A. ①②③④ B. ①②④ C. ①③④ D. ②③④	A
335	每个船员应将应变任务卡 ___ 。	A. 随身携带 B. 张贴于房间 C. 放置于桌上 D. 放置于床头	D
336	解除警报时，应鸣放下列哪种信号？	A. 警铃和汽笛二长一短声 B. 警铃和汽笛一短二长一短声 C. 警铃和汽笛一长声 D. 警铃和汽笛三长声	C

序号	题目内容	可选项	正确答案
337	船舶机舱发生火灾时的警报信号为警铃和汽笛短声，连放 1 min 警铃后，鸣____短声。	A. 一 B. 二 C. 三 D. 四	D
338	关于船舶应变部署表的内容，下列说法不正确的是____。	A. 有关应变的警报信号的规定 B. 职务与编号、姓名、艇号的对照一览表 C. 航行中驾驶台、机舱、电台固定人员及其任务 D. 不应指明关键人员受伤后的替代人员	D
339	发生火灾时，____负责维持现场秩序、传令通信和救护伤员。	A. 消防队 B. 隔离队 C. 救护队 D. 以上都不是	C
340	船上应在____内进行一次消防演习，如在一港口调换船员达25％时，则应于离港后____内进行一次。	A. 1个月；12 h B. 2个月；12 h C. 1个月；24 h D. 2个月；24 h	C
341	每艘救生艇一般应每____个月在弃船演习时乘载被指派的操艇船员降落下水1次，并在水上进行操纵。	A. 1 B. 2 C. 3 D. 6	C
342	有人落水时，____在主甲板现场指挥，组织对落水人员的施救。	A. 船长 B. 船副 C. 轮机长 D. 水手长	B
343	消防演习时，人员应在____min内携带指定器具到达指定地点，听从指挥，认真操练。机舱应在____min内开泵供水。	A. 2；2 B. 3；5 C. 2；5 D. 3；3	C

序号	题目内容	可选项	正确答案
344	油污应急演习的内容包括___。	A. 发出油污警报，向集合地点报道，并做好执行应变部署表中规定的任务 B. 检查参加演习人员能否按应变部署表和船上油污应急计划中的规定进行油污应急操作 C. 演练关闭阀门、堵塞甲板排水孔、甲板围栏和收集溢油、清除溢出舷外的溢油等油污应急行动 D. 以上都是	D
345	船舶发生紧急情况，应立足于自救，___应根据事故或紧急情况的发展趋势及时争取外界援助。	A. 船长 B. 船副 C. 轮机长 D. 水手长	A
346	船舶火灾被扑灭之后，应___。	A. 及时检查、清理现场 B. 注意查找存在或可能存在的余火和隐蔽的燃烧物 C. 防止死灰复燃 D. 以上都是	D
347	"___"的八字方针是消防工作的普遍原则。	A. 安全第一，预防为主 B. 预防为主，防消结合 C. 安全第一，防消结合 D. 安全第一，保障有力	B
348	船舶发生紧急情况后受损严重，经全力施救无效或处于沉没、倾覆、爆炸等危险状态时，___有权作出弃船决定。	A. 船长 B. 船副 C. 轮机长 D. 水手长	A
349	弃船后应该注意的事项包括___。	A. 救生艇应尽可能保持在大船附近的安全距离内漂航 B. 打开卫星紧急无线电示位标以便其他船舶或飞机搜寻 C. 注意控制淡水和食品消耗，定量配给，不得饮用海水 D. 以上都是	D

序号	题目内容	可选项	正确答案
350	《中华人民共和国渔业船员管理办法》中规定船长应履行的职责的说法，错误的是____。	A. 确保渔业船舶和船员携带符合法定要求的证书、文书以及有关航行资料 B. 确保渔业船舶和船员在开航时处于适航、适任状态，保证渔业船舶符合最低配员标准，保证渔业船舶的正常值班 C 按规定办理渔业船舶进出港报告手续 D. 在严重危及自身船舶和人员安全的情况下，也要尽力履行水上救助义务	D

二、判断题

序号	题目内容	正确答案
1	地理坐标是建立在地球圆球体基础上的。	错误
2	航向线是船首尾线向船首方向的延长线。	正确
3	按［开关］键就可以开机，开机之前要注意主机的 12 - 24VDC 直流电源是否正常。	正确
4	磁罗经检查时要使罗盆保持水密，无气泡，且罗经液体应无色透明且无沉淀物。	正确
5	在标准情况下，即气温为 0 ℃、纬度 45°的海平面上，760 mm 水银柱高的大气压称为标准大气压，相当于 1 013.25 hPa。	正确
6	顺着热带气旋移动的方向往前看，把热带气旋分为两个半圆，移动方向右侧的半圆称为右半圆，左侧为左半圆。	正确
7	船舶也可利用 NAVTEX 或 INMARSAT - C 站接收作业海区邻近台站发布的天气报告或天气警报来接收气象信息。	正确
8	海图比例尺决定着图上所绘制的资料的详细程度，比例尺越大，图上所绘制的资料就越详细、准确，海图的可靠性程度就越高。	正确
9	适淹礁为平均大潮高潮面下，深度基准面上的礁石。	错误
10	底质是海底的性质，"沙泥"表示沙泥一样多的混合底质。	错误
11	电子海图可分为光栅电子海图和矢量电子海图两大类。	正确
12	当高潮发生后海面有一段时间呈现停止升降的现象，称为停潮。	错误
13	航标有指示航道、供船舶定位、标示危险区、供特殊需要等作用。	正确

序号	题目内容	正确答案
14	A、B区域浮标制度仅在于侧面标标身、顶标的颜色和光色不同：A区域为"左红右绿"，B区域为"左绿右红"。	正确
15	英版《航路指南》主要供100 t及以上的船舶使用，它是将海图上无法表达或者不能完全表达的有关航海资料汇编成书，作为海图资料的补充。	错误
16	沿岸航行的特点是虽然离沿岸危险物较近、地形比较复杂、潮流影响较大，而且航行船舶和渔船的情况比较复杂，但是比在海上航行更安全。	错误
17	雷达天线是定向圆周扫描天线，在水平面内，天线辐射宽度约5°，所以对于每一时刻雷达都有几个方向进行发射和接收。	错误
18	GPS利用多颗高轨道卫星测量其距离变化与距离变化率，以此来精测用户位置、速度和时间参数的。	正确
19	平静水面中，当水面与吃水标志数字下端相切时吃水读取以相切处相邻两数字的平均值为准。	错误
20	载重线标志可以确定船舶干舷。	正确
21	某船船底结构中纵桁较多而其舷侧结构中肋骨排列较密，则该船为横骨架式结构。	错误
22	船体纵骨架式结构的特点是纵向构件排列密而小，横向构件排列疏而大。	正确
23	当船舶的总载重量确定以后，船舶的航次净载重量与空船重量无关。	正确
24	对于冷却运输的冷藏货物，需要用通风机对冷藏舱进行通风换气，以起到降温作用，通常宜在白天进行。	错误
25	使用自动舵过程中，航行于渔区、礁区等复杂海区时应转换成人工操舵。	正确
26	使用自动舵过程中，在避让时和雾航时应转换成人工操舵。	正确
27	船舶旋回圈中的横距是自操舵起至航向改变90°时，其重心在原航向上的横向移动距离。	正确
28	在其他情况相同的条件下，主机换向所需时间越长，倒车功率越小，倒车冲程越大。	正确
29	船舶首倾比尾倾时舵效差，顺流时比顶流时舵效好。	错误
30	对于右旋固定螺距单桨船，排出流横向力致偏作用为进车使船首左转，倒车使船首右转。	错误
31	"把定"操舵是指将舵轮把定不变。	错误
32	发现本船走锚时，值班驾驶员应立刻抛另一锚使之受力，通知机舱备车并报告船长。	正确
33	船舶由深水区进入浅水区船速下降、航向稳定性提高。	正确

序号	题目内容	正确答案
34	处于北半球在危险半圆内船舶应以右舷 $15°\sim20°$ 顶风，并应采取平行于台风进路的航向全速驶离。	错误
35	船舶发生碰撞，甲船撞入乙船船体时，甲船应微进车，顶住对方减少进水量。	正确
36	海上拖带转向时应每次转 $5°\sim10°$ 地分段完成。	正确
37	在海面作超低空飞行的水上飞机应遵守"规则"。	错误
38	"规则"适用的水域是指公海以及与公海相连接的一切水域。	错误
39	有关主管机关为与公海相连接的并可供海船航行的一切港口、江河、湖泊或内陆水域所制定的特殊规则，应尽可能符合"规则"。	正确
40	结队从事捕鱼的渔船不但应按"规则"规定显示号灯号型，还可以显示所在国政府为其制定的额外的队形灯、信号灯、笛号或号型。	错误
41	正在用延绳钓捕鱼的渔船不属于"从事捕鱼作业船"。	错误
42	正在从事拖网作业的渔船属于"从事捕鱼的船舶"。	正确
43	只有当两船用视觉相互看见时才可认为两船业已处于"互见"之中。	错误
44	判断一机动船是否为限于吃水船的依据为船舶偏离所驶航向的能力。	错误
45	白天能见度不良时，船舶应显示规定的号型，也可显示规定的号灯。	错误
46	尾灯的水平光弧显示范围为 $360°$。	错误
47	$L\geqslant50\,m$ 的船舶，其舷灯的最小能见距离为 $6\,n\,mile$。	错误
48	$12\leqslant L<20\,m$ 的船舶，其环照灯的最小能见距离为 $6\,n\,mile$。	错误
49	$L\geqslant50\,m$ 的船舶，其桅灯的最小能见距离为 $2\,n\,mile$。	错误
50	$50\leqslant L<100\,m$ 的在航机动船应显示的号灯为一盏桅灯、两盏舷灯和一盏尾灯。	错误
51	夜间，见到前方显示上黄下白两盏号灯，则该船为引航船。	错误
52	海上从事拖网作业船对水移动时应显示舷灯、尾灯。	正确
53	在海上，当你看到他船的号灯为绿、白、白垂直三盏号灯时，他船可能为船长 $\geqslant50\,m$ 的拖网渔船，并对水移动。	正确
54	在海上当你看到来船的号灯仅为垂直两盏红灯，则来船不是限于吃水的船。	正确
55	你船夜间全速前进时，主机突然失控，应立即关闭桅灯，舷灯和尾灯，并显示两盏环照红灯。	错误
56	长度为 $L\geqslant100\,m$ 的锚泊船，应当用工作灯或同等的灯照明甲板。	正确
57	"短声"指历时约 $1\,s$ 的笛声。	正确
58	操纵行动声号表示本船即将可能采取的操纵行动。	错误

序号	题目内容	正确答案
59	失控船锚泊时在白天应悬挂的号型是垂直两个黑球加上锚球。	错误
60	雾中主机故障的失控船，不对水移动时应每隔2 min鸣放一短一长一短声号。	错误
61	能见度不良时在航机动船均应以每次不超过2 min的间隔鸣放一长声。	错误
62	由无线电示位标发出的信号属于遇险信号。	正确
63	保证船舶海上安全航行的首要做法是保持正规瞭望。	正确
64	"安全航速"是指与他船致有构成碰撞危险时，采用微速前进。	错误
65	每一船舶应用适合当时环境和情况的一切有效手段断定是否存在碰撞危险，如有怀疑，应认为不存在碰撞危险。	错误
66	为避免碰撞而作的航向和（或）航速的任何改变，如当时环境许可，幅度应大到足以使他船用雷达察觉到。	正确
67	"规则"规定，为避免与他船碰撞而采取的行动应能导致让清他船。	错误
68	如限于吃水的船舶对穿越船舶有怀疑，在任何能见度情况下都应鸣放五短声的声号。	错误
69	在狭水道或航道内企图追越他船的船舶，若对本船是否能安全追越持有怀疑时，应鸣放追越声号。	正确
70	在狭水道或航道内，一船听到后船鸣放追越声号时应立即鸣放同意声号或可不鸣放任何声号，任其追越。	错误
71	长度小于20 m的船舶不应妨碍按分道通航制的通航分道行驶的任何船舶安全通行。	错误
72	帆船与捕鱼船在通航分道内相互逼近，帆船应严格执行"规则"有关规定，自始至终均应给捕鱼船让路。	错误
73	穿越通航分道的船舶是否负有让路的责任和义务，取决于是否违背"应尽可能直角穿越"的规定。	错误
74	互见中帆船在航道里从机动船右舷追越，帆船应是直航船。	错误
75	任何情况下，只要一船从另一船的正横后大于22.5°方向上赶上他船，就必须给他船让路。	错误
76	追越条款中的追越船为让路船。	正确
77	船长无权拒绝船东的开航或者续航指示。	错误
78	渔业船员应服从船长以及其他上级职务船员在其职权范围内发布的命令。	正确
79	船舶应按规定配备消防器材在指定位置存放并按期更换，并确定专人负责使用、维护和保养。	正确

序号	题目内容	正确答案
80	雾中航行，应充分利用航行仪器和助航设备，并应随时校对船位，切实掌握准确船位，要注意在车速多变情况下风、流对船位的影响。	正确
81	接班船员接到通知到船后应即向船长报到，并抓紧接班，不得借口拒绝或拖延接班。	正确
82	驾驶台是船舶航行的指挥中心，在航行和锚泊中，任何时候不得无人值班。	正确
83	使用炸鱼、毒鱼、电鱼等破坏渔业资源方法进行捕捞的，违反关于禁渔区、禁渔期的规定进行捕捞的，或者使用禁用的渔具、捕捞方法和小于最小网目尺寸的网具进行捕捞或者渔获物中幼鱼超过规定比例的，没收渔获物和违法所得，处五万元以下的罚款；情节严重的，没收渔具，吊销捕捞许可证；情节特别严重的，可以没收渔船；构成犯罪的，依法追究刑事责任。	正确
84	因养殖或者其他特殊需要，捕捞有重要经济价值的苗种或者禁捕的怀卵亲体的，必须经国务院渔业行政主管部门批准。	错误
85	根据《中华人民共和国渔业港航监督行政处罚规定》，渔业港航违法行为显著轻微并及时纠正，没有造成危害性后果的，可免予处罚。	正确
86	根据《渔业船舶水上安全事故报告和调查处理规定》，重大事故指造成十人以上三十人以下死亡、失踪，或五十人以上一百人以下重伤，或五千万元以上一亿元以下间接经济损失的事故。	错误
87	船舶所有人或经营人应当依法与渔业船员订立劳动合同并应当依法为渔业船员办理保险、为船员提供必要的船上生活用品、防护用品、医疗用品。	正确
88	根据《中华人民共和国渔业船员管理办法》规定，渔业船员基本安全培训包括：水上求生、船舶消防、急救等内容。	正确
89	持有高等级职级船员证书的船员不可以担任低等级职级船员职务。	错误
90	船舶应当遵守海上交通安全法律、法规的规定，防止因碰撞、触礁、搁浅、火灾或者爆炸等引起的海难事故，造成海洋环境的污染。	正确
91	任何单位和个人发现船舶及其有关作业活动造成或者可能造成海洋环境污染的，应当立即就近向海事管理机构报告。	正确
92	船舶在中华人民共和国管辖海域向海洋排放的船舶垃圾、生活污水、含油污水、含有毒有害物质污水、废气等污染物以及压载水，应当符合法律、行政法规、中华人民共和国缔结或者参加的国际条约以及相关标准的要求。	正确
93	伏季休渔制度已经成为我国最重要和最具影响力的渔业资源养护管理制度之一。	正确
94	按 2017 年的规定，北纬 35°00′—26°30′的黄海海域和东海海域的休渔时间为 5 月 1 日 12 时至 9 月 16 日 12 时。	正确

序号	题目内容	正确答案
95	船长是船舶各类应急的总指挥。	正确
96	每艘救生艇一般应每 3 个月在弃船演习时乘载被指派的操艇船员降落下水 1 次，并在水上进行操纵。	正确
97	航行中的船舶，驾驶台接到火灾报警后，应立即发出消防警报，全体船员应立即按应急部署表规定的分工和职责迅速就位，服从现场指挥的统一调度和指挥。	正确
98	船舶发生火灾后，立即查明火灾的性质、位置、范围、受困人员、合适灭火机会、扑救方法等。	正确
99	船长在作出弃船决定时，若时间和情况允许，必须先请示船东。	正确
100	发现船舶破损进水，应立即发出堵漏警报召集船员，报告船长并通知机舱。	正确

一级船副

一、选择题

序号	题目内容	可选项	正确答案
1	下列哪个系统采用 WGS - 84 大地坐标系？① GPS；② DGPS；③ECDIS	A. ①② B. ②③ C. ①②③ D. ①③	C
2	NNW 的圆周度数为____。	A. 337°5′ B. 315° C. 345°5′ D. 335°	A
3	单一船位线可用于____。①避险；②导航；③测定罗经差	A. ①③ B. ①② C. ②③ D. ①②③	D
4	船速 10 kn，$\Delta L = 0.0\%$，流速 2 kn，顺流航行 1 h 后相对计程仪记录的航程为____。	A. 8′ B. 10′ C. 12′ D. 14′	B

序号	题目内容	可选项	正确答案
5	平时或世界时是以____为参照点得到的时间计量单位。	A. 春分点 B. 视太阳 C. 平太阳 D. 无法判断	C
6	在 AIS［列表］显示本船已接收的其他船舶的 AIS 信息，如____。①MMIS；②船名；③距离、方位和速度	A. ①③ B. ①② C. ②③ D. ①②③	D
7	编制磁罗经自差表和自差曲线图的引数是____。	A. 磁航向 B. 真航向 C. 罗航向 D. 罗方位	C
8	在北半球陆地上，一年中气温最低和最高的月份为____。	A. 1 月和 7 月 B. 3 月和 9 月 C. 12 月和 6 月 D. 12 月和 7 月	A
9	当低纬和高纬的水平气压梯度相等时，地转风速为____。	A. 低纬大于高纬 B. 低纬等于高纬 C. 低纬小于高纬 D. 风速与纬度无关	A
10	若干球温度为 18 ℃，湿球温度也为 18 ℃，则相对湿度____。	A. $r=18\%$ B. $r=0\%$ C. $r=100\%$ D. $r=90\%$	C
11	强度不受日变化影响的雾是____。	A. 平流雾 B. 辐射雾 C. 蒸发雾 D. 锋面雾	D
12	海流对船舶的航行具有直接影响，因此在航行或拖网时，应尽量避免____航行。	A. 逆流 B. 横流 C. 顺流 D. 乱流	A
13	锋是三度空间结构的天气系统，在空间呈现出____。	A. 水平带状结构 B. 垂直带状结构 C. 螺旋带状结构 D. 倾斜带状结构	D

序号	题目内容	可选项	正确答案
14	使我国北部沿海产生东北大风的是哪条路径的冷高压？	A. 东路 B. 西路 C. 西北路 D. 东路加西路	A
15	副热带高压是控制____的大尺度永久性大气活动中心。	A. 热带地区 B. 副热带地区 C. 温带地区 D. AB 都是	D
16	全球产生热带气旋最多的海域是____。	A. 东北大西洋 B. 西北大西洋 C. 东北太平洋 D. 西北太平洋	D
17	北半球热带气旋的危险象限是指其前进方向的____。	A. 右前象限 B. 左前象限 C. 右后象限 D. 左后象限	A
18	船舶获取的具有快速、彩色、高画质动画等特点的海洋气象资料的途径为____。	A. 气象传真广播 B. 全球互联网 C. 海岸电台 D. 增强群呼	B
19	传真天气图上，表示台风警报的为____。	A. TD B. TS C. TW D. S	C
20	表示海图比例尺的常用方法有____。①数字比例尺；②直线比例尺；③文字比例尺	A. ①②③ B. ①② C. ②③ D. ①③	B
21	平均大潮高潮面下，深度基准面上的是____。	A. 干出礁 B. 适淹礁 C. 明礁 D. 暗礁	A
22	光栅海图____显示纸海图的信息，____显示辅助导航信息。	A. 可以；可以 B. 可以；不可以 C. 不可以；不可以 D. 不可以；可以	B

序号	题目内容	可选项	正确答案
23	视风与航向的关系为____。	A. 相同或相反 B. 有一个夹角 C. 以上都有可能 D. 无法判断	C
24	我国沿岸流的总趋势为____。	A. 由北向南 B. 由南向北 C. 由东南向西北 D. 无法判断	A
25	陆标定位时，在有多个物标可供选择的情况下，应尽量避免选择下列何种位置的物标进行定位？	A. 正横前 B. 正横后 C. 左正横 D. 右正横	B
26	为提高测深辨位的可靠性，有时需临时调整航向，使调整后的航线____。	A. 与岸线平行 B. 与岸线垂直 C. 与等深线平行 D. 与等深线垂直	D
27	下列有关海图可靠性方面的说法中，正确的是____。	A. 新购置的海图不一定是可靠的 B. 新版海图一定是可靠的 C. 新图一定是可靠的 D. 新购置的海图一定是可靠的	A
28	对于半日潮的水域，往复流的最大流速一般出现在____。	A. 转流后 3 h B. 转流前 2 h C. 转流后 1 h D. 无法判断	A
29	海面在周期性外力作用下，产生的周期性升降运动称为____。	A. 大潮升 B. 小潮升 C. 潮高 D. 潮汐	D
30	潮差比是____之比。	A. 附港平均潮差与主港平均潮差 B. 主港潮差与附港潮差 C. 主港平均潮差与附港平均潮差 D. 附港最大潮差与主港最大潮差	A
31	利用浮标导航，下列哪种情况表明船舶被压向前方浮标？①浮标舷角不变；②浮标舷角逐渐增加；③船首对着浮标	A. ① B. ①② C. ②③ D. ①②③	A

序号	题目内容	可选项	正确答案
32	国际性的浮标制度规定美国适用于____。	A. A 区域 B. B 区域 C. A 区域和 B 区域 D. X 区域和 Z 区域	B
33	助航标志的作用有____。①供船舶定船位；②帮助船舶安全航行；③帮助船舶避离危险	A. ①③ B. ①② C. ②③ D. ①②③	D
34	中版《航标表》的主要内容有____。①灯质；②射程；③构造	A. ①③ B. ①② C. ②③ D. ①②③	D
35	中版《航海通告》第五部分的改正资料可用于改正中版的____。	A. 海图 B. 航路指南 C. 无线电航行警告 D. 航标表	B
36	《无线电信号表》第 1 卷的内容有____。①全球海运通信；②卫星通信服务；③海岸警卫通信	A. ①③ B. ①② C. ②③ D. ①②③	D
37	防海盗的一般措施包括____。	A. 封闭主甲板和后甲板通往生活区的通道，建立安全区 B. 甲板水龙带处于随时可用状态，并备妥砍断缆绳的太平斧 C. 将易被盗走的物品、设备等移至安全处所，减少损失 D. 以上都是	D
38	对航海员来讲，下列哪种导航方法比较直观？	A. 雷达导航 B. 目视导航 C. VTS 导航 D. GPS 导航	B
39	沿岸航行的特点包括____。①离沿岸危险物较近；②地形较复杂；③受潮流影响较大	A. ①③ B. ①② C. ②③ D. ①②③	D

序号	题目内容	可选项	正确答案
40	狭水道的航行方法有____。	A. 按浮标航行 B. 按叠标航行 C. 按导标航行 D. 以上都可以	D
41	雾航中航线与海岸距离之间应达到____，以保证船岸之间有足够的回旋余地。	A. 1 n mile 以上 B. 2 n mile 以上 C. 3～4 n mile 之间 D. 5 n mile 以上	C
42	冰区航行，船舶不得不进入冰区时，应____，并且保持船首与冰区边缘成____驶入。	A. 快速；尽可能小的角度 B. 快速；直角 C. 慢速；直角 D. 慢速；尽可能小的角度	C
43	被跟踪目标发生目标丢失的原因可能是____。	A. 本船大幅度机动 B. 发生了目标交换 C. GPS 船位有误差 D. 罗经航向有误差	A
44	船用雷达的天线是收发共用的，这种装置称为____。	A. 收发开关 B. 磁控管 C. PPI D. 雷达开关	A
45	GPS 卫星导航系统中，几何精度因子为____。	A. GDOP B. HDOP C. VDOP D. PDOP	A
46	从事拖网作业，捕捞中下层水域鱼虾类的专用渔船是____。	A. 拖网渔船 B. 围网渔船 C. 刺网渔船 D. 钓渔船	A
47	对国际航行船舶登记尺度不包括____。	A. 登记长度 B. 登记宽度 C. 登记深度 D. 登记高度	D
48	公制水尺中数字的高度及相邻数字间的间距是____。	A. 6 cm B. 10 cm C. 12 cm D. 15 cm	B

序号	题目内容	可选项	正确答案
49	以____度量最大吃水限制线。	A. 载重线的上边缘为准 B. 载重线的下边缘为准 C. 载重线的中线为准 D. 夏季载重线为准	A
50	载重线标志的主要作用是确定____。	A. 载重量 B. 船舶吨位 C. 船舶干舷 D. 船舶吃水	C
51	大风浪中航行,当船长 L 等于波长 λ 时,船体最易出现____。	A. 扭转变形 B. 中拱中垂变形 C. 局部变形 D. 局部和扭转变形	B
52	船舶外板又称船壳板,是指主船体中的____。	A. 船底板 B. 舷侧外板 C. 舭部 D. 构成船底、舷侧及舭部外壳的板	D
53	船舶设置双层底的主要作用是____。	A. 保证抗沉性 B. 调整前后吃水 C. 便于装卸货 D. 调整横倾	A
54	位于船舶最前端的一道水密横舱壁被称为____。①首尖舱舱壁;②防撞舱舱壁;③制荡舱壁	A. ①② B. ②③ C. ①③ D. ①②③	A
55	首柱按制造方法的不同,可分为____。①钢板焊接首柱;②铸钢首柱;③混合型首柱	A. ①② B. ②③ C. ①③ D. ①②③	D
56	提高船舶载重能力的具体措施包括____。	A. 正确确定和使用船舶载重线 B. 轻重货物合理搭配 C. 合理确定货位及紧密堆装货物 D. 确保安全下适当超载	A
57	某矩形液货舱中部设置一道横向隔舱,则其自由液面的惯性矩为____。	A. 与原来相同 B. 原来的1/2 C. 原来的1/3 D. 原来的1/4	A

序号	题目内容	可选项	正确答案
58	当少量货物装于漂心处时，则船舶____。	A. 首吃水增加，尾吃水减少 B. 尾吃水增加，首吃水减少 C. 吃水差不变，平行下沉 D. 首尾吃水都不变	C
59	冷藏货物装船或卸货一般不宜在____进行。	A. 烈日或雨天 B. 气温较低的清早或傍晚 C. 气温较低的晚间 D. 气温较低的清早	A
60	船体破损进水时，应用车舵配合将漏损部位置于____，以减少进水量。	A. 上风侧 B. 下风侧 C. AB 都对 D. AB 都不对	B
61	渔获物变质的原因有____。	A. 微生物作用 B. 呼吸作用 C. 化学作用 D. 微生物作用、呼吸作用、化学作用	D
62	锚抓力系数的大小主要取决于____。	A. 抛锚方法 B. 锚重及水深 C. 锚地风浪流的大小 D. 锚型及底质	D
63	下列锚中属于特种锚的是____。	A. 无杆锚 B. 海军锚 C. 丹福锚 D. 螺旋锚	D
64	在末端链节的末端和锚端链节的前端均增设转环的主要目的是____。	A. 为减轻起锚时的磨损 B. 避免抛锚时产生跳动 C. 避免锚链发生过分扭绞 D. 为增加锚链局部强度	C
65	制链器的主要作用是____。	A. 使锚链平卧在链轮上 B. 防止锚链下滑 C. 固定锚链并将锚和卧底链产生的拉力直接传递至船体 D. 为美观而设计	C

序号	题目内容	可选项	正确答案
66	锚设备的检查分日常、定期和修船检查，其中定期检查至少____进行一次。	A. 一个航次 B. 一个季度 C. 半年 D. 一年	C
67	船舶系泊时，后倒缆或尾倒缆的作用是____。	A. 防止船舶前移，防止船首向外舷移动 B. 防止船舶后移，防止船首向外舷移动 C. 防止船舶前移，防止船尾向外舷移动 D. 防止船舶后移，防止船尾向外舷移动	D
68	船用钢丝绳的养护周期为____。	A. 12 个月 B. 9 个月 C. 6 个月 D. 3 个月	D
69	平衡舵的特点是____。①舵叶压力中心靠近舵轴；②所需的转舵力矩小；③可相应减小所需的舵机功率；④结构简单	A. ①②③ B. ②③④ C. ①③④ D. ①②③④	A
70	海船广泛使用的舵是____。	A. 普通舵 B. 流线型平衡舵 C. 流线型舵 D. 平板舵	B
71	舵角限位器的作用是为了防止____。	A. 操舵时的实际舵角太大 B. 操舵时的有效舵角太大 C. 操舵时的实际舵角超过最大有效舵角 D. 实操舵角超过有效舵角	C
72	各种类型自动舵都应和罗经组合，并具有____三种操舵方式。	A. 自动、液压、应急 B. 随动、辅助、掀钮 C. 应急、电动、机械 D. 自动、随动、应急	D
73	自动舵的舵角调节旋钮是用来调节____。	A. 开始工作的偏航角 B. 纠正偏航的舵角大小 C. 反舵角大小 D. 偏出一个固定舵角大小	B
74	直航船操一定舵角后，其加速旋回阶段的船体____。	A. 向操舵一侧横移，向操舵一侧横倾 B. 向操舵相反一侧横移，向操舵相反一侧横倾 C. 向操舵一侧横移，向操舵相反一侧横倾 D. 向操舵相反一侧横移，向操舵一侧横倾	C

序号	题目内容	可选项	正确答案
75	直航船操一定舵角后，其旋回初始阶段的船体____。	A. 开始向操舵一侧横移，向操舵一侧横倾 B. 开始向操舵相反一侧横移，向操舵相反一侧横倾 C. 开始向操舵一侧横移，向操舵相反一侧横倾 D. 开始向操舵相反一侧横移，向操舵一侧横倾	D
76	船舶在旋回中的降速主要是由于____。	A. 大舵角的舵阻力增大、斜航中船体阻力减小造成的 B. 大舵角的舵阻力增大、斜航中船体阻力增大造成的 C. 大舵角的舵阻力减小、斜航中船体阻力减小造成的 D. 大舵角的舵阻力减小、斜航中船体阻力增大造成的	B
77	船舶倒车冲程与排水量和初始船速有关，在其他情况相同的条件下____。	A. 排水量越大，初始船速越小，倒车冲程越大 B. 排水量越大，初始船速越大，倒车冲程越大 C. 排水量越小，初始船速越小，倒车冲程越大 D. 排水量越小，初始船速越大，倒车冲程越大	B
78	关于伴流和螺旋桨排出流对舵力产生的影响，下面哪种说法正确？	A. 伴流使舵力上升，排出流使舵力下降 B. 伴流使舵力下降，排出流使舵力下降 C. 伴流使舵力上升，排出流使舵力上升 D. 伴流使舵力下降，排出流使舵力上升	D
79	下列哪项措施可提高船舶舵效？①提高船速；②提高船速的同时降低螺旋桨转速；③降低船速的同时降低螺旋桨转速；④降低船速的同时提高螺旋桨转速	A. ①②③④ B. ①②③ C. ②③ D. ①④	D
80	伴流对推进器和舵效的影响是____。	A. 提高推进器效率，增加舵效 B. 提高推进器效率，降低舵效 C. 降低推进器效率，降低舵效 D. 降低推进器效率，增加舵效	B

序号	题目内容	可选项	正确答案
81	对于右旋固定螺距单桨船，排出流横向力致偏作用为____。	A. 进车和倒车都使船首右转 B. 进车和倒车都使船首左转 C. 进车使船首左转，倒车使船首右转 D. 进车使船首右转，倒车使船首左转	A
82	对于右旋螺旋桨，伴流横向力方向为____。	A. 倒车时推尾向左 B. 正车时推尾向左，倒车时推尾向右 C. 正车时推尾向右，倒车时推尾向右 D. 正车时推尾向右，倒车时推尾向左	B
83	船舶空载、船首受风面积大时，低速前进中右正横前来风的偏转规律是____。	A. 船首向右偏转，操右舵纠正 B. 船首向右偏转，操左舵纠正 C. 船首向左偏转，操右舵纠正 D. 船首向左偏转，操左舵纠正	C
84	右旋式单车船后退中倒车，尾迎风出现明显的原因是____。	A. 右舷正横后来风 B. 左舷正横后来风 C. 右舷正横来风 D. 左舷正横来风	D
85	"把定"操舵是指____。	A. 将舵轮把定不变 B. 保持当时航向不变 C. 保持当时转出舵角不变 D. 将舵转回至正舵	B
86	在 10 m 水深的港内水域中操纵用锚时，____。	A. 出链长度一般应为 0.5 kn 落水 B. 出链长度一般应为 1.0 kn 落水 C. 出链长度一般应为 2.0 kn 落水 D. 出链长度一般应为 2.5 kn 落水	B
87	当风速为 20 m/s 时，根据经验，用水深 h 表示单锚泊出链长度正确的是____。	A. $3h+90$ (m) B. $3h+125$ (m) C. $4h+90$ (m) D. $4h+145$ (m)	A
88	在风、流影响下，一字锚承受系留力作用较小者为____。	A. 主锚 B. 力锚 C. 惰锚 D. 附锚	C
89	根据经验，大型船舶倒车水花到达船中时，一般____。	A. 船舶对水速度为零 B. 船舶对地速度为零 C. 船舶对水已略有退速 D. 船舶对地已有较大退速	A

序号	题目内容	可选项	正确答案
90	在强风、强流中单锚泊的船，发现偏荡严重，采取抑制偏荡的有效措施是____。①放长锚链；②注入压舱水增加尾倾；③改抛八字锚	A. ①②③ B. ①② C. ②③ D. ③	D
91	船舶靠码头操纵之前，应掌握的港口信息包括____。①航道信息；②泊位信息；③交通信息；④气象信息	A. ①② B. ①③④ C. ②③④ D. ①②③④	D
92	关于靠泊部署，下列正确的是____。①做好人员分工；②做好应急准备；③做好装货准备；④做好用缆准备	A. ①②③④ B. ①②③ C. ①②④ D. ①③④	C
93	船舶靠泊时，确定靠拢角度大小的总原则是____。①重载船顶流较强时，靠拢角度宜小，并降低入泊速度；②重载顶流较强时，靠拢角度宜大，并提高入泊速度；③空船、流缓、吹开风时，靠拢角度宜大，以降低风致漂移；④空船、流缓、吹开风时，靠拢角度宜大，以提高风致漂移	A. ①②③④ B. ①③ C. ①④ D. ②④	B
94	船舶自力离泊操纵要领为____。①确定首先离、尾先离还是平行离；②掌握好船身摆出的角度；③控制好船身的进退；④适时利用拖船助操	A. ①②③ B. ①②③④ C. ①② D. ②③④	A
95	船舶由深水进入浅水区，会发生怎样的现象？	A. 旋回性提高，航向稳定性提高 B. 旋回性下降，航向稳定性下降 C. 旋回性提高，航向稳定性下降 D. 旋回性下降，航向稳定性提高	D
96	在狭水道航行，离岸壁太近会出现____。	A. 船首岸推，船尾岸吸 B. 船首岸推，船尾岸推 C. 船首岸吸，船尾岸推 D. 船首岸吸，船尾岸吸	A

序号	题目内容	可选项	正确答案
97	为防止出现浪损，船舶驶经系泊船附近时应____。①提前减速；②保持低速行驶；③减小兴波；④保持足够的横距	A. ①②③ B. ②③④ C. ①③④ D. ①②③④	D
98	船舶顶浪航行中，若出现纵摇、垂荡和拍底严重的情况，为了减轻其造成的危害，____。	A. 减速措施无效，转向措施有效 B. 减速措施无效，转向措施无效 C. 减速措施有效，转向措施有效 D. 减速措施有效，转向措施无效	C
99	船舶在波浪中顺浪航行，当船处于追波的前斜面时，会出现航向不稳状态，其至突然产生首摇而横于波浪中，即所谓____。	A. 纵摇 B. 打横 C. 首摇 D. 横摇	B
100	北半球台风危险半圆的特点和避航法是____。	A. 右半圆，风向右转、右首受风驶离 B. 右半圆，风向右转、左尾受风驶离 C. 左半圆，风向左转、右尾受风驶离 D. 左半圆，风向左转、左首受风驶离	A
101	北半球，船舶处在台风进路上的防台操纵法是____。	A. 使船首右舷逆风航行 B. 使船首左舷逆风航行 C. 使船尾右舷受风航行 D. 使船尾左舷受风航行	C
102	船舶碰撞后的损害程度与碰撞位置和破损的大小有关，碰撞位置越接近____，破损____，碰撞损失越大。	A. 船中；越小 B. 船中；越大 C. 船首；越小 D. 船首；越大	B
103	船舶碰撞后船体破损进水，选用堵漏器材时应考虑哪些因素____。①破损部位；②漏洞大小；③漏洞形状；④航行区域	A. ①②③ B. ①②③④ C. ②③ D. ①③	B
104	当单船进行扇形搜寻时，每一航向所搜寻的里程为____，这种搜寻方式适用于当搜寻目标的可能区域较____时	A. 2 n mile；小 B. 6 n mile；小 C. 根据被搜寻目标大小确定；大 D. 根据被搜寻目标大小确定；小	A

序号	题目内容	可选项	正确答案
105	斯恰诺旋回法最适用于人落水后的____。	A. 立即行动的情况 B. 延迟行动的情况 C. 人员失踪的情况 D. 搜寻行动的情况	C
106	我国船舶中可免受"规则"约束的为____。	A. 在海面的潜水艇 B. 从事捕鱼的船舶 C. 非机动船 D. 操纵能力受到限制的船舶	C
107	"规则"适用的水域是指____。	A. 船舶能到达的一切水域 B. 公海以及与公海相连接并可供海船航行的一切水域 C. 公海以及与公海相连接的一切水域 D. 与公海相连接并可供海船航行的一切感潮水域	B
108	下列哪一种船舶不需要执行"规则"?	A. 执行护航任务的军舰 B. 执行任务中的缉私艇 C. 我国加入《一九七二年国际海上避碰规则公约》时作出保留的我国非机动船 D. 从事捕鱼的船舶	C
109	下列说法正确的为____。	A. 军用船舶可以不遵守"规则" B. 政府公务船可以不遵守"规则" C. 军用船舶在本国领海上可以不遵守"规则" D. 任何船舶均应遵守"规则"	D
110	我国船舶中可免受"规则"约束的为____。	A. 在水面上的潜水艇 B. 从事捕鱼的船舶 C. 摇橹船和划桨船 D. 失去控制的船舶	C
111	下述说法不正确的是____。	A. 失去控制的船舶必定是在航船 B. 操纵能力受到限制的船舶必定是在航船 C. 限于吃水的船舶必定是在航船 D. 从事捕鱼的船不一定是在航船	B

序号	题目内容	可选项	正确答案
112	在下列情况中属于互见的是___。	A. 只有当一船能自他船以视觉看到时 B. 用雷达探测到他船时 C. 相互听到对方的雾号时 D. 无论用任何方式能察觉到他船的存在时	A
113	限于吃水的船舶是指___。	A. 由于吃水与可航水域的水深和宽度的关系，致使其偏离所驶航向的能力受到限制的机动船 B. 由于吃水与可航水域的水深和宽度的关系，致使其偏离所驶航向的能力受到限制的船舶 C. 由于水深太浅，致使其偏离所驶航向的能力受到限制的机动船 D. 由于浅水效应，致使其旋回性能受到限制的机动船	A
114	下列船舶中不属于从事捕鱼的船舶的为___。	A. 正在用拖网捕鱼的船舶 B. 正在用围网捕鱼的船舶 C. 正在用延绳钓捕鱼的船舶 D. 正在用曳绳钓捕鱼船舶	D
115	"规则"的一般定义中，"船舶"一词包括___。	A. 用作水上运输工具的各类水上船筏 B. 能够用作水上运输工具的各类水上船筏 C. 水面上的水上飞机和非排水船舶 D. 用作或能够用作水上运输工具的各类水上船筏，包括水面上的水上飞机和非排水船舶	D
116	号灯、号型应同时显示的时间为___。	A. 能见度不良的白天 B. 晨昏蒙影时 C. 夜间有月光时 D. 能见度不良的白天或晨昏蒙影时	D
117	当作号型的锥体的底部直径应不小于___，且其高度应为底部直径的___倍。	A. 1 m；1 倍 B. 0.6 m；1 倍 C. 0.6 m；2 倍 D. 1.5 m；1 倍	B

序号	题目内容	可选项	正确答案
118	桅灯的水平显示范围为____内。	A. 360° B. 从船的正前方到每一舷正横前 22.5° C. 从船的正前方到每一舷正横后 22.5° D. 正横以前	C
119	闪光灯是指每隔一定时间以每分钟频闪____次的闪光号灯。	A. 120 及以上 B. 110 及以上 C. 100 及以上 D. 150 及以上	A
120	船长 32 m 的船舶舷灯、尾灯、拖带灯、环照灯的最小能见距离为____。	A. 2 n mile B. 3 n mile C. 5 n mile D. 6 n mile	A
121	在夜间，你船看到前方有一艘船显示红、绿合色舷灯和桅灯，你应断定该船是____。	A. 在航机动船，船长大于或等于 50 m B. 在航机动船，船长大于或等于 30 m C. 在航机动船，船长大于或等于 20 m D. 在航机动船，船长小于 20 m	D
122	当你在海上航行，看到来船的垂直四盏白灯和左右舷灯，则来船为____。	A. 偏离所驶航向能力严重受到限制的拖带船 B. 拖轮长度小于 50 m，拖带长度超过 200 m 的拖轮 C. 长度大于 200 m 的限于吃水船 D. 拖轮长度大于等于 50 m，拖带长度超过 200 m 的拖轮	D
123	机动船当拖带长度小于或等于 200 m 时，在夜间相应处显示____前桅灯。	A. 垂直二盏 B. 一盏 C. 垂直三盏 D. 垂直四盏	A
124	你船正在钓捕鱿鱼，船长大于 50 m，夜间应显示的号灯是____。	A. 垂直上红、下白二盏环照灯、桅灯、舷灯、尾灯 B. 垂直上绿、下白二盏环照灯 C. 垂直上绿、下白二盏环照灯、桅灯、舷灯、尾灯 D. 垂直上红、下白二盏环照灯	D

序号	题目内容	可选项	正确答案
125	你船是拖网渔船，在起网中，因起网设备出现故障，在渔场锚泊修理，夜间应显示的号灯是____。	A. 上下垂直二盏环照灯，上绿下白、舷灯、尾灯 B. 上下垂直二盏环照灯，上绿下白、锚灯 C. 上下垂直二盏环照灯，上绿下白 D. 锚灯	C
126	从事捕鱼作业的非拖网船，当渔具从船边伸出的距离大于150 m时，在夜间应显示的号灯是____。	A. 应在渔具伸出方向显示一盏绿灯 B. 应在渔具伸出方向显示一盏红灯 C. 应在渔具伸出方向显示一盏白灯 D. 应在渔具伸出方向显示一盏黄灯	C
127	你船在海上看到来船显示一个由二个尖端对接的黑色圆锥体所组成的号型，你应断定来船是____。	A. 从事捕鱼作业的拖网船，在航，对水移动 B. 从事捕鱼作业的拖网船，在航，不对水移动 C. 从事捕鱼作业的非拖网船，在航，对水移动 D. 从事捕鱼作业的拖网船，或从事捕鱼作业的非拖网船，在航，对水移动，或不对水移动，或锚泊	D
128	在海上，当你看到他船的号灯为白、绿、白垂直三盏号灯和左右舷灯时，他船为____。	A. 船长大于等于50 m的非拖网渔船 B. 在航对水移动的拖网渔船 C. 在航对水移动的非拖网渔船 D. 在航不对水移动的拖网渔船	B
129	你船是拖网渔船，在往返渔场的航行途中，白天应显示的号型是____。	A. 一个圆球体 B. 一个圆柱体 C. 不应显示任何号型 D. 一个圆锥体，尖端向下	C
130	你船在海上看到来船显示上红、下白垂直两盏灯和上下垂直两盏每秒交替闪光一次，明暗历时相等的黄灯，来船是____。	A. 维修助航标志的船舶 B. 从事捕鱼作业的围网船，而且该船的行动为渔具所妨碍 C. 从事拖带作业的船舶 D. 从事捕鱼作业的拖网船	B
131	白天，你看见显示最上、最下各一个球体，中间是一个菱形体号型的来船，该船应是____。	A. 限于吃水的船舶 B. 搁浅船 C. 操纵能力受到限制的船舶 D. 失去控制的船舶	C

序号	题目内容	可选项	正确答案
132	一艘被拖带的"失控船"在航时应＿＿＿。	A. 显示环照红灯、桅灯、舷灯与尾灯各两盏 B. 显示两盏环照红灯，不对水移动时关闭桅舷尾灯 C. 显示舷灯与尾灯 D. 仅显示两盏环照红灯	C
133	你船夜间全速前进时，主机突然失控，应＿＿＿。	A. 立即关闭舷灯尾灯 B. 立即关闭桅灯，并显示两盏红灯 C. 立即关闭桅灯，舷灯和尾灯，并显示两盏环照红灯 D. 立即显示两盏环照红灯	B
134	从事潜水作业的小船，在白天可以用国际信号＿＿＿旗的硬质复制品代替球、菱形、球号型。	A. Y B. B C. A D. O	C
135	在夜间，你船发现来船除显示机动船的号灯外，又显示上下垂直红、白、红三盏环照红灯，则该船是＿＿＿。	A. 失去控制的船舶 B. 限于吃水的船舶 C. 正在从事扫雷作业的船舶 D. 操纵能力受到限制的船舶	D
136	下列说法中正确的是＿＿＿。	A. 只要在互见中，就有让路船和直航船之分 B. 失去控制的船舶显示桅灯是重大过失 C. 在对遇局面下，严禁向左转向 D. 从事捕鱼的拖网船显示桅灯是重大过失	B
137	见到他船垂直红、白、红、黄、白的号灯，则该船是＿＿＿。	A. 正在收放航空器的船舶 B. 从事拖带的操限船队 C. 从事疏浚作业的船舶 D. 围网渔船	B
138	锚灯是一盏＿＿＿。	A. 黄灯 B. 绿灯 C. 白色环照灯 D. 白色闪光灯	C
139	你船为在航机动船，在正前方看到来船显示一盏白灯，则应断定为＿＿＿。	A. 对遇局面中的机动船的桅灯 B. 被追越船的尾灯 C. 锚泊船的锚灯 D. 一船的环照灯	A

序号	题目内容	可选项	正确答案
140	追越声号适用的水域是____。	A. 大洋上 B. 狭水道 C. 分道通航制 D. 任何互见中的水域	B
141	在互见中对他船的行动不理解时应鸣放____。	A. 四短声 B. 至少五短声 C. 一长声 D. 三短声	B
142	船舶在互见中的操纵声号，适用于____。	A. 在任何能见度水域中的机动船 B. 在任何能见度水域中互见的任何船舶 C. 在互见中的任何机动船 D. 在互见中的在航机动船	D
143	互见中的船舶相互驶近，一船无法了解他船的意图时，则应立即鸣放____表示这种怀疑。	A. 至少五声短而急的声号 B. 四声短而急的声号 C. 三声短而急的声号 D. 二声短而急的声号	A
144	追越声号适用于____。	A. 能见度不良时 B. 任何能见度 C. 分道通航制水域互见中 D. 狭水道水域互见中	D
145	船舶在互见中，听到他船三短声，则表示____。	A. 他船已经停车，并已经不对水移动 B. 他船正在向后推进 C. 他船将要向后推进 D. 他船已经具有后退速度	B
146	你驾驶机动船在浓雾中航行，在左前方传来一长声二短声，接着传来一长声三短声雾号，此时，应是____。	A. 他船是让路船 B. 你船是让路船 C. 双方都负有避让责任 D. 避让责任难以确定	C
147	能见度不良水域中锚泊的船，为警告驶近船舶，还可鸣放的声号是____。	A. 一长、一短、一长声 B. 一短、一长、一短声 C. 二长声、二短声 D. 三短声	B

序号	题目内容	可选项	正确答案
148	你船在雾中航行，突然听到左前方传来不停地急敲号钟声，这表明该船____。	A. 锚泊 B. 搁浅 C. 失去控制 D. 遇险求救	D
149	在能见度较差的情况下，哪一种说法是正确的?	A. 在航机动船应以每次不超过 2 min 的间隔鸣放一长声 B. "失控船"只有当处于在航不对水移动时才应鸣放一长二短 C. 正在从事捕鱼作业的船舶，不管在航还是锚泊，均应鸣放一长二短 D. 任何形式的顶推船锚泊时应鸣放一长二短	C
150	你船在雾中航行，突然听到右前方传来不停地号笛连鸣声，这表明该船____。	A. 在航，对水移动 B. 在航，不对水移动 C. 锚泊 D. 遇险，需要救助	D
151	下述哪种船在雾中不使用一长两短声雾号?	A. 失控船 B. 搁浅船 C. 锚泊中从事捕鱼的船舶 D. 限于吃水船	B
152	下列信号中不是遇险信号的是____。	A. 每分钟一爆响 B. 雾号器连续发声 C. 一面方旗在一球形体上方 D. 垂直两盏环照红灯	D
153	保持正规瞭望适用于船舶在____。	A. 风雪交加的天气 B. 夜间 C. 天气恶劣时 D. 任何时间和任何情况	D
154	"瞭望"的重点是____。	A. 正横以前 B. 正横以后 C. 右舷和右正横后 D. 左舷和左正横后	A

序号	题目内容	可选项	正确答案
155	"规则"第二章第五条"瞭望"的适用对象是指____。	A. 瞭望人员 B. 当班驾驶员与瞭望人员 C. 驾驶员 D. 驾驶台所有值班人员	B
156	对安全航速的正确理解为____。	A. 安全航速就是指不用高速航行 B. 能采取适当而有效的避碰行动，并能在适合当时环境和情况的距离以内把船停住的速度 C. 在任何的情况下都可以用高速行驶 D. 地方规定中的最高限速就是安全航速	B
157	对安全航速规定不适用的船舶为____。	A. 失去控制的船舶 B. 从事捕鱼的船舶 C. 操纵能力受到限制的船舶 D. 没有，任何船舶都适用	D
158	对安全航速理解正确的为____。	A. 备车航行的速度 B. 地方规则规定的限速 C. 前进二的速度 D. 能采取适当而有效的避碰行动，并能在适合当时环境和情况的距离以内把船停住的速度	D
159	应正确判断碰撞危险的船舶是____。①失去控制的船舶；②锚泊船或搁浅船；③机动船	A. ①② B. ①③ C. ②③ D. ①②③	D
160	确保海上船舶航行安全的重要因素有____。①保持正规的瞭望；②正确判断碰撞危险；③使用安全航速	A. ①② B. ①③ C. ②③ D. ①②③	D
161	下列哪种船舶适合当时环境和情况下使用一切有效手段来判断是否存在碰撞危险？	A. 机动船 B. 每一船舶 C. 除失控船外的所有船舶 D. 除锚泊船、搁浅船和失控船外的所有船舶	B

序号	题目内容	可选项	正确答案
162	在判断碰撞危险时，下列属于充分资料的是____。	A. 根据来船相对方位变化而得出的结论 B. 根据来船雾号而判断出的来船船位 C. 用雷达两次以上观测而得出的结论 D. 根据 VHF 获取的对方信息得出的结论	C
163	"规则"中应查核避碰行动的有效性的规定适用于____。	A. 让路船 B. 直航船 C. 同义务船 D. 让路船、直航船和同义务船	D
164	为避免碰撞所作的航向和航速的任何变动，如当时环境许可，下列做法不正确的是____。	A. 积极地、并应及早地进行和注意运用良好的船艺 B. 大得足以使他船在用视觉或雷达观察时容易察觉到 C. 应避免对航向或航速作一连串的小动作 D. 及早停车	D
165	对航向、航速采取一连串的小变动的危害为____。①不易被他船用视觉或雷达观测时容易觉察到；②不利于他船作出正确判断；③容易造成两船行动不协调	A. ①② B. ①③ C. ②③ D. ①②③	D
166	形成紧迫局面的原因有____。①未保持正规瞭望；②两船行动不协调；③未及早采取大幅度的避碰行动	A. ①② B. ①③ C. ②③ D. ①②③	D
167	转向避让时，为获得相同的避让效果，慢船应比快船____。	A. 转得早转得大 B. 转得早转得小 C. 一样 D. 转得大转得晚	A
168	下列说法不正确的是____。	A. 不应被妨碍的船舶有时也须给他船让路 B. 当不应妨碍的船舶处于直航船的位置时，也不解除其不应妨碍的义务 C. 在构成碰撞危险后，不应妨碍的船舶的不妨碍义务仍不解除 D. 不应妨碍他船的船舶，必须给他船让路	D

序号	题目内容	可选项	正确答案
169	为避免碰撞或留有更多的时间估计局面，船舶应____。	A. 及早向左转向 B. 及早向右转向 C. 使用安全航速 D. 减速、停车、倒车	D
170	安全距离不是一个固定值，会因航速情况而变化，一般情况下____。	A. 两艘高速船相遇时应大于两艘低速船相遇时 B. 两艘高速船相遇时应小于两艘低速船相遇时 C. 两艘高速船相遇时应等于两艘低速船相遇时 D. 两艘低速船相遇时应大于两艘高速船相遇时	A
171	如在满足一定条件的水域中，船舶应及时地、大幅度地且不致造成其他紧迫局面时单用转向避让，可能是____。	A. 避免形成碰撞危险的最有效的行动 B. 避免紧迫局面的最有效的行动 C. 避免紧迫危险的最有效的行动 D. 避免碰撞的最有效的行动	B
172	为避免碰撞所采取的任何行动，如当时环境许可，应是积极并及早地进行和运用良好船艺。这是对下列哪些船舶所提出的要求？	A. 所有的让路船 B. 所有的让路船和直航路 C. 任何构成碰撞危险的船舶 D. 任何负有避让责任的船舶	D
173	不应妨碍任何其他在狭水道内航行的船舶为____。	A. 机动船 B. 长度小于 20 m 的船舶 C. 从事捕鱼的船舶 D. 失去控制的船舶	C
174	船舶在驶近有建筑物遮蔽他船的地段时应____。	A. 增速行驶 B. 避免追越 C. 更靠右行驶 D. 靠航道中间行驶	B
175	下列说法正确的是____。	A. 任何穿越狭水道或航道的船舶在任何情况下都是一艘不应妨碍的船舶 B. 任何穿越船在互见中与沿狭水道航行的限于吃水的船舶构成碰撞危险时，肯定是一艘让路船 C. 穿越船在某些情况下也可能是一艘直航船 D. 穿越狭水道或航道的船舶不应妨碍任何在狭水道或航道内航行的机动船的通行	C

序号	题目内容	可选项	正确答案
176	在狭水道或航道中，当你船企图追越他船时，根据良好的船艺，你船应在____。	A. 他船的左舷追越 B. 他船的右舷追越 C. 航道弯曲地段追越 D. 船舶密集地段追越	A
177	对船舶穿越狭水道的正确理解为____。	A. 任何情况下都可以穿越 B. 只有在互见中才可以穿越 C. 能见度良好时才可以穿越 D. 只有在不妨碍只能在这种水道或航道以内安全航行的船舶通行时才可以穿越	D
178	航行在分道通航制区域的船舶，下列做法中正确的是____。	A. 在不得不穿越通航分道时，应与分道的船舶总流向成尽可能小的角度穿越 B. 若需从通航分道的一侧驶进驶出时，应与分道的船舶总流向尽可能成直角的航向驶进或驶出 C. 在通航分道的一侧转移到另一侧的过程中，应与分道的船舶总流向尽可能成直角 D. 在不得不穿越通航分道时，应与分道内的船舶总流向尽可能成直角的航向穿越	D
179	长度小于 20 m 的船舶不应妨碍按通航分道行驶的____的通行。	A. 从事捕鱼的船舶 B. 任何船舶 C. 操纵能力受到限制的船舶 D. 机动船	D
180	对分道通航制的正确理解为____。	A. 使用分道通航制区域的船舶为直航船 B. 不使用分道通航制区域的船舶为让路船 C. 违反分道通航制规定的船舶为让路船 D. 仅仅规定了船舶在分道通航制区域的航行方法	D
181	航行在分道通航制水域的船舶，下列做法中正确的是____。	A. 在不得不穿越时应与分道船舶总流向尽可能成小角度 B. 从分道一侧驶进驶出应与分道船舶总流向尽可能成直角 C. 在分道内从一侧转移到另一侧过程中应与分道船舶总流向尽可能成小角度 D. 在分道内从一侧转移到另一侧过程中应与分道船舶总流向尽可能成直角	C

序号	题目内容	可选项	正确答案
182	从事捕鱼的船舶不应妨碍按通航分道行驶的____的通行。	A. 任何船舶 B. 失去控制的船舶 C. 机动船 D. 操纵能力受到限制的船舶	A
183	船舶应尽可能避免进入分隔带或穿越分隔线的情况为____。	A. 在分隔带内从事捕鱼 B. 在紧急情况下为避免紧迫危险 C. 需要穿越或驶进、驶出通航分道 D. 过境通航	D
184	两帆船从相反航向上驶近,构成碰撞危险,应____。	A. 各向右转 B. 各向左转 C. 右舷受风让左舷受风船 D. 左舷受风船让右舷受风船	D
185	前、后两船处于追越过程中,在下列情况中可以免除追越船责任的时刻为____。	A. 看到被追越船的绿舷灯时 B. 已经驶过被追越船的正横时 C. 已经驶过被追越船的船首时 D. 两船已最后驶过让清	D
186	下列不是构成追越的条件的是____。	A. 在互见中 B. 后船位于前船的尾灯的能见距离内 C. 后船速度高于前前 D. 致有构成碰撞危险	D
187	追越的特点为____。①两船相对速度小;②两船相持长、接近慢;③易与交叉相遇局面混淆	A. ①② B. ①③ C. ②③ D. ①②③	D
188	船舶在互见中的行动规则适用于____。	A. 能见度良好时的互见 B. 能见度不良时的互见 C. 不论当时的能见度如何,只要两船互见,该规则就适用 D. 白天	C
189	追越不适用于____。	A. 互见中的船舶 B. 能见度不良时互见中的船舶 C. 狭水道中的船舶 D. 能见度不良时不互见的船舶	D

序号	题目内容	可选项	正确答案
190	你船从右舷追越，当船尾追过他船船首不久即采取左转，导致两船碰撞，其责任主要是由于____。	A. 你船违反追越条款 B. 你船违反交叉条款 C. 你船违反"规则"第三章第十八条规定 D. 他船违反交叉条款	A
191	追越条款适用的水域为____。	A. 大洋中 B. 在狭水道 C. 分道通航制区域 D. 海船能够到达的一切水域	D
192	你船追越前船，你船解除让路船责任的时机为____。	A. 看到前船的舷灯时 B. 看到前船的桅灯时 C. 驶过让清时 D. 驶过前船船首时	C
193	以下说法中正确的是____。	A. 只要追越船驶过被追越船以后，即可免除追越船让开被追越船的责任 B. 只要追越船与被追越船不再构成碰撞危险，保持平行并驶，则即可免除追越船应承担的让路责任 C. 只有追越船驶过让清以后，才可免除追越船让开被追越船的责任 D. 只要追越船与被追越船不再构成碰撞危险，保持平行并驶，越过船头即可免除追越船应承担的让路责任	C
194	一艘失去控制的船舶在追越一缓速行驶的机动船时____。	A. 失去控制的船舶为让路船 B. 机动船为让路船 C. 两船双方互让 D. 属于特殊情况，两船避让关系难以确定	A
195	下列观点正确的是____。	A. 当机动船对位于右舷正横后的机动船是否在追越本船持有任何怀疑时，应假定两船为交叉相遇局面 B. 当对本船是否正在追越前船持有任何怀疑时，断定不是在追越中 C. 当对本船的责任有怀疑时，应把本船当作直航船 D. 当对位于本船右舷正横后的船舶是否追在越本船有任何怀疑时，应假定后船是在追越中	A

序号	题目内容	可选项	正确答案
196	你在他船右舷驶近时，有时看到他船尾灯而有时又看到舷灯，这时____。	A. 他船须给你船让路 B. 两船都必须采取行动 C. 你有义务让请他船 D. 应按特殊情况条款行事	C
197	互见中构成对遇局面的条件是____。①两艘机动船；②航向相反或接近相反；③致有构成碰撞危险	A. ①② B. ①③ C. ②③ D. ①②③	D
198	两机动船对驶最容易产生两船行动不协调的是____。	A. 当头对遇 B. 左舷对左舷 C. 右舷对右舷 D. 两艘大船且航速很高	C
199	两船在下列情况中，符合对遇局面的是____。	A. 在夜间，能看见他船前后桅灯成一直线，并看见其两舷灯 B. 在相反航向上，且在同一航向的延长线上对驶 C. 在航向交叉角度小于半个罗经点的航向上对驶 D. 两艘机动船在互见中航向相反构成碰撞危险	D
200	一艘机动船与下列船舶航向相反，不适用对遇局面条款的是____。	A. 限于吃水的船舶 B. 从事困难拖带作业的机动船 C. 从事普通拖带作业的机动船 D. 用曳绳钓捕鱼的机动船	B
201	在对遇局面下，最忌讳的是____。	A. 向右转向 B. 减速 C. 停车 D. 向左转向	D
202	在夜间，你发现右前方有一机动船与你船航向交叉，经观察，来船的前、后桅灯间距逐渐减小，这表明____。	A. 来船将从你船前方通过 B. 来船将从你船后方通过 C. 两船存在碰撞危险 D. 来船从你左侧通过	B

序号	题目内容	可选项	正确答案
203	下列局面中不存在让路船与直航船的关系的是____。	A. 追越 B. 交叉相遇局面 C. 对遇局面 D. 两艘不同类型的船舶相遇致有构成碰撞危险时	C
204	两机动船在下列哪种情况时，才符合对遇局面？	A. 在夜间能看到他船前后桅灯成一直线和两盏舷灯时 B. 在夜间，能同时看到他船的两盏舷灯时 C. 互见中，在相反或接近相反的航向上，且在同一或接近的航线上对驶致有构成碰撞危险 D. 在白天能看到他船前后桅杆成一直线和两盏舷灯时	C
205	一艘机动船与下列船舶航向相反，适用对遇局面条款的是____。	A. 失去控制的船舶 B. 帆船 C. 从事普通拖带作业的机动船 D. 从事捕鱼的船舶	C
206	你发现左前方有一机动船与你驾驶的机动船航向交叉，致有构成碰撞危险，此时，他船鸣一短声并向右转向，此时，你船应____。	A. 立即减速、停车并鸣三短声 B. 保向、保速并鸣一短声 C. 保向、保速，不鸣声号 D. 鸣短而急的至少五短声，再鸣一短声右转	C
207	下列说法中正确的是 ____。①在交叉相遇局面下的让路船应及早采取大幅度的避碰行动；②在交叉相遇局面下的让路船，在开阔水域一般宜采取转向避让；③在交叉相遇局面下的让路船应及早采取大幅度的避碰行动	A. ①② B. ①③ C. ②③ D. ①②③	D
208	一艘机动船与下列船舶交叉相遇，适用交叉相遇局面条款的是____。	A. 失去控制的船舶 B. 操纵能力受到限制的船舶 C. 限于吃水的船舶 D. 从事捕鱼的船舶	C

序号	题目内容	可选项	正确答案
209	在交叉相遇局面下，如当时环境许可，让路船应避免向左转向适用于____。	A. 大角度交叉 B. 垂直交叉 C. 小角度交叉 D. 垂直交叉和小角度交叉	D
210	一艘机动船与下列船舶交叉相遇，适用交叉相遇局面条款的是____。	A. 帆船 B. 操纵能力受到限制的船舶 C. 从事普通拖带作业的机动船 D. 从事捕鱼的船舶	C
211	你船是机动船在试航，从左舷060°驶来一艘挂有尖端向下圆锥体的帆船，致有构成碰撞危险，你船应____。	A. 保向保速 B. 右转 C. 左转 D. 减速、倒车、停船	A
212	直航船可能是____。①不应妨碍他船的船舶；②不应被他船妨碍的船舶；③让路能力优良的船舶	A. ①② B. ①③ C. ②③ D. ①②③	D
213	下列说法不正确的是____。	A."规则"要求直航船保向、保速是强制性要求 B."规则"要求直航船在必要时采取最有助于避碰的行动是强制性要求 C."规则"要求直航船独自采取操纵行动以避免碰撞是强制性要求 D. 在特定情况下，直航船可以适当地改变航向、航速	C
214	所谓的"保速保向"意指____。	A. 保持初始时"航向航速" B. 并不一定非得保持同一罗经航向或同一主机转速 C. 保持初始时"航向航速"但并不一定非得保持同一罗经航向或同一主机转速 D. 任何改变航向与航速的行动，都是严重违背"规则"的行为	C
215	直航船的首要义务为____。	A. 采取最有助于避碰的行动 B. 独自采取操纵行动以避免碰撞 C. 保向、保速 D. 密切注视让路船的行动	C

序号	题目内容	可选项	正确答案
216	有关直航船的义务应包括___。	A. 保速保向 B. 当发觉让路船显然未按"规则"各条采取避让行动时，即应独自采取避让行动 C. 当两船不论由于何种原因逼近到单凭让路船的行动已经不能避免碰撞时，也可采取最有助于避碰的行动 D. 当两船不论由于何种原因逼近到单凭让路船的行动已经不能避免紧迫局面时，也应采取最有助于避碰的行动	A
217	直航船根据航行需要，可以适当地改变航向或航速，但这种改变应是___。①正当的、合理的；②能够被他船理解的；③不至于立即导致紧迫局面	A. ①② B. ①③ C. ②③ D. ①②③	D
218	下列说法正确的是___。	A. 追越仅仅存在于能见度良好时 B. 追越仅仅存在于航道中 C. 保持与被追越船有足够的横距是追越船的责任和义务 D. 追越仅仅存在于狭水道中	C
219	显示号型"◆"的甲船发现与左舷030°方位显示垂直两个黑球的乙船构成碰撞危险，其避让关系是___。	A. 乙让甲 B. 甲让乙 C. 双方互让 D. 甲不妨碍乙	B
220	帆船在航时，应给下列___让路。①从事捕鱼的船舶；②机动船；③失去控制的船舶	A. ①② B. ①③ C. ②③ D. ①②③	B
221	一艘机动船与一艘从事捕鱼的拖网船航向相反，致有构成碰撞危险时应___。	A. 各自向右转向 B. 机动船负责让路 C. 各自向左转向 D. 从事捕鱼的船舶负责让路	B

序号	题目内容	可选项	正确答案
222	你船在雾中航行，当听到他船的雾号显似在左前方，但对他船的船位尚未能确定时，你船应采取____。	A. 向左转向 B. 向右转向 C. 保向、保速 D. 立即减速、停车，必要时倒车	D
223	雾中用雷达测得他船在左前方6 n mile，无碰撞危险，同时听到雾号显似在左前方，你船应____。	A. 向右转向 B. 向左转向 C. 减速或停车 D. 保向、保速，继续观测	C
224	船舶在能见度不良水域中航行时应____。	A. 遵守"船舶在能见度不良时的行动规则" B. 不必遵守"船舶在互见中的行动规则" C. 不必遵守"船舶在任何能见度情况下的行动规则" D. 既要遵守"船舶在能见度不良时的行动规则"，又要遵守其他各条相关规定	D
225	某船在能见度不良时用雷达发现与左正横前的船舶存在碰撞危险，在采取转向避碰行动时应尽可能做到____。	A. 左转结合增速 B. 左转结合减速 C. 右转结合减速 D. 右转结合增速	D
226	能见度不良时的行动规则适用于____。	A. 能见度不良水域中航行的船舶 B. 能见度不良水域中不在互见中的船舶 C. 能见度不良水域中或在其附近航行时不在互见中的船舶 D. 能见度不良水域中或其附近不在互见中的船舶	C
227	在能见度不良的情况下，一般仅凭雷达测到他船，并断定存在碰撞危险，如采取转向措施，应____。	A. 除对被追越船外，对正横前的所有船舶尽可能向左转向 B. 对正横前的船舶尽可能朝着他船转向 C. 除对被追越船外，对正横前的所有船舶尽可能向右转向 D. 对正横后的船舶尽可能朝着他船转向	C
228	你船在雾中航行，当听到他船的雾号显似在右前方，但对他船的船位尚未能确定时，你船应采取____。	A. 背着它转向 B. 朝着它转向 C. 保向、保速 D. 将航速降到维持航向的最低速度	D

序号	题目内容	可选项	正确答案
229	"船舶在能见度不良时的行动规则"适用的对象为____。	A. 失去控制的船舶 B. 操纵能力受到限制的船舶 C. 从事捕鱼的船舶 D. 任何船舶	D
230	两船避让责任和义务完全相同的是____。	A. 对遇局面 B. 交叉相遇局面 C. 在能见度不良的水域中互见之前 D. 对遇局面和在能见度不良的水域中互见之前	D
231	某船因在浓雾中航行未正确使用雷达而导致碰撞，应属于____疏忽。	A. 遵守"规则"各条的 B. 海员通常做法上的 C. 对当时特殊情况可能要求的任何戒备上的 D. 海员通常做法上的和对当时特殊情况任何戒备上的	A
232	____是渔业安全生产的直接责任人，在组织开展渔业生产、保障水上人身与财产安全、防治渔业船舶污染水域和处置突发事件方面，具有独立决定权。	A. 船长 B. 轮机长 C. 渔捞长 D. 水手长	A
233	船舶在港内发生火灾，要及时向____报警。	A. 消防队 B. 港务监督部门 C. AB 都对 D. AB 都不对	C
234	雾中航行时，要使用____航速，加强瞭望，必要时打开驾驶台门窗观察。	A. 最大 B. 安全 C. 经济 D. 以上都不对	B
235	接班船员接到通知到船后应立即向____报到，并抓紧接班。	A. 水手长 B. 部门长 C. 船副 D. 船长	D
236	与甲板舱柜有连通的机件和管系，在明火作业前，____必须事先与____联系。	A. 轮机长；船副 B. 轮机长；船长 C. 值班轮机员；值班驾驶员 D. 以上都不对	A

序号	题目内容	可选项	正确答案
237	____要保持好驾驶台清洁卫生。	A. 值班人员 B. 部门长 C. 水手长 D. 船副	A
238	开航前12 h，____应会同____核对船钟、车钟。	A. 船副；轮机长 B. 船长；轮机长 C. 值班驾驶员；值班轮机员 D. 以上都不对	C
239	值班驾驶员根据____指示或航道、海面、气象等条件决定是否使用自动舵，出港后使用自动舵时由____决定。	A. 船副；船长 B. 船长；船副 C. 船长；船长 D. 船副；船副	C
240	____将放艇的原因、时间、船位及使用情况记入《航海日志》。	A. 水手长 B. 船副 C. 轮机长 D. 船长	B
241	靠离码头一般情况下，应____操作。	A. 顶风 B. 顶流 C. AB都正确 D. 以上都不对	C
242	高空及舷外作业前，必须先对作业用具，如____等严格检查。	A. 索具、滑车 B. 座板、脚手板 C. 保险带、绳梯 D. 以上都是	D
243	船舶进港时，在不妨碍船舶安全操作的情况下，经____同意，可以提前将吊杆升起，吊杆升起后，应收紧稳索，防止摆动，在靠妥码头之前吊杆不得伸出舷外。	A. 船长 B. 船副 C. 助理船副 D. 渔捞长	A
244	《中华人民共和国渔业法》自____起施行。	A. 1986年1月20日 B. 1986年1月1日 C. 1986年7月1日 D. 1986年5月1日	C

序号	题目内容	可选项	正确答案
245	制定《渔业捕捞许可管理规定》的目的是____。①保护、合理利用渔业资源；②控制捕捞强度；③保障渔业生产者的合法权益；④维护渔业生产秩序	A. ①②③ B. ②③④ C. ①③④ D. ①②③④	D
246	船舶发生交通事故后，下列哪种作法不符合《海上交通安全法》的规定？	A. 应向主管机关提交有关资料 B. 应向主管机关提交交通事故报告书 C. 应接受法院的调查处理 D. 应向主管机关提供现场情况	C
247	渔业船舶之间发生交通事故，应向就近的渔政渔港监督管理机关报告，并在进入第一港口的____内向其提交事故报告书和有关材料，接受调查处理。	A. 12 h B. 24 h C. 36 h D. 48 h	D
248	渔业船舶检验机构不得受理渔业船舶检验的情形包括____。①违反本条例有关规定制造、改造的；②违反本条例有关规定维修的；③按照国家有关规定应当报废的	A. ①②③ B. ①② C. ②③ D. ①③	A
249	制定《中华人民共和国渔业船舶登记办法》的法律依据是____。	A.《中华人民共和国海上交通安全法》 B.《中华人民共和国渔业法》 C.《中华人民共和国海商法》 D. 以上都是	D
250	《渔业港航监督行政处罚规定》规定的处罚种类包括____。①警告；②罚款；③扣留或吊销船舶证书或船员证书；④法律、法规规定的其他行政处罚	A. ①②③ B. ②③④ C. ①③④ D. ①②③④	D
251	下列哪种水上安全事故的报告和调查处理，适用于渔业船舶水上安全事故报告和调查处理规定？	A. 船舶在我国渔港水域内发生的水上安全事故 B. 我国渔港水域外从事渔业活动的渔业船舶以及渔业船舶之间发生的水上安全事故 C. AB 都对 D. AB 都不对	C

序号	题目内容	可选项	正确答案
252	职务船员培训是指职务船员应当接受的任职培训，包括拟任岗位所需的____。	A. 专业技术知识 B. 专业技能 C. 法律法规 D. 以上均包括	D
253	在我国管辖海域内从事下列哪些活动必须遵守我国现行《海洋环境保护法》的规定____。①海洋勘探；②航行；③海洋科研、开发	A. ①②③ B. ②③ C. ①② D. ①③	A
254	根据《防治船舶污染海洋环境管理条例》，船舶可以通过下列哪些途径污染我国海域？①排放油类或含油污水；②危险货物散落或溢漏入海；③排放船舶垃圾；④排放含有毒物质污水	A. ①②④ B. ①②③④ C. ①②③ D. ②③④	B
255	渔业资源管理的措施大致有____。①规定禁渔区、禁渔期；②规定禁用渔具、渔法；③限制网目尺寸；④控制渔获物最小体长	A. ①②③④ B. ①②③ C. ②③④ D. ①③④	A
256	"闽粤海域交界线"以北的渤海、黄海、东海海域的休渔作业类型包括____。	A. 拖网 B. 围网 C. 单层刺网 D. 以上都是	D
257	自____年6月1日起，黄渤海、东海、南海三个海区全面实施海洋捕捞准用渔具和过渡渔具最小网目尺寸制度。	A. 2005 B. 2010 C. 2014 D. 2016	C
258	为了保护渔业资源，下列应当禁止的渔业活动是____。①使用炸鱼、毒鱼、电鱼等方法进行捕捞；②使用禁用的渔具；③在禁渔区、禁渔期进行捕捞；④使用小于最小网目尺寸的网具进行捕捞	A. ①②③④ B. ①②③ C. ①②④ D. ①③④	A

序号	题目内容	可选项	正确答案
259	三重刺网在测量网目长度时，要测量最里层网的___网目尺寸。	A. 最大 B. 最小 C. 平均 D. 以上都不对	B
260	以下哪些区域应当设立水产种质资源保护区？①国家和地方规定的重点保护水生生物物种的主要生长繁育区域；②我国特有或者地方特有水产种质资源的主要生长繁育区域；③重要水产养殖对象的原种、苗种的主要天然生长繁育区域	A. ①② B. ②③ C. ①②③ D. 以上都不对	C
261	水产种质资源保护区管理机构的主要职责包括___。①制定水产种质资源保护区具体管理制度；②设置和维护水产种质资源保护区界碑、标志物及有关保护设施；③救护伤病、搁浅、误捕的保护物种；④开展水产种质资源保护的宣传教育	A. ①②③④ B. ①②③ C. ①②④ D. ①③④	A
262	"中日渔业协定"涉及几种不同性质的水域？	A. 3 B. 4 C. 5 D. 6	B
263	"中韩渔业协定"于2001年6月30日正式生效。它的有效期为___年。任何缔约一方在最初五年期满时或在其后，可提前一年以书面形式通知缔约另一方，随时终止本协定。	A. 长期有效 B. 10 C. 8 D. 5	D
264	中韩任何一方的国民及渔船进入对方专属经济区管理水域从事渔业活动，入渔许可证应由___。	A. 本方授权机关颁发 B. 对方授权机关颁发 C. 双方授权机关联合颁发 D. A 或 B	B

序号	题目内容	可选项	正确答案
265	"中越北部湾渔业合作协定"有效期为＿＿年，其后自动顺延＿＿年。	A. 5；3 B. 10；5 C. 12；3 D. 12；5	C
266	根据"中越北部湾渔业合作协定"的规定，中越双方在两国领海相邻部分自分界线第一界点起沿分界线向南延伸＿＿ n mile、距分界线各自＿＿ n mile 的范围内设立小型渔船缓冲区。	A. 5；3 B. 10；3 C. 5；5 D. 10；5	D
267	船舶应变部署表的编制应考虑以下哪些原则？	A. 应结合本船的船舶条件、船员条件以及航区自然条件 B. 关键岗位与关键动作应指派技术熟练、经验丰富的人员 C. 根据本船情况，可以一人多职或一职多人 D. 以上都是	D
268	船舶尾部发生火灾时的警报信号为＿＿。警铃和汽笛短声，连放1分钟后，鸣短声。	A. 一 B. 二 C. 三 D. 四	C
269	关于应变演习，下列说法错误的是＿＿。	A. 演习项目可以是单项的，也可以是综合的 B. 演习不但要在白天进行，还要在夜间进行 C. 演习不但要在好天气条件下进行，还要在恶劣天气条件下进行 D. 演习可在航行或作业中进行，停泊中不得进行演习	D
270	弃船演习的内容包括＿＿。	A. 查看是否正确地穿好救生衣 B. 操作降落救生筏所用的吊筏架 C. 介绍无线电救生设备的使用 D. 以上都是	D

序号	题目内容	可选项	正确答案
271	船舶发生紧急情况后受损严重，经全力施救无效或处于沉没、倾覆、爆炸等危险的状态时，____有权作出弃船决定。	A. 船长 B. 船副 C. 轮机长 D. 水手长	A
272	船舶有效的防火控制是____。	A. 控制可燃物 B. 控制通风 C. 控制热源 D. 以上都是	D
273	航行中发现有人落水时应立即停车，向____快速操满舵，并派人到高处瞭望落水人员情况。	A. 落水者一舷 B. 落水者另一舷 C. 以上都对 D. 以上都不对	A
274	《中华人民共和国渔业船员管理办法》规定船长应履行的职责，下列哪一项说法是错误的？	A. 确保渔业船舶和船员携带符合法定要求的证书、文书以及有关航行资料 B. 确保渔业船舶和船员在开航时处于适航、适任状态，保证渔业船舶符合最低配员标准，保证渔业船舶的正常值班 C. 按规定办理渔业船舶进出港报告手续 D. 在严重危及自身船舶和人员安全的情况下，也要尽力履行水上救助义务	D
275	《中华人民共和国渔业船员管理办法》规定值班船员应履行的职责，下列哪一项说法是错误的？	A. 确保渔业船舶上的船员携带符合法定要求的证书、文书以及有关航行资料 B. 在确保航行与作业安全的前提下交接班 C. 如实填写有关船舶法定文书 D. 按照有关的船舶避碰规则以及航行、作业环境要求保持值班瞭望，并及时采取预防船舶碰撞和污染的相应措施	A

二、判断题

序号	题目内容	正确答案
1	GPS 采用 WGS - 84 大地坐标系。	正确
2	航海上划分方向的三种方法为圆周法、半圆法、罗经点法。	正确
3	船舶锚泊可关闭 AIS 船载设备。	错误
4	磁罗经检查时要使罗盆保持水密，无气泡，且罗经液体应无色透明且无沉淀物。	正确
5	纯水在标准大气压下的冰点和沸点作如下规定：摄氏温标（℃）、冰点为 0 ℃、沸点 100 ℃，其间分为 100 等分。	正确
6	在北半球，反气旋是沿顺时针方向旋转的大型空气涡旋。	正确
7	船舶也可利用 NAVTEX 或 INMARSAT - C 站接收作业海区邻近台站发布的天气报告或天气警报来接收气象信息。	正确
8	海图中在图幅内其余位置的比例尺都与基准比例尺不同。	正确
9	风中航迹线与真航向线之间的夹角叫作风压差角，简称风压差，用 a 表示，船舶左舷受风，a 为负，右舷受风，a 为正。	错误
10	台风对潮汐的影响是引起增水。	正确
11	每卷中版《航标表》由航标表、测速场及罗经场表、无线电信标表三表组成。	正确
12	《进港指南》是由英国航运指南公司发行，一般每 1 年改版一次。	错误
13	在其他海区航行时，一般每 2 h 或每 4 h 确定一次推算船位。	正确
14	近距离的跟踪目标，若目标方位急剧变化，则可能发生目标丢失。	正确
15	GPS 利用多颗高轨道卫星测量其距离变化与距离变化率，以此来精测用户位置、速度和时间参数的。	正确
16	利用一种长带形网具垂直悬浮于鱼群必经之路中的捕捞船称为流刺网船。	正确
17	海船水尺读数表示船底至水底深度。	错误
18	船舶在波浪中产生最严重的中垂变形是发生在波长等于船长的时候。	正确
19	舷顶列板位于舷部而舭列板位于舷侧。	错误
20	少量装卸时，货物重心离船中越远，吃水差改变越大。	错误
21	对于冷却运输的冷藏货物，需要用通风机对冷藏舱进行通风换气，以起到降温作用，通常宜在雨雪天进行。	错误

序号	题目内容	正确答案
22	制链器的主要作用是减轻锚机负荷，保护锚机。	正确
23	按舵杆轴线在舵叶上位置的不同，可将舵分为平板舵和流线型舵。	错误
24	船舶以一定的速度直航中操一定的舵角并保持之，船舶进入回转运动的性能称为船舶的旋回性能。	正确
25	船舶首倾比尾倾时舵效好，顺流时比顶流时舵效差。	错误
26	满载右旋单车船静止中倒车使船首右偏，主要是由于伴流横向力的作用。	错误
27	船舶所受风动力作用中心的位置主要取决于船舶水下船体形状及面积分布情况和风舷角。	错误
28	在确定港内顺流抛锚掉头方向时，对于右旋单桨船一般应向左掉头，抛左锚。	错误
29	两船船速越低，两船间的横距越小，船吸危险性越大。	错误
30	重载船顶流较强时，靠拢角度宜小，并降低入泊速度。	正确
31	船舶在浅水区航行时，通常会出现船速下降。	正确
32	距岸越远，岸壁效应越剧烈；航道宽度越小，岸壁效应越明显。	错误
33	船舶在大风浪中掉头应注意开始用慢速中舵，以后适时快车满舵。	正确
34	风浪中救助落水人员时，救生艇应从落水者下风靠拢。	正确
35	斯恰诺旋回法最适用于人落水后的搜寻行动。	错误
36	"规则"不妨碍各国政府为军舰制定额外的队形灯、信号灯、笛号或号型。	正确
37	"规则"除适用于公海之外，还适用于与港口当局所管辖的与公海相连接的其他水域。	正确
38	从事捕鱼的船舶也是操纵能力受到限制的船舶。	错误
39	"失去控制的船舶"是指由于工作性质而不能按"规则"要求进行操纵，因而不能给他船让路的船舶。	错误
40	只有一根缆带上码头的船舶属于"在航"状态。	错误
41	"规则"定义的船舶"宽度"是指型宽。	错误
42	尾灯的水平光弧显示范围为正后方到每一舷正横前 22.5°。	错误
43	二级渔船其尾灯的最小能见距离为 6 n mile。	错误
44	$20 \leqslant L < 50$ m 的船舶，其舷灯的最小能见距离为 3 n mile。	错误
45	悬挂一菱形体号型可能是拖带长度大于 200 m 的拖船。	正确
46	一艘由于"螺旋桨脱落"被拖带的在航渔船应显示舷灯与尾灯。	正确

序号	题目内容	正确答案
47	夜间在海上看到号灯中有一组上红下白两盏灯，则该船为执行引航任务的船舶。	错误
48	长度为 $L<50$ m 的锚泊船，应当用工作灯或同等的灯照明甲板。	错误
49	在狭水道或航道内，追越船是否应鸣放追越声号，取决于追越船船长对当时是否能安全通过所作出的判断。	正确
50	船舶在互见中，听到他船三短声，则表示他船正在向后推进。	正确
51	雾中听到一长两短的声号，该船可能是被拖船。	错误
52	你船在雾中航行，听到一短一长一短的笛号，则他船不可能为限于吃水的船。	正确
53	如有必要招引他船注意而发出灯光或声号，应不被误认为"规则"其他各条所准许的任何信号。	正确
54	瞭望条款适用于夜间的一切船舶。	正确
55	"瞭望条款"的目的之一是对当时的局面作出充分的估计。	正确
56	每一船舶应用适合当时环境和情况的一切有效手段断定是否存在碰撞危险。	正确
57	不应被妨碍的船舶可能是一艘让路船。	正确
58	从事捕鱼的船舶不应妨碍只能在狭水道或航道内安全航行的船舶的通行。	正确
59	穿越狭水道的船在某些情况下也可能是一艘直航船。	正确
60	"狭水道右行规则"适用于非机动船之外的任何船舶。	错误
61	船长应确保渔业船舶和船员携带符合法定要求的证书、文书以及有关航行资料。	正确
62	交接时应介绍重要仪表的准确程度、安全报警装置或指示信号的可靠性、各种安全应急设备（或装置）的位置及其操作使用方法。	正确
63	值班驾驶员应每小时检查自动舵的动转情况，并核对陀螺罗经、磁罗经航向是否正确，督促舵工经常核查。	正确
64	制定《中华人民共和国渔业法》是为了加强渔业资源的保护、增殖、开发和合理利用，发展人工养殖，保障渔业生产者的合法权益，促进渔业生产的发展，适应社会主义建设和人民生活的需要。	正确
65	因海上交通事故引发民事纠纷的，当事人可以依法申请仲裁或者向人民法院提起诉讼。	正确
66	根据《中华人民共和国海洋环境保护法》，国家海事行政主管部门负责所辖港区水域内非军事船舶和港区水域外非渔业、非军事船舶污染海洋环境的监督管理，并负责污染事故的调查处理。	正确

序号	题目内容	正确答案
67	休渔海域包括渤海、黄海、东海及北纬12°以北的南海（含北部湾）海域。	正确
68	根据现有科研基础和捕捞生产实际，海洋捕捞渔具最小网目尺寸制度分为准用渔具和过渡渔具两大类。	正确
69	2001年，农业部为规范水产种质资源保护区的设立和管理，加强水产种质资源保护，根据《渔业法》等有关法律法规，制定了《水产种质资源保护区管理暂行办法》。	错误
70	"中日渔业协定"于2000年6月1日生效，有效期为5年。由于中日之间在东海海域的专属经济区界限尚未划定，现协定中的有关规定尚属过渡性质。	正确
71	"中韩渔业协定"的暂定措施水域由双方采取共同的养护和管理措施，对另一方国民及渔船可以采取管理及其他措施。	错误
72	根据"中越北部湾渔业合作协定"，缔约一方如发现缔约另一方小型渔船进入小型渔船缓冲区己方一侧水域从事渔业活动，可予以扣留、逮捕或使用武力。	错误
73	消防队的任务是负责现场灭火。	正确
74	消防演习时，全体船员必须严肃对待，听到警报后，应按照消防部署表的规定，在2 min内携带指定器具到达指定地点，听从指挥，认真操练。	正确
75	海盗攻击的目标一般是满载状态或干舷较低、戒备松懈的船舶，登船后的目标大多是船员居住室。	错误

二级船长

一、选择题

序号	题目内容	可选项	正确答案
1	地理坐标是建立在____基础上的。	A. 地球圆球体 B. 地球椭圆体 C. 大地球体 D. 球面直角坐标	B

序号	题目内容	可选项	正确答案
2	$\Phi_1=68°42\,N$，$\Phi_2=16°18'S$，其纬差应为____。	A. 85°N B. 52°24′N C. 52°24′S D. 85°S	D
3	船舶航行时，在测者地面真地平平面上，自真北线顺时针方向计量到航向线的角度，称为____。	A. 船舶的真航向 B. 航向线 C. 方位 D. 方位线	A
4	航速的单位是____。	A. 节 B. 米 C. 千米 D. 公里	A
5	某轮船航速 15 kn，顶风顶流航行，流速 2 kn，风对船速影响为 1 kn，2 h 后该轮相对于水的航程和该轮的实际航程为____。	A. 28 n mile，24 n mile B. 32 n mile，32 n mile C. 36 n mile，36 n mile D. 36 n mile，35 n mile	A
6	在 AIS［列表］显示本船已接收的其他船舶的 AIS 信息，如____。①MMIS；②船名；③距离、方位和速度	A. ①③ B. ①② C. ②③ D. ①②③	D
7	在磁罗经罗经柜内水平横向放置的磁棒为_____校正器，用于校正____。	A. 硬铁；纵向硬铁船磁力 B. 硬铁；横向硬铁船磁力 C. 软铁；纵向硬铁船磁力 D. 软铁；横向硬铁船磁力	B
8	利用罗经进行两方位定位后，应在《航海日志》中记录哪些内容？	A. 观测时间，船位经、纬度。 B. 观测时间，两物标的真方位。 C. 观测时间，两物标的罗方位，罗经差。 D. 观测时间，两物标的名称、罗方位，罗经差。	D
9	在 500 hpa 等压面上，沿平直等高线所吹的风接近于____。	A. 梯度力 B. 摩擦力 C. 地转风 D. 热成风	C

序号	题目内容	可选项	正确答案
10	通常将两个低压之间狭长的区域称为____。	A. 低压带 B. 低压槽 C. 高压带 D. 高压脊	C
11	通常，绝对湿度的水平分布与纬度有关，其中绝对湿度最大的地区出现在____。	A. 中纬度地区 B. 赤道地区 C. 高纬度地区 D. 极地区	B
12	浓度大、范围广、持续时间长，对航海威胁最大的雾为____。	A. 平流雾 B. 辐射雾 C. 蒸发雾 D. 锋面雾	A
13	对于半日潮的水域，往复流的最大流速一般出现在____。	A. 转流后 3 h B. 转流前 2 h C. 转流后第 1 h D. 转流后第 4 h	A
14	气团的主要物理属性直接来源于____。	A. 太阳辐射 B. 稳定的环流条件 C. 大范围物理性质比较均匀的下垫面 D. 太阳辐射和地球自转	C
15	锋形成于____。	A. 冷气团内部 B. 暖气团内部 C. 冷暖气团交汇处 D. 任何地方	C
16	通常移动性冷高压的强度随高度的增加而____。	A. 不变 B. 少变 C. 减弱 D. 增强	C
17	恒向线是____。①曲线；②直线；③与所有子午线都相交成相同的角度	A. ①③ B. ①② C. ②③ D. ①	A
18	在墨卡托海图上____。	A. 每一分经度长度相等 B. 每一分纬度长度不相等 C. 纬度渐长 D. 以上都对	D

序号	题目内容	可选项	正确答案
19	海图深度基准面一般与____相一致。	A. 平均大潮低潮面 B. 平均海面 C. 最高高潮面 D. 潮高基准面	D
20	光栅海图____显示纸海图的信息，____显示辅助导航信息。	A. 可以；可以 B. 可以；不可以 C. 不可以；不可以 D. 不可以；可以	B
21	电子海图可分为____。①光栅式；②矢量式；③数字式	A. ①③ B. ①② C. ②③ D. ①②③	B
22	航向正东，受南风、南流影响，则风压差α、流压差β符号是____。	A. α为正；β为负 B. α为负；β为负 C. α为正；β为正 D. α为负；β为正	D
23	在正常情况下，天测定位每昼夜至少有____个天测船位。	A. 1 B. 2 C. 3 D. 4	C
24	船舶右正横附近有一陆标，利用该标方位、距离定位，关于观测顺序说法正确的是____。	A. 由观测者的习惯决定先后顺序 B. 先测方位，后测距离 C. 先测距离，后测方位 D. 观测顺序不影响定位精度	C
25	海图作业规则规定，重要的观测船位记入《航海日志》时，应记录____。①时间；②物标名称；③有关读数和改正量；④船位差；⑤计程仪读数	A. ①②③ B. ①②③⑤ C. ①②③④⑤ D. ①②③④	C
26	从潮高基准面到平均小潮高潮面的高度称为____。	A. 大潮升 B. 小潮升 C. 潮高 D. 高潮高	B

序号	题目内容	可选项	正确答案
27	在利用中版《潮汐表》第1册求某附港潮汐时，已知主、附港的平均海面季节改正分别是2 cm和3 cm，求附港潮高应用____。①附港潮高＝主港潮高×潮差比＋改正值；②附港潮高＝主港潮高×潮差比＋改正数＋潮高季节改正数	A. ① B. ② C. ①② D. ①②均不对	A
28	半日潮港，涨潮流箭矢上标注2 kn，则该处大潮日涨潮流第3个小时内的平均流速为____。	A. 2/3 kn B. 4/3 kn C. 8/3 kn D. 2 kn	B
29	我国长江口外有一花鸟灯塔，关于该灯塔的地理位置，下列说法正确的是____。	A. 该灯塔在任何一张海图上的地理经纬度值都是相同的 B. 该灯塔在任何一张海图上的地理经纬度值都是不相同的 C. 在两张比例尺大小不一样的海图上，该灯塔的地理经纬度值是不相同的 D. 在两张基于不同大地坐标系绘制的海图上，该灯塔的地理经纬度值可能不相同	D
30	我国沿海侧面标的编号原则为____。①逆浮标习惯走向顺序编号；②沿浮标习惯走向顺序编号	A. ① B. ② C. ①②都对 D. ①②都不对	B
31	航标的主要作用____。①指示航道；②供船舶定位；③标识危险区	A. ①③ B. ①② C. ②③ D. ①②③	D
32	中国海区水上助航标志制度适用于中国海区及其海港、通海海口的除____外的所有浮标和水中固定标志。	A. 灯塔、灯船、扇形光灯标、导标 B. 灯塔、灯船、大型助航浮标外 C. 灯塔、灯船、扇形光灯标、导标、大型助航浮标 D. 灯塔、灯浮、灯船、扇形光导标、导标、大型助航浮标	C

序号	题目内容	可选项	正确答案
33	助航标志的作用有____。①供船舶定船位；②帮助船舶安全航行；③帮助船舶避离危险	A. ①③ B. ①② C. ②③ D. ①②③	D
34	《航路指南》主要是供总吨位____及以上的船舶使用。	A. 80 t B. 100 t C. 120 t D. 150 t	D
35	《无线电信号表》第3卷的内容是____。①海运气象服务；②海运安全信息广播；③世界性的NAVTEX和安全网信息	A. ①③ B. ①② C. ②③ D. ①②③	D
36	《无线电信号表》第2卷的内容是____。	A. 海运无线电台 B. 无线电航标 C. 海运安全信息服务 D. 气象观测台站	B
37	对航海员来讲，下列哪种导航方法比较直观？	A. 雷达导航 B. 目视导航 C. VTS导航 D. GPS导航	B
38	沿岸航行的特点包括____。①航线离岸近，附近航行危险物、障碍物较多，水深有时较浅；②沿岸海区水流复杂；③比海上航行危险性更大	A. ①③ B. ①② C. ②③ D. ①②③	D
39	雾中航行，每一船舶必须____。	A. 缓慢行驶 B. 减速行驶 C. 以安全航速行驶 D. 以能维持舵效的最小航速进行	C
40	雾中航行，测深辨位和导航的方法有____。①用透明纸法进行测深辨位；②利用特殊水深法进行测深辨位；③利用等深线避离航线靠岸一侧的危险物	A. ①③ B. ①② C. ②③ D. ①②③	D

序号	题目内容	可选项	正确答案
41	船舶在冰区航行，一般冰量为4/10时，可取8 kn航速，冰量每增加1/10，航速应减少___。	A. 0.5 kn B. 1 kn C. 1.5 kn D. 2 kn	B
42	一般情况下，冰山水下体积和水上体积分别约为冰山总体积的___和___。	A. 1/8；7/8 B. 7/8；1/8 C. 4/10；7/8 D. 6/10；1/8	B
43	利用雷达进行定位时，若采用首向上显示方式，则用机械方位线量取的物标方位是___。	A. 真方位 B. 相对方位 C. 罗方位 D. 点罗经方位	B
44	北斗卫星导航系统启动流程是___。①打开直流供电电源；②长按［开关］键，系统启动；③按［亮度］键，调整屏幕至操作人员眼睛正视时，图像清晰即可	A. ①③② B. ③①② C. ②③① D. ①②③	D
45	总吨位的用途不正确的是___。	A. 表明船舶大小及作为国家统计船舶吨位之用 B. 计算净吨位 C. 作为海事赔偿计算之基准 D. 计算各种税收基准	D
46	载重线标志中"X（S）"水平线段表示___。	A. 热带载重线 B. 冬季载重线 C. 夏季载重线 D. 淡水载重线	C
47	下列对横骨架式船体结构特点描述不正确的是___。	A. 建造方便 B. 货舱容积损失少 C. 船舶纵向强度大 D. 常用于沿海中小型船舶	C
48	横骨架式船舶的特点是___。	A. 横向构件间距大，尺寸大 B. 船舶自重相对减轻 C. 货舱容积损失少 D. 空船重量轻	C

序号	题目内容	可选项	正确答案
49	确定船舶的最大吃水与下列哪项无关?	A. 航行日期 B. 航行区域 C. 载重线标志 D. 总吨位	D
50	船舶积载时,主要考虑的船舶强度的____。	A. 局部强度 B. 总纵强度 C. 总纵强度和局部强度 D. 横强度和局部强度	C
51	下列哪种情况将使船舶的稳性增大?	A. 加装甲板货 B. 货物上移 C. 底舱装货 D. 轻货下移/重货上移	C
52	根据经验,海上航行的一般船舶,其横摇周期一般不应小于____。	A. 5 s B. 9 s C. 18 s D. 20 s	B
53	为保证鱼粉含水量不超过12%,对其必须具备____方可保证质量。	A. 保证气容器密性良好 B. 通风散热 C. 阴凉舱位 D. 不与冷藏鱼混装	A
54	在使用自动舵时,下列情况中哪些应转换成人工操舵?①在避让时和雾航时;②大风浪航行时;③狭水道航行时;④航行于渔区、礁区等复杂海区时	A. ①②③④ B. ②③④ C. ①②④ D. ①②③	A
55	舵角调节是用来调节自动舵的____。	A. 工作时间 B. 工作精度 C. 纠正偏航的舵角大小 D. 工作电压	C
56	船舶操舵后,在转舵阶段将____。	A. 出现速度降低,向转舵一侧横倾的现象 B. 出现速度降低,向转舵相反一侧横倾的现象 C. 出现速度增大,向转舵一侧横倾的现象 D. 出现速度增大,向转舵相反一侧横倾的现象	A

序号	题目内容	可选项	正确答案
57	漂角越大，则___。	A. 船首向转舵一侧方向偏转幅度越小 B. 旋回直径越大 C. 船尾向转舵相反一侧方向偏转幅度越小 D. 旋回性能越好	D
58	直航船操一定舵角后，其旋回初始阶段的船体___。	A. 开始向操舵一侧横移，向操舵一侧横倾 B. 开始向操舵相反一侧横移，向操舵相反一侧横倾 C. 开始向操舵一侧横移，向操舵相反一侧横倾 D. 开始向操舵相反一侧横移，向操舵一侧横倾	D
59	船舶航行中，突然在船首右前方近距离发现障碍物，应如何操纵船舶避离之？	A. 立即操右满舵，待船首避离后，再操左满舵，使船尾避离 B. 立即操右满舵，待船首避离后，保持右满舵，使船尾避离 C. 立即操左满舵，待船首避离后，保持左满舵，使船尾避离 D. 立即操左满舵，待船首避离后，再操右满舵，使船尾避离	D
60	紧急避让时，可用操满舵或全速倒车方法进行避让。下列哪种情况下应操满舵避让？	A. 进距大于最短停船距离 B. 进距小于最短停船距离 C. 旋回初径大于最短停船距离 D. 旋回初径小于最短停船距离	B
61	船舶在正车航行中，舵速等于___。	A. 船速＋舵处的伴流速度＋螺旋桨排出流速度 B. 船速－舵处的伴流速度＋螺旋桨排出流速度 C. 船速＋舵处的伴流速度－螺旋桨排出流速度 D. 船速－舵处的伴流速度－螺旋桨排出流速度	B
62	螺旋桨排出流的特点是___。	A. 流速较快，范围较广，水流流线几乎相互平行 B. 流速较慢，范围较广，水流流线几乎相互平行 C. 流速较快，范围较小，水流旋转剧烈 D. 流速较慢，范围较小，水流旋转剧烈	C

序号	题目内容	可选项	正确答案
63	为了留有一定的储备，主机的海上功率通常定为额定功率的____。	A. 86％ B. 90％ C. 92％ D. 96％	B
64	对于右旋定距桨，排出流横向力方向为____。	A. 正车时推尾向左，倒车时推尾向左 B. 正车时推尾向左，倒车时推尾向右 C. 正车时推尾向右，倒车时推尾向右 D. 正车时推尾向右，倒车时推尾向左	A
65	对于右旋定距单桨船，排出流横向力致偏作用为____。	A. 进车和倒车都使船首右转 B. 进车和倒车都使船首左转 C. 进车使船首左转，倒车使船首右转 D. 进车使船首右转，倒车使船首左转	A
66	同一条船舶空船或压载时，其空载时风压力中心位置比满载要____。	A. 明显后移 B. 稍有后移 C. 明显靠前 D. 稍微靠前	C
67	船舶前进中受正横后来风的偏转规律是____。	A. 左舷来风，船首右偏；右舷来风，船首右偏 B. 左舷来风，船首左偏；右舷来风，船首左偏 C. 左舷来风，船首右偏；右舷来风，船首左偏 D. 左舷来风，船首左偏；右舷来风，船首右偏	D
68	船舶在风中航行，有关保向的叙述，下列正确的是____。	A. 风速与船速之比越大越易于保向 B. 正横前来风比正横后来风易于保向 C. 正横附近来风比正横前来风易于保向 D. 船舶受风面积越大越容易保向	B
69	空船遇到正横来风顺流抛锚掉头或弯曲水道顺流抛锚掉头时，下列关于掉头方向的说法正确的是____。	A. 弯曲水道向凸岸一侧掉头，空船遇到正横来风应向上风掉头 B. 弯曲水道向凹岸一侧掉头，空船遇到正横来风应向上风掉头 C. 弯曲水道向凸岸一侧掉头，空船遇到正横来风应向下风掉头 D. 弯曲水道向凹岸一侧掉头，空船遇到正横来风应向下风掉头	A

序号	题目内容	可选项	正确答案
70	在风、流影响相互不一致时，船舶抛锚时应____。	A. 主要服从于流 B. 主要服从于风 C. 结合本船的载况，考虑影响较大的一方 D. 能按无风、流的情况处理	C
71	在风、流影响下，一字锚承受系留力作用较大者为____。	A. 主锚 B. 力锚 C. 惰锚 D. 附锚	B
72	抛八字锚应保持两链间的合适夹角是____。	A. 小于30° B. 大于100° C. 30°～60° D. 50°～100°	C
73	锚在应急中的应用包括____。①协助掉头；②避免碰撞、触礁、上滩；③搁浅时固定船体和协助脱浅；④在海上大风浪中稳定船首	A. ①②③④ B. ①②③ C. ②③④ D. ①②④	C
74	下列锚泊方法中哪种方法系留力最大？	A. 一字锚泊法 B. 八字锚泊法 C. 一点锚泊法 D. 单锚泊法加止荡锚	C
75	在强风、强流中单锚泊的船，发现偏荡严重，采取抑制偏荡的有效措施是____。①放长锚链；②注入压舱水增加尾倾；③改抛八字锚	A. ①②③ B. ①② C. ②③ D. ③	D
76	一般情况下，顶流或顶风靠泊时的带缆顺序是____。	A. 头缆→前倒缆→尾倒缆→尾缆 B. 头缆→尾缆→前倒缆→尾倒缆 C. 前倒缆→头缆→尾倒缆→尾缆 D. 前倒缆→尾倒缆→尾缆→头缆	A

序号	题目内容	可选项	正确答案
77	一般中小型右旋单车船靠泊时，___。	A. 左舷靠泊，靠泊角度可大些；右舷靠泊，靠泊角度应小些 B. 右舷靠泊，靠泊角度可大些；左舷靠泊，靠泊角度应小些 C. 左舷靠泊，靠泊角度可小些；右舷靠泊，靠泊角度也应小些 D. 左舷靠泊，靠泊角度可大些；右舷靠泊，靠泊角度也应大些	A
78	船舶离码头采用尾离法时，前倒缆应尽可能___。	A. 带至船首附近码头边的缆桩上 B. 带至船尾附近码头边的缆桩上 C. 带至船中附近码头边的缆桩上 D. 带至船中之后码头边的缆桩上	C
79	船舶离泊采用"尾先离"时，下列有关船尾摆出角度的操作哪项正确？	A. 吹拢风比吹开风船尾摆出角度应大一些 B. 顶流时比顺流时船尾摆出角度应小一些 C. 吹拢风比吹开风船尾摆出角度应小一些 D. 顺流时比顶流时船尾摆出角度应大一些	A
80	船舶在海底沿其船宽方向有明显倾斜的浅水域航行时，容易产生___现象。	A. 船首转向浅水，同时船舶向浅水侧靠近的 B. 船首转向浅水，同时船舶向深水侧靠近的 C. 船首转向深水，同时船舶向浅水侧靠近的 D. 船首转向深水，同时船舶向深水侧靠近的	C
81	在狭水道航行，离岸壁太近会出现___。	A. 船首岸推，船尾岸吸 B. 船首岸推，船尾岸推 C. 船首岸吸，船尾岸推 D. 船首岸吸，船尾岸吸	A
82	下列有关富余水深的计算哪项是正确的？	A. 富余水深＝海图水深＋当时当地的基准潮高一船舶静止时的最大吃水 B. 富余水深＝海图水深－当时当地的基准潮高＋船舶静止时的最大吃水 C. 富余水深＝海图水深＋当时当地的基准潮高一船舶静止时的平均吃水 D. 富余水深＝海图水深＋当时当地的基准潮高一船舶航行时的最大吃水	A

序号	题目内容	可选项	正确答案
83	作为系泊船，为防止出现浪损应____。①加强值班；②收起舷梯；③收紧系缆，备好碰垫；④加抛外档短链锚以增加系泊的稳定度	A. ①②③ B. ②③④ C. ①③④ D. ①②③④	C
84	船舶的垂荡周期与什么有关？	A. 船长 B. 船宽 C. 吃水 D. 船首线形	C
85	大风浪中船舶掉头的全过程内都要避免____。	A. 使用全速和使用满舵角 B. 使用慢速和使用小舵角 C. 操舵引起的横倾与波浪引起横倾的相位相同 D. 操舵引起的横倾与波浪引起横倾的相位相反	C
86	根据风向的变化，可以确定本船在台风路径中的位置，在北半球，下述正确的是____。	A. 风向左转船在可航半圆 B. 风向左转船在危险半圆 C. 风向顺时针变化在左半圆 D. 风向逆时针变化在右半圆	A
87	北半球，船舶处在台风进路上的防台操纵法是____。	A. 使船首右舷受风航行 B. 使船首左舷受风航行 C. 使船尾右舷受风航行 D. 使船尾左舷受风航行	C
88	在碰撞不可避免的情况下，为了减小碰撞损失，在操船方面应采取什么措施？	A. 全速进车右满舵 B. 全速倒车刹减船速 C. 全速进车左满舵 D. 立即停车并维持航向	B
89	当发现本船搁浅已难以避免时，如明了浅滩仅仅是航道中新生成的小沙滩，应____。	A. 立即停车 B. 全速前进 C. 左右交替满舵 D. 左右交替满舵并全速前进	D

序号	题目内容	可选项	正确答案
90	船舶进入某港口管辖水域应____。	A. 只遵守"规则" B. 只遵守港章规定 C. 在优先遵守港章的基础上还应遵守"规则" D. 在优先遵守"规则"的基础上还应遵守港章规定	C
91	"规则"适用的水域是指____。	A. 海洋 B. 与海洋连接的并可供海船航行的一切水域 C. 公海以及与公海相连接并可供海船航行的一切水域 D. 连接于公海,并可供海船航行的一切感潮水域	C
92	船舶进入某港口管辖的水域____。	A. 只遵守"规则" B. 只遵守港章的规定 C. 除严格执行港章外,还应顾及"规则" D. 由船长酌情自行决定遵守港章还是"规则"	C
93	各国政府为结队从事捕鱼的渔船制定的关于额外的队形灯、信号灯或号型的任何规定,应____。	A. 尽可能符合"规则"各条 B. 尽可能不致被误认为"规则"其他条文的任何号灯、号型或信号规定 C. 根据实际需要而定 D. 不受"规则"的限制	C
94	下列说法错误的是____。①军用船舶可以不遵守"规则";②政府公务船可以不遵守"规则";③军用船舶在本国领海上可以不遵守"规则"	A. ①② B. ①③ C. ②③ D. ①②③	D
95	下列说法正确的是____。	A. "规则"优先于"地方规则" B. "规则"不适用于港口,江河,湖泊或内陆水域,因为这些水域受地方规则的约束 C. "规则"适用于与公海相连的,并可供海船航行的一切港口、江河、湖泊或内陆水域,但国际规则受到地方规则的限制 D. 当你驾驶一艘船舶进入制定有地方规则的水域,不必考虑"规则"的任何规定	C

序号	题目内容	可选项	正确答案
96	下列属于失控船的是____。①主机故障；②舵机失灵；③帆船无风	A. ①② B. ①③ C. ②③ D. ①②③	D
97	下述说法不正确的是____。	A. 失去控制的船舶必定是在航船 B. 操纵能力受到限制的船舶必定是在航船 C. 限于吃水的船舶必定是在航船 D. 从事捕鱼的船不一定是在航船	B
98	在"规则"中，"船舶"一词的定义是指____。	A. 具有适航能力的、能够用作水上运输工具的各类水上船筏 B. 用作或能够用作水上运输工具的各类水上船筏，不包括水上飞机和非排水船筏 C. 具有适航能力的、用作或能够用作水上运输工具的各类水上船筏，不包括水上飞机和非排水船筏 D. 用作或能够用作水上运输工具的各类水上船筏，包括水上飞机和非排水船筏	D
99	下列情况中哪个不能视作失控船？	A. 帆船处于无风遇急流 B. 船舶发生火灾，船舶正在按灭火要求进行操纵 C. 船舶遇到大风浪，使其无法变速变向 D. 船舶主机损坏	B
100	下列船舶中可能是操纵能力受到限制的船舶有____。	A. 从事拖带作业船 B. 从事清除水雷作业船 C. 从事疏浚作业船 D. 从事发放、回收航空器的船	A
101	下列情况中的船舶，属于在航的是____。	A. 用锚掉头中的船舶 B. 与另一锚泊船并靠中的船舶 C. 船底部分坐浅的船舶 D. 第1根缆已带上码头的船舶	A

序号	题目内容	可选项	正确答案
102	判断一机动船是否为限于吃水船的依据为＿＿。	A. 船舶长度 B. 船舶的吨位 C. 船舶的吃水 D. 船舶偏离所驶航向的能力	D
103	"规则"中的"能见度不良"是指＿＿。	A. 由于任何原因，致使两船无法用视觉相互看见 B. 在夜间"伸手不见五指"时 C. 因瞭望人员的原因未发现来船时 D. 因天气或类似的原因使能见度受到限制时	D
104	下列观点中正确的是＿＿。	A. "互见"仅是指在能见度良好的条件下，两船用视觉相互看见时 B. 只有当两船用视觉相互看见时才可认为两船业已处于"互见"之中 C. 只要一船能发现另一船的存在，则应认为两船已处于"互见"之中 D. 不管当时能见度如何，只要一船能用视觉看到他船时，即可认为两船业已处于"互见"之中	D
105	白天能见度不良时，船舶应＿＿。	A. 只显示规定的号型 B. 只显示规定的号灯 C. 显示规定的号型，也可显示规定的号灯 D. 显示规定的号灯和号型	D
106	尾灯是＿＿。	A. 尽可能装设在船尾附近的一盏环照白灯 B. 尽可能装设在船尾附近的一盏白灯，其灯光应从正后方到每一舷正横后 22.5° C. 必须装设在船首尾中心线上在船尾附近的一盏白灯，其灯光应从正后方到每一舷正横后 22.5° D. 必须装设在船首尾中心线上，且尽可能装设在船尾附近的一盏环照白灯	B
107	$12 \leqslant L < 20$ m 的船舶，其舷灯的最小能见距离为＿＿。	A. 6 n mile B. 5 n mile C. 3 n mile D. 2 n mile	D

序号	题目内容	可选项	正确答案
108	夜间，见到前方显示上黄下白两盏号灯，则该船为___。	A. 限于吃水船 B. 操纵能力受限船 C. 拖带船 D. 引航船	C
109	机帆并用的船舶在航行中___。	A. 夜间应按帆船的规定显示号灯 B. 夜间应按机动船的规定显示号灯 C. 白天应显示一个尖端向下的圆锥体号型 D. 夜间应按机动船的规定显示号灯、白天应显示一个尖端向下的圆锥体号型	D
110	下列说法中正确的是___。	A. 从事非拖网作业捕鱼船，处于在航之时，应显示"作业信号灯"，以及舷灯与尾灯 B. 从事非拖网作业的捕鱼船只有当处于在航对水移动时，才应显示上绿、下白环照灯以及舷灯与尾灯 C. 从事非拖网作业捕鱼船，在不对水移动时，也可显示"作业信号灯"，以及舷灯与尾灯 D. 从事非拖网作业捕鱼船，在对水移动时，应显示"作业信号灯"，以及舷灯与尾灯	D
111	你船在海上看到来船显示一个由二个尖端对接的黑色圆锥体所组成的号型，你应断定来船是___。	A. 从事捕鱼作业的拖网船，在航，对水移动 B. 从事捕鱼作业的拖网船，在航，不对水移动 C. 从事捕鱼作业的非拖网船，在航，对水移动 D. 从事捕鱼作业的拖网船，或从事捕鱼作业的非拖网船，在航，对水移动，或不对水移动，或锚泊	D
112	在海上，当你看到来船的号灯仅为红、白、红、白垂直四盏灯，则来船为___。	A. 当渔具被障碍物挂住的从事捕鱼的船舶 B. 在航对水移动的失控船 C. 对水移动的除清除水雷作业和拖带以外的操纵能力受到限制的船舶 D. 不对水移动的除清除水雷作业和拖带以外的操纵能力受到限制的船舶	C

序号	题目内容	可选项	正确答案
113	一船因主机故障进行锚泊修理，若 $L=140$ m，在夜间应显示____。	A. 前、后锚灯 B. 前、后锚灯，甲板工作灯 C. 前、后锚灯，甲板灯与两盏环照红灯 D. 前、后锚灯，还可以显示甲板工作灯	B
114	追越声号适用于____。	A. 能见度不良时 B. 任何能见度 C. 分道通航制水域互见中 D. 狭水道水域互见中	D
115	"规则"第四章第三十四条第 1 款所规定的"行动声号"的含义是____。	A. 本船正在进行的行为 B. 本船的行动意图 C. 表示从哪一舷相互驶过的建议 D. 警告或提醒来船注意本船行动的信号	A
116	操纵声号表示____。	A. 正在操纵的行动 B. 准备操纵的行动 C. 已经操纵的行动 D. 将要操纵的行动	A
117	试判断下述说法中正确的是____。	A. 在狭水道或航道内，一艘企图追越他船的船舶，应按规定鸣放相应的追越声号 B. 在狭水道或航道内，任何企图追越他船的船舶均应鸣放相应的追越声号 C. 在狭水道或航道内，追越船是否应鸣放追越声号，将取决于追越船船长对当时是否能安全通过所作出的判断 D. 互见中，在狭水道或航道内，不管当时情况如何，企图追越前船的船舶，鸣放相应的追越声号，将是一种优良船艺的表现	C
118	雾中发放声号的时间间隔为每次不超过____。	A. 号笛、号钟、号锣均为 2 min B. 号笛、号钟、号锣均为 1 min C. 号笛为 2 min，号钟、号锣均为 1 min D. 号笛、号钟为 2 min，号锣均为 1 min	C
119	在雾中，执行引航任务的引航船在航，已停车且不对水移动时，应鸣放的声号是____。	A. 一长声、四短声 B. 二长声、四短声 C. 一短、一长、一短声继以四短声 D. 一长声、两短声	B

序号	题目内容	可选项	正确答案
120	下列说法中正确的是____。	A. 遇险信号应一起使用 B. 遇险信号应单独使用 C. 遇险信号可以单独使用，也可以一起使用 D. 至少五短声或至少五短闪也可以用作遇险信号	C
121	你船在海上航行，用望远镜看到前方船显示上面一个球体，下面一面方旗的信号，它表示什么意义？	A. 他船失控 B. 从事敷设电缆的船舶正在作业 C. 遇险船需要救助 D. 从事清除水雷作业的船舶警告来船接近是危险的	C
122	保持正规瞭望适用于船舶在____。	A. 风雪交加的天气 B. 夜间 C. 天气恶劣时 D. 任何时间和任何情况	D
123	船舶在浓雾中航行，则船舶的瞭望人员____。	A. 只需保持雷达瞭望和听觉瞭望 B. 除雷达瞭望外，还应保持不间断的视觉瞭望 C. 应用适合当时环境和情况的一切有效手段保持不间断的瞭望 D. 应保持视觉、听觉和雷达瞭望即可	C
124	瞭望条款的适用范围是____。	A. 夜间，一切船舶 B. 能见度不良时的一切船舶 C. 能见度良好时的任何船舶 D. 任何能见度情况下的每一船舶	D
125	"规则"对船舶安全航速的要求适用的水域为____。	A. 大洋上 B. 狭水道 C. 分道通航制 D. 海船能够到达的一切水域	D
126	对所有船舶，在决定安全航速时，应考虑的因素包括____。	A. 吃水和可用水深的关系 B. 风、浪和流的情况以及靠近航海危险物的情况 C. 船舶的操纵性能 D. 能见度、周围船舶通航密度、船舶操纵性能、夜间背景亮光及风、浪、流情况，还有吃水与可用水深关系等	D

序号	题目内容	可选项	正确答案
127	船舶在决定安全航速时应考虑的因素有____。①能见度；②周围船舶通航密度；③夜间背景亮光	A. ①② B. ①③ C. ②③ D. ①②③	D
128	对安全航速的正确理解为____。	A. 安全航速就是指不用高速航行 B. 能采取适当而有效的避碰行动，并能在适合当时环境和情况的距离以内把船停住的速度 C. 在任何的情况下都可以用高速行驶 D. 地方规定中的最高限速就是安全航速	B
129	衡量两船发生碰撞的危险程度的标准为____。	A. 会遇时的最近距离 B. 会遇时间 C. 两船的相对速度 D. 两船的航向夹角	B
130	在判断碰撞危险时，下列哪种资料是充分的？	A. 相对方位的估计 B. 凭雾号获得的 C. 利用雷达两次以上测得数据进行标绘的 D. 利用 VHF 获得的资料	C
131	在互见中，船舶判断碰撞危险最简单有效的方法为____。	A. 不断观测来船的罗经方位变化情况 B. 雷达标绘 C. 不断观测来船的舷角变化情况 D. 用无线电话互通情报	A
132	船舶采取增速避让的行为是____。	A. "规则"禁止的 B. 在避碰行动中经常采取的 C. "规则"提倡的 D. "规则"不禁止，但也不提倡的	D
133	当你对是否存在碰撞危险或对局面估计不准时，你船应____。	A. 及早地大幅度向右转向 B. 使用安全航速行驶 C. 注意运用良好的船艺 D. 减速、停车或倒转推进器把船停住	D
134	安全距离不是一个固定值，而应因水域情况而变化，一般情况下____。	A. 在开阔水域应小于在受限制水域 B. 在开阔水域应大于在受限制水域 C. 在狭水道应大于在大洋上 D. 在航道内应大于开阔水域	B

序号	题目内容	可选项	正确答案
135	单凭转向可能是避免紧迫局面的最有效行动，其先决条件是____。	A. 有足够的水域 B. 及时地、大幅度地 C. 不致造成另一紧迫局面 D. 不致造成另一紧迫危险	A
136	"规则"规定，为避免与他船碰撞而采取的行动应能____。	A. 导致紧迫局面的消失 B. 导致让清他船 C. 导致在安全距离上驶过 D. 避免碰撞	C
137	对航向、航速采取一连串的小变动的危害包括____。①不易被他船用视觉或雷达观测时容易觉察到；②不利于他船作出正确判断；③容易造成两船行动不协调	A. ①② B. ①③ C. ②③ D. ①②③	D
138	为避免碰撞所采取的任何行动，应是积极地，并及早地进行和运用良好船艺，它的先决条件是____。	A. 在互见中 B. 当时环境许可 C. 没有任何先决条件 D. 能见度不良时	B
139	下列说法正确的是____。	A. 不应被妨碍的船舶有时也须给他船让路 B. 当不应妨碍的船舶处于直航船的位置时，就解除了其不应妨碍的义务 C. 不应被妨碍的船舶均是深吃水的船舶 D. 不应被妨碍的船舶肯定是直航船	A
140	长度小于 20 m 的船舶不应妨碍____的通行。	A. 从事捕鱼的船舶 B. 任何船舶 C. 机动船 D. 只能在狭水道或航道以内安全航行的船舶	D
141	在海上用雷达协助避让时，如用降速，应至少降速多少才能作为宽让？	A. 原航速的 1/4 B. 原航速的 3/4 C. 原航速的 1/2 D. 原航速的 1/3	C
142	在狭水道或航道中，当你船企图追越他船时，根据良好的船艺，你船应在____。	A. 他船的左舷追越 B. 他船的右舷追越 C. 航道弯曲地段追越 D. 船舶密集地段追越	A

序号	题目内容	可选项	正确答案
143	狭水道中的关于追越的规定被写进"船舶在任何能见度情况下的行动准则",狭水道追越规则适用于____。	A. 任何能见度 B. 仅适用于"互见" C. 任何时候 D. 能见度良好	B
144	在狭水道或航道内企图追越他船的船舶,应____。	A. 鸣放追越声号,以征求被追越船同意之后,方可追越 B. 不必鸣放追越声号,即可自行追越 C. 鸣放追越声号之后,即可自行追越 D. 若对本船是否能安全追越持有怀疑时,应鸣放追越声号,直至被追越船采取相应措施之后方可追越	D
145	"规则"第二章第九条狭水道条款的第1款要求船舶靠右行驶,是指____。	A. 只要求船舶靠右侧行驶即可 B. 应保持在水道中央线的右侧行驶即可 C. 不同吃水的船舶应根据水道的水深及本船的吃水来决定本船应驶的水域 D. 应保持在水道中央线的左侧行驶即可	C
146	狭水道条款中有关追越的规定,适用于____。	A. 互见中 B. 任何能见度 C. 能见度不良时 D. 任何时候	A
147	从事捕鱼的船舶不应妨碍____。	A. "只能在狭水道或航道内安全航行的船舶"的通行 B. 任何其他在狭水道或航道内安全航行的机动船的通行 C. 除帆船与长度小于20 m的船舶以外的任何其他在狭水道内通行的船舶的通行 D. 任何其他在狭水道或航道以内航行的船舶的通行	D
148	不使用分道通航制区域的船舶应尽可能远离____。	A. 沿岸通航带 B. 通航分隔线或分隔带 C. 分道通航制区域 D. 通航分隔线	C

序号	题目内容	可选项	正确答案
149	"规则"第二章第十条"分道通航制"适用的水域为＿＿。	A. 在"规则"适用水域中设置的任何分道通航制区域 B. IMO所采纳的任何分道通航制水域 C. 各国主管机关制定的分道通航制水域 D. 海图或通告上标明的分道通航制水域	B
150	下列说法正确的是＿＿。	A. 船舶可以用任何方式从分道的一侧驶进或驶出 B. "规则"只允许在通航分道的端部驶进或驶出 C. 驶进或驶出的船舶不应妨碍按通航分道行驶的机动船的安全通行 D. 船舶通常在通航分道的端部驶进或驶出	D
151	下列说法正确的是＿＿。	A. 捕鱼船不应妨碍按通航分道行驶的任何船舶的通行就意味着该船进入分道行驶捕鱼是不符合"规则"规定的 B. 帆船与捕鱼船在通航分道内相互逼近，帆船应严格执行"规则"有关规定，自始至终均应给捕鱼船让路 C. 穿越通航分道的船舶，首先有让路的责任 D. 不使用分道通航制区域的船舶，应尽可能远离该区	D
152	从事捕鱼的船舶不应妨碍按通航分道行驶的＿＿的通行。	A. 任何船舶 B. 失去控制的船舶 C. 机动船 D. 操纵能力受到限制的船舶	A
153	下述哪一种做法是不符合"规则"规定的＿＿。	A. 为避免紧迫局面而采取行动时，可以进入分隔带航行 B. 主机发生故障进入分隔带锚泊 C. 突遭浓雾，雷达又发生故障，驶入分隔带锚泊 D. 舵机发生故障，驶入分隔带锚泊	A

序号	题目内容	可选项	正确答案
154	你船看见他船尾灯后，马上看见他船的桅灯和一盏舷灯，则____。	A. 你船为让路船 B. 他船为让路船 C. 根据舷灯颜色，确定避让关系 D. 两船避让关系难以确定	A
155	追越条款适用的水域为____。	A. 大洋中 B. 在狭水道 C. 分道通航制区域 D. 海船能够到达的一切水域	D
156	下列说法正确的是____。	A. 除"规则"第二章第一节和第二节另有规定外，追越船应给被追越船让路 B. 任何情况下，只要一船从另一船的正横后大于22.5°方向上赶上他船，就必须给他船让路 C. 任何情况下，一船从另一船的正横前22.5°方向上赶上他船，就必须给他船让路 D. 无论"规则"第二章第一节和第二节如何规定，追越船均应给被追越船让路	D
157	追越条款优先于____。	A. 狭水道条款 B. 分道通航制条款 C. "规则"第二章第十九条 D. "规则"第二章第一节、第二节有关规定	D
158	下列说法正确的是____。	A. 如后船对本船是否在追越前船有任何怀疑，应假定在追越 B. 追越形成后，其后两船间的方位变化可能使追越船变为直航船 C. 如前船对本船是否被他船追越有任何怀疑，应假定是追越 D. 追越形成后，其后两船间的方位变化可能使被追越船变为让路船	A
159	追越的特点为____。①两船相对速度小；②两船相持长、接近慢；③易与交叉相遇局面混淆	A. ①② B. ①③ C. ②③ D. ①②③	D

序号	题目内容	可选项	正确答案
160	追越条款优先于____。	A. 船舶在任何能见度情况下的行动规则 B. 船舶在互见中的行动原则 C. 船舶在能见度不良时的行动规则 D. 船舶在任何能见度下行动规则和互见中行动规则	D
161	下列说法错误的是____。	A. 除其他条款另有规定外，追越船应给被追越船让路 B. 追越条款仅适用于互见中 C. 狭水道中的追越也仅适用于互见中 D. 分道通航制条款适用于任何能见度	A
162	追越条款适用于____。	A. 互见中 B. 能见度不良 C. 任何能见度 D. 能见度良好	A
163	构成追越的条件是____。	A. 互见中，后船只能看到前船的尾灯，并赶上前船 B. 相互驶近致有构成碰撞危险 C. 能见度良好 D. 能见度不良	A
164	两机动船对驶最容易产生两船行动不协调的是____。	A. 当头对遇 B. 左舷对左舷 C. 右舷对右舷 D. 两艘大船且航速很高	C
165	一艘机动船与下列船舶航向相反，适用对遇局面条款的是____。	A. 失去控制的船舶 B. 操纵能力受到限制的船舶 C. 限于吃水的船舶 D. 从事捕鱼的船舶	C
166	在对遇局面下，最忌讳的是____。	A. 向右转向 B. 减速 C. 停车 D. 向左转向	D
167	一船看到另一船的两盏桅灯和两盏舷灯，应认定为____。	A. 对遇局面 B. 追越 C. 交叉相遇局面 D. 无法认定相遇局面	D

序号	题目内容	可选项	正确答案
168	大海上一机动船在正前方看见来船的两桅灯接近成一直线，并见两盏舷灯，由于风浪，偶尔看不见红舷灯，该船应____。	A. 右转一短声 B. 左转二短声 C. 保向保速 D. 等待	A
169	你船为在航机动船，当你对当时的会遇局面是否属于对遇局面有任何怀疑时，你船应____。	A. 立即右转并鸣一短声 B. 立即左转并鸣二短声 C. 保向保速并鸣放至少五短声 D. 等待他船采取行动后，再决定本船采取的行动	A
170	以下关于互见中的说法正确的是____。	A. 当一机动船在前方发现他船前后桅灯成一直线，"对遇局面"规则开始适用 B. 当一机动船在前方发现他船两盏红、绿舷灯时，"对遇局面"规则开始适用 C. 当一船在前方发现他船前后桅灯成一直线，"对遇局面"规则开始适用 D. 当一机动船在正前方发现另一机动船两盏红、绿舷灯时，"对遇局面"规则开始适用	D
171	下列说法中错误的是____。	A. 在对遇局面下两船的避让责任和义务相同 B. 在对遇局面下一般不宜采取减速避让 C. 在对遇局面下一般不宜采取倒车避让 D. 在对遇局面下严禁采取向左转向避让	D
172	下列说法中正确的是____。	A. 当一机动船对位于本船右前方的来船是否处于"对遇局面"持有怀疑，则应假定为"对遇"，并应立即左转 B. 当一机动船对位于本船右前方的来船是否处于"对遇局面"持有怀疑，则应假定为"对遇"，并应立即右转 C. 当一机动船对位于本船左前方的来船是否处于"对遇局面"持有怀疑，则应假定为追越 D. 当一机动船对位于本船左前方的来船是否处于"对遇局面"持有怀疑，则应假定为"对遇"，并应立即左转	B

序号	题目内容	可选项	正确答案
173	在夜间，你发现右前方有一机动船与你船航向交叉，经观察，来船的前、后桅灯间距逐渐减小，这表明____。	A. 来船将从你船前方通过 B. 来船将从你船后方通过 C. 两船存在碰撞危险 D. 你船将从来船后方通过	B
174	一艘机动船与下列船舶交叉相遇，适用交叉相遇局面条款的是____。	A. 失去控制的船舶 B. 操纵能力受到限制的船舶 C. 限于吃水的船舶 D. 从事捕鱼的船舶	C
175	在交叉相遇局面下，如当时环境许可，让路船应避免向左转向适用于____。	A. 大角度交叉 B. 垂直交叉 C. 小角度交叉 D. 垂直交叉和小角度交叉	D
176	两艘机动船交叉相遇，____。	A. 有他船在本船右舷的船舶应为直航船 B. 有他船在本船左舷的船舶应为不应妨碍他船的船 C. 有他船在本船右舷的船舶应为让路船 D. 有他船在本船左舷的船舶应为让路船	C
177	你船是一艘限于吃水的船舶在深水航道有限的水域中航行，与左舷驶来的一艘悬挂有球、菱形、球号型的来船相遇，并致有构成碰撞危险，则____。	A. 你船应避让他船 B. 他船应避让你船 C. 他船不应妨碍你船的航行 D. 你船不应妨碍他船的航行	A
178	三艘机动船交叉相遇致有构成碰撞危险，则____。	A. 遵守交叉局面条款 B. 有两艘船在本船右舷的机动船应给其他两船让路 C. 这是一种特殊情况，应执行责任条款 D. 这是一种特殊情况，应执行船舶之间的责任条款	C
179	你船为沿通航分道航行的机动船，当一机动船从你船右舷穿越通航分道并且构成碰撞危险，此时____。	A. 你船为让路船 B. 他船为让路船 C. 你船为直航船 D. 两船避让责任难以断定	A

序号	题目内容	可选项	正确答案
180	在狭水道的直航段中，一艘穿越狭水道的机动船在互见中与另一沿着狭水道航行的机动船交叉相遇且致有构成碰撞危险，该局面适用____。	A. 交叉局面条款 B. 狭水道条款 C. 这是一种特殊情况，不适用交叉局面条款 D. 分道通航制条款	A
181	能与机动船构成交叉相遇局面的船舶为____。	A. 失去控制的船舶 B. 操纵能力受到限制的船舶 C. 从事捕鱼的船舶 D. 限于吃水的船	D
182	夜间，一船在你船左舷构成交叉会遇，你船看见来船的罗经方位越来越大，这说明来船将____。	A. 从你船首通过 B. 从你船尾通过 C. 从你船左舷通过 D. 从你船右舷通过	A
183	下列说法中错误的是____。	A. 直航船的首要义务是保持原来的航向和航速不变 B. 直航船可以任意地改变航向或航速 C. 直航船到达习惯转向点，可以根据航行需要，适当改变航向或航速 D. 直航船如果不具备保持航向和航速的能力，同样享受"规则"赋予的直航船的权利	B
184	直航船可以独自采取操纵行动以避免碰撞的时机为____。	A. 当两船构成碰撞危险时 B. 当两船构成紧迫危险时 C. 当两船构成紧迫局面时 D. 当一经发觉让路船显然没有遵照"规则"采取适当行动时	D
185	直航船独自采取操纵行动以避免碰撞的时机为____。	A. 构成碰撞危险时 B. 构成紧迫局面时 C. 构成紧迫危险时 D. 发现让路船显然未按"规则"采取让路行动时	D

序号	题目内容	可选项	正确答案
186	必须给他船让路的船舶包括___。	A. 对遇局面中的两船 B. 同舷受风时的下风船 C. 追越中的追越船 D. 交叉局面中位于一船右舷的船	C
187	直航船的行动条款适用于___。	A. 互见中的机动船 B. 任何能见度情况下的机动船 C. 互见中的任何直航船 D. 任何能见度下的船舶	C
188	下列哪种情况下直航船的行动是不正当的?	A. 直航船在到达转向点附近转向 B. 为校对罗经而作航向的改变 C. 到达港口前为了安全进港而减速 D. 由于风浪变大，为防止主机超负荷运转而采取适当地降低转速的措施	B
189	当保向保速的船发觉本船不论何种原因逼近到单凭让路船的行动不能避免碰撞时，也应采取___的行动。	A. 可避免碰撞 B. 最有助于避碰 C. 最为可靠 D. 最有助于在安全距离上通过	B
190	让路船若采取转向的行动，应尽可能___。	A. 除对被追越船外，对正横前的船采取向左转向 B. 除对被追越船外，对正横或正横后的船采取朝着他转向 C. 对正横或正横后的船采取背着他转向 D. 及早采取大幅度的行动宽裕地让清他船	D
191	下列说法中正确的是___。	A. 直航船一经发现让路船右转企图通过本船尾时，即可增速或右转以协同行动 B. 直航船一经发现让路船左转企图通过本船首时，即可增速或左转以增大通过距离 C. 直航船一经发现让路船右转企图通过本船尾时，即可减速或左转以协同行动 D. 直航船一经发现让路船左转企图通过本船首时，应继续保持原来航向和（或）航速	D

序号	题目内容	可选项	正确答案
192	不应妨碍他船安全航行的船舶，其行动应是＿＿。①不以构成碰撞危险的方法航行；②构成碰撞危险时，若该船为直航船，仍不免除其不应妨碍的责任；③积极、主动、及早地采取行动，并留有足够的水域以供让其安全通过	A. ①② B. ①③ C. ②③ D. ①②③	D
193	"规则"允许直航船可以独自采取操纵行动的时机是＿＿。	A. 两船已接近到单凭让路船的操纵行动已不能保证两船在安全距离上驶过时 B. 当发觉两船接近到单凭让路船的行动已不能避免碰撞时 C. 只要有助于避碰，在任何时候均可独自采取行动 D. 一经发觉让路船显然没有遵照"规则"要求采取适当的避碰行动时	D
194	下列说法中正确的是＿＿。	A. 两船中的一船应给另一船让路时，另一船即为直航船 B. 两船相遇致有构成碰撞危险时，当一船为让路船时，另一船才为直航船 C. 由于种种原因，致使让路船无法保持航向航速，则不应视该船为直航船 D. 只有具备保向能力的被让路船，才是"规则"所规定的直航船	A
195	甲机动船在左舷045°见一操纵能力受到限制的乙船，构成碰撞危险，其让路责任是＿＿。	A. 乙让甲 B. 甲让乙 C. 甲乙互让 D. 甲不应妨碍乙	B
196	除失控船与操纵能力受限船以外，任何船舶与限于吃水船舶相遇，后者的责任是＿＿。	A. 避免妨碍他船的航行 B. 不负任何避让责任 C. 充分注意其特殊条件，特别谨慎驾驶 D. 负责让路	C

序号	题目内容	可选项	正确答案
197	海上，你是机动船，与左舷030°驶来挂有一尖端对接的两个圆锥体号型的他船交叉相遇，构成碰撞危险，他船应____。	A. 右转让你船 B. 减速、停车 C. 不妨碍你船 D. 保速保向	D
198	帆船在航时，应给下列____船舶让路。①操纵能力受到限制的船舶；②从事捕鱼的船舶；③失去控制的船舶	A. ①② B. ①③ C. ②③ D. ①②③	D
199	悬挂菱形体号型的甲船，在左舷025°方向看到挂有球、菱形、球号型的乙船驶来，存在碰撞危险，此时____。	A. 甲不妨碍乙 B. 乙不妨碍甲 C. 乙让甲 D. 甲让乙	D
200	在能见度不良的水域中，如采取转向以避免碰撞的发生，则____。	A. 向左转向的行动是不符合"规则"的要求的 B. 向左转向的行动是不符合海员通常做法的 C. 向右转向的行动是不符合"规则"的要求的 D. 向右转向的行动可能是符合海员通常做法的	D
201	你船在浓雾中航行，听到他船的雾号似在本船的正前方附近，而在雷达上对其回波因海浪干扰而不能确定时，你船应____。	A. 把船速减小到能维持航向的最小速度保速保向 B. 保速保向继续航行，并鸣放相应的雾号 C. 鸣放五短声警告他船 D. 立即停车、倒车把船停	D
202	雾中用雷达测的他船在左前方6 n mile，无碰撞危险，同时听到雾号似在左前方，你船应____。	A. 向右转向 B. 向左转向 C. 减速或停车 D. 保向、保速，继续观测	C

序号	题目内容	可选项	正确答案
203	船舶在能见度不良水域中航行时应遵守____。	A. 船舶在能见度不良时的行动规则 B. 不必遵守"船舶在互见中的行动规则" C. 不必遵守"船舶在任何能见度情况下的行动规则" D. 既要遵守"船舶在能见度不良时的行动规则"，又要遵守其他各条相关规定	D
204	在能见度不良的情况下，一船仅凭雷达测到他船，并断定正在形成紧迫局面，如采取转向措施，应避免____。	A. 除对被追越船外，对正横前的船舶采取向右转向 B. 对正横或正横后的船舶采取背着他船转向 C. 除对被追越船外，对正横前的船舶采取向左转向 D. 对正横或正横后的船舶采取向右转向	C
205	某船在能见度不良时用雷达发现与左正横后的船舶存在碰撞危险，在采取转向避碰行动时应尽可能做____。	A. 左转结合增速 B. 左转结合减速 C. 右转结合减速 D. 右转结合增速	D
206	"规则"第二章第三节第十九条第5款要求船舶无论如何，应极其谨慎地驾驶，直到____过去为止。	A. 紧迫危险 B. 紧迫局面 C. 碰撞危险 D. 碰撞	C
207	船舶在能见度不良时的行动规则适用的对象为____。	A. 失去控制的船舶 B. 操纵能力受到限制的船舶 C. 从事捕鱼的船舶 D. 任何船舶	D
208	在雾中航行，仅保持雷达观测，而放弃视觉瞭望的做法，是属于____。	A. 对遵守"规则"各条的疏忽 B. 对海员通常做法可能要求的任何戒备上的疏忽 C. 对特殊情况可能要求的任何戒备上的疏忽 D. 对海员通常做法可能要求的任何戒备上的疏忽或对特殊情况可能要求的任何戒备上的疏忽	A

序号	题目内容	可选项	正确答案
209	在避让中采用自动舵进行避让，这样的做法是属于___。	A. 对遵守"规则"各条的疏忽 B. 对海员通常作法可能要求的任何戒备上的疏忽 C. 对特殊情况可能要求的任何戒备上的疏忽 D. 对海员通常做法可能要求的任何戒备上的疏忽或对特殊情况可能要求的任何戒备上的疏忽	B
210	在狭水道航行或在进出港时未备车备锚，是属于___。	A. 对遵守"规则"各条的疏忽 B. 对海员通常做法可能要求的任何戒备上的疏忽 C. 对特殊情况可能要求的任何戒备上的疏忽 D. 对海员通常做法可能要求的任何戒备上的疏忽或对特殊情况可能要求的任何戒备上的疏忽	B
211	下列关于背离"规则"的说法，正确的是___。	A. 背离"规则"就是违背"规则" B. 背离"规则"是有严格的条件限制的 C. 只要未发生碰撞，所有的背离"规则"就是合理的 D. 背离"规则"可以背离"规则"所有条款	B
212	下列说法中不正确的是___。	A. 为避免紧迫危险，包括与他船的碰撞的紧迫危险和本船航行中的紧迫危险，船舶可以背离规则所有条款 B. 在特殊情况下，船舶也可背离规则，这种特殊情况包括自然条件的限制 C. 在特殊情况下，船舶也可背离规则，这种特殊情况包括由于本船条件的限制 D. 在特殊情况下，船舶也可背离规则，这种特殊情况包括由于多船的出现等情况	A
213	某船因在能见度不良时未开启号灯而导致碰撞，应属于___疏忽。	A. 遵守规则各条的 B. 海员通常做法上的 C. 对当时特殊情况可能要求的任何戒备上的 D. 遵守规则各条或海员通常做法上的	A

序号	题目内容	可选项	正确答案
214	船舶为避免紧迫危险而背离规定应属于____。	A. 不遵守规则 B. 规则所期望的 C. 正当的 D. 正当的，也是规则所要求的	D
215	船舶在航行中，值班驾驶员忙于定位，在海图室停留时间太长，以致发现来船太晚而避让不及，发生碰撞事故，是属于____。	A. 对遵守本规则各条的疏忽 B. 对海员通常做法可能要求的任何戒备上的疏忽 C. 对特殊情况可能要求的任何戒备上的疏忽 D. 对海员通常做法可能要求的任何戒备上的疏忽或对特殊情况可能要求的任何戒备上的疏忽	A
216	船舶进入某港口管辖水域应____。	A. 只遵守国际海上避碰规则 B. 只遵守港章规定 C. 在优先遵守港章的基础上还应遵守国际海上避碰规则 D. 在优先遵守国际海上避碰规则的基础上还应遵守港章规定	C
217	当渔业船舶不具备安全航行条件时，船长____开航或者续航。	A. 有权拒绝 B. 无权拒绝 C. 不应当拒绝 D. 以上都不对	A
218	船长应服从____管理机构依据职责对渔港水域交通安全和渔业生产秩序的管理。	A. 海事局 B. 渔船检验 C. 渔政渔港监督 D. 港务局	C
219	渔业船员应服从____在其职权范围内发布的命令。	A. 船长 B. 上级职务船员 C. AB 都对 D. 以上都不对	C
220	船舶在港内发生火灾，要及时向____报警。	A. 消防队 B. 港务监督部门 C. AB 都对 D. AB 都不对	C

序号	题目内容	可选项	正确答案
221	雾区航行时，____必须到驾驶台亲自指挥。	A. 水手长 B. 渔捞长 C. 船副 D. 船长	D
222	大风浪中操作要谨慎小心，最佳的顶浪航行角度为____左右。	A. 10° B. 20° C. 30° D. 90°	B
223	接班船员接到船到后的通知应立即向____报到，并抓紧接班。	A. 水手长 B. 部门长 C. 船副 D. 船长	D
224	明火作业结束后，____必须认真检查现场，确认无火灾隐患后向部门长汇报。	A. 作业员 B. 作业监督员 C. 水手长 D. 船副	B
225	在驾驶台值班时，以下说法中错误的是____。	A. 不得擅离岗位 B. 不得坐卧睡觉、闲聊 C. 不得大声喧哗、嬉笑、打闹 D. 可以收听广播和收看电视。	D
226	船长应提前____将预计开航时间通知轮机长，如停港不足____，应在抵港后立即将预计离港时间通知轮机长。	A. 12 h; 12 h B. 24 h; 24 h C. 24 h; 12 h D. 以上都不对	B
227	能见度小于____时，不得使用自动舵。	A. 3 n mile B. 5 n mile C. 8 n mile D. 10 n mile	B
228	放艇时，船长应控制好船速，一般情况下，登艇人员不多于____。	A. 两人 B. 三人 C. 六人 D. 十人	B

序号	题目内容	可选项	正确答案
229	靠离泊时，必须由____亲自驾驶指挥。	A. 水手长 B. 渔捞长 C. 船副 D. 船长	D
230	舷外作业应注意的事项包括____。	A. 保险带和座板绳分别系固于甲板固定物上 B. 事先要通知有关部门关闭舷外出水孔 C. 航行中严禁进行舷外作业 D. 以上都是	D
231	船舶在开航前，必须将吊杆____。	A. 落下 B. 升起 C. 无所谓 D. 以上都不对	A
232	《中华人民共和国渔业法》在总则中明确规定，立法的目的是____。	A. 加强渔业资源的保护、增殖、开发和合理利用 B. 为了发展人工养殖 C. 保障渔业生产者的合法权益，促进渔业生产的发展 D. 以上都是	D
233	根据《中华人民共和国渔业法》规定，禁止____。①使用炸鱼、毒鱼、电鱼的方法进行捕捞；②制造、销售、使用渔具；③在禁渔区、禁渔期进行捕捞；④使用小于最小网目尺寸的网具进行捕捞；⑤在禁渔期内销售渔获物	A. ①②③④⑤ B. ①②③④ C. ①②③ D. ①③④	D
234	根据《中华人民共和国渔业法》规定，渔业水域生态环境的监督管理和渔业污染事故的调查处理，依照____执行。	A.《中华人民共和国海洋环境保护法》 B.《中华人民共和国水污染防治法》 C. AB都对 D. AB都不对	C

序号	题目内容	可选项	正确答案
235	国家对____等珍贵、濒危水生野生动物实行重点保护，防止其灭绝。禁止捕杀、伤害国家重点保护的水生野生动物。因科学研究、驯养繁殖、展览或者其他特殊情况，需要捕捞国家重点保护的水生野生动物的，依照____的规定执行。	A. 白鳍豚；《中华人民共和国野生动物保护法》 B. 重要经济鱼类；《渔业资源保护法》 C. 白鳍豚；《渔业资源保护法》 D. 二级以上的水生野生动物；《渔业法》	A
236	农业农村部制定《渔业捕捞许可管理规定》的目的是____。	A. 保护、合理利用渔业资源 B. 控制捕捞强度 C. 保障渔业生产者的合法权益 D. 以上都是	D
237	渔业捕捞许可证有效期内发生____情况的，须按规定重新申请渔业捕捞许可证。①渔船作业方式变更；②渔船主机、主尺度、总吨位变更；③因渔船买卖发生渔船所有人变更	A. ①② B. ②③ C. ①③ D. ①②③	D
238	根据《海上交通安全法》的规定，主管机关在下列哪种情况下有权采取必要的强制性处置措施____。	A. 发现船舶的实际状况与证书所载不符时 B. 船舶发生事故，对交通安全造成或可能造成危害时 C. 船舶发生交通事故手续未清时 D. 未交付应承担的费	B
239	根据《中华人民共和国渔港水域交通安全管理条例》规定，渔业船舶之间发生交通事故，应当向____渔政渔港监督管理机关报告，并在进入第一个港口四十八小时之内向渔政渔港监督管理机关递交事故报告书和有关材料，接受调查处理。	A. 第一到达港的 B. 就近的 C. 船籍港的 D. 指定的	B

序号	题目内容	可选项	正确答案
240	渔业船舶的初次检验，是指渔业船舶检验机构在渔业船舶投入营运前对其所实施的全面检验，应当申报初次检验渔业船舶是____。	A. 经大修后的渔业船舶 B. 非渔业船舶改为渔业船舶 C. 发生严重海损事故的渔业船舶 D. 以上都应申请	B
241	下列关于渔业船舶登记的叙述，不正确的是____。	A. 渔业船舶登记港即为船籍港 B. 渔业船舶登记港按船舶所有人意愿选择 C. 渔业船舶不得有两个船籍港 D. 船名不得与登记在先的船舶重名	B
242	根据《渔业船舶水上安全事故报告和调查处理规定》，自然灾害事故是指____或其他灾害造成渔业船舶损坏、沉没或人员伤亡、失踪的事故。①台风或大风、龙卷风；②风暴潮、雷暴；③海啸；④海冰	A. ①②③④ B. ①②④ C. ①③④ D. ①②③	A
243	渔业船员证书的有效期不超过____年。	A. 6 B. 5 C. 4 D. 长期有效	B
244	《中华人民共和国渔业船员管理办法》适用于 ____。①在中国籍渔业船舶上工作的中国船员；②在外国籍渔业船舶上工作的中国籍船员；③在中国籍渔业船舶上工作的外国籍船员	A. ①② B. ①③ C. ②③ D. ①②③	B
245	根据《中华人民共和国渔业船员管理办法》规定，无线电操作员证书适用于____。	A. 远洋渔业船舶 B. 所有渔业船舶 C. AB 都对 D. AB 都不对	A

序号	题目内容	可选项	正确答案
246	我国现行《海洋环境保护法》适用的水域是 ___。①港口和内水；②领海和毗连区；③专属经济区和大陆架；④我国管辖的其他海域	A. ①②③ B. ①④ C. ②③④ D. ①②③④	D
247	根据我国现行《海洋环境保护法》的规定，对下列哪项行为可责令其限期改正并罚款？	A. 排放禁止排放的污染物 B. 不按规定申报污染物排放有关事项 C. 发生事故不按规定报告 D. 不按规定提交倾倒报告或不记录倾倒情况	A
248	我国《海洋环境保护法》规定，需要船舶装运污染危害性不明的货物，应当按照有关规定 ___。	A. 事先进行评估 B. 装运时进行评估 C. 事后进行评估 D. 不需评估	A
249	根据《防治船舶污染海洋环境管理条例》规定，船舶在从事 ___ 作业活动时，应当遵守相关作业规程，并采取必要的安全和防污染措施。①清舱；②洗舱；③油料供受；④加装压载水	A. ①② B. ①②③ C. ①②③④ D. ①③④	B
250	中华人民共和国海洋环境保护法与缔结或者参加的有关海洋环境保护的国际条约有不同规定的，适用 ___。	A. 国际条约的规定，但是中华人民共和国声明保留的条款除外 B. 国际条约的规定 C. 海洋环境保护法的规定 D. 都不适用	A
251	农业部自 ___ 年开始实行了伏季休渔制度。	A. 1995 B. 1996 C. 1997 D. 1999	A

序号	题目内容	可选项	正确答案
252	到目前为止，我国在____实行了全面的伏季休渔制度。①黄海海域；②渤海海域；③东海海域；④南海海域	A. ①②③ B. ②③④ C. ①②③④ D. ①	C
253	"闽粤海域交界线"以北的渤海、黄海、东海海域的休渔作业类型包括____。	A. 拖网 B. 围网 C. 单层刺网 D. 以上都是	D
254	网目长度测量时，网目应沿____方向充分拉直，每次逐目测量相邻5目的网目内径，取其最小值为该网片的网目内径。	A. 有结网的纵向 B. 无结网的长轴 C. AB都对 D. AB都不对	C
255	为了保护渔业资源，应当禁止的渔业活动是____。①使用炸鱼、毒鱼、电鱼等方法进行捕捞；②使用禁用的渔具；③在禁渔区、禁渔期进行捕捞；④使用大于最小网目尺寸的网具进行捕捞	A. ①②③④ B. ①②③ C. ①②④ D. ①③④	B
256	____年，农业部为规范水产种质资源保护区的设立和管理，加强水产种质资源保护，根据《渔业法》等有关法律法规，制定了《水产种质资源保护区管理暂行办法》。	A. 2010 B. 2011 C. 2012 D. 2014	B
257	"中日渔业协定"，于2000年6月1日生效，有效期为____年。	A. 长期有效 B. 10 C. 8 D. 5	D
258	根据"中日渔业协定"，缔约各方应对在暂定措施水域从事渔业活动的____采取管理及其他必要措施。	A. 本国国民及渔船 B. 另一方的国民及渔船 C. AB都对 D. AB都不对	A

序号	题目内容	可选项	正确答案
259	中日渔业联合委员会的任务包括＿＿＿。①协商每年决定在本国专属经济区的缔约另一方国民及渔船的可捕鱼种、渔获配额、作业区域及其他作业条件；②协商和决定"暂定措施水域"的事项；③根据需要，就"中日渔业协定"附件的修改向缔约双方政府提出建议；④研究"中日渔业协定"的执行情况及其他有关事项	A. ①②③ B. ①②③④ C. ①③④ D. ①②④	B
260	中韩双方一方发现另一方国民及渔船违反中韩渔业联合委员会的决定时，可＿＿＿。	A. 勒令停船 B. 必要时登临检查 C. AB 都对 D. AB 都不对	D
261	中韩双方在考虑各自专属经济区管理水域的海洋生物资源状况、本国捕捞能力、传统渔业活动、相互入渔状况及其他相关因素的情况下，每年决定缔约另一方国民及渔船在本国专属经济区管理水域的＿＿＿，并通报给另一方。①可捕鱼种；②渔获配额；③作业时间、作业区域及其他作业条件	A. ①② B. ②③ C. ①③ D. ①②③	D
262	"中越北部湾渔业合作协定"水域分为＿＿＿。①共同渔区；②过渡性安排水域；③暂定措施水域；④小型渔船缓冲区	A. ①②③④ B. ①②④ C. ①③④ D. ②③④	B
263	船舶应变部署表的主要内容应包括＿＿＿。	A. 紧急报警信号的应变种类及信号特征 B. 有关救生、消防设备的位置 C. 职务与编号、姓名、艇号、筏号的对照一览表 D. 以上都是	D
264	船员应急任务卡的内容包括＿＿＿。	A. 船员编号以及弃船时登乘救生艇艇号、救生筏筏号 B. 各种应急警报信号 C. 各种应变部署中的岗位和职责 D. 以上都是	D

序号	题目内容	可选项	正确答案
265	每一艘渔业船舶都应根据船员配备情况和船舶设备情况编制____，明确每个船员在各种应急情况下的岗位、职责和任务。	A. 应变措施 B. 应变方案 C. 应变部署表 D. 值班安排表	C
266	船舶鸣放三长声的应变信号是表示____。	A. 有人落水 B. 溢油 C. 火警 D. 以上都不对	A
267	应急演习的目的包括____。	A. 提高船员的安全意识 B. 使船员熟悉应变岗位和职责 C. 使船员熟练使用各种应急设备 D. 以上都是	D
268	关于应变演习，下列说法中错误的是____。	A. 演习项目可以是单项的，也可以是综合的 B. 演习不但要在白天进行，还要在夜间进行 C. 演习不但要在好天气条件下进行，还要在恶劣天气条件下进行 D. 演习可在航行或作业中进行，停泊中不得进行演习	D
269	弃船演习的内容包括____。	A. 查看是否正确地穿好救生衣 B. 操作降落救生筏所用的吊筏架 C. 介绍无线电救生设备的使用 D. 以上都是	D
270	船舶发生紧急情况，应立足于自救，____应根据事故或紧急情况的发展趋势及时争取外界援助。	A. 船长 B. 船副 C. 轮机长 D. 水手长	A
271	船舶有效的防火控制是____。	A. 控制可燃物 B. 控制通风 C. 控制热源 D. 以上都是	D

序号	题目内容	可选项	正确答案
272	船舶发生紧急情况后受损严重，经全力施救无效或处于沉没、倾覆、爆炸等危险状态时，____有权作出弃船决定。	A. 船长 B. 船副 C. 轮机长 D. 水手长	A
273	航行中发现有人落水时应立即停车，向____快速操满舵，并派人到高处瞭望落水人员情况。	A. 落水者一舷 B. 落水者另一舷 C. 以上都对 D. 以上都不对	A
274	海盗攻击的时间大多发生在____。	A. 上半夜 B. 下半夜 C. 中午 D. 下午	B

二、判断题

序号	题目内容	正确答案
1	航程是船舶航行经过的距离，用 s 表示，航海上一般采用 n mile 作为航程的单位。	正确
2	地球是一个大磁体，其靠近地球北极的磁极称为磁北极，磁北极的方向称为磁北，地球北极的方向称为真北。	正确
3	船舶锚泊可关闭 AIS 船载设备。	错误
4	磁罗经检查时要使罗盆保持水密，无气泡，且罗经液体应无色透明且无沉淀物。	正确
5	国际上采用的风力等级是"蒲福风级"，风级分为 0 至 17 级，共 18 个等级。	正确
6	当热带气旋来临时，在近海航行的船舶应及时避离，选择封闭式或背风的港口避风。	正确
7	船舶也可利用 NAVTEX 或 INMARSAT－C 站接收作业海区邻近台站发布的天气报告或天气警报来接收气象信息。	正确
8	船舶始终按恒定航向航行时，船舶航行的理想轨迹称为恒向线。	正确

序号	题目内容	正确答案
9	船舶在航行中，风舷角小于10°时称为顶风；当风舷角大于170°时，称为顺风。	正确
10	要了解中国东海沿岸从长江口至台湾海峡的潮汐情况可查阅中版《潮汐表》第二册。	正确
11	A、B区域浮标制度仅在于侧面标标身、顶标的颜色和光色不同：A区域为"左红右绿"，B区域为"左绿右红"。	正确
12	英版《航路指南》主要供100 t及以上的船舶使用，它是将海图上无法表达或者不能完全表达的有关航海资料汇编成书，作为海图资料的补充。	错误
13	根据国际雾级的规定，凡能见距离在5 000 m以下者，称能见度不良。	错误
14	雷达天线是定向圆周扫描天线，在水平面内，天线辐射宽度有5°左右，所以对于每一时刻，雷达有几个方向发射和接收。	错误
15	GPS可在全球范围内全天候的为用户提供连续的、高精度的、近于实时的信息。	正确
16	平静水面中，当水面与吃水标志数字下端相切时吃水读取以该数字为准。	正确
17	国内航行船舶载重线标志中"X"水平线段表示热带载重线。	错误
18	横骨架式船舶的特点是横向构件间距大、尺寸大。	错误
19	横骨架式船体结构有横向强度好的优点。	正确
20	当船舶的总载重量确定以后，船舶的航次净载重量与航程有关。	正确
21	对含水量超过8%，温度超过42 ℃的鱼粉应拒绝装船。	错误
22	自动舵调节旋钮中灵敏度调节（又称天气调节），海况良好时可调低些，海况恶劣时应调高些。	错误
23	船舶操舵后，在转舵阶段将出现速度降低，向转舵相反一侧横倾的现象。	错误
24	舵的正压力的大小与舵叶的几何形状无关，与舵角有关。	错误
25	在确定港内顺流抛锚掉头方向时，对于右旋定距单桨船一般应向右掉头，抛右锚。	正确
26	一般情况下，船舶靠泊时的带缆顺序是先船首带缆，后船尾带缆；而船首应先带倒缆后带头缆。	错误
27	船舶由深水进入浅水区船体下沉减轻、船舶纵倾增大。	错误
28	当船舶航向与波浪的交角成90°或270°时，若仅改变船速，不能改变横摇。	正确
29	撞入他船船体的船舶应当在不严重危及自身安全的情况下尽力救助被撞船。	正确

序号	题目内容	正确答案
30	海上拖带转向时无风浪条件下可大幅度一次完成。	错误
31	《海上避碰规则》适用的船舶是指在公海以及与公海相连接并可供海船航行的一切水域中的一切可用作水上运输工具的水上船筏。	正确
32	《1972年海上避碰规则》适用的船舶是指海船。	错误
33	船舶遇到大风浪，使其无法变速变向可以视作失控船。	正确
34	渔船正在用拖网捕鱼不属于"从事捕鱼作业船"。	错误
35	白天能见度不良时，船舶应显示规定的号型，也可显示规定的号灯。	错误
36	机动船在航时在不对水移动时，不需显示舷灯和尾灯。	错误
37	夜间，见到前方显示上黄下白两盏号灯，则该船为限于吃水船。	错误
38	在海上，当你看到他船的号灯为白、绿、白垂直三盏号灯，垂直上白下红号灯和左右舷灯时，他船为对水移动的非拖网渔船在放网。	错误
39	在海上，当你看到他船的号灯为绿、白、白垂直三盏号灯时，他船可能为在航对水移动的非拖网渔船。	错误
40	"规则"第四章第三十四条第1款所规定的"行动声号"的含义是警告或提醒来船注意本船行动的信号。	错误
41	互见中任何一船无法了解他船的行动应鸣放警告声号。	正确
42	雾中主机故障的失控船，不对水移动时应每隔2 min鸣放一短一长一短声号。	错误
43	雾中听到一长两短的声号，该船可能是失控船。	正确
44	锚泊船应保持正规的瞭望。	正确
45	"安全航速"是指与他船致有构成碰撞危险时，采用微速前进。	错误
46	当驶近拖带船组时，经观测与来船方位有明显变化，可能存在碰撞危险。	正确
47	为避免碰撞或留有更多的时间估计局面，船舶应减速、停车或倒车把船停住。	正确
48	在狭水道或航道内，如不需要被追越船采取行动就能完全追越，则追越船可以一边鸣放追越声号一边追越。	错误
49	穿越狭水道或航道的船舶不应妨碍任何在狭水道或航道内航行的机动船的通行。	错误
50	船舶舵机发生故障可以驶入分隔带锚泊。	正确
51	穿越通航分道的船舶是否负有让路的责任和义务，取决于是否违背"应尽可能直角穿越"的规定。	错误
52	一艘被帆船追越的机动船，应给帆船让路。	错误

序号	题目内容	正确答案
53	被追越船为缩短两船追越时间采取减速措施是严重违规行为。	错误
54	《海上避碰规则》适用的船舶是指在公海以及与公海相连接并可供海船航行的一切水域中的在航船舶。	错误
55	《1972年海上避碰规则》适用的船舶是指海船。	错误
56	船长有权拒绝船东有关不利于船舶安全的指令。	正确
57	船舶在雾、霾、雪、暴风雨、沙暴或其他类似使其航行能见度受到限制时，应严格遵守《SOLAS公约》中的有关条款以及当地港章等规定。	错误
58	驾驶台内各种航海设备、航海文件、航海资料必须稳妥固定，严加保管，无关人员不得随意动用、翻阅。	正确
59	在应变情况下，值班轮机员应立即执行驾驶台发出的信号，及时提供所要求的水、气、电等。	正确
60	国家对渔业的监督管理，实行分级领导、分级管理。	错误
61	捕捞船、养殖船、水产运销船、冷藏加工船、渔港工程船、渔业指导船都属于渔业船舶。	正确
62	在我国渔港和渔港水域内航行、停泊和作业的外国籍船舶不适用于《中华人民共和国渔业港航监督行政处罚规定》。	错误
63	根据《中华人民共和国渔业船员管理办法》规定，中国籍渔业船舶的船长应当由中国籍公民担任。	正确
64	国家渔业行政主管部门负责渔港水域内非军事船舶和渔港水域外渔业船舶污染海洋环境的监督管理，负责保护渔业水域生态环境工作，并调查处理海洋环境污染事故以外的渔业污染事故。	正确
65	根据现有科研基础和捕捞生产实际，海洋捕捞渔具最小网目尺寸制度分为准用渔具和禁用渔具两大类。	错误
66	根据《渔网网目尺寸测量方法（GB 6964—2010）》的规定，采用扁平楔形网目内径测量仪进行测量。网目长度测量时，网目应沿有结网的纵向或无结网的长轴方向充分拉直，每次逐目测量相邻5目的网目内径，取其平均值为该网片的网目内径。	错误
67	自2014年6月1日起，禁止使用小于最小网目尺寸的渔具进行捕捞。对携带小于最小网目尺寸渔具的捕捞渔船，按使用小于最小网目尺寸渔具处理、处罚。	正确
68	"中日渔业协定"于2000年6月1日生效，有效期为10年。	错误

序号	题目内容	正确答案
69	"中韩渔业协定"规定的维持现有渔业活动水域为各自的专属经济以外的水域。	错误
70	根据"中越北部湾渔业合作协定",缔约一方如发现缔约另一方的小型渔船进入小型渔船缓冲区的己方一侧水域从事渔业活动,可予以警告,并采取必要措施令其离开该水域。	正确
71	船舶应急又称为船舶应变,是指在船舶发生各种意外事故和紧急情况时的紧急处理方法和措施。	正确
72	每位船员每月应至少参加弃船演习和消防演习各一次。	正确
73	航行中发现有人落水时应立即停车,向落水者一舷快速操满舵,并派人到高处瞭望落水人员情况。	正确
74	发现船舶破损进水,应立即发出堵漏警报召集船员,报告船长并通知机舱。	正确
75	船长有权拒绝船东有关不利于船舶安全的指令。	正确

二级船副

一、选择题

序号	题目内容	可选项	正确答案
1	下列哪项是建立大地坐标系时要明确的问题?①确定椭圆体的参数;②确定椭圆体中心的位置;③确定坐标轴的方向	A. ① B. ② C. ③ D. ①②③	D
2	NNW 的圆周度数为____。	A. 337°5′ B. 315° C. 345°5′ D. 335°	A
3	磁差主要随____变化而变化。	A. 地区、时间 B. 船磁、船向 C. 航型、方位 D. 船况、地区	A

序号	题目内容	可选项	正确答案
4	航速的单位是____。	A. 节 B. 米 C. 千米 D. 公里	A
5	AIS 用于船舶避碰，可以克服雷达/ARPA____方面的缺陷。	A. 盲区 B. 量程 C. 显示方式 D. 运动模式	A
6	在 AIS［列表］显示本船已接收的其他船舶的 AIS 信息，如____。①MMIS；②船名；③距离、方位和速度	A. ①③ B. ①② C. ②③ D. ①②③	D
7	在磁罗经罗盆中心正下方的垂直铜管内放置的垂直校正器为____校正器，用于校正船铁的____自差。	A. 硬铁；半圆 B. 硬铁；倾斜 C. 软铁；倾斜 D. 软铁；象限	B
8	检查磁罗经罗盆的摆动半周期是否符合要求，主要是检查____。	A. 罗盆的轴针和轴帽间摩擦力的大小 B. 罗盆磁性的大小 C. 罗盆转动惯量的大小 D. 罗盆浮力的大小	B
9	利用罗经进行两方位定位后，应在《航海日志》中记录什么内容？	A. 观测时间、船位经纬度 B. 观测时间、两物标的真方位 C. 观测时间、两物标的罗方位、罗经差 D. 观测时间、两物标的名称、罗方位、罗经差	D
10	露点温度是用来表示____的物理量。	A. 温度 B. 密度 C. 气压 D. 湿度	D
11	风向正东是指风从____方向吹来。	A. 90° B. 180° C. 270° D. 360°	A

序号	题目内容	可选项	正确答案
12	若干球温度为 18 ℃，湿球温度也为 18 ℃，则相对湿度____。	A. r＝18％ B. r＝0％ C. r＝100％ D. r＝90％	C
13	在北半球，右半圆称为____，左半圆称为____。	A. 危险半圆；可航半圆 B. 危险半圆；危险半圆 C. 可航半圆；可航半圆 D. 可航半圆；危险半圆	A
14	若在发展强烈的热带气旋中心，有一个直径 10～60 km 的区域，风力很小，天气晴朗少云，说明可能处于____。	A. 外围区 B. 涡旋区 C. 眼区 D. 无法判断	C
15	当热带气旋来临时，在近海航行的船舶应及时避离，选择____。	A. 封闭式港口避风 B. 背风式港口避风 C. 以上均可以 D. 以上均不行	C
16	目前船舶获取天气和海况图资料最常用的途径为____。	A. 气象传真广播 B. 全球互联网 C. 海岸电台 D. 增强群呼	A
17	船舶获取的具有快速、彩色、高画质动画等特点的海洋气象资料的途径为____。	A. 气象传真广播 B. 全球互联网 C. 海岸电台 D. 增强群呼	B
18	基准比例尺是____。①图上各点局部比例尺的平均值；②图上某经线的局部比例尺；③图外某纬度的局部比例尺	A. ①②③ B. ①② C. ②③ D. ③	B
19	恒向线是____。①曲线；②直线；③与所有子午线都相交成相同的角度	A. ①③ B. ①② C. ②③ D. ①	A

序号	题目内容	可选项	正确答案
20	海图水面处斜体数字注记的水深数字表示____。	A. 干出高度 B. 深度不准或采自旧水深资料或小比例尺图的水深 C. 测到一定深度尚未着底的深度 D. 实测水深或小比例尺海图上所标水深	D
21	我国沿海海图高程基准面，一般采用____。	A. 大潮高潮面 B. 1985 国家高程基准面 C. 最高高潮面 D. 潮高基准面	B
22	海图标题栏的内容包括____。①出版机关的徽志；②图幅的地理位置；③图名	A. ①②③ B. ①② C. ② D. ①③	A
23	在有流无风影响的情况下，船舶的推算航迹向 CG 与真航向 TC 之差，就是当时的____。	A. 风流合压差 B. 风压差 C. 罗经差 D. 流压差	D
24	海图作业规则规定，船速 15 kn 以下的船舶沿岸航行，至少应每隔____观测一次船位。	A. 15 min B. 30 min C. 1 h D. 2～4 h	B
25	以下哪些因素会引起潮汐预报值与实际值相差较大？①寒潮；②台风；③春季气旋入海	A. ①③ B. ①② C. ②③ D. ①②③	D
26	以下哪些是中版《潮汐表》的内容？①主港潮汐预报表；②潮流预报表；③格林尼治月中天时刻表	A. ①③ B. ①② C. ②③ D. ①②③	D
27	双拖渔船具有以下哪种特点？	A. 干舷高 B. 抗风能力弱 C. 稳性差 D. 稳性好	D

序号	题目内容	可选项	正确答案
28	下列哪项船舶主尺度比的数值越大，表示船舶储备浮力大？	A. 型宽/吃水 B. 型深/吃水 C. 垂线间长/型深 D. 垂线间长/型宽	B
29	关于净吨位的用途，不正确的是___。	A. 计算各种税收的基准 B. 计算停泊费用 C. 计算拖带费用 D. 计算海事赔偿责任限额	D
30	公制水尺中数字的高度及相邻数字间的间距是___。	A. 6 cm B. 10 cm C. 12 cm D. 15 cm	B
31	载重线标志中"X（S）"水平线段表示___。	A. 热带载重线 B. 冬季载重线 C. 夏季载重线 D. 淡水载重线	C
32	干舷大小是衡量船舶___的重要标志。	A. 纵倾大小 B. 储备浮力大小 C. 稳性大小 D. 强度大小	B
33	以下有关船体强度表述最准确的是___。	A. 船体对外的受力 B. 船体抵抗风浪冲击的能力 C. 船体抵抗"中拱""中垂"合力的能力 D. 船体具有承受和抵抗使其变形诸力的能力	D
34	船舶外板又称船壳板，是指主船体中的___。	A. 船底板 B. 舷侧外板 C. 艏部 D. 构成船底、舷侧及艏部外壳的板	D
35	船底外板与内底板之间的空间称为___。	A. 货舱 B. 首尖舱 C. 双层底 D. 隔离空舱	C

序号	题目内容	可选项	正确答案
36	舱壁的作用有＿＿。①分隔舱容；②防止火灾蔓延；③减少自由液面的影响；④提高船舶的抗沉性能	A. ①②③ B. ②③④ C. ①③④ D. ①②③④	D
37	位于船舶最前端的一道水密横舱壁被称为＿＿。①首尖舱舱壁；②防撞舱壁；③制荡舱壁	A. ①② B. ②③ C. ①③ D. ①②③	A
38	球鼻首标志绘在船首两侧＿＿。	A. 满载水线以下 B. 半载水线以下 C. 满载水线以上 D. 空载水线以上	C
39	要确定船舶的最大吃水与下列哪项无关？	A. 航行季节 B. 航行区域 C. 载重线标志 D. 总吨位	D
40	我国沿海海区属于＿＿。	A. 热带季节区域 B. 热带区带 C. 冬季季节区域 D. 夏季季节区域	A
41	航行中的船舶横摇越平缓，说明船舶＿＿。	A. 很稳定 B. 稳性越大，抵御风浪能力强 C. 稳性越大，操纵能力越好 D. 稳性越小，抵御风浪能力差	D
42	某矩形液货舱中部设置一道横向隔舱，则其自由液面的惯性矩＿＿。	A. 与原来相同 B. 为原来的1/2 C. 为原来的1/3 D. 为原来的1/4	A
43	冷藏货物的冷处理方法为＿＿。	A. 速冻 B. 冷冻 C. 冷却 D. 速冻、冷冻、冷却	D

序号	题目内容	可选项	正确答案
44	散装冰鲜鱼入舱应采用____与下舱鱼箱纵横交叉层叠，这都是保证适度稳性的必要措施。	A. 鱼层不应太高 B. 薄鱼薄冰 C. 闸板分隔 D. 舱口下方应用箱装	C
45	性能优良的锚应具有____。①较大的抓力系数；②抛起迅速；③结构坚固；④重量较大	A. ①②④ B. ①②③ C. ②③④ D. ①②③④	B
46	当抛锚时看到一个红色链环且其前后各有一个白色有档链环，则表示出链长度为____。	A. 二节 B. 三节 C. 五节 D. 六节	D
47	制链器的主要作用是____。	A. 避免锚链跳动 B. 减轻锚机负荷，保护锚机 C. 减轻锚链下垂曲度 D. 便于迅速解脱锚链	B
48	一般系泊时钢丝缆挽桩的道数为____。	A. 大挽时至少5道，小挽时至少3道 B. 大挽时至少6道，小挽时至少4道 C. 大挽时至少5道 D. 小挽时至少5道	C
49	若所需舵的转舵力矩及舵机功率小，在海船上广泛应用的是____。	A. 平板舵 B. 流线型舵 C. 普通舵 D. 平衡舵	D
50	自动舵调节旋钮中灵敏度调节（又称天气调节）的正确使用方法是：海况良好时可调____，海况恶劣时应调____。	A. 高些；低些 B. 低些；高些 C. 高些；高些 D. 低些；低些	A
51	旋回圈是指直航中的船舶操左（或右）满舵后____。	A. 船尾端描绘的轨迹 B. 船舶重心描绘的轨迹 C. 船舶转心P描绘的轨迹 D. 船首端描绘的迹	B

序号	题目内容	可选项	正确答案
52	船舶倒车停止性能或最短停船距离是指船在前进三中开后退三，从___停止时船舶所前进的距离	A. 发令开始至船对地 B. 发令开始至船对水 C. 螺旋桨开始倒转至船对地 D. 螺旋桨开始倒转至船对水	B
53	操舵后，舵力对船舶运动产生的影响的说法正确的是___。	A. 使船产生尾倾 B. 使船产生首倾 C. 使船旋转 D. 使船速增大	C
54	舵效与舵角有关，一般舵角为___时，舵效最好。	A. 25°～32° B. 20°～30° C. 32°～35° D. 37°～45°	C
55	螺旋桨吸入流的特点是___。	A. 流速较快，范围较广，水流流线几乎相互平行 B. 流速较慢，范围较广，水流流线几乎相互平行 C. 流速较快，范围较小，水流旋转剧烈 D. 流速较慢，范围较小，水流旋转剧烈	B
56	船舶在有水流的水域航行，在相对水的运动速度不变、舵角相同的条件下___。	A. 顺流时的舵力大于顶流时的舵力 B. 顺流时的舵力小于顶流时的舵力 C. 顺流时的舵力等于顶流时的舵力 D. 顺流时的舵效好于顶流时的舵效	C
57	操舵时，当舵工听到舵角操舵口令后，应立即___待确认后及时将舵___。	A. 转动舵轮；转至所要求舵角 B. 打开舵开关；快速转至所要求舵角 C. 复诵一遍；转至所指定舵角 D. 启动舵轮指示灯；慢速转至所要求舵角	C
58	空载船舶在正横风较强时抛锚掉头应如何处理？	A. 迎风掉头 B. 顺风掉头 C. 只能向右掉头 D. 只能向左掉头	A
59	锚的抓力大小与___有关	A. 链长 B. 链长、底质 C. 锚重、链长、底质 D. 锚重、链长、底质、水深、抛锚方式	D

序号	题目内容	可选项	正确答案
60	横风时，采用前进法抛八字锚时，应先抛出____。	A. 下风舷锚 B. 上风舷锚 C. 左舷锚 D. 右舷锚	B
61	引起走锚的主要原因是 ____。①严重偏荡；②松链不够长、抛锚方法不妥；③锚地底质差或风浪突然袭击；④值班人员不负责任，擅自离开岗位	A. ①②④ B. ①③④ C. ①②③ D. ②③④	C
62	船舶离泊时，船首余地不大，且风、流较强，顺流吹拢风时，多采用____方法。	A. 首先离 B. 尾先离 C. 平行离 D. 自力离	B
63	船舶由深水区进入浅水区，会发生____现象。	A. 船速下降，航向稳定性提高 B. 船速下降，航向稳定性下降 C. 船速提高，航向稳定性提高 D. 船速提高，航向稳定性下降	A
64	船吸现象容易出现在____。	A. 两船速度较高，相对速度较小的对驶中 B. 两船速度较低，相对速度较小的对驶中 C. 两船速度较高，相对速度较小的追越中 D. 两船速度较低，相对速度较小的追越中	C
65	"规则"适用的水域是指____。	A. 船舶能到达的一切水域 B. 公海以及与公海相连接并可供海船航行的一切水域 C. 公海以及与公海相连接的一切水域 D. 与公海相连接并可供海船航行的一切感潮水域	B
66	"规则"适用的水域为____。	A. 公海 B. 与公海连接并可供海船航行的一切水域 C. 公海和领海 D. 公海和与公海相连接并可供海船航行的一切水域	D

序号	题目内容	可选项	正确答案
67	"规则"适用的船舶是指在公海以及与公海相连接并可供海船航行的一切水域中的____。	A. 一切船舶 B. 除军舰外的一切船舶 C. 12 m 以上的一切船舶 D. 一切海船	A
68	地方特殊规定的制定部门为____。	A. 各国政府 B. 国际海事组织 C. 有关主管机关 D. 各地方政府	C
69	"规则"不适用的船舶为____。	A. 在海面上的潜水艇 B. 在水面锚泊的水上飞机 C. 锚泊中的失去控制的船舶 D. 没有，在海上的任何船舶都适用	D
70	"规则"第一章第三条"定义"中的"帆船"一词指____。	A. 任何以风为动力的船舶 B. 任何驶帆的船舶或装有机器但不在使用的船舶 C. 任何驶帆的船舶 D. 任何驶帆同时又用机器推进的船舶	B
71	下列哪种情况不属于互见？	A. 一船能用望远镜看到他船时 B. 在低层雾中一船只能看到另一船的轮廓，而看不见他船的驾驶台 C. 能见度不良时，两船接近到相互看见时 D. 一船看到另一船桅灯	B
72	下列不属于失控船的是____。	A. 主机故障 B. 舵机失灵 C. 帆船无风 D. 大风浪中操纵困难	D
73	限于吃水的船舶是指____。	A. 由于吃水与可航水域的水深和宽度的关系，致使其偏离所驶航向的能力受到限制的机动船 B. 由于吃水与可航水域的水深和宽度的关系，致使其偏离所驶航向的能力受到限制的船舶 C. 由于水深太浅，致使其偏离所驶航向的能力受到限制的机动船 D. 由于浅水效应，致使其旋回性能受到限制的机动船	A

序号	题目内容	可选项	正确答案
74	下列船舶中属于从事捕鱼的船舶为____。	A. 用绳钓捕鱼的船舶 B. 正在探索鱼群的船舶 C. 用曳绳钓捕鱼的船舶 D. 正在驶往或驶离渔场的渔船	A
75	"从事捕鱼船"是指____。	A. 所有从事拖网捕鱼的船舶 B. 所有从事捕鱼的船舶 C. 渔船 D. 使用网具、绳钓、拖网或其他使其操纵性能受到限制的渔具进行捕鱼的任何船舶	D
76	有关号灯和号型的规定，应在____均应遵守。	A. 能见度不良 B. 各种天气条件下 C. 任何能见度 D. 能见度良好	B
77	桅灯的水平光弧显示范围为____。	A. 360° B. 正横前 C. 正前方到每一舷正横前 22.5° D. 正前方到每一舷正横后 22.5°	D
78	闪光灯是指每隔一定时间以每分钟频闪____次的闪光号灯。	A. 120 及以上 B. 110 及以上 C. 100 及以上 D. 150 及以上	A
79	机动船当拖带长度小于或等于 200 m 时，白天在最易见处____。	A. 应显示一个圆柱体号型 B. 应显示一个圆锥体号型 C. 应显示一个菱形体号型 D. 不必显示号型	D
80	机动船当拖带长度超过 200 m 时，应____。	A. 在后桅或前桅上另增设一盏桅灯 B. 在后桅或前桅上另增设三盏桅灯 C. 以三盏桅灯取代后桅灯或前桅灯 D. 以三盏桅灯取代后桅灯而不得取代前桅灯	C
81	你看到来船显示垂直四盏白灯，则来船为____。	A. 拖带长度小于 200 m 的船 B. 拖带长度大于 200 m，船长在 50 m 以上的机动船 C. 拖带长度小于 200 m，船长小于 50 m 的机动船 D. 旁拖他船的船舶	B

序号	题目内容	可选项	正确答案
82	机帆并用的船舶，在白天应在船的前部最易见处悬挂一个____。	A. 悬挂尖端向上的圆锥体 B. 悬挂一个菱形体 C. 悬挂尖端向下的圆锥体 D. 悬挂一个圆柱体	C
83	你船为在航机动船，在正前方看到来船显示一盏白灯，则可能是____。①被追越船的尾灯；②锚泊船的锚灯；③机动船的桅灯	A. ①② B. ①③ C. ②③ D. ①②③	D
84	你船是拖网渔船，因主机出现故障，在渔场锚泊修理，白天应显示的号型是____。	A. 一个圆球体号型 B. 一个圆柱体号型 C. 一个由二个尖端对接的黑色圆锥体所组成的号型 D. 一个尖端向下的圆锥体号型	A
85	一艘被拖带的"失控船"在航时应____。	A. 显示环照红灯、桅灯、舷灯与尾灯各两盏 B. 显示两盏环照红灯，不对水移动时关闭桅舷尾灯 C. 应显示舷灯与尾灯 D. 仅显示两盏环照红灯	C
86	你船在夜间全速前进时，突然发现舵叶丢失，你船应____。	A. 立即关闭舷灯、尾灯 B. 立即关闭桅灯，并显示垂直两盏环照红灯 C. 立即显示两盏垂直二环照红灯 D. 立即关闭桅灯、舷灯、尾灯，并显示垂直两盏环照红灯	B
87	从事潜水作业的小船，在白天可以用国际信号____旗的硬质复制品代替球、菱形、球号型。	A. Y B. B C. A D. O	C
88	见到他船垂直红、白、红、黄、白的号灯，则该船是____。	A. 正在收放航空器的船舶 B. 从事拖带的操限船队 C. 从事疏浚作业的船舶 D. 围网渔船	B

序号	题目内容	可选项	正确答案
89	在下列船舶中，在航、不对水移动时应显示舷灯和尾灯的是____。	A. 从事捕鱼的船舶 B. 操纵能力受到限制的船舶（从事清除水雷作业的船舶除外） C. 失去控制的船舶 D. 机动船	D
90	规则中规定的"短声"与"短声"之间的时间间隔为____。	A. 1 s B. 约 1 s C. 约 2 s D. 3 s	B
91	船舶操纵声号适用的水域____。	A. 大洋上 B. 狭水道 C. 分道通航制 D. 互见中的任何水域	D
92	船舶操纵声号和警告声号中可以用灯光补充的是____。	A. 长声 B. 长声与短声 C. 短声与长声 D. 短声	D
93	怀疑声号和警告声号适用于____。	A. 能见度不良时 B. 任何能见度 C. 互见中的分道通航制水域 D. 任何互见中的水域	D
94	雾中，你船听到一船每隔约 1 min，则急敲号钟约 5 s 钟，且在急敲号钟之前和之后，各分隔而清楚地敲打号钟三声，该船为____。	A. 搁浅船 B. 锚泊船 C. 失去控制的船舶 D. 从事捕鱼的船舶	A
95	按"规则"规定，表示"我船正在向左转向"时应鸣放的声号是____。	A. 一短声 B. 二短声 C. 一长一短声 D. 三短声	B
96	雾中，你船听到一船每隔约 1 min，则急敲号钟约 5 s 钟，该船为____。	A. 一艘被拖船 B. 锚泊船 C. 失去控制的船舶 D. 从事捕鱼的船舶	B

序号	题目内容	可选项	正确答案
97	你船按章沿狭水道行驶，后船鸣放追越声号，你船同意追越，应鸣放的声号为____。	A. 二长声继以一短声 B. 二长声继以二短声 C. 一长、一短、一长、一短声 D. 至少五声短而急的笛号	C
98	你船为机动船，在大雾中以安全航速航行，应以每次不超过2 min鸣放____。	A. 一长声 B. 二长声 C. 一短、一长、一短声继以四短声 D. 一长声、两短声	A
99	通常认为当能见度下降至____时应鸣放雾号。	A. 6 n mile B. 5 n mile C. 3 n mile D. 2 n mile	D
100	下列信号中哪个不是遇险信号？	A. 每分钟一爆响 B. 雾号器连续发声 C. 一面方旗在一球形体上方 D. 垂直两盏环照红灯	D
101	船舶发生碰撞的首要因素为____。	A. 未保持正规瞭望 B. 未使用安全航速 C. 未正确判断碰撞危险 D. 未及时采取避碰行动	A
102	保持正规瞭望的最基本手段为____。	A. 视觉瞭望 B. 听觉瞭望 C. 用雷达观测 D. 用无线电话互通情报	A
103	"规则"第二章第五条"瞭望"的适用对象是指____。	A. 瞭望人员 B. 当班驾驶员与瞭望人员 C. 驾驶员 D. 驾驶台所有值班人员	B
104	"规则"对船舶安全航速的要求适用的时间为____。	A. 白天 B. 夜间 C. 航行中 D. 任何时间	D

序号	题目内容	可选项	正确答案
105	船舶决定安全航速时，应考虑的因素有____。①夜间出现的背景亮光；②通航密度；③本船的操纵性能	A. ①② B. ①③ C. ②③ D. ①②③	D
106	"规则"第二章第七条所说的不充分的资料是指____。①观测次数少；②仅凭雾号来判断来船的位置和动态；③观测数据不准确	A. ①② B. ①③ C. ②③ D. ①②③	D
107	来船的罗经方位即使有明显变化，有时也可能存在碰撞危险的情况是____。①当驶近一艘很大的船舶时；②当驶近拖带船组时；③当在远距离上的他船采取了一连串的小角度转向时	A. ①② B. ①③ C. ②③ D. ①②③	D
108	船舶当对是否存在碰撞危险有任何怀疑时，应断定为____。	A. 不存在碰撞危险 B. 使用安全航速行驶并继续观测 C. 用适当的信号引起来船注意 D. 存在碰撞危险，并采取有效的避碰行动	D
109	除下列哪种情况外，其余均是良好船艺的运用？	A. 对遇局面中采取向左转向，以增大会遇距离 B. 雾中使用雷达保持警戒并对观测到的物标进行雷达标绘 C. 失控船用耀眼的灯光引起他船的注意 D. 狭水道航行时备车备锚	A
110	船舶采取增速避让为____。	A. 违反"规则"规定的行动 B. 是不符合安全航速的行动 C. 是"规则"提倡的行动 D. "规则"没禁止但也不提倡的行动	D
111	紧迫危险是指两船已驶近到____。	A. 有碰撞危险时 B. 不能避免碰撞时 C. 单凭一船的避让行动已不能在安全距离上驶过时 D. 单凭一船的避让行动已不能避免碰撞时	D

序号	题目内容	可选项	正确答案
112	转向避让时，为获得相同的避让效果，慢船应比快船____。	A. 转得早、转得大 B. 转得早、转得小 C. 一样 D. 转得大、转得晚	A
113	下列说法正确的是____。	A. "规则"严禁增速避让 B. "规则"提倡增速避让 C. 增速避让往往能够取得最佳避碰效果 D. "规则"提倡转向避让或减速避让	D
114	形成紧迫局面的原因是____。①未正确判断碰撞危险；②未使用安全航速；③未保持正规瞭望	A. ①② B. ①③ C. ②③ D. ①②③	D
115	在狭水道或航道内追越，追越船的驾驶员应意识到下列哪些危险？①在他船靠得太近而引起的碰撞危险；②在他船速度太快而引起的碰撞危险；③因岸吸岸推作用而造成碰撞	A. ①② B. ①③ C. ②③ D. ①②③	D
116	如当时环境许可，任何船舶应避免在狭水道内____。	A. 追越 B. 锚泊 C. 停船 D. 调头	B
117	下列说法正确的是____。	A. 任何穿越狭水道或航道的船舶在任何情况下都是一艘不应妨碍的船舶 B. 任何穿越船在互见中与沿狭水道航行的限于吃水的船舶构成碰撞危险时，肯定是一艘让路船 C. 穿越船在某些情况下也可能是一艘直航船 D. 穿越狭水道或航道的船舶不应妨碍任何在狭水道或航道内航行的机动船的通行	C

序号	题目内容	可选项	正确答案
118	在狭水道内，你船鸣放过二长声一短声信号后，被追越船未回答任何信号，你应认为被追越船____。	A. 同意你船追越 B. 不同意你船追越 C. 默许你船追越 D. 未听到你船鸣放的追越声号	B
119	关于狭水道条款，下列选项中正确的是____。	A. 在任何情况下，船舶应尽量靠近其右舷的航道外缘行驶 B. 只要安全可行，船舶应尽量靠近其右舷的航道外缘行驶 C. 由于工作性质，"操限船"可以背离"右行"规定 D. 由于帆船的操纵特点，所以背离"右行"规定是无可非议的。	B
120	使用分道通航制区域的船舶可不遵守____。	A. 船舶在互见中的行动规则 B. 船舶在能见度不良时的行动规则 C. 狭水道规定 D. 有关号灯、号型的规定	C
121	航行在分道通航制水域的船舶，下列做法中正确的是____。	A. 在不得不穿越时应与分道船舶总流向尽可能成小角度 B. 从分道一侧驶进驶出应与分道船舶总流向尽可能成直角 C. 在分道内从一侧转移到另一侧过程中应与分道船舶总流向尽可能成小角度 D. 在分道内从一侧转移到另一侧过程中应与分道船舶总流向尽可能成直角	C
122	下列哪种说法是正确的？	A. 未经 IMO 采纳的分道通航制，对船舶不具有任何的约束力 B. 一国政府自行颁布的"分道通航制"规则，仅适用于本国船舶 C. 一船航经某一处的分道通航制区域，不管该区域是否已被 IMO 所采纳，船舶均应严格地执行该区域的有关规定 D. 由于 IMO 未采纳某一分道通航制区域，所以"规则"也不适用于该区域	C

序号	题目内容	可选项	正确答案
123	两帆船从相反航向上驶近，构成碰撞危险，应____。	A. 各向右转 B. 各向左转 C. 右舷受风让左舷受风船 D. 左舷受风船让右舷受风船	D
124	追越不适用于____。	A. 互见中的船舶 B. 能见度不良时互见中的船舶 C. 狭水道中的船舶 D. 能见度不良时不互见的船舶	D
125	你驾驶机动船在大风浪中航行，在左前方偶尔看见他船的桅灯和绿舷灯，偶尔看见其尾灯，此时你应断定为____。	A. 他船为让路船 B. 交叉相遇局面 C. 两船避让关系难以确定 D. 追越局面	D
126	构成追越的条件包括____。①后船在前船正横后大于22.5°的某一方向；②后船位于前船的尾灯的能见距离内；③后船速度高于前船	A. ①② B. ①③ C. ②③ D. ①②③	D
127	某船在追越过前船船首后马上左转，因而导致碰撞，其责任为____。	A. 违背追越条款 B. 违背交叉相遇局面条款 C. 违背船舶之间的责任条款 D. 违背责任条款	A
128	以下说法中正确的是____。	A. 只要追越船驶过被追越船以后，即可免除追越船让开被追越船的责任 B. 只要追越船与被追越船不再构成碰撞危险，保持平行并驶，则即可免除追越船应承担的让路责任 C. 只有追越船驶过让清以后，才可免除追越船让开被追越船的责任 D. 只要追越船与被追越船不再构成碰撞危险，保持平行并驶，越过船头即可免除追越船应承担的让路责任	C

序号	题目内容	可选项	正确答案
129	对遇局面条款不适用于____。	A. 互见中 B. 大洋上 C. 受限制水域 D. 一艘机动船和一艘非机动船	D
130	下列做法中不属于良好的船艺的是____。	A. 对遇局面向左转向，以增大会遇距离 B. 雾中用雷达对物标进行系统观测 C. 失控后用耀眼的灯光引起他船注意 D. 在能见度不良的白天显示号灯	A
131	夜间，你驾驶机动航行，你在正前方看到来船的桅灯和两盏舷灯，有时偶尔看见其红或绿舷灯，你船应____。	A. 立即右转并鸣一短声 B. 立即左转并鸣二短声 C. 保向保速 D. 减速或停车	A
132	你船发现另一船的两盏桅灯和两盏舷灯，你应断定为____。	A. 适用对遇局面条款 B. 适用追越条款 C. 适用交叉相遇局面条款 D. 无法判断	D
133	两机动船在下列哪种情况时，才符合对遇局面？	A. 在夜间能看到他船前后桅灯成一直线和两盏舷灯时 B. 在夜间，能同时看到他船的两盏舷灯时 C. 互见中，在相反或接近相反的航向上，且在同一或接近的航线上对驶致有构成碰撞危险 D. 在白天能看到他船前后桅杆成一直线和两盏舷灯时	C
134	下列说法中正确的是____。	A. 在交叉相遇局面下两船的避让责任和义务相同 B. 在交叉相遇局面下一般不宜采取变速避让 C. 在交叉相遇局面下一般不宜采取转向避让 D. 在交叉相遇局面下，有他船在本船右舷的船舶为让路船	D

序号	题目内容	可选项	正确答案
135	甲船是机动船在航，从左舷060°驶来一艘显示一尖端对接的两个圆锥体号型的乙船，存在碰撞危险，按规定____。	A. 乙右转 B. 乙左转 C. 甲让乙 D. 各自右转	C
136	在夜间，你发现左前方有一机动船与你船航向交叉，经观察，来船的前、后桅灯间距逐渐增大，这表明____。	A. 来船将从你船前方通过 B. 来船将从你船后方通过 C. 两船存在碰撞危险 D. 你船将从来船前方通过	A
137	交叉相遇局面规定适用于____。	A. 机动船与操纵能力受到限制的船舶 B. 机动船与机动船 C. 机动船与从事捕鱼的船舶 D. 机动船与失去控制的船舶	B
138	机动船甲已经停车，且不对水移动，见到机动船乙从左舷090°方向上驶来，存在着碰撞危险，此时应____。	A. 甲船动车避让 B. 乙船停车避让 C. 乙船右转避让 D. 乙船加速从甲船前方通过	C
139	你船为按章沿狭水道航行的机动船，当一艘操纵能力受到限制的船舶从你船左前方穿越狭水道并且构成碰撞危险，此时____。	A. 你船为让路船 B. 他船为让路船 C. 你船为直航船 D. 两船避让责任、义务相同	A
140	你船是机动船在试航，从左舷060°驶来一艘挂有尖端向下圆锥体的帆船，致有构成碰撞危险，你船应____。	A. 保向保速 B. 右转 C. 左转 D. 减速、倒车、停船	A
141	当在航机动船对本船的责任和义务难以断定时，应把本船断定为____。	A. 让路船 B. 直航船 C. 同义务船 D. 不应妨碍他船的船	A

序号	题目内容	可选项	正确答案
142	下列说法正确的是____。	A. 直航船一经发觉让路船右转避让时，本船即可右转以协助避让 B. 直航船一经发觉让路船左转避让时，本船即可左转以协助避让 C. 直航船一经发觉让路船减速避让时，本船即可增速以协助避让 D. 直航船发现让路船采取了避让行动，首先应该保向或保速	D
143	直航船在独自采取操纵行动之前应该鸣放____。	A. 四短声 B. 至少五短声 C. 一短声 D. 二短声	B
144	所谓的"保速保向"指的是____。	A. 保持初始时"航向航速" B. 并不一定非得保持同一罗经航向或同一主机转速 C. 保持初始时"航向航速"但并不一定非得保持同一罗经航向或同一主机转速 D. 任何改变航向与航速的行动，都是严重违背"规则"的行为	C
145	互见中，当两船的距离接近到单凭让路船的行动不能避免碰撞时，则直航船____。	A. 可独自采取行动以避免碰撞 B. 应采取最有助于避碰的行动 C. 应鸣放五短声再看让路船是否采取行动 D. 应向右转向	B
146	下列说法错误的是____。	A. 直航船的首要义务是保持原来的航向和航速不变 B. "船舶之间的责任"条款仅适用于互见中 C. 狭水道中的追越也仅适用于互见中 D. 直航船如果不具备保持航向和航速的能力，则不享受"规则"赋予的直航船的权利	D
147	下列说法正确的是____。	A. 追越仅仅存在于能见度良好时 B. 追越仅仅存在于航道中 C. 保持与被追越船有足够的横距是追越船的责任和义务 D. 追越仅仅存在于狭水道中	C

序号	题目内容	可选项	正确答案
148	机动船甲发现乙船显示垂直两个黑球，从左舷060°方向驶近，方位不变，按"规则"要求应是＿＿。	A. 甲让乙 B. 乙让甲 C. 双方互让 D. 两船各自向右转向	A
149	互见中，当一艘"操限船"与一艘机动船航向相反，并致有构成碰撞危险时，＿＿。	A. 适用"对遇局面"规则 B. 适用"规则"第二章第二节第十八条 C. 操限船不应妨碍机动船安全通行 D. 机动船不应妨碍操限船安全通行	B
150	机动船在航时，应给＿＿船舶让路。①失去控制的船舶；②操纵能力受到限制的船舶；③从事捕鱼的船舶	A. ①② B. ①③ C. ②③ D. ①②③	D
151	雾中仅凭雷达测到他船时，如转向避让，正确的做法是＿＿。	A. 对正横前的船背着它转向 B. 除对追越船外，对正横及正横后的船舶避免朝着它转向 C. 除对被追越船外，对正横前的船舶避免朝着它转向 D. 除对追越船外，对正横以前来船采取向右转向	D
152	某船在能见度不良时用雷达发现与右正横前的船舶存在碰撞危险，在采取转向避碰行动时应尽可能做到＿＿。	A. 左转结合增速 B. 左转结合减速 C. 右转结合减速 D. 右转结合增速	C
153	你船在雾中航行，听到正前方有锚泊船的雾号而在雷达上尚未确认该船时，你船应＿＿。	A. 避免向左转向 B. 判断是否存在碰撞危险 C. 大幅度向右转向 D. 立即把航速减到能维持航向的最小速度，以利于确认该船	D
154	能见度不良时的行动规则适用于＿＿。	A. 能见度不良水域中航行的船舶 B. 能见度不良水域中不在互见中的船舶 C. 能见度不良水域中或在其附近航行时不在互见中的船舶 D. 能见度不良水域中或其附近不在互见中的船舶	C

序号	题目内容	可选项	正确答案
155	船舶在能见度不良时的正确做法是____。①加强瞭望；②用安全航速行驶；③开启航行灯	A. ①② B. ①③ C. ②③ D. ①②③	D
156	你船在雾中航行，仅凭雷达测到他船在正横前，如转向避让，除对被追越船外，正确的做法为____。	A. 背着它转向 B. 朝着它转向 C. 向左转向 D. 向右转向	D
157	某船因就餐时无人瞭望而导致碰撞，应属于____疏忽。	A. 遵守"规则"各条的 B. 海员通常做法上的 C. 对当时特殊情况可能要求的任何戒备上的 D. 海员通常做法上的和对当时特殊情况任何戒备上的	A
158	下列属于对当时特殊情况可能要求的任何戒备上的疏忽的是____。	A. 没有按规定鸣放声响信号 B. 夜航中没有保持正规瞭望 C. 没有料到他船可能违背"规则"采取行动 D. 未正确显示号灯、号型	C
159	在狭水道内，企图追越的船在鸣放追越声号后，未听到被追越船的声号而强行追越而发生碰撞，这是属于____。	A. 对遵守"规则"各条的疏忽 B. 对海员通常做法可能要求的任何戒备上的疏忽 C. 对特殊情况可能要求的任何戒备上的疏忽 D. 对遵守"规则"各条的疏忽以及对海员通常做法可能要求的任何戒备上的疏忽	B
160	某船因在浓雾中航行未备车而导致碰撞，应属于____疏忽。	A. 遵守"规则"各条的 B. 海员通常做法上的 C. 对当时特殊情况可能要求任何戒备上的 D. 海员通常做法上的和对当时特殊情况任何戒备上的	A
161	由于船长在避让操纵中的过失导致碰撞的发生，根据相关责任条款，将由谁来承担碰撞的责任？	A. 由船长自行承担"碰撞"导致的一切责任 B. 由于船长是船东的雇佣人员，因而应由船东承担一切责任 C. 若船东并无任何过失，则只能由船长本人承担责任 D. 有关方有权追究当事船舶或当事人及其船舶的所有人由于该碰撞而产生的各种后果的责任	D

序号	题目内容	可选项	正确答案
162	某船因未发现号灯损坏而导致碰撞，应属于____疏忽。	A. 遵守"规则"各条的 B. 海员通常做法上的 C. 对当时特殊情况可能要求的任何戒备上的 D. 海员通常做法上的和对当时特殊情况任何戒备上的	A
163	直航船在发觉让路船显然未按"规则"的要求采取适当的行动时，直航船仍保速保向消极等待的做法是属于____。	A. 对遵守"规则"各条的疏忽 B. 对海员通常做法可能要求的任何戒备上的疏忽 C. 对特殊情况可能要求的任何戒备上的疏忽 D. 对遵守"规则"各条的疏忽或对海员通常做法可能要求的任何戒备上的疏忽	A
164	拖网渔业应给下列哪种船舶让路？①围网渔船；②漂流渔船；③从事定置作业渔船	A. ①② B. ①③ C. ②③ D. ①②③	D
165	渔船之间避让责任正确的是____。	A. 从事定置渔具捕捞渔船应避让围网渔船 B. 漂流渔船应避让拖网渔船 C. 漂流渔船应避让从事定置渔具捕捞渔船 D. 围网渔船应避让拖网渔船	C
166	围网渔船应给何种船舶让路？	A. 漂流渔船 B. 定置渔船 C. 双拖渔船 D. 单拖渔船	B
167	渔船之间避让责任正确的是____。	A. 先放网的渔船应让后放网的渔船 B. 正常作业的渔船不应妨碍作业中发生故障的渔船 C. 后放网的渔船应让先放网的渔船 D. 作业中发生故障的渔船有时也需要给正常作业的渔船让路	C

序号	题目内容	可选项	正确答案
168	不同围网渔船在追捕同一起水鱼群时，只要有一船已开始放网，他船＿＿＿。	A. 应尽快从鱼群中心穿过 B. 不得有妨碍该放网船正常作业的行动 C. 尽快远离该区域 D. 可在不影响放网船前提下在其周边放网	B
169	未拖带灯船的围网船在航探测鱼群时，应显示＿＿＿的号灯。	A. 从事围网作业渔船 B. 操纵能力受到限制的船舶 C. 在航机动船 D. 失去控制船	C
170	灯诱中的围网渔船，应显示＿＿＿的号灯。	A. 从事捕鱼作业的船舶 B. 操纵能力受到限制的船舶 C. 在航机动船 D. 失去控制船	A
171	围网渔船在拖带灯船进行探测、搜索或追捕鱼群过程中，应显示＿＿＿的号灯或号型。	A. 从事捕鱼作业的船舶 B. 操纵能力受到限制的船舶 C. 在航机动船 D. 拖带船	D
172	运输船靠在拖网中的渔船时应按"规则"显示＿＿＿的号灯，号型。	A. 从事拖网作业渔船 B. 操纵能力受到限制的船舶 C. 在航机动船 D. 失去控制船	B
173	下列有关渔船值班说法正确的是＿＿＿。①参加值班的船员必须是符合主管机关规定的合格船员；②每个值班船员应明确自己的职责；③船长必须确保值班的安排足以保证船舶的安全	A. ①② B. ①③ C. ②③ D. ①②③	D
174	负责渔船航行值班的驾驶员，如果有理由相信来接班的驾驶员不能有效地履行其职责则应＿＿＿。①继续保持航行值班；②不向来接班的驾驶员交班；③向船长报告	A. ①② B. ①③ C. ②③ D. ①②③	D

序号	题目内容	可选项	正确答案
175	下列哪项属于船长的职责？	A. 掌握本船结构性能 B. 掌握主辅机及种种机械、设备、仪器的概况 C. AB 都是 D. AB 都不是	C
176	渔业船舶航行期间，负责记录好《航海日志》是____的职责。	A. 船长 B. 船副 C. 助理船副 D. 驾驶人员	D
177	在火灾警报发出后，____应马上到达指定地点。	A. 船长 B. 轮机长 C. 全体船员 D. 以上都不对	C
178	雾区航行时，____必须到驾驶台亲自指挥。	A. 水手长 B. 渔捞长 C. 船副 D. 船长	D
179	船员职务调动交接工作由____组成。	A. 实物交接 B. 情况介绍 C. 现场交接 D. 以上都是	D
180	明火作业结束后，作业监督员必须认真检查现场，确认无火灾隐患后向____汇报。	A. 船长 B. 部门长 C. 水手长 D. 船副	B
181	航行中，每个值班驾驶员下班前都应将____告知值班轮机员。	A. 本班平均航速 B. 风向风力 C. AB 都对 D. AB 都不对	C
182	《中华人民共和国渔业法》在总则中明确规定，立法的目的是____。	A. 加强渔业资源的保护、增殖、开发和合理利用 B. 为了发展人工养殖 C. 保障渔业生产者的合法权益，促进渔业生产的发展 D. 以上都是	D

序号	题目内容	可选项	正确答案
183	《渔业船网工具指标批准书》的有效期不超过____。	A. 12 个月 B. 18 个月 C. 2 年 D. 5 年	B
184	《中华人民共和国渔港水域交通安全管理条例》适用于在中华人民共和国沿海以渔业为主的渔港和渔港水域航行、停泊、作业的船舶、设施和人员以及____。	A. 船舶、设施的所有人 B. 船舶、设施的经营人 C. AB 都对 D. AB 都不对	C
185	制造、改造的渔业船舶，其设计图纸、技术文件应当经渔业船舶检验机构审查批准，并在____。	A. 开工制造、改造前申报初次检验 B. 制造、改造完成后申报初次检验 C. AB 都对 D. AB 都不对	A
186	根据《渔业港航监督行政处罚规定》，免予处罚的情形包括____。①因不可抗力或以紧急避险为目的的行为；②渔业港航违法行为显著轻微并及时纠正，没有造成危害性后果的行为；③操纵 12 m 以下的海洋渔业船舶	A. ①② B. ①③ C. ②③ D. ①②③	A
187	根据《渔业船舶水上安全事故报告和调查处理规定》，水上生产安全事故是指因____或其他情况造成渔业船舶损坏、沉没或人员伤亡、失踪的事故。①碰撞；②风损；③触损；④火灾、自沉；⑤机械损伤、触电、溺水	A. ①②④⑤ B. ①②③④⑤ C. ①②③④ D. ①②③	B
188	根据《中华人民共和国渔业船员管理办法》规定，禁止____渔业船员证书。	A. 伪造 B. 变造 C. 转让 D. 以上都对	D
189	下列哪类船舶应执行我国现行《海洋环境保护法》的规定____。①在我国管辖海域以内航行的任何外国籍船舶；②在我国管辖海域以外造成我国海域污染的船舶；③在我国管辖海域以内航行的任何中国籍船舶	A. ①②③ B. ②③ C. ①② D. ①③	A

序号	题目内容	可选项	正确答案
190	《防治船舶污染海洋环境管理条例》规定，任何船舶不得向____排放船舶污染物。	A. 海洋特别保护区 B. 海上自然保护区 C. 海滨风景名胜区 D. 以上都是	D
191	到目前为止，我国在____实行了全面的伏季休渔制度。①黄海海域；②渤海海域；③东海海域；④南海海域	A. ①②③ B. ②③④ C. ①②③④ D. ①	C
192	自____年6月1日起，黄海、渤海、东海、南海全面实施海洋捕捞准用渔具和过渡渔具最小网目尺寸制度。	A. 2005 B. 2010 C. 2014 D. 2016	C
193	为了保护渔业资源，下列应当禁止的渔业活动有____。①使用炸鱼、毒鱼、电鱼等方法进行捕捞；②禁止使用禁用的渔具；③在禁渔区、禁渔期进行捕捞；④使用小于最小网目尺寸的网具进行捕捞	A. ①②③④ B. ①②③ C. ①②④ D. ①③④	A
194	以下哪些区域应当设立水产种质资源保护区？①国家和地方规定的重点保护水生生物物种的主要生长繁育区域；②我国特有或者地方特有水产种质资源的主要生长繁育区域；③重要水产养殖对象的原种、苗种的主要天然生长繁育区域	A. ①② B. ②③ C. ①②③ D. 以上都不对	C
195	水产种质资源保护区管理机构的主要职责包括____。	A. 制定水产种质资源保护区具体管理制度 B. 设置和维护水产种质资源保护区界碑、标志物及有关保护设施 C. 救护伤病、搁浅、误捕的保护物种 D. 以上都是	D

序号	题目内容	可选项	正确答案
196	"中日渔业协定"的协定水域为____。	A. 中华人民共和国的专属经济区 B. 日本国的专属经济区 C. 两国共同主张的区域 D. 以上都是	D
197	"中韩渔业协定"于 2001 年 6 月 30 日正式生效。它的有效期为____年。缔约任何一方在最初五年期满时或在其后，可提前一年以书面形式通知缔约另一方，随时终止本协定。	A. 长期有效 B. 10 C. 8 D. 5	D
198	中韩两国任何一方的国民及渔船进入对方专属经济区管理水域从事渔业活动，入渔许可证应由____。	A. 本方授权机关颁发 B. 对方授权机关颁发 C. 双方授权机关联合颁发 D. AB 都正确	B
199	对在"中韩渔业协定"暂定措施水域违规作业的渔船，取消其____在暂定措施水域的作业资格，并按《中华人民共和国渔业法》和国家有关规定予以处罚。	A. 当年 B. 下一年 C. AB 都对 D. AB 都不对	C
200	"中越北部湾渔业合作协定"有效期为____年，其后自动顺延____年。	A. 5；3 B. 10；5 C. 12；3 D. 12；5	C

二、判断题

序号	题目内容	正确答案
1	航速的单位为节（kn），1 kn 等于每小时航行 1 n mile，即 1 kn＝1 n mile/h。	正确
2	国际上采用的风力等级是"蒲福风级"，风级分为 0 至 17 级，共 18 个等级。	正确
3	有适当的大气环流条件是气团形成需要条件之一。	正确
4	船舶也可利用 NAVTEX 或 INMARSAT－C 站接收作业海区邻近台站发布的天气报告或天气警报来接收气象信息。	正确
5	中版图式"定"指灯质为定光，说明工作时间内颜色和亮度不变的长明不断的灯光。	正确

序号	题目内容	正确答案
6	天测定位，在正常情况下，每昼夜至少有 4 个天测船位。	错误
7	测深辨位时，测深仪所测得的水深应换算成相应的海图水深，其换算方法为海图水深＝测深值＋吃水值－潮高值。	正确
8	中国沿海航标表按照海域共分三册：黄海海区渤海海区（G101），东海海区（G102），南海海区（G103），每年出版一次。	正确
9	从事围网作业，围捕中上层水域集群性鱼类的专用渔船是刺网渔船。	错误
10	干舷大小是衡量船舶储备浮力大小的重要标志。	正确
11	当船体受总纵弯曲应力时，受力最大的一层甲板称舱壁甲板。	错误
12	船首结构加强可以抵抗首部碰撞力冲击。	正确
13	船舶摇摆越是厉害，其稳性就越差。	错误
14	货舱通风的目的中，降低舱内温度可防止产生汗水。	错误
15	船舶系泊时，尾缆的作用是防止船舶前移，防止船尾向外舷移动。	正确
16	每月应对舵设备进行一次全面的检查和保养。	错误
17	船舶在旋回中的降速主要是由于大舵角的舵阻力增大、斜航中船体阻力减小造成的。	错误
18	伴流能提高推进器效率，降低舵效。	正确
19	空载船舶在正横风较强时抛锚掉头，宜采取迎风掉头。	正确
20	在强风、强流中单锚泊船，发现偏荡严重，可以采取改抛八字锚抑制偏荡。	正确
21	"规则"适用的船舶是指除内河船舶之外的任何船舶。	正确
22	"规则"适用的水域是指除内陆水域外的一切水域。	错误
23	船舶进入某港口管辖的水域后只遵守"规则"。	错误
24	已停车且不对水移动的船舶属于在航状态。	正确
25	只有一根缆带上码头的船舶属于在航状态。	错误
26	当作号型的颜色均为红色。	错误
27	拖带灯是指与尾灯具有相同特性的白灯。	错误
28	$12 \leqslant L < 20$ m 的船舶，其桅灯的最小能见距离为 6 n mile。	错误
29	三级渔船其环照灯的最小能见距离为 2 n mile。	正确
30	机动船在航时不论是否对水移动，均应显示舷灯和尾灯。	正确
31	白天从事非拖网作业的渔船应显示一个黑色圆球体。	错误

序号	题目内容	正确答案
32	一艘由于"主机损坏"被拖带的在航渔船应显示两盏环照红灯，不对水移动时，关闭桅灯、舷灯、尾灯。	错误
33	长度为 $50 \leqslant L < 100$ m 的锚泊船，应当用工作灯或同等的灯照明甲板。	错误
34	互见中在狭水道中追越船欲从被追越船的右舷追越，则应鸣放两长一短的声号。	正确
35	雾中听到一长两短的声号，该船可能是被拖船。	错误
36	雾中听到一长两短的声号，该船可能是限于吃水的船舶。	正确
37	正确瞭望的基本手段包括视觉。	正确
38	听觉也属于正规瞭望的手段。	正确
39	在决定安全航速时，应考虑的首要因素是能见度情况。	正确
40	不应被妨碍的船舶可能是一艘让路船。	正确
41	"规则"适用的船舶是指除内河船舶之外的任何船舶。	正确
42	"规则"适用的水域是指除内陆水域外的一切水域。	错误
43	当渔业船舶不具备安全航行条件时，船长有权拒绝开航或者续航。	正确
44	船舶在雾、霾、雪、暴风雨、沙暴或其他类似使其航行能见度受到限制的情况下，应严格遵守"规则"中的有关条款以及当地港章等规定。	正确
45	对违反《中华人民共和国渔业法》违反的，主管机关可视情节，给予没收渔获物、违法所得、罚款、没收渔具、没收渔船、吊销捕捞许可证等处罚。	正确
46	《海上交通安全法》所指的船舶包括各类排水或者非排水的船、艇、筏、水上飞行器、潜水器、移动式平台以及其他移动式装置。	正确
47	拒绝、阻碍渔政渔港监督管理工作人员依法执行公务，应当给予治安管理处罚的，由渔政渔港监督管理机关依照《中华人民共和国治安管理处罚法》有关规定处罚。	错误
48	"闽粤海域交界线"是指福建省和广东省之间的海域管理区域界线以及该线远岸端与台湾岛南端鹅銮鼻灯塔连线。	正确
49	根据"中日渔业协定"，在协定水域内准许缔约另一方的国民及渔船在本国专属经济区从事渔业活动。	正确
50	"中韩渔业协定"的暂定措施水域由双方采取共同的养护和管理措施，对另一方国民及渔船可以采取管理及其他措施。	错误

三级船长

一、选择题

序号	题目内容	可选项	正确答案
1	地球椭圆体某点子午线与格林经度线在赤道上所夹的劣弧长等于____。	A. 地理经度 B. 两点间的东西距 C. 地理纬度 D. 地理坐标	A
2	SES 的圆周方位是____。	A. 146°15′ B. 157°5′ C. 112°5′ D. 067°5′	B
3	船速 10 kn，$\Delta L=0.0\%$，流速 2 kn，顺流航行一小时后相对计程仪记录的航程为____。	A. 8′ B. 10′ C. 12′ D. 14′	B
4	在 AIS［列表］显示本船已接收的其他船舶的 AIS 信息，如____。①MMIS；②船名；③距离、方位和速度	A. ①③ B. ①② C. ②③ D. ①②③	D
5	AIS 用于船舶避碰，可以克服雷达/ARPA ____方面的缺陷。	A. 盲区 B. 量程 C. 显示方式 D. 运动模式	A
6	以下哪种水文气象因素的急剧变化会引起潮汐变化的反常现象？①降水；②气压；③结冰	A. ①③ B. ①② C. ②③ D. ①②③	D
7	风向正东是指风从____方向吹来。	A. 90° B. 180° C. 270° D. 360°	A

序号	题目内容	可选项	正确答案
8	副热带高压是控制____的大尺度永久性大气活动中心。	A. 热带地区 B. 副热带地区 C. 温带地区 D. AB 都对	D
9	全球产生热带气旋最多的海域是____。	A. 东北大西洋 B. 西北大西洋 C. 东北太平洋 D. 西北太平洋	D
10	若在发展强烈的热带气旋中心，有一个直径 10～60 km 的区域，风力很小，天气晴朗少云，说明可能处于____。	A. 外围区 B. 涡旋区 C. 眼区 D. 无法判断	C
11	目前船舶获取天气和海况图资料最常用的途径为____。	A. 气象传真广播 B. 全球互联网 C. 海岸电台 D. 增强群呼	A
12	传真天气图上，表示浓雾警报的为____。	A. ［W］ B. ［TW］ C. FOG［W］ D. T	C
13	海图图幅是指____。	A. 海图图纸的长和宽 B. 海图外框的长和宽 C. 海图内框的长和宽 D. 以上均不是	C
14	下列有关海图可靠性方面的说法中，正确的是____。	A. 新购置的海图不一定是可靠的 B. 新版海图一定是可靠的 C. 新图一定是可靠的 D. 新购置的海图一定是可靠的	A
15	航向正东，受南风、南流影响，则风压差 α、流压差 β 符号是____。	A. α 为正，β 为负 B. α 为负，β 为负 C. α 为正，β 为正 D. α 为负，β 为正	D

序号	题目内容	可选项	正确答案
16	____是北纬低纬海区夜间测定罗经差的良好物标。	A. 月亮 B. 金星 C. 一等星 D. 北极星	D
17	三标方位定位时，出现较小的狭长误差三角形，应将船位点确定在____。	A. 三角形顶点 B. 三角形中心 C. 三角形内靠短边处 D. 对航行最危险的一点上	D
18	半日潮的周期为____。	A. 12 h 25 min B. 12 h C. 24 h D. 24 h 25 min	A
19	海面在周期性外力作用下，产生的周期性升降运动称为____。	A. 大潮升 B. 小潮升 C. 潮高 D. 潮汐	D
20	以下哪项不是中版《潮汐表》的内容？	A. 主港潮汐预报表 B. 附港潮汐预报表 C. 调和常数表 D. 格林尼治月中天时刻表	C
21	航标的主要作用____。①指示航道；②供船舶定位；③标识危险区	A. ①③ B. ①② C. ②③ D. ①②③	D
22	中国沿海航标表按照海域分为____。①黄海、渤海海区；②东海海区；③南海海区	A. ①③ B. ①② C. ②③ D. ①②③	D
23	中版《航标表》的主要内容有____。①灯质；②射程；③构造	A. ①③ B. ①② C. ②③ D. ①②③	D

序号	题目内容	可选项	正确答案
24	利用浮标导航，可以估算浮标正横距离的方法有____。①四点方位法；②雷达测距法；③目视估计法	A. ① B. ①② C. ②③ D. ①②③	A
25	船舶沿岸航行时，计划航线应拟定在____。	A. 20 m 等深线以内 B. 离岸 10 n mile 之外 C. 水深的 2 倍以上 D. 水深的 5 倍以上	C
26	船舶过浅滩时，确定最小安全水深可不考虑下列哪些因素？	A. 吃水 B. 保留水深 C. 咸淡水差 D. 寒潮天气	D
27	从事拖网作业，捕捞中下层水域鱼虾类的专用渔船是____。	A. 拖网渔船 B. 围网渔船 C. 刺网渔船 D. 钓渔船	A
28	关于船型尺度作用的说法不正确的是____。	A. 计算阻力 B. 计算吃水差 C. 计算干舷 D. 计算船舶总吨位	D
29	公制水尺中数字的高度及相邻数字间的间距是____。	A. 6 cm B. 10 cm C. 12 cm D. 15 cm	B
30	载重线标志的作用有____。①确定船舶干舷；②限制船舶的装载量；③确定船舶的总吨位；④保证船舶具有足够的储备浮力	A. ①② B. ①②③ C. ①②④ D. ①②③④	C
31	提高船舶载重能力的具体措施包括____。	A. 正确确定和使用船舶载重线 B. 轻重货物合理搭配 C. 合理确定货位及紧密堆装货物 D. 保证安全前提下适量超载	A

序号	题目内容	可选项	正确答案
32	下列哪种情况将使船舶的稳定性增大?	A. 加装甲板货 B. 货物上移 C. 底舱装货 D. 轻货下移/重货上移	C
33	无杆锚的特点是____。①抛收方便；②抓重比一般为 2～4；③一般不易走锚	A. ①②③ B. ②③ C. ①② D. ①③	C
34	锚链的转环装设在____。①锚端链节；②末端链节；③中间链节	A. ①②③ B. ①② C. ②③ D. ①③	B
35	能够承受来自船首方向的风、水流的推力和倒车的拉力，防止船位向后移动及外张的缆绳是____。①头缆；②尾缆；③前倒缆；④尾倒缆；⑤横缆	A. ①④ B. ②③ C. ①③④ D. ②③⑤	A
36	两船在海上对遇时采取转向避让，转舵时机最迟应在____。	A. 相距 4 倍船长以外 B. 相距两船长度之和的 4 倍以外 C. 相距两船横距之和以外 D. 相距两船进距之和以外	D
37	旋回圈是指直航中的船舶操左或右满舵后____。	A. 船尾端描绘的轨迹 B. 船舶重心描绘的轨迹 C. 船舶转心 P 描绘的轨迹 D. 船首端描绘的轨迹	B
38	操舵后，舵力对船舶运动产生的影响的说法正确的是____。	A. 使船产生尾倾 B. 使船产生首倾 C. 使船速降低 D. 使船速增大	C

序号	题目内容	可选项	正确答案
39	舵效与转舵时间和舵机性能的关系说法正确的是____。	A. 转舵时间越短，舵效越好。电动液压舵机比蒸汽舵机舵效差 B. 转舵时间越短，舵效越好。电动液压舵机比液压舵机舵效好 C. 转舵时间越长，舵效越好。电动液压舵机比蒸汽舵机舵效差 D. 转舵时间越长，舵效越好。电动液压舵机比液压舵机舵效好	B
40	螺旋桨排出流的特点是____。	A. 流速较快，范围较广，水流流线几乎相互平行 B. 流速较慢，范围较广，水流流线几乎相互平行 C. 流速较快，范围较小，水流旋转剧烈 D. 流速较慢，范围较小，水流旋转剧烈	C
41	海上船速是指____。	A. 主机以海上常用功率和转速在深水中航行的静水船速 B. 主机以海上常用功率和转速在深水、风浪中航行的船速 C. 主机以额定功率和转速在深水中航行的静水船速 D. 主机以额定功率和转速在深水、风浪中航行的船速	A
42	右旋式单车船后退中倒车，出现明显的尾迎风的原因是____。	A. 右舷正横后来风 B. 左舷正横后来风 C. 右舷正横来风 D. 左舷正横来风	D
43	静止中的船舶正横前来风，该船偏转的情况是____。	A. 船首向下风偏转，直至船舶处于横风状态 B. 船首向上风偏转，直至船舶处于顶风状态 C. 船首向下风偏转，直至船舶处于顺风状态 D. 船首向上风偏转，直至船舶处于横风状态	A

序号	题目内容	可选项	正确答案
44	船舶后退中，若正横后来风，则____。	A. 风动力中心在船重心之前，水动力中心在船重心之后 B. 风动力中心在船重心之前，水动力中心在船重心之前 C. 风动力中心在船重心之后，水动力中心在船重心之后 D. 风动力中心在船重心之后，水动力中心在船重心之前	C
45	在确定港内顺流抛锚掉头方向时，右旋单桨船在空船左正横来风时，应____。	A. 向左掉头，抛左锚 B. 向右掉头，抛右锚 C. 向左掉头，抛右锚 D. 向右掉头，抛左锚	A
46	在风、流影响相互不一致时，船舶抛锚时应____。	A. 主要考虑水流的影响 B. 主要考虑风的影响 C. 结合本船的载况，考虑影响较大的一方 D. 能按无风、流的情况处理	C
47	关于靠泊部署，下列说法正确的是____。①做好人员分工；②做好应急准备；③做好装货准备；④做好用缆准备	A. ①②③④ B. ①②③ C. ①②④ D. ①③④	C
48	船舶靠泊时，确定靠拢角度大小的总原则是____。①重载船顶流较强时，靠拢角度宜小，并降低入泊速度；②重载顶流较强时，靠拢角度宜大，并提高入泊速度；③空船、流缓、吹开风时，靠拢角度宜大，以降低风致漂移；④空船、流缓、吹开风时，靠拢角度宜大，以提高风致漂移	A. ①②③④ B. ①③ C. ①④ D. ②④	B
49	船舶离泊采用"尾先离"时，有关船尾摆出角度的操作的说法正确的是____。	A. 吹开风比吹拢风船尾摆出角度应大一些 B. 顶流时比顺流时船尾摆出角度应大一些 C. 吹开风比吹拢风船尾摆出角度应小一些 D. 顺流时比顶流时船尾摆出角度应大一些	B

序号	题目内容	可选项	正确答案
50	船舶在海底沿其船宽方向有明显倾斜的浅水域航行时____。	A. 容易产生船首转向浅水现象，应向深水一舷操舵保向 B. 容易产生船首转向浅水现象，应向浅水一舷操舵保向 C. 容易产生船首转向深水现象，应向深水一舷操舵保向 D. 容易产生船首转向深水现象，应向浅水一舷操舵保向	D
51	水深、航道宽度对岸壁效应的影响的说法正确的是____。	A. 水深越小，岸壁效应越剧烈；航道宽度越大，岸壁效应越明显 B. 水深越大，岸壁效应越剧烈；航道宽度越大，岸壁效应越明显 C. 水深越小，岸壁效应越剧烈；航道宽度越小，岸壁效应越明显 D. 水深越大，岸壁效应越剧烈；航道宽度越小，岸壁效应越明显	C
52	狭水道中追越时，应____。①选择直航段追越；②追越时征得被追越船同意；③被追越船尽可能减速	A. ①②③ B. ②③ C. ①③ D. ①②	A
53	在我国上海港港内航行的我国海船，应遵守____。	A. 上海港的港章 B. "规则" C. 凡上海港港章和我国现行其他港务法规未尽，仍应遵守"规则" D. 上海港的港章，但若涉及上海港港章和我国现行其他港务法规未尽事宜，仍应遵守"规则"	D
54	"规则"适用的船舶是指____。	A. 海船 B. 在公海以及与公海相连接并可供海船航行的一切水域中的在航船舶 C. 除内河船舶之外的任何船舶 D. 在公海以及与公海相连接并可供海船航行的一切水域中的一切可用作水上运输工具的水上船筏	D

序号	题目内容	可选项	正确答案
55	"规则"适用于____。	A. 船舶能够到达的一切水域 B. 领海，并与之相连接的内河、江海、湖泊、港口、港外锚地以及一切内陆水域 C. 公海以及与公海相连接并可供海船航行的一切水域 D. 可供海船航行的一切水域	C
56	"规则"不妨碍各国政府为结队从事捕鱼的船舶所制定的关于额外的____等任何特殊规定的实施。	A. 队形灯或笛号 B. 队形灯、信号灯或笛号 C. 队形灯、信号灯、号型或笛号 D. 队形灯、信号灯或号型	D
57	"规则"除适用于公海之外，还适用于____。	A. 沿海水域 B. 领海，并与之相连接的内河、江海、湖泊、港口、港外锚地以及一切内陆水域 C. 港口当局所管辖的一切水域 D. 与公海相连接并可供海船航行的一切水域	D
58	"规则"不妨碍各国政府为____制定额外的队形灯、信号灯、笛号或号型。	A. 军舰 B. 结队从事捕鱼的渔船 C. 军舰护航下的船舶 D. 军舰和军舰护航下的船舶	D
59	下列各船中，哪一种不是操纵能力受到限制的船舶？	A. 从事维修助航标志的船舶 B. 在航中正在接送引水的船舶 C. 从事清除水雷的船舶 D. 失去控制的船	D
60	"在航"是指____。	A. 相对水移动的船舶 B. 相对地有移动速度的船舶 C. 不在系岸、锚泊和搁浅状态的船舶 D. 相对水有前进的速度的船舶	C
61	失控船存在于____。	A. 锚泊中 B. 搁浅中 C. 在航中 D. 锚泊中、搁浅中或在航中均有可能	C

序号	题目内容	可选项	正确答案
62	能见度不良是指____使能见度受到限制的情况。	A. 雾 B. 来自岸上的烟雾 C. 伸手不见五指的黑夜 D. 雾、霾、下雪、暴风雨、沙暴或其他类似的原因	D
63	操纵能力受到限制的船舶包括____。	A. 从事拖带作业的船舶 B. 在航中从事补给的船舶 C. 限于吃水的船舶 D. 失火中的船舶	B
64	我国的哪种船舶可免受"规则"的约束?	A. 政府公务船在执行公务时 B. 从事捕鱼的船舶 C. 我国的非机动船 D. 自航式钻进平台	C
65	下列哪种情况不属于"在航"?	A. 走锚中的船舶 B. 已停车且不对水移动 C. 起浮后的搁浅船 D. 系泊中的船舶	D
66	下列各船中,哪一种是操纵能力受到限制的船舶?	A. 扫雷船 B. 从事拖带作业的船舶 C. 疏浚船 D. 在航中从事转运物资或人员	D
67	当作号型的颜色均为____。	A. 橙黄色 B. 红色 C. 黑色 D. 视具体情况自行确定	C
68	当作号型的球体的直径应不小于____。	A. 1 m B. 1.2 m C. 0.6 m D. 1.5 m	C
69	环照灯的水平光弧显示范围为____。	A. 360° B. 225° C. 180° D. 135°	A

序号	题目内容	可选项	正确答案
70	尾灯的水平光弧显示范围为____。	A. 360° B. 正横后 C. 正后方到每一舷正横前 22.5° D. 正后方到每一舷正横后 22.5°	D
71	$12 \leqslant L < 20$ m 的船舶，其桅灯的最小能见距离为____。	A. 6 n mile B. 5 n mile C. 3 n mile D. 2 n mile	C
72	$L \geqslant 50$ m 的船舶，其尾灯，环照灯的最小能见距离为____。	A. 6 n mile B. 5 n mile C. 3 n mile D. 2 n mile	C
73	在航机动船____。	A. 应显示舷灯、尾灯、桅灯 B. 仅在对水移动时显示舷灯尾灯 C. 当停车后不显示桅灯 D. 完全不必显示后桅灯	A
74	被顶推船在航时应显示____。	A. 左右舷灯 B. 一盏白色环照灯 C. 舷灯、尾灯 D. 桅灯、舷灯和尾灯	A
75	你船与一拖带长度大于 200 m 的船对遇，你会见到他的垂直白灯最多为____。	A. 1 盏 B. 2 盏 C. 3 盏 D. 4 盏	D
76	从事顶推的机动船与被顶推的船舶牢固地连接在一起时应____。	A. 显示左右舷灯 B. 用两盏桅灯代替前桅灯或后桅灯 C. 显示尾灯 D. 与普通机动船一样显示号灯	D
77	锚泊中从事捕鱼的船舶，渔具外伸大于 150 m，应朝渔具伸出方向显示下列哪种号型？	A. 一个尖顶朝上的圆锥体 B. 一个尖顶朝下的圆锥体 C. 一个圆柱体 D. 一个菱形体	A

序号	题目内容	可选项	正确答案
78	若在白天看到他船上有两个尖顶对接的圆锥体号型时,则____。	A. 该船一定为在航行中从事拖网作业的渔船 B. 该船一定为在锚泊中从事非拖网作业的渔船 C. 该船可能为在航行中从事拖网作业的渔船 D. 该船不可能为在锚泊中从事非拖网作业的渔船	C
79	失去控制的船,在航时除显示二盏垂直环照红灯外____。	A. 不应再显示其他号灯 B. 应显示舷灯和尾灯 C. 对水移动时,还应显示舷灯和尾灯 D. 对水移动时,还应显示桅灯,舷灯和尾灯	C
80	失控船在白天应悬挂的号型为____。	A. 垂直两个圆锥体 B. 一个黑球加上锚球 C. 垂直两个球 D. 垂直三个球	C
81	$L \geqslant 20$ m 的船舶,应配备____。	A. 一面号锣,一个号钟 B. 一个号锣,一个号笛 C. 一个号笛 D. 一个号钟,一个号笛	D
82	互见中在狭水道中追越船欲从被追越船的右舷追越,则应鸣放____。	A. 两长一短的声号 B. 两长两短的声号 C. 一长两短的声号 D. 一长一短一长一短的声号	A
83	船舶在互见中,听到他船鸣放一短声,则表示____。	A. 他船正在向左转向 B. 他船正在向右转向 C. 他船将要向左转向 D. 他船将要向右转向	B
84	你船在雾中航行,听到急敲钟 5 s 后,又听到一短一长一短的笛号,则他船为____。	A. 失控船 B. 操限船 C. 长度<100 m 的锚泊船 D. 长度≥100 m 的锚泊船	C

序号	题目内容	可选项	正确答案
85	下列信号中哪个不是遇险信号？	A. 至少五次短而急的闪光 B. 橙色烟雾信号 C. 一面方旗在一球形体上方 D. 国际信号旗 N、C 旗信号	A
86	下列哪种船舶应保持正规的瞭望？	A. 在航船舶 B. 锚泊船 C. 搁浅船 D. 在海上任何船舶	D
87	正规瞭望的手段包括 ____。①听觉；②雷达瞭望；③视觉	A. ①② B. ①③ C. ②③ D. ①②③	D
88	下列哪些船舶应保持正规的瞭望？①失控船；②操限船；③将要离码头的船舶	A. ①② B. ①③ C. ②③ D. ①②③	D
89	安全航速条款适用于 ____。	A. 每一艘在互见中的船舶 B. 每一艘在任何能见度下的机动船 C. 每一艘在通航密集区的船舶 D. 每一艘在任何时候的船舶	D
90	在决定安全航速时，应考虑的首要因素是 ____。	A. 是否装有雷达 B. 能见度情况 C. 船舶的操纵性能 D. 航道条件	B
91	来船方位即使有明显变化，有时也可能存在碰撞危险，这是指 ____。	A. 驶近一艘很大的船舶的情况 B. 近距离驶近他船的情况 C. 驶近拖带船组的情况 D. 驶近一艘大船或拖带船组、近距离驶近他船等情况	D

序号	题目内容	可选项	正确答案
92	来船的罗经方位有明显的变化，一般不存在碰撞危险的情况的是____。	A. 来船在远距离上做了一连串小转向 B. 近距离驶近一艘大船时 C. 来船作为让路船及早采取了大幅度避让行动 D. 对方是一个拖带船组	C
93	应及早采取行动，以避免紧迫局面的形成是____。	A. 让路船的责任 B. 直航船的责任 C. 让路船和直航船共同的责任 D. 当让路船不履行时，由直航船履行	A
94	为避免碰撞所采取的转向角，一般不小于____。	A. 10° B. 20° C. 30° D. 45°	C
95	互见中，被规定"不应妨碍"他船的船舶，当与他船构成碰撞危险时，应认为是____。	A. 仍然负有"不应妨碍"的责任，且是一艘直航船 B. 一艘让路船 C. 仍然负有"不应妨碍"的责任，可能是一艘让路船 D. "不应妨碍"的责任解除，可能是一艘直航船	C
96	采取避碰措施中，最忌讳的是____。	A. 大幅度左转 B. 大幅度减速 C. 对航向、航速作一连串小变动 D. 大幅度右转	C
97	为避免碰撞而做的航向和（或）航速上的任何改变，如当时环境许可，应____。①大得足以使他船用雷达察觉到；②避免做一连串的小变动；③大得足以使他船用视觉察觉到	A. ①② B. ①③ C. ②③ D. ①②③	D
98	沿狭水道或航道行驶的船舶，只要安全可行，应尽量____行驶。	A. 靠右 B. 靠近其右舷一边 C. 靠近其右舷的狭水道或航道的外缘 D. 靠边	C

序号	题目内容	可选项	正确答案
99	船舶沿狭水道或航道行驶时，只要安全可行，应尽量____。	A. 靠右行驶 B. 靠近其右舷的狭水道或航道行驶 C. 靠近其右舷的狭水道或航道的外缘行驶 D. 靠近右侧的狭水道或航道行驶	C
100	在狭水道或航道内，一船听到后船鸣放追越声号时应____。	A. 立即鸣放同意声号 B. 可不鸣放任何声号，任其追越 C. 若同意追越，应鸣放同意声号，并采取相应行动 D. 立即采取相应行动，以允许安全通过	C
101	在能见度良好的情况下，你船在过弯时听到弯道后面传来一长声，你应____。	A. 回答一长声，并向左转向 B. 回答一长声，并向右转向 C. 回答一长声，继续保持在水道的右侧行驶，并注意减速谨慎驾驶 D. 回答一长声，保证在水道的左侧行驶，并注意减速谨慎驾驶	C
102	有关于狭水道中的追越问题，下列说法中正确的是____。	A. 在狭水道中追越，是不符合良好船艺的行动 B. 在狭水道中追越，选择从他船右舷追越是海员通常做法 C. 被追越船保速保向，能避免追越过程中的船吸 D. 在狭水道中追越，选择从他船左舷追越是海员通常做法	D
103	狭水道内企图追越他船的船舶，应鸣放追越声号，是指在下列哪种情况？	A. 任何情况 B. 大船追小船 C. 小船追大船 D. 只有在被追越船必须采取行动以允许安全通过时	D
104	在狭水道或航道中，当你船企图追越他船，根据良好的船艺你船通常应从____。	A. 他船的左舷追越 B. 他船的右舷追越 C. 他船的左舷追越或右舷追越 D. 他船的船首追越	A

序号	题目内容	可选项	正确答案
105	一个实际的船舶定线制由什么构成？	A. 分隔线或分隔带 B. 通航分道 C. 交通流方向或推荐的交通流方向 D. 通航分道、分隔线或分隔带及船流方向	D
106	使用分道通航制水域的船舶除执行分道通航制条款的规定外，还应遵守____。	A. 互见中的行动规则 B. 能见度不良时的行动规则 C. 有关驾驶和航行规则 D. 任何能见度下行动规则	C
107	对使用分道通航的船舶，下列哪种说法是正确的？	A. 只需遵守分道通航制条款 B. 按船舶总流向行驶的是直航路 C. 并不解除任何船舶遵守"规则"其他各条规定的责任 D. 从事捕鱼的船可以不遵守分道通航制条款	C
108	下列说法不正确的是____。	A. 从事捕鱼的船舶在通航分道内必须沿相应通航分道的船舶总流向行驶 B. 从事捕鱼的船舶在分隔带或沿岸通航带内可以向任何方向进行捕鱼作业 C. 从事捕鱼的船舶在分道内从一侧转移到另一侧过程中应与分道船舶总流向尽可能成直角 D. 从事捕鱼的船舶应保持在通航分道的中心线或其附近航行	C
109	穿越通航分道的船舶应尽可能与分道的船舶总流向成直角的航向穿越，所谓的直角是指穿越船的____。	A. 船首向与船舶总流向的夹角 B. 船迹向与船舶总流向的夹角 C. 船首向与航迹向的夹角 D. 航向与航迹向的夹角	A
110	下列哪种船舶不应妨碍任何在分道通航制的通航分道行驶的船舶安全通行？	A. 从事捕鱼的船舶 B. 长度小于 20 m 的船舶 C. 帆船 D. 限于吃水的船	A

序号	题目内容	可选项	正确答案
111	某航道中，一左舷受风的帆船追越另一淌航中的机动船，则___。	A. 机动船应为让路船 B. 帆船应为让路船 C. 互为让路船 D. 帆船不应妨碍	B
112	追越条款适用于___。	A. 大洋上 B. 能见度良好的水域中 C. 任何能见度情况下的一切水域中的一切互见中的船舶 D. 公海中互见时	C
113	当一船追越另一船时，在何时才能免除追越船的让路责任？	A. 看到被追越船的舷灯 B. 最后驶过让清 C. 已过被追越船的船首 D. 已过被追越船的正横	B
114	追越具有下列哪种特点？	A. 相对速度小，持续时间长 B. 相对速度小，持续时间短 C. 相对速度大，持续时间长 D. 相对速度大，持续时间短	A
115	夜间，一帆船仅能看到一艘机动船的尾灯并逐渐赶上，下列行为中错误的是___。	A. 机动船保速保向 B. 帆船保速保向 C. 帆船采取避让行动 D. 机动船在转向点向左转向航行	B
116	大风浪中航行，你船见到他船尾灯，偶尔也见到他船的绿舷灯，这种情况应如何处理？	A. 交叉局面，你船让路 B. 交叉局面，他船让路 C. 追越局面，你船让路 D. 追越局面，他船让路	C
117	互见中，帆船在航道里从机动船右舷追越并需要机动船采取行动时，帆船应是___。	A. 直航船，并鸣放二短声 B. 直航船，不必鸣放声号 C. 让路船，并鸣放二长一短声 D. 让路船，不必鸣放声号	C

序号	题目内容	可选项	正确答案
118	追越条款适用于____。	A. 能见度不良时互见中构成追越的船舶 B. 任何能见度情况下狭水道中构成追越的船舶 C. 任何能见度情况下通航分道中构成追越的船舶 D. 任何情况下构成追越的船舶	A
119	与其他相遇局面相比，对遇局面独具的特点是____。	A. 相对速度小 B. 方位变化大 C. 接近速度最快 D. 相对速度小、方位变化大	C
120	决定两机动船是否构成对遇局面的航向是____。	A. 船首向 B. 航迹向 C. 罗航向 D. 船首向或航迹向	A
121	互见中两船避让责任完全相等的是____。	A. 追越 B. 对遇局面 C. 交叉相遇局面 D. 对遇局面或交叉相遇局面	B
122	下列哪种情况下，两船相遇具有相对速度大，相持时间短的特点？	A. 对遇局面 B. 交叉相遇局面 C. 追越 D. 一船驶近一艘锚泊船时	A
123	夜间在海上航行，两机动船对驶，航向接近相反时，最易造成行动不协调而发生碰撞的情况是____。	A. 当头对遇 B. 左对左，且横距不宽裕 C. 右对右，且横距不宽裕 D. 两大型船对遇	C
124	对遇局面适用于____。	A. 互见中的船舶 B. 任何能见度 C. 互见中的两机动船 D. 任何能见度两机动船	C
125	两机动船相遇且二者其航向接近相反时，一般认为构成对遇局面的条件是来船处于本船____。	A. 船首左右各一个罗经点以内 B. 船首一个罗经点范围以内 C. 船首左右各半个罗经点以内 D. 正船首方向	C

序号	题目内容	可选项	正确答案
126	对遇局面中的机动船是指____。	A. 所有用机器推进的船舶 B. 所有装有推进器的船舶 C. 除失控船外的所有用机器推进的船舶 D. 除失控船、操限船、捕鱼船外的任何用机器推进的船舶	D
127	交叉相遇局面适用于____。	A. 任何能见度 B. 能见度良好时 C. 互见中的船舶 D. 白天	C
128	交叉相遇局面规则适用于互见中的哪种情况?	A. 机动船与从事捕鱼作业船交叉相遇 B. 操限船与机动船交叉相遇 C. 失去控制的船舶与限于吃水的船舶交叉相遇 D. 机动船与限于吃水的船舶交叉相遇	D
129	在交叉局面中____。	A. 让路船向左转向，通常是给右前方来船让路的最好的一种方法 B. 无论如何，让路船均不得穿越他船前方 C. 避让右正横后15°的来船，大幅度的减速比左转更有效 D. 让路船向右转向，通常是给右前方来船让路的最好的一种方法	D
130	一机帆并用的船舶驶近你船左舷时，你应____。	A. 左转从他船尾通过 B. 停车 C. 右转并让清 D. 保向保速	D
131	一机动船与下列哪种船舶交叉相遇，致有构成碰撞危险，适用于交叉相遇局面条款。	A. 失控船 B. 操纵能力受到限制的船 C. 限于吃水船 D. 从事捕鱼作业的船	C
132	"交叉相遇局面"中的航向交叉是指____。	A. 两艘机动船航迹向交叉 B. 两船机动船船首向交叉 C. 两艘任何船舶航迹向交叉 D. 两艘任何船舶首向交叉	B

序号	题目内容	可选项	正确答案
133	交叉条款要求让路船如环境许可应避免横越他船前方，这意味着____。	A. 不允许让路船向左转向 B. 要求直航船增速以便增大两船的最近会遇距离 C. 不允许让路船向右转向 D. 让路船尽可能采取转向或减速措施	D
134	让路船的行动必须他船____。	A. 及早地采取行动 B. 行动是大幅度的 C. 能宽裕地让清他船 D. 及早采取大幅度行动，宽裕地让清他船	D
135	下列哪种情况，直航船履行了保速保向的义务？	A. 被追越船为留出水域和缩短两船的并航时间所作出的改向和减速 B. 航行过程中航速和航向的改变 C. 正在校对罗经的船舶所作的航速和航向的改变 D. 发现让路船采取避让行动时随即采取航向和航速的改变	A
136	根据"直航船规则"规定，"不应对在本船左舷的船采取向左转向"适用于____。	A. 直航船 B. 交叉相遇局面中的直航船 C. 被追越船 D. 交叉相遇局面中的让路船	B
137	两艘机动船处于交叉相遇局面，在形成碰撞危险后的初始阶段，直航船应____。	A. 可以采取任何行动 B. 避免向左转向 C. 保速保向 D. 采取最有助于避碰的行动	C
138	"规则"允许直航船可以独自采取操纵行动的时机是____。	A. 当发现与另一船致有构成碰撞危险时 B. 两船已接近到单凭让路船操纵行动已不能保证两船在安全距离上驶过时 C. 当发觉两船已接近到单凭让路船的行动已不能避免碰撞时 D. 只要有助于避碰，在任何时候均可独自采取行动	B

序号	题目内容	可选项	正确答案
139	直航船行动条款适用于____。	A. 互见中 B. 任何能见度 C. 互见中，机动船 D. 任何能见度，机动船	A
140	直航船独自采取避碰行动时，如属机动船交叉相遇，应避免对在本船左舷的船采取____。	A. 向右转向 B. 向左转向 C. 减速 D. 加速	B
141	下列哪种情况下，直航船的行动不是正当的？	A. 直航船在到达转向点附近改向 B. 为校对罗经而作航向的改变 C. 到达港口前为了安全进港而减速 D. 所作的航速或航向的改变能被让路船所理解	B
142	下列说法正确的是____。	A. 如让路船没有履行让路义务，则让路义务由直航船来承担 B. 如直航船未保持原来的航向，则让路船的义务被解除 C. 如直航船未保持原来的主机转速，则让路船的义务被解除 D. 如让路船没有履行让路义务，则直航船也可独自采取操纵行动	D
143	互见中，限于吃水的船舶与一艘失控船的相遇，并致有构成碰撞危险，则____。	A. 限于吃水的船舶为让路船 B. 限于吃水的船舶不应被妨碍 C. 两船负有同等的避让责任和义务 D. 失控船不应被妨碍	A
144	下列说法正确的是____。	A. 一艘被追越船在驶往锚地的过程中采取减速措施应视为履行了保向保速的义务 B. 一艘处于直航船地位的帆船因风力太小而无法保速保向就不应视为直航船 C. 一艘被追越船在驶往锚地的过程中采取减速措施不应视为履行了保向保速的义务 D. 一艘直航船在驶往锚地的过程中采取减速措施不应视为履行了保向保速的义务	A

序号	题目内容	可选项	正确答案
145	互见中，两艘限于吃水的船舶相遇构成碰撞危险，应____。	A. 互为让路船 B. 两船负有同等的避让责任和义务 C. 根据两船的会遇局面确定两船间的避让责任和义务 D. 两船互不妨碍	C
146	互见中，下列说法不正确的是____。	A. 机动船在航时应给从事捕鱼的船舶让路 B. 根据良好船艺的要求，机动船在航时不仅应让清从事捕鱼的船舶，而且还应让清其所使用的渔具 C. 从事捕鱼作业的船应给帆船让路 D. 从事捕鱼作业的船应给失控船让路	C
147	互见中，从事捕鱼的船舶在航时，应尽可能给下列哪种船舶让路？	A. 失控船 B. 限于吃水的船舶 C. 操限船 D. 失控船和操限船	D
148	船舶之间的责任条款的基本原则是____。	A. 机动船让非机动船 B. 操纵不便的船不负让路责任 C. 按避让操作行为的能力划分船舶之间的责任 D. 限于吃水的船不负让路责任	C
149	在能见度不良的水域中航行，对装有可使用雷达的船舶在决定安全航速时的首要因素是____。	A. 雷达的特性 B. 能见度情况 C. 航道条件 D. 通航密度	B
150	在能见度不良时，安全航速是指____。	A. 以能维持舵效的速度航行 B. 能在能见距离一半的距离内把船停住的速度 C. 备车的速度 D. 能采取适当而有效的避碰行动，并能在适合当时环境和情况的距离以内把船停住的速度	D

序号	题目内容	可选项	正确答案
151	在能见度不良的情况下，一般仅能凭雷达测到他船，并断定存在碰撞危险。如采取转向措施，应____。	A. 除对被追越船外，对正横前的船舶尽可能向左转向 B. 对正横或正横后的船舶尽可能朝着他船转向 C. 对正横前的船舶必须向左转向 D. 对正横或正横后的船舶尽可能背着他船转向	D
152	在能见度不良时要求机动船备车，此要求适用于下述哪种水域？	A. 受限水域 B. 沿海水域 C. 通航密集水域 D. 任何水域	D
153	在能见度不良的水域中，一船在雷达上发现与正前方或接近正前方的来船不能避免紧迫局面时，应____。	A. 将航速减到维持航向的最小速度 B. 立即倒车 C. 立即大幅度左转 D. 立即大幅度右转	A
154	能见度不良时锚泊船没有注意他船的动态，没有鸣放相应的雾号，是属于____。	A. 对遵守"规则"各条的疏忽 B. 对海员通常做法可能要求的任何戒备上的疏忽 C. 对特殊情况可能要求的任何戒备上的疏忽 D. 对海员通常做法可能要求的任何戒备上的疏忽以及对特殊情况可能要求的任何戒备上的疏忽	A
155	"规则"条款不免除下列哪种人的疏忽所产生的各种后果的责任？	A. 船舶所有人 B. 船长 C. 船员 D. 船舶所有人、船长和船员	D
156	直航船未鸣放"五短声"怀疑警告声号，就独自采取操纵行动，以避免碰撞的做法，是____。	A. 对遵守"规则"各条的疏忽 B. 对海员通常做法可能要求的任何戒备上的疏忽 C. 对特殊情况可能要求的任何戒备上的疏忽 D. 该做法并无违背"规则"之处，是符合通常做法的	B

序号	题目内容	可选项	正确答案
157	背离"规则"行动的目的是____。	A. 为避免碰撞危险 B. 为避免紧迫局面 C. 为避免紧迫危险 D. 为避免两船行动的不协调	C
158	没有充分地注意到船间效应、岸壁效应，是属于____。	A. 对遵守"规则"各条的疏忽 B. 对海员通常做法可能要求的任何戒备上的疏忽 C. 对特殊情况可能要求的任何戒备上的疏忽 D. 对海员通常做法可能要求的任何戒备上的疏忽以及对特殊情况可能要求的任何戒备上的疏忽	B
159	在强风强流中没有远离他船就抛锚，且未送出足够的链长而导致走锚与他船发生碰撞，是属于____。	A. 对遵守"规则"各条的疏忽 B. 对海员通常做法可能要求的任何戒备上的疏忽 C. 对特殊情况可能要求的任何戒备上的疏忽 D. 对遵守"规则"各条的疏忽以及对海员通常做法可能要求的任何戒备上的疏忽	B
160	在不了解周围环境的情况下进行交接班的做法，是属于____。	A. 对遵守"规则"各条的疏忽 B. 对海员通常做法可能要求的任何戒备上的疏忽 C. 对特殊情况可能要求的任何戒备上的疏忽 D. 对遵守"规则"各条的疏忽以及对海员通常做法可能要求的任何戒备上的疏忽	B
161	围网渔船应给下列哪种船舶让路?	A. 漂流渔船 B. 定置渔船 C. 双拖渔船 D. 单拖渔船	B
162	渔船之间避让责任的说法正确的是____。	A. 先放网的渔船应让后放网的渔船 B. 正常作业的渔船不应妨碍作业中发生故障的渔船 C. 后放网的渔船应让先放网的渔船 D. 作业中发生故障的渔船有时也需要给正常作业的渔船让路	C

序号	题目内容	可选项	正确答案
163	船长的职责包括___。	A. 船长是全船的领导人，对生产，生活，安全负有全面责任 B. 船长对外有权代表本船进行各项工作的联系 C. 模范执行国家的政策法令和各项港航法规 D. 以上都是	D
164	发生水上安全交通事故、污染事故、涉外事件、公海登临和港口国检查时，渔船船长应当立即向___管理机构报告，并在规定的时间内提交书面报告。	A. 海事局 B. 渔船检验 C. 渔政渔港监督 D. 港务局	C
165	进出港靠离码头时，负责指挥甲板人员系解缆，起抛锚等工作是___的职责。	A. 船长 B. 船副 C. 助理船副 D. 渔捞长	B
166	船员的共同职责包括___。①维护祖国尊严，爱护国旗；②有责任救助海上遇难船只及其人员、财物；③海上捞获的一切物资要归公；④严格执行安全操作规程	A. ①②③ B. ①②③④ C. ①②④ D. ①③④	B
167	在火灾警报发出后，___应马上到达指定地点。	A. 船长 B. 轮机长 C. 全体船员 D. 以上都不对	C
168	船舶靠岸停泊时，必须将驾驶台门窗锁好，未经___批准，不许参观。	A. 船长 B. 部门长 C. 水手长 D. 船副	A
169	航行值班时，以下说法错误的是___。	A. 驾驶台应保持寂静 B. 可以紧闭全部门窗 C. 不得擅离岗位、坐卧睡觉 D. 夜间航行时，严禁有碍正常航行瞭望的灯光外露	B

序号	题目内容	可选项	正确答案
170	一般情况下，靠离码头应___操作。	A. 顶风 B. 顶流 C. AB都对 D. AB都不对	C
171	舷外作业应注意的事项包括___。	A. 保险带和座板绳分别系固于甲板固定物上 B. 事先要通知有关部门关闭舷外出水孔 C. 航行中严禁进行舷外作业 D. 以上都是	D
172	起落吊杆前应注意的事项包括___。	A. 检查起货机运转情况 B. 尽可能保持船无横倾 C. 解清吊杆头与支架座的插销 D. 以上都是	D
173	雾区航行时，___必须到驾驶台亲自指挥。	A. 水手长 B. 渔捞长 C. 船副 D. 船长	D
174	大风浪中操作要谨慎小心，最佳的顶浪航行角度为___左右。	A. 10° B. 20° C. 40° D. 50°	B
175	《中华人民共和国渔业法》适用于在中华人民共和国的___从事养殖和捕捞水生动物、水生植物等渔业生产活动。	A. 内水、滩涂、领海 B. 内水、滩涂、领海、专属经济区 C. 内水、滩涂、领海、专属经济区以及我国管辖的一切其他海域 D. 内水、领海、毗连区、专属经济区以及我国管辖的一切其他海域	C
176	我国渔业生产的基本方针包括___。	A. 以养殖为主 B. 养殖、捕捞、加工并举 C. 因地制宜，各有侧重 D. 以上都是	D
177	违反《水生野生动物保护实施条例》，主管机关可以给予___等处罚。①没收捕获物、捕捉工具；②没收违法所得；③吊销特许捕捉证；④罚款	A. ①②③④ B. ①③④ C. ②③④ D. ①②④	A

序号	题目内容	可选项	正确答案
178	《渔业捕捞许可管理规定》适用于____。	A. 中华人民共和国的公民、法人和其他组织从事渔业捕捞活动 B. 外国人在中华人民共和国管辖水域从事渔业捕捞活动 C. AB 都适用 D. AB 都不适用	C
179	使用期一年以上的渔业捕捞许可证实行年审制度，年审合格的条件包括____。①具有有效的《渔业船舶检验证书》；②具有有效的《渔业船舶登记（国籍）证书》；③按规定填报《渔捞日志》；④按规定缴纳渔业资源增殖保护费	A. ①②③ B. ①②③④ C. ①②④ D. ①③④	B
180	定置作业休渔时间不少于____个月，具体时间由沿海各省、自治区、直辖市渔业行政主管部门确定，报农业农村部备案。	A. 1 B. 2 C. 3 D. 6	C
181	网目长度测量时，网目应沿有结网的纵向或无结网的长轴方向充分拉直，每次逐目测量相邻____目的网目内径，取其最小值为该网片的网目内径。	A. 3 B. 5 C. 8 D. 10	B
182	____年，农业部为规范水产种质资源保护区的设立和管理，加强水产种质资源保护，根据《渔业法》等有关法律法规，制定了《水产种质资源保护区管理暂行办法》。	A. 2010 B. 2011 C. 2012 D. 2014	B
183	为了保障船舶和在船人员的安全，____有权在职责范围内对涉嫌在船上进行违法犯罪活动的人员采取禁闭或者其他必要的限制措施，并防止其隐匿、毁灭、伪造证据。	A. 船东 B. 船长 C. 船副 D. 轮机长	B
184	根据《海上交通安全法》的规定，发现在船人员患有或者疑似患有严重威胁他人健康的传染病的，____应当立即启动相应的应急预案，在职责范围内对相关人员采取必要的隔离措施，并及时报告有关主管部门。	A. 船东 B. 船长 C. 船副 D. 轮机长	B

序号	题目内容	可选项	正确答案
185	执行中华人民共和国渔港水域交通安全管理条例的主管机关是____。	A. 相关港务监督单位 B. 渔政渔港监督管理机关 C. 海事局 D. AB 都可以	B
186	根据《中华人民共和国渔港水域交通安全管理条例》规定，对渔港水域内的交通事故和其他沿海水域渔业船舶之间的交通事故，应当由____查明原因，判明责任，作出处理决定。	A. 海事仲裁委员会 B. 海事局 C. 海事法院 D. 渔政渔港监督管理机关	D
187	根据《中华人民共和国渔业船舶登记办法》规定，有关渔业船舶船名的叙述，正确的是____。①渔业船舶只能有一个船名；②远洋渔业船舶船名由申请人提出，经省级渔业船舶登记机关审核后，报中华人民共和国渔政局核定；③国内作业的渔业船舶的船名由登记机关按农业农村部的统一规定核定	A. ①②③ B. ①② C. ②③ D. ①③	A
188	渔业船舶依照渔业船舶登记办法进行登记，____，方可悬挂中华人民共和国国旗航行。	A. 确定船舶所有权 B. 确定船籍港 C. 取得中华人民共和国国籍 D. 以上都是	C
189	国家对渔业船舶实行强制检验制度。强制检验分为____。①初次检验；②营运检验；③临时检验；④法定检验	A. ①②③ B. ①②③④ C. ①②④ D. ①③④	A
190	非远洋作业的渔业船舶的营运检验，由____负责实施。	A. 国家渔业船舶检验机构 B. 省、直辖市级渔业船舶检验机构 C. 船籍港渔业船舶检验机构 D. 就近的渔业船舶检验机构	C
191	根据《渔业船舶水上安全事故报告和调查处理规定》，自然灾害事故是指____或其他灾害造成渔业船舶损坏、沉没或人员伤亡、失踪的事故。①台风或大风、龙卷风；②风暴潮、雷暴；③海啸；④海冰	A. ①②③④ B. ①②④ C. ①③④ D. ①②③	A

序号	题目内容	可选项	正确答案
192	根据《渔业港航监督行政处罚规定》，免予处罚的情形包括＿＿。①因不可抗力或以紧急避险为目的的行为；②渔业港航违法行为显著轻微并及时纠正，没有造成危害性后果的；③12 m 以下的海洋渔业船舶	A. ①② B. ①③ C. ②③ D. ①②③	A
193	根据《中华人民共和国渔业船员管理办法》规定，申请渔业职务船员证书，应当具备的条件包括＿＿。①持有渔业普通船员证书；②符合任职岗位健康条件要求；③完成相应的适任培训；④具备相应的任职资历，并且任职表现和安全记录良好	A. ①②③④ B. ②④ C. ①②③ D. ①③④	A
194	关于渔业船员职业保障，下列叙述正确的有＿＿。①渔业船舶所有人或经营人应当依法与渔业船员订立劳动合同；②渔业船舶所有人或经营人应当依法为渔业船员办理保险；③渔业船舶所有人或经营人应当为船员提供必要的船上生活用品、防护用品、医疗用品；④渔业船员在船上工作期间受伤或者患病的，渔业船舶所有人或经营人应当及时给予救治	A. ①②③④ B. ②④ C. ①②③ D. ①③④	A
195	下列哪类船舶应执行我国现行《海洋环境保护法》的规定？①在我国管辖海域以内航行的任何外国籍船舶；②在我国管辖海域以外造成我国海域污染的船舶；③在我国管辖海域以内航行的任何中国籍船舶	A. ①②③ B. ②③ C. ①② D. ①③	A
196	对国家海洋环保工作实施监督、指导和协调的部门是＿＿。	A. 国家海洋行政主管部门 B. 国家海事行政主管部门 C. 国务院环境保护行政主管部门 D. 国家渔业行政主管部门	C
197	下列哪项符合我国现行《海洋环境保护法》的要求？①船舶必须持有防污证书和文书；②船舶必须配置相应的防污设备和器材；③船舶应防止因海难事故造成海洋环境的污染；④所有船舶均有监视海上污染的义务	A. ①②③ B. ②④ C. ②③④ D. ①②③④	D

序号	题目内容	可选项	正确答案
198	根据《中华人民共和国海洋环境保护法》，下列哪些单位必须编制溢油污染应急计划？①船舶；②装卸油类的港口；③装卸油类的码头；④装卸油类的装卸站	A. ①②③ B. ①② C. ②③④ D. ①②③④	D
199	《防治船舶污染海洋环境管理条例》规定，任何船舶不得向____排放船舶污染物。	A. 海洋特别保护区 B. 海上自然保护区 C. 海滨风景名胜区 D. A、B、C 都是	D
200	《防治船舶污染海洋环境管理条例》规定，在我国管辖海域不得违法违规（包括国际公约）或者超标排放____。①船舶垃圾、生活污水、含油污水；②含有毒有害物质污水；③废气；④压载水	A. ①②③④ B. ①②③ C. ①②④ D. ①②	A

二、判断题

序号	题目内容	正确答案
1	东、南、西、北为四个基准方向，地球自转方向为东，反方向为西。	正确
2	按［开关］键就可以开机，开机之前要注意主机的 12 - 24VDC 直流电源是否正常。	正确
3	海流是大规模海水以相对稳定的速度所作的乱向流动。	错误
4	顺着热带气旋移动的方向往前看，把热带气旋分为两个半圆，移动方向右侧的半圆称为右半圆，左侧为左半圆。	正确
5	船舶也可利用 NAVTEX 或 INMARSAT－C 站接收作业海区邻近台站发布的天气报告或天气警报来接收气象信息。	正确
6	纬度渐长率是指在墨卡托海图上由赤道到某纬线的距离与图上 1 赤道海里的比值。	正确
7	方位距离定位具有观测与作图简单、迅速、直观等优点，是最基本和常用的陆标定位方法之一。	错误
8	为提高测深辨位的可靠性，有时需临时调整航向，使调整后的航线与等深线垂直。	正确

序号	题目内容	正确答案
9	从事拖网作业，捕捞中下层水域鱼虾类的专用渔船是拖网渔船。	正确
10	国内航行船舶载重线标志中"Q"水平线段表示淡水载重线。	正确
11	船体安装舭龙骨的主要作用是减轻船舶横摇。	正确
12	当货物的积载因数小于船舶的舱容系数时，该货物为中等货。	错误
13	货舱通风的目的中，排除有害气体可预防发生人员中毒事故。	正确
14	船舶系泊时，后倒缆或尾倒缆的作用是防止船舶前移，防止船首向外舷移动。	错误
15	船舶旋回时间是自转舵起至航向角变化360°所用的时间。	正确
16	螺旋桨沉深是指螺旋桨桨轴中心距水面的距离。	正确
17	"规则"适用于与公海相连的，并可供海船航行的一切港口，江河，湖泊或内陆水域，但"规则"受到地方规则的限制。	正确
18	"规则"规定额外的队形灯、信号灯、号型可以不受《规则》的限制。	错误
19	在"规则"中，"船舶"一词的定义是指用作或能够用作水上运输工具的各类水上船筏，包括水上飞机和非排水船筏。	正确
20	伸手不见五指的黑夜属于能见度不良。	错误
21	由于来自岸上的烟雾使能见度受到限制属于能见度不良。	正确
22	只要一船能发现另一船的存在，则应认为两船已处于"互见"之中。	错误
23	尾灯是必须装设在船首尾中心线上，且尽可能装设在船尾附近的一盏环照白灯。	错误
24	被顶推船在航时应显示舷灯、尾灯。	错误
25	在海上，当你看到他船的号灯为上红下白垂直两盏号灯，则他船为从事捕鱼的非拖网渔船。	正确
26	互见中在狭水道中追越船欲从被追越船的右舷追越，则应鸣放一长两短的声号。	错误
27	"规则"第四章第三十四条第1款所规定的"行动声号"的含义是表示从哪一舷相互驶过的建议。	错误
28	雾中听到一长两短的声号，该船不可能是失控船。	错误
29	锚泊船的瞭望可以比在航船的瞭望要求低些。	错误
30	当驶近一艘很大的船舶时，经观测与来船方位有明显变化，可能存在碰撞危险。	正确
31	不应被妨碍的船舶均是深吃水的船舶。	错误
32	在狭水道或航道中，当你船企图追越他船，根据良好船艺你船通常应从他船的左舷追越。	正确
33	在狭水道或航道内企图追越他船的船舶，不必鸣放追越声号，即可自行追越。	错误

序号	题目内容	正确答案
34	穿越通航分道的船舶，首先有让路的责任。	错误
35	使用分道通航制的船舶，在通航分道内从一侧转移到另一侧，必须与分道船舶的总流向成大角度。	错误
36	追越条款适用于公海中互见时。	正确
37	一艘被从事捕鱼的船追越的机动船，从事捕鱼的船为让路船。	错误
38	一船看到另一船的两盏桅灯和两盏舷灯，可能是追越。	正确
39	船长是渔业安全生产的直接责任人，在组织开展渔业生产、保障水上人身与财产安全、防治渔业船舶污染水域和处置突发事件方面，具有独立决定权。	正确
40	渔业船员在不严重危及自身安全的情况下，应尽力救助遇险人员。	正确
41	驾驶台是船舶航行的指挥中心，在航行和锚泊中，任何时候不得无人值班。	正确
42	高空及舷外作业应选派身体和技术条件好的船员，穿戴好劳保用具，系好安全带，并指派专人负责安全保护工作。	正确
43	因养殖或者其他特殊需要，捕捞有重要经济价值的苗种或者禁捕的怀卵亲体的，必须经国务院渔业行政主管部门批准。	错误
44	在水生野生动物资源调查、保护管理、宣传教育、开发利用方面有突出贡献的单位和个人，由县级以上人民政府或者其渔业行政主管部门给予奖励。	正确
45	使用期一年以上的渔业捕捞许可证实行年度审验制度，每年审验一次。公海渔业捕捞许可证的审验期为二年。	正确
46	严禁在拖网等具有网囊的渔具内加装衬网，一经发现，按违反最小网目尺寸规定处理、处罚。	正确
47	海上交通事故，是指船舶、海上设施在航行、停泊、作业过程中发生的，由于碰撞、搁浅、触礁、触碰、火灾、风灾、浪损、沉没等原因造成人员伤亡或者财产损失的事故。	正确
48	渔业船舶船名核定书的有效期为 12 个月。	错误
49	因检验证书失效而无法及时回船籍港的，应进行临时检验。	正确
50	根据《中华人民共和国渔业港航监督行政处罚规定》，损失虽然不大，但事后既不向渔政渔港监督管理机关报告，又不采取措施，放任损失扩大的，可从重处罚。	正确

助理船副

一、选择题

序号	题目内容	可选项	正确答案
1	地理坐标是建立在____基础上的。	A. 地球圆球体 B. 地球椭圆体 C. 大地球体 D. 球面直角坐标	B
2	NNW 的圆周度数为____。	A. 337°5′ B. 315° C. 345°5′ D. 335°	A
3	航海上习惯将船舶在无风、流影响下的航行速度称为____，而将船舶对水航行速度称为____。	A. 船速；航速 B. 航速；船速 C. 船速；船速 D. 航速；航速	A
4	在 AIS〔列表〕显示本船已接收的其他船舶的 AIS 信息，如____。①MMIS；②船名；③距离、方位和速度	A. ①③ B. ①② C. ②③ D. ①②③	D
5	ΛIS 用于船舶避碰，可以克服雷达/ARPA ____方面的缺陷。	A. 盲区 B. 量程 C. 显示方式 D. 运动模式	A
6	在北半球陆地上，一年中气温最低和最高的月份为____。	A. 1 月和 7 月 B. 3 月和 9 月 C. 12 月和 6 月 D. 12 月和 7 月	A
7	风压差的大小与下列哪些因素有关？①风舷角；②风速；③船速	A. ①②③ B. ① C. ②③ D. ②	A

序号	题目内容	可选项	正确答案
8	风向正东是指风从____方向吹来。	A. 90° B. 180° C. 270° D. 360°	A
9	对于半日潮的水域，往复流的最大流速一般出现在____。	A. 转流后 3 h B. 转流前 2 h C. 转流后第 1 h D. 转流后第 4 h	A
10	锋是三度空间结构的天气系统，他在空间呈现出____。	A. 水平带状结构 B. 垂直带状结构 C. 螺旋带状结构 D. 倾斜带状结构	D
11	深厚暖性反气旋主要产生和活动在____。	A. 热带 B. 副热带 C. 温带 D. 寒带	B
12	寒潮是____。	A. 锋面气旋 B. 冷高压 C. 暖性反气旋 D. 低气旋	B
13	台风中心方位判定法有____。①观察涌浪；②根据风压定律和风力的大小判断	A. ① B. ② C. ①② D. 以上都不对	D
14	目前船舶获取天气和海况图资料最常用的途径为____。	A. 气象传真广播 B. 全球互联网 C. 海岸电台 D. 增强群呼	A
15	船舶获取的具有快速、彩色、高画质动画等特点的海洋气象资料的途径为____。	A. 气象传真广播 B. 全球互联网 C. 海岸电台 D. 增强群呼	B

序号	题目内容	可选项	正确答案
16	世界各国发布的气象传真图种类繁多，其中，适合航海使用的主要有____。①传真天气图；②传真海况图；③传真卫星云图	A. ①③ B. ①② C. ②③ D. ①②③	D
17	下列比例尺最大的是____。	A. 1：3 000 B. 1：5 000 C. 1：40 000 D. 1：200 000	A
18	我国海图采用____作为水深起算面。	A. 大潮高潮面 B. 1986 国家高程基准面 C. 理论最低低潮面 D. 潮高基准面	C
19	海图底质注记中，"泥沙"表示该处为____。	A. 分层底质，上层为沙，下层为泥 B. 分层底质，上层为泥，下层为沙 C. 泥多于沙的底质 D. 沙多于泥的底质	C
20	海图标题栏的内容包括____。①出版机关的徽志；②图幅的地理位置；③图名	A. ①②③ B. ①② C. ② D. ①③	A
21	陆标定位时，在有多个物标可供选择的情况下，应尽量避免选择下列哪种位置的物标进行定位？	A. 正横前 B. 正横后 C. 左正横 D. 右正横	B
22	天测定位，在正常情况下，每昼夜至少有____个天测船位。	A. 1 B. 2 C. 3 D. 4	C
23	船舶右正横附近有一陆标，利用该标对方位、距离定位，下列关于观测顺序的说法正确的是____。	A. 由观测者的习惯决定先后顺序 B. 先测方位，后测距离 C. 先测距离，后测方位 D. 观测顺序不影响定位精度	C

序号	题目内容	可选项	正确答案
24	在利用中版《潮汐表》第一册求某附港潮汐时,已知主、附港的平均海面季节改正分别是 2 cm 和 3 cm,求附港潮高应用____。①附港潮高=主港潮高×潮差比+改正值;②附港潮高=主港潮高×潮差比+改正数+潮高季节改正数	A. ① B. ② C. ①② D. 以上都不对	A
25	雾中航行定位和导航方法有____。①用雷达或其他无线电导航系统进行定位和导航;②利用测深辨位;③逐点航法	A. ①③ B. ①② C. ②③ D. ①②③	D
26	主要的航标种类____。①灯塔;②灯桩;③浮标	A. ①③ B. ①② C. ②③ D. ①②③	D
27	中国海区水上助航标志制度适用于中国海区及其海港、通海海口的除____外的所有浮标和水中固定标志。	A. 灯塔、灯船、扇形光灯标、导标 B. 灯塔、灯船、大型助航浮标外 C. 灯塔、灯船、扇形光灯标、导标、大型助航浮标 D. 灯塔、灯浮、灯船、扇形光导标、导标、大型助航浮标	C
28	对船舶驾驶人员来讲,下列哪种导航方法比较直观?	A. 雷达导航 B. 目视导航 C. VTS 导航 D. GPS 导航	B
29	沿岸航行的特点包括____。①航线离岸近,附近航行危险物、障碍物较多,水深有时较浅;②沿岸海区水流复杂;③比海上航行危险性更大	A. ①③ B. ①② C. ②③ D. ①②③	D
30	候潮过浅滩,最佳通过的时机应选择在____。	A. 高潮时 B. 平潮时 C. 高潮前 1 h D. 高潮后 1 h	C

序号	题目内容	可选项	正确答案
31	为了减小雷达测距误差，应选合适量程，使被测回波处于____。	A. 荧光屏中心附近 B. 荧光屏边缘附近 C. 离荧光屏中心 2/3 半径附近 D. 离荧光屏中心 2/5 半径附近	C
32	被跟踪目标发生目标丢失的原因可能是____。	A. 本船大幅度机动 B. 发生了目标交换 C. GPS 船位有误差 D. 罗经航向有误差	A
33	从事拖网作业，捕捞中下层水域鱼虾类的专用渔船是____。	A. 拖网渔船 B. 围网渔船 C. 刺网渔船 D. 钓渔船	A
34	关于船型尺度作用的说法，不正确的是____。	A. 计算阻力 B. 计算吃水差 C. 计算干舷 D. 计算船舶总吨位	D
35	载重线标志的主要作用是确定____。	A. 载重量 B. 船舶吨位 C. 船舶干舷 D. 船舶吃水	C
36	当船舶的总载重量确定以后，船舶的航次净载重量与下列哪项无关？	A. 空船重量 B. 航程 C. 船舶常数 D. 油水消耗	A
37	船舶重心过低，则____。	A. 横摇剧烈 B. 横摇和缓 C. 不横摇 D. 纵摇缓慢	A
38	少量装卸时，货物重心离____越远，吃水差改变越大。	A. 漂心 B. 船中 C. 浮心 D. 重心	A

序号	题目内容	可选项	正确答案
39	锚链节与节之间常用____连接。	A. 连接链环 B. U 型卸扣 C. 转环 D. 无档连环	A
40	制链器的主要作用是____。	A. 使锚链平卧在链轮上 B. 防止锚链下滑 C. 固定锚链并将锚和卧底链产生的拉力直接传递至船体 D. 为美观而设计	C
41	锚机在额定拉力与额定速度时的连续工作时间应不少于____。	A. 60 min B. 45 min C. 30 min D. 15 min	C
42	船舶系泊时，首横缆或前横缆的作用是____，尾横缆或后横缆的作用是____。	A. 防止船首向外舷移动；防止船尾向外舷移动 B. 防止船首向外舷移动；防止船首向外舷移动 C. 防止船尾向外舷移动；防止船尾向外舷移动 D. 防止船尾向外舷移动；防止船首向外舷移动	A
43	船在系泊中，横缆的主要作用是____。	A. 阻止船舶向前移动 B. 阻止船舶离开码头 C. 阻止船舶向后移动 D. 阻止船舶前后移动	B
44	直航船操一定舵角后，其旋回初始阶段的船体____。	A. 开始向操舵一侧横移，向操舵一侧横倾 B. 开始向操舵相反一侧横移，向操舵相反一侧横倾 C. 开始向操舵一侧横移，向操舵相反一侧横倾 D. 开始向操舵相反一侧横移，向操舵一侧横倾	D
45	船舶旋回圈中的旋回初径是指____。	A. 自操舵起，至航向改变 90°时，其重心在原航向上的横向移动距离 B. 自操舵起，至航向改变 90°时，其重心在原航向上的纵向移动距离 C. 自操舵起，至航向改变 180°时，其重心在原航向上的横向移动距离 D. 自操舵起，至航向改变 180°时，其重心在原航向上的纵向移动距离	C

序号	题目内容	可选项	正确答案
46	操舵后，舵力对船舶运动产生的影响的说法正确的是＿＿。	A. 使船产生尾倾 B. 使船产生首倾 C. 使船旋转 D. 使船速增大	C
47	下列哪项措施可提高船舶舵效？	A. 提高船速的同时提高螺旋桨转速 B. 提高船速的同时降低螺旋桨转速 C. 降低船速的同时提高螺旋桨转速 D. 降低船速的同时降低螺旋桨转速	C
48	为了留有一定的储备，主机的海上功率通常定为额定功率的＿＿。	A. 85％ B. 90％ C. 95％ D. 98％	B
49	右旋式单车船后退中倒车，出现明显的尾迎风的原因是＿＿。	A. 右舷正横后来风 B. 左舷正横后来风 C. 右舷正横来风 D. 左舷正横来风	D
50	船舶在有水流的水域航行，在相对水的运动速度不变、舵角相同的条件下＿＿。	A. 顶流舵力小，顺流舵力大 B. 顶流舵力大，顺流舵力小 C. 顺流舵效好，顶流舵效差 D. 顺流舵效差，顶流舵效好	D
51	船舶高速前进中正横前来风船舶的偏转规律是＿＿。	A. 满载、船尾受风面积大时，船首向上风偏转 B. 满载、船尾受风面积大时，船尾向上风偏转 C. 空载、船首受风面积大时，船首向上风偏转 D. 空载、船首受风面积大时，船尾向下风偏转	A
52	船舶在弯曲水道顺流抛锚掉头时，掉头的方向应向＿＿。	A. 凸岸一侧 B. 凹岸一侧 C. 只能向右 D. 只能向左	A
53	在流向有变，宽度有限的水道适合抛＿＿。	A. 单锚泊 B. 一字锚 C. 八字锚 D. 平行锚	B

序号	题目内容	可选项	正确答案
54	引起走锚的主要原因是____。①严重偏荡；②松链不够长、抛锚方法不妥；③锚地底质差或风浪突然袭击；④值班人员不负责任，擅自离开岗位	A. ①②④ B. ①③④ C. ①②③ D. ②③④	C
55	关于靠泊部署，下列正确的是____。①做好人员分工；②做好应急准备；③做好装货准备；④做好用缆准备	A. ①②③④ B. ①②③ C. ①②④ D. ①③④	C
56	一般情况下，船舶靠泊时的带缆顺序是____。	A. 先船首带缆，后船尾带缆；而船首应先带倒缆后带头缆 B. 先船首带缆，后船尾带缆；而船首应先带头缆后带倒缆 C. 先船尾带缆，先船后首带缆；而船尾应先带尾缆后带倒缆 D. 后船尾带缆，先船首带缆；而船尾应先带倒缆后带尾缆	B
57	船舶自力离泊操纵要领为____。①确定首先离、尾先离还是平行离；②掌握好船身摆出的角度；③控制好船身的进退；④适时利用拖船助操	A. ①②③ B. ①②③④ C. ①② D. ②③④	A
58	船舶在海底沿其船宽方向有明显倾斜的浅水域航行时，容易产生____现象。	A. 船首转向浅水同时船舶向浅水侧靠近的 B. 船首转向浅水同时船舶向深水侧靠近的 C. 船首转向深水同时船舶向浅水侧靠近的 D. 船首转向深水同时船舶向深水侧靠近的	C
59	船舶在航道中航行发生岸壁效应是指____。	A. 船体与岸壁的吸引作用和船首与岸壁的排斥作用 B. 船体与岸壁的吸引作用和船首与岸壁的吸引作用 C. 船体与岸壁的排斥作用和船首与岸壁的吸引作用 D. 船体与岸壁的排斥作用和船首与岸壁的排斥作用	A

序号	题目内容	可选项	正确答案
60	船吸现象的危险程度与两船船速和两船间的横距有关____。	A. 两船船速越低，两船间的横距越小，危险性越大 B. 两船船速越低，两船间的横距越大，危险性越大 C. 两船船速越高，两船间的横距越大，危险性越大 D. 两船船速越高，两船间的横距越小，危险性越大	D
61	船舶在大风浪中谐摇的条件是____。	A. 船舶横摇周期与波浪遭遇周期之比大于1 B. 船舶横摇周期与波浪遭遇周期之比约等于1 C. 船舶横摇周期与波浪遭遇周期之比小于1 D. 船舶横摇周期与波浪遭遇周期之比大于2	B
62	北半球，船舶处在台风进路上的防台操纵法是____。	A. 使船首右舷受风航行 B. 使船首左舷受风航行 C. 使船尾右舷受风航行 D. 使船尾左舷受风航行	C
63	在碰撞不可避免的情况下，为了减小本船的碰撞损失，在操船方面应尽力避免____部位被他船船首撞入。	A. 机舱或船中 B. 船首或船尾 C. 船尾或机舱 D. 船首或船中	A
64	船舶碰撞后船体破损进水，选用堵漏器材时应考虑哪些因素？①破损部位；②漏洞大小；③漏洞形状；④航行区域	A. ①②③ B. ①②③④ C. ②③ D. ①③	B
65	"规则"适用的船舶是指____。	A. 海船 B. 在公海以及连接公海而可供海船航行的一切水域中的在航船舶 C. 除内河船舶之外的任何船舶 D. 在公海以及连接公海可供海船航行的一切水域中的一切可用作水上运输工具的水上船筏	D

序号	题目内容	可选项	正确答案
66	下列说法中正确的是____。	A. 军舰及护航下的船舶应仅显示其政府规定的号灯、号型 B. 结队从事捕鱼的渔船不但应按"规则"规定显示号灯号型，还可以显示所在国政府为其制定的额外的队形灯、信号灯、笛号或号型 C. 结队从事捕鱼的渔船不但应按"规则"规定显示号灯号型，还可以显示所在国政府为其制定的额外的队形灯、信号灯、号型 D. 军舰及护航下的船舶应仅显示其政府规定的队形灯、信号灯	C
67	下列说法中正确的是____。	A. "规则"不妨碍各国政府为军舰及护航下的船舶和结队从事捕鱼的渔船制定特殊 的号灯或号型 B. "规则"不妨碍各国政府为军舰及护航下的船舶和结队从事捕鱼的渔船制定额外的队形灯、信 号灯、号型或笛号 C. "规则"不妨碍各国政府为军舰及护航下的船舶制定额外的队形灯、信号灯、号型或笛号 D. "规则"不妨碍各国政府为结队从事捕鱼的渔船制定额外的队形灯、信号灯、号型或笛号	C
68	"规则"除适用于公海之外，还适用于____。	A. 沿海水域 B. 领海，并与之相连接的内河、江海、湖泊、港口、港外锚地以及一切内陆水域 C. 港口当局所管辖的一切水域 D. 与公海相连接并可供海船航行的一切水域	D
69	在我国沿海某港口水域航行的船舶应遵守____。	A. 国际海上避碰规则 B. 该港的港章和港规 C. 除遵守该港的港章和港规外，还应遵守国际海上避碰规则 D. 船员根据需要选择遵守国际海上避碰规则或港章、港规	C

序号	题目内容	可选项	正确答案
70	下列哪种不属于"从事捕鱼船"？	A. 正在用拖网捕鱼 B. 正在用曳绳钓捕鱼 C. 正在用延绳钓捕鱼 D. 正在用绳钓捕鱼	B
71	能见度不良是指____使能见度受到限制的情况。	A. 雾 B. 来自岸上的烟雾 C. 伸手不见五指的黑夜 D. 雾、霾、雪、暴风雨、沙暴或其他类似原因	D
72	在"规则"第一章第三条"一般定义"中，"船舶"一词是指：____。	A. 具有适航能力的、能够用作水上运输工具的各类水上船筏 B. 具有适航能力的、用作或能够用作水上运输的各类水上船筏 C. 用作或能够用作水上运输工具的各类水上船筏 D. 具有适航能力的、用作水上运输的各类水上船筏	C
73	操纵能力受到限制的船舶是指由于____使其按"规则"条款要求进行操纵的能力受到限制的船舶	A. 异常情况 B. 工作性质 C. 操纵性能 D. 避让能力	B
74	下列情况中的船舶，属于在航的是____。	A. 用锚掉头中的船舶 B. 与另一锚泊船并靠中的船舶 C. 船底部分坐浅海底，但在主机推动下可以移动的船舶 D. 一根缆绳带上缆桩的船舶	A
75	下列哪种情况不属于"在航"？	A. 走锚中的船舶 B. 已停车且不对水移动的船舶 C. 起浮后的搁浅船 D. 系泊中的船舶	D
76	下列各船中，哪一种是操纵能力受到限制的船舶____。	A. 扫雷船 B. 从事拖带作业的船舶 C. 疏浚船 D. 在航中从事转运物资或人员的船舶	D

序号	题目内容	可选项	正确答案
77	"规则"定义的船舶"宽度"是指____。	A. 型宽 B. 最大宽度 C. 登记宽度 D. 船中处水线面宽度	B
78	号型应在下列哪一时间内显示____。	A. 从日出到日没 B. 白天 C. 6:00—18:00 D. 从日没到日出	B
79	环照灯的水平光弧显示范围为____。	A. 360° B. 225° C. 180° D. 135°	A
80	拖带灯是指____。	A. 与环照灯具有相同特性的白灯 B. 与环照灯具有相同特性的黄灯 C. 与尾灯具有相同特性的白灯 D. 与尾灯具有相同特性的黄灯	D
81	$L \geqslant 50$ m 的船舶，其舷灯的最小能见距离为____。	A. 6 n mile B. 5 n mile C. 3 n mile D. 2 n mile	C
82	$L \geqslant 50$ m 的船舶，其尾灯、环照灯的最小能见距离均为____。	A. 6 n mile B. 5 n mile C. 3 n mile D. 2 n mile	C
83	机动船当拖带时，其拖带长度是指____。	A. 拖轮船尾至被拖物体后端的水平距离 B. 拖轮船尾水线处至被拖物体后端水线处的水平距离 C. 拖轮船首至被拖物体后端的水平距离 D. 拖轮船尾至被拖物体前端的水平距离	A
84	$50 \leqslant L < 100$ m 的在航机动船应显示的号灯为____。	A. 一盏桅灯、两盏舷灯和一盏尾灯 B. 两盏桅灯、两盏舷灯和一盏尾灯 C. 一盏桅灯和两盏舷灯 D. 两盏桅灯和两盏舷灯	B

序号	题目内容	可选项	正确答案
85	被顶推船在航时应显示____。	A. 左右舷灯 B. 白色环照灯一盏 C. 舷灯、尾灯 D. 桅灯、舷灯和尾灯	A
86	被拖带的船舶在航不对水移动时应显示____。	A. 左右舷灯 B. 白色环照灯一盏 C. 舷灯、尾灯 D. 桅灯、舷灯和尾灯	C
87	从事拖网作业的渔船应显示____。	A. 一个黑色圆球体 B. 二个尖端对接的圆锥体 C. 一个篮子 D. 任何信号都不必显示	B
88	锚泊中从事捕鱼的船舶，渔具外伸大于 150 m，应朝渔具伸出方向显示下列哪种号型?	A. 一个尖顶朝上的圆锥体 B. 一个尖顶朝下的圆锥体 C. 一个圆柱体 D. 一个菱形体	A
89	失控船在白天应悬挂的号型为____。	A. 垂直两个圆锥体 B. 一个黑球加上锚球 C. 垂直两个球 D. 垂直三个球	C
90	长度为____的锚泊船，应当用工作灯或同等的灯照明甲板。	A. $L \geqslant 50$ m B. $L \geqslant 100$ m C. $50 \leqslant L < 100$ m D. $L > 100$ m	B
91	下列说法中正确的是____。	A. 行动声号表示本船即将可能采取的操纵行动 B. 行动声号表示本船即将采取的操纵行动的意图 C. 行动声号意味着将要求他船也采取同样的行动 D. 行动声号表示本船正在操纵行动	D
92	互见中在狭水道中追越船欲从被追越船的左舷追越，则应鸣放____。	A. 两长一短的声号 B. 两长两短的声号 C. 一长两短的声号 D. 一长一短一长一短的声号	B

序号	题目内容	可选项	正确答案
93	互见中在狭水道中追越船欲从被追越船的右舷追越，则应鸣放____。	A. 两长一短的声号 B. 两长两短的声号 C. 一长两短的声号 D. 一长一短一长一短的声号	A
94	当你听到从右舷弯道后面传来一长声声号，你应____。	A. 回答一长声，并向左转向 B. 回答一长声，继续保持在水道右侧行驶 C. 回答一长声，并向右转向 D. 回答一长声，使船舶保证在水道左侧行驶	B
95	能见度不良时，一艘尾部拖带有三条被拖船，试问中间一条驳船应使用哪种声号？	A. 不必鸣放声号 B. 每次不超过 2 min 的间隔鸣放一长声 C. 每次不超过 2 min 的间隔鸣放一长二短声 D. 每次不超过 2 min 的间隔鸣放一长三短声	A
96	雾中，听到紧急敲钟前后各有分隔而清晰的号钟三下，则他船为____。	A. 搁浅船 B. 操限船 C. 失控船 D. 限于吃水的船舶	A
97	试判断下述中哪一种说法是正确的（在能见度不良的情况下)？	A. 锚泊船可鸣放一短一长一短的声号作为一种警告他船的声号 B. 搁浅船应按同等长度的锚泊船鸣放相应的声号 C. 引航船在锚泊执行引航任务时，只能鸣放规定的四短声识别信号 D. 长度小于 7 m 的小船在任何地方锚泊都不必鸣放任何的声响信号	A
98	下列信号中哪个不是遇险信号？	A. 至少五次短而急的闪光 B. 橙色烟雾信号 C. 一面方旗在一球形体上方 D. 国际信号旗 N、C 旗信号	A
99	船舶在雾中航行，如天气条件许可，则瞭望人员应尽可能增设在下列哪个位置？	A. 船舶驾驶台 B. 驾驶台顶上 C. 船的前部 D. 驾驶台两翼	C

序号	题目内容	可选项	正确答案
100	下列说法中正确的是____。	A. 锚泊船的瞭望可以比在航船的瞭望要求低些 B. 锚泊船只要保持定时的瞭望即可 C. 锚泊船应与在航一样保持不间断的瞭望 D. 锚泊船的瞭望比在航船的瞭望要求更高	C
101	保证船舶海上安全航行的首要做法是____。	A. 保持正规瞭望 B. 使用安全航速 C. 判断碰撞危险 D. 采取避让行动	A
102	安全航速条款适用于____。	A. 在互见中的每一船舶 B. 在任何能见度的每一机动船 C. 在通航密集区的每一船舶 D. 在任何时候的每一船舶	D
103	对装有可使用雷达的船舶在决定安全航速时应考虑____。	A. 雷达设备的局限性 B. 所选用的雷达距离标尺 C. 天气对雷达精度的影响 D. 雷达设备的局限性、所选用的雷达距离标尺及天气对雷达精度的影响等	D
104	来船方位即使有明显变化，有时也可能存在碰撞危险，这是指____。	A. 驶近一艘很大的船舶的情况 B. 近距离驶近他船的情况 C. 驶近拖带船组的情况 D. 驶近一艘大船或拖带船组、近距离驶近他船等情况	D
105	下列说法中，正确的是____。	A. 有明显的罗经方位变化就不存在碰撞危险 B. 雷达观察是判断碰撞危险的最好方法 C. 来船罗经方位变化10°，就可认为不存在碰撞危险 D. 对是否存在碰撞危险有怀疑时，应认为存在这种危险	D
106	为避免碰撞所采取的任何行动，如当时环境许可，应是积极地，并及早地进行和运用良好船艺，这一规定适用的能见度是____。	A. 互见中 B. 能见度不良时 C. 能见度良好时 D. 任何能见度情况	D

序号	题目内容	可选项	正确答案
107	应及早采取行动，以避免紧迫局面的形成是____。	A. 让路船的责任 B. 直航船的责任 C. 让路船和直航船共同的责任 D. 当让路船不履行时，由直航船履行	A
108	为避免碰撞所采取的行动应能导致____。	A. 避免紧迫局面的形成 B. 在安全距离上驶过 C. 各自从他船的左舷驶过 D. 各自在他船的右舷驶过	B
109	"规则"中规定不应妨碍他船的船舶可能是____。①让路船；②在航船；③直航船	A. ①② B. ①③ C. ②③ D. ①②③	D
110	为避免碰撞或留有更多的时间估计局面，船舶应____。	A. 采取大幅度转向 B. 使用安全航速 C. 运用良好船艺 D. 减速、停车或倒车把船停住	D
111	"只能在狭水道或航道内安全航行的船舶"是指____。	A. 船长大于 20 m 的船舶 B. 操限船 C. 由于水深受限，致使其转向能力严重地受到限制的机动船 D. 由于可航水域宽度受限，致使其转向能力严重地受到限制的船舶	D
112	沿狭水道或航道行驶的船舶，只要安全可行，应尽量 ____ 行驶。	A. 靠右 B. 靠近其右舷一边 C. 靠近其右舷的狭水道或航道的外缘 D. 靠边	C
113	判断一船是否属于"只能在狭水道或航道内安全航行的船舶"的依据是____。	A. 船舶的吨位 B. 船舶的长短 C. 航道的水深 D. 偏离所驶航向的能力	D

序号	题目内容	可选项	正确答案
114	有关狭水道中追越问题，下列说法中正确的是＿＿。	A. 在狭水道中追越，是不符合良好船艺的行动 B. 在狭水道中追越，选择从他船右舷追越是海员通常做法 C. 被追越船保速保向，能避免追越过程中的船吸 D. 在狭水道中追越，选择从他船左舷追越是海员通常做法	D
115	在狭水道中，若被追越船同意追越，其通常采取的措施为＿＿。	A. 减速 B. 右转向靠边让出航道 C. 减速并适当右转 D. 减速并适当左转	C
116	在船舶定线制中，其中＿＿是最主要的船舶定线制的形式。	A. 推荐航线 B. 推荐航路 C. 分道通航制 D. 沿岸通航带	C
117	下列说法中正确的是＿＿。	A. 在通航分道内行驶的船舶，不但应尽可能与分道的船舶总流向行驶，并还应靠本船右舷的航道外缘行驶 B. 尽可能让开"分隔线"或"分隔带"，意味着船舶应保持在通航分道的中心线或其附近航行 C. 在分道内从一侧转移到另一侧过程中应与分道船舶总流向尽可能成直角 D. 在不得不穿越时应与分道船舶总流向尽可能成小角度	B
118	下列哪些船舶不应妨碍按分道通航制的通航分道行驶的机动船的安全通行？①长度小于20 m的船舶；②帆船；③从事捕鱼的船舶	A. ①② B. ①③ C. ②③ D. ①②③	D

序号	题目内容	可选项	正确答案
119	一个实际的船舶定线制由什么构成?	A. 分隔线或分隔带 B. 通航分道 C. 交通流方向或推荐的交通流方向 D. 通航分道、分隔线或分隔带及船流方向	D
120	从事捕鱼的船舶不应妨碍下列哪种按通航分道行驶的船舶?	A. 操限船 B. 机动船 C. 帆船 D. 任何船舶	D
121	船舶定线制适用于____使用。	A. 在能见度良好的情况下 B. 在白天 C. 在各种天气条件下昼夜 D. 在定位条件良好的条件下	C
122	"穿越通航分道的船舶应尽可能与分道的船舶总流向成直角的航向穿越",所谓的直角是指穿越船的____。	A. 船首向与船舶总流向的夹角 B. 船迹向与船舶总流向的夹角 C. 船首向与航迹向的夹角 D. 航向与航迹向的夹角	A
123	"规则"要求穿越通航分道的船舶应与船舶的总流向成直角穿越,其目的是____。①便于他船发现该船的穿越意图;②便于交通管制中心的监视;③缩短穿越的时间	A. ①② B. ①③ C. ②③ D. ①②③	D
124	能构成追越的船舶是____。	A. 机动船 B. 除失控船和操限船外的任何船舶 C. 除失控船、操限船和非机动船外的任何船舶 D. 任何船舶	D
125	狭水道中追越,被追越船鸣一短声让前方来船,该行动属于____。	A. 背离"规则",追越船鸣五短声 B. 背离"规则",追越船回一短声 C. 未背离"规则",追越船不需要回答 D. 未背离"规则",追越船回一短声	C

序号	题目内容	可选项	正确答案
126	下列说法中哪项是正确的?	A. 如后船对本船是否在追越前船有任何怀疑，应保速保向，并继续进行判断是否在追越 B. 追越形成后，其后两船间的方位变化可能使追越船变为直航船 C. 如后船对本船是否在追越前船有任何怀疑，应假定在追越 D. 追越形成后，其后两船间的方位变化可能使被追越船变为让路船	C
127	某航道中，一左舷受风的帆船追越另一淌航中的机动船，则____。	A. 机动船应是让路船 B. 帆船应是让路船 C. 互为让路船 D. 帆船不应妨碍	B
128	被追越船为缩短两船追越时间采取减速措施，这是____。	A. 良好船艺 B. 违规行为 C. 符合"规则"的行动 D. 符合"规则"的行动，也是良好船艺表现	D
129	当一船追越另一船时，在何时才能免除追越船的让路责任?	A. 看到被追越船的舷灯 B. 最后驶过让清 C. 已过被追越船的船首 D. 已过被追越船的正横	B
130	下列选项中正确的是____。	A. 当前船对位于其右舷正横后的船舶是否正在追越本船持有任何怀疑，应立即让路 B. 当后船对本船是否处于追越前船持有任何怀疑时不应认为处于追越之中 C. 当后船对本船是否处于追越前船持有任何怀疑时应假定处于追越之中 D. 当前船对位于其左舷正横后的船舶是否正在追越本船持有任何怀疑，应立即让路	C
131	对遇局面中的"在相反或接近相反的航向上相遇"指的是____。	A. 一船能见到另一船的两盏舷灯 B. 一船能见到另一船的两盏桅灯成一直线或接近一直线 C. 一船在船首左右各 6° 范围内见到他船的桅灯成一直线或接近一直线 D. 一船能见到另一船的前后桅杆成一直线或接近一直线	C

序号	题目内容	可选项	正确答案
132	白天判断互见中两机动船是否构成对遇局面的条件是___。①两船航向相反，且在同一航向的延长线上对驶；②在航向交角小于半个点罗经的航向上对驶；③在正前方看到来船的前后桅成一直线	A. ①② B. ①③ C. ②③ D. ①②③	D
133	你驾驶的机动船与另一机动船对驶，致有构成碰撞危险，当你对相遇局面是否属于对遇有怀疑时，你应___。	A. 右转一短声 B. 左转二短声 C. 保向保速 D. 五短声，等待	A
134	决定两机动船是否构成对遇局面的航向是___。	A. 船首向 B. 航迹向 C. 罗航向 D. 船首向或航迹向	A
135	互见中，有碰撞危险的两船处于下列情况，属于"对遇局面"的是___。	A. 当一船位于另一船的正前方，两船间距正不断缩小 B. 两艘限于吃水船航向相反，并处于各自的正前方或接近正前方 C. 两船"操限船"航向相反且位于各自的正前方 D. 两艘帆船航向相反，且各自位于他船的前方	B
136	以下说法中正确的是___。	A. 当任意一船在正前方发现他船前后桅灯成一直线，"对遇局面"规则开始适用 B. 当任意一船在正前方发现他船两盏红、绿舷灯时，"对遇局面"规则开始适用 C. 当任意一船在正前方发现他船前后桅杆成一直线，"对遇局面"规则开始适用 D. 当一机动船在正前方发现另一机动船船两盏红、绿舷灯时，"对遇局面"规则开始适用	D
137	当两机动船对各处于本船首前方的他船是否存在"对遇局面"存有任何怀疑，应如何采取行动___。	A. 各自保速保向 B. 等待对方行动之后，再决定本船行动 C. 应右转向并鸣放一短声 D. 应左转向并鸣放二短声	C

序号	题目内容	可选项	正确答案
138	互见中，一帆船与一从事捕鱼的船舶交叉相遇致有构成碰撞危险，应____。	A. 帆船避让从事捕鱼的船舶 B. 适用交叉局面条款 C. 两船均应采取避让行动，因为该两船负有同等的避让责任和义务 D. 从事捕鱼的船应给帆船让路	A
139	互见中，一艘机动船在海上航行，与下列哪种船舶相遇，他船是直航船？	A. 右舷 120°方向驶近的水面上的水上飞机 B. 左舷 060°方向驶近的水面上的水上飞机 C. 正前方驶近的帆船 D. 左舷 060°方向驶近的水面上的潜水艇	C
140	"规则"中"应避免横越他船前方"的规定，适用于____。	A. 任何局面中的让路船 B. 仅适用于交叉相遇局面中的让路船 C. 除第二章第二节第十八条船舶之间责任条款中规定的让路船外的一切让路船 D. 追越中的让路船	B
141	交叉相遇局面适用于____。	A. 任何能见度情况下的一切船舶 B. 互见中的一切船舶 C. 任何能见度时的机动船 D. 互见中的机动船	D
142	在弯曲狭水道中，循相反方向行驶的两艘机动船构成交叉相遇态势，应遵守____。	A. 交叉局面条款 B. 直航船的行动条款 C. 狭水道条款 D. 船舶之间的责任条款	C
143	在大海上两机动船交叉相遇，位于你船左舷的他船鸣一短声，你船应____。	A. 保向保速 B. 保向保速，鸣一短声 C. 右转，鸣一短声 D. 鸣五短声，减速	C
144	交叉条款要求让路船如环境许可应避免横越他船前方，这意味着____。	A. 不允许让路船向左转向 B. 要求直航船增速以便增大两船的最近会遇距离 C. 不允许让路船向右转向 D. 让路船尽可能采取转向或减速措施	D

序号	题目内容	可选项	正确答案
145	直航船应保持航向和航速,就意味着____。	A. 任何改变航向与航速的行动,都是严重违背"规则"的行为 B. 只要当时环境许可,则应保持原来的航向与航速 C. 保持初始时"航向航速"且一定要保持同一罗经航向 D. 保持初始时"航向航速"且一定要保持同一主机转速	B
146	直航船的行动条款不适用于____。	A. 帆船规则和船舶间责任条款 B. 追越中 C. 交叉相遇局面中 D. 对遇局面中	D
147	交叉相遇局面中的直航船发觉让路船显然没有遵照"规则"采取适当行动时,即可独自采取哪一行动?	A. 向左转向过他船尾 B. 减速让他船过船首 C. 右转至与来船航向平行 D. 鸣放五短声,并大幅度右转	D
148	让路船的行动必须____。	A. 及早地采取行动 B. 行动是大幅度的 C. 能宽裕地让清他船 D. 及早采取大幅度行动,宽裕地让清他船	D
149	下列哪种局面中存在让路船和直航船?	A. 互见中的对遇局面 B. 能见度不良相互看不见时的追越 C. 互见中的追越 D. 能见度不良不在互见中两船交叉相遇	C
150	根据"直航船规则"规定"不应对在本船左舷的船采取向左转向"适用于____。	A. 直航船 B. 交叉相遇局面中的直航船 C. 被追越船 D. 交叉相遇局面中的让路船	B
151	直航船应包括____。①追越条款中的被追越船;②船舶之间的责任条款中规定的直航船;③帆船条款中规定的直航路	A. ①② B. ①③ C. ②③ D. ①②③	D

序号	题目内容	可选项	正确答案
152	直航船行动条款适用于＿＿。	A. 互见中 B. 任何能见度 C. 互见中的机动船 D. 任何能见度的机动船	A
153	直航船独自采取避碰行动时，如属机动船交叉相遇，应避免对在本船左舷的船采取＿＿。	A. 向右转向 B. 向左转向 C. 减速 D. 加速	B
154	船舶间责任条款适用于＿＿。	A. 任何能见度 B. 互见中 C. 交叉相遇 D. 对遇局面	B
155	互见中，限于吃水的船舶与一艘失控船的相遇，并致有构成碰撞危险，则＿＿。	A. 限于吃水的船舶为让路船 B. 限于吃水的船舶不应被妨碍 C. 两船负有同等的避让责任和义务 D. 失控船不应被妨碍	A
156	你船是限于吃水船，在狭水道中航行，遇到一艘从右舷穿越水道的其他机动船，此时该机动船应＿＿。	A. 保向保速 B. 避免妨碍你船的航行 C. 给你船让路 D. 你给他让路	B
157	互见中，你是限于吃水船，在狭水道中航行，遇到他船从你右舷穿越水道，构成碰撞危险，则＿＿。	A. 你船是让路船 B. 他船是让路船 C. 他船应保速保向 D. 两船都应相让	A
158	船舶之间的责任条款的基本原则是＿＿。	A. 机动船让非机动船 B. 操纵不便的船不负让路责任 C. 按避让操作行为的能力划分船舶之间的责任 D. 限于吃水的船不负让路责任	C
159	互见中，帆船在航时应给下列哪种船舶让路？	A. 从事捕鱼的船舶 B. 操限船 C. 失控船 D. 从事捕鱼的船舶、操限船、失控船	D

序号	题目内容	可选项	正确答案
160	当听到他船的雾号显似在本船右前方，但对方的船位尚未确定时，此时应采取____。	A. 右转 B. 左转 C. 保向保速 D. 将航速减小到能维持其航向的最小速度，必要时把船完全停住	D
161	在能见度不良的水域中航行，对装有可使用雷达的船舶在决定安全航速时的首要因素是____。	A. 雷达的特性 B. 能见度情况 C. 航道条件 D. 通航密度	B
162	在能见度不良的水域中航行，在雷达上发现前方有一物标并与之构成碰撞危险，经观测已经确定他船为一艘被追越船，你采取避让措施后，应____。	A. 避免向左转向 B. 避免横越他船前方 C. 视具体情况向左或向右转向驶过让清 D. 避免朝着他转向	C
163	在能见度不良的水域中航行，当听到他船的雾号显似在本船的正横以前或者与正横前的他船不能避免紧迫局面时，无论如何应极其谨慎地驾驶，直到碰撞危险过去为止。这里的谨慎驾驶包括____。	A. 立即大幅度向右转向 B. 立即大幅度向左转向 C. 立即将航速减小到能维持其航向的最小速度，必要时把船完全停住 D. 保向保速	C
164	所谓"海员通常做法"是指____。	A. 海员的习惯做法 B. 国有渔业公司的规定 C. 某个海员的习惯 D. 国家法规要求	A
165	一船在狭水道航行，由于没有靠右航行而与另一船发生碰撞事故，这是属于____。	A. 对遵守"规则"各条的疏忽 B. 对海员通常做法可能要求的任何戒备上的疏忽 C. 对特殊情况可能要求的任何戒备上的疏忽 D. 对遵守本规则各条的疏忽或对海员通常做法可能要求的任何戒备上的疏忽	A

序号	题目内容	可选项	正确答案
166	在夜间航行时，未保持夜视眼，从而未及时发现来船而导致碰撞，是属于____。	A. 对遵守"规则"各条的疏忽 B. 对海员通常做法可能要求的任何戒备上的疏忽 C. 对特殊情况可能要求的任何戒备上的疏忽 D. 对遵守"规则"各条的疏忽或对海员通常做法可能要求的任何戒备上的疏忽	A
167	背离"规则"的前提是____。	A. 特殊情况 B. 紧迫危险 C. 特殊情况或紧迫危险 D. 紧迫局面	C
168	能见度不良时锚泊船没有注意他船的动态，没有鸣放相应的雾号，是属于____。	A. 对遵守本规则各条的疏忽 B. 对海员通常做法可能要求的任何戒备上的疏忽 C. 对特殊情况可能要求的任何戒备上的疏忽 D. 对海员通常做法可能要求的任何戒备上的疏忽或对特殊情况可能要求的任何戒备上的疏忽	A
169	在航行中船舶未使用安全航速是属于____。	A. 对遵守本规则各条的疏忽 B. 对海员通常做法可能要求的任何戒备上的疏忽 C. 对特殊情况可能要求的任何戒备上的疏忽 D. 对海员通常做法可能要求的任何戒备上的疏忽或对特殊情况可能要求的任何戒备上的疏忽	A
170	下列情况中属于对当时特殊情况可能要求的任何戒备上的疏忽是____。	A. 没按规定鸣放声号 B. 夜间不保持正规瞭望 C. 没想到他船可能背离"规则" D. 在不了解周围情况下交接班	C
171	围网渔船应给下列哪种船舶让路？	A. 漂流渔船 B. 定置渔船 C. 双拖渔船 D. 单拖渔船	B

序号	题目内容	可选项	正确答案
172	渔船之间避让责任正确的是____。	A. 从事定置渔具捕捞渔船应避让围网渔船 B. 漂流渔船应避让拖网渔船 C. 漂流渔船应避让从事定置渔具捕捞渔船 D. 围网渔船应避让拖网渔船	C
173	渔船之间避让责任正确的是____。	A. 从事定置渔具捕捞渔船应避让漂流渔船 B. 拖网渔船应避让从事定置渔具捕捞渔船 C. 从事定置渔具捕捞渔船应避让围网渔船 D. 漂流渔船应避让拖网渔船	B
174	未拖带灯船的围网船在航探测鱼群时,应显示____的号灯。	A. 从事围网作业渔船 B. 操纵能力受到限制的船舶 C. 在航机动船 D. 失去控制船	C
175	根据渔业船舶航行值班准则的要求,船长应保证____。①所有值班人员必须持有相应适任证书的职务船员担任;②在航行期间值班人员不得饮酒;③不得安排正在值班的人员从事与值班无关的事项	A. ①② B. ①③ C. ②③ D. ①②③	D
176	值班人员必须认真扫视四周海面,确信无航行危险迫近时,才可____。	A. 做海图作业或记录《航海日志》、雷达观测 B. 吃饭 C. 去厕所 D. 做值班以外工作	A
177	在渔船航行值班中,下列说法正确的是____。	A. 接班的驾驶员应提前 30 min 上驾驶台,做好接班的准备工作 B. 接班的驾驶员在其视力未完全调节到适应光线以前可以接班 C. 接班的驾驶员应提前 10 min 上驾驶台,做好接班的准备工作 D. 接班的驾驶员在视力未完全调节到适应光线以前,交班驾驶员可以交班	C

序号	题目内容	可选项	正确答案
178	渔船在航行或作业时间，驾驶室可以不安排值班人员的情况是____。	A. 开饭时间 B. 船上发生意外情况 C. 开会时间 D. 任何时候均应有值班人员	D
179	在交、接班时，接班人员应至少提前____上驾驶台做好接班准备	A. 5 min B. 10 min C. 15 min D. 20 min	B
180	"规则"适用的船舶是指____。	A. 海船 B. 在公海以及与公海相连接并可供海船航行的一切水域中的在航船舶 C. 除内河船舶之外的任何船舶 D. 在公海以及与公海相连接并可供海船航行的一切水域中的一切可用作水上运输工具的水上船筏	D
181	船长应亲自驾驶或在场指挥的情况有____。	A. 船舶进出港口，航经狭窄水道，船只密集海域 B. 修正船位、进行避让时 C. AB都对 D. AB都不对	A
182	船舶在港内发生火灾，要及时向____报警。	A. 消防队 B. 港务监督部门 C. AB都对 D. AB都不对	C
183	____是船舶航行的指挥中心，在航行和锚泊中，任何时候不得无人值班。	A. 驾驶台 B. 机舱 C. 集控室 D. 艉楼	A
184	靠离码头一般情况下，应____操作。	A. 顶风 B. 顶流 C. AB均可 D. 以上都不对	C
185	高空及舷外作业前，必须先对作业用具，如____等严格检查。	A. 索具、滑车 B. 座板、脚手板 C. 保险带、绳梯 D. 以上都是	D

序号	题目内容	可选项	正确答案
186	根据《中华人民共和国渔业法》规定，渔港建设应当遵守＿＿的统一规划，实行谁投资谁受益的原则。＿＿人民政府应当对位于本行政区域内的渔港加强监督管理，维护渔港的正常秩序。	A. 当地；当地 B. 当地；省级以上 C. 国家；县级以上 D. 国家；省级以上	C
187	取得特许捕捉证捕捉国家重点保护水生野生动物的单位和个人，必须按照特许捕捉证规定的＿＿进行捕捉，防止误伤水生野生动物或者破坏其生存环境。①种类；②数量；③地点；④期限和方法	A. ①②③ B. ②③④ C. ①③④ D. ①②③④	D
188	定置作业休渔时间不少于3个月，具体时间由沿海各省、自治区、直辖市渔业行政主管部门确定，报＿＿备案。	A. 国务院 B. 农业农村部 C. 交通部 D. 渔业局	B
189	自2014年6月1日起，＿＿海区全面实施海洋捕捞准用渔具和过渡渔具最小网目尺寸制度。	A. 黄渤海 B. 东海 C. 南海 D. 以上都是	D
190	水产种质资源保护区管理机构的主要职责包括＿＿。①制定水产种质资源保护区具体管理制度；②设置和维护水产种质资源保护区界碑、标志物及有关保护设施；③救护伤病、搁浅、误捕的保护物种；④开展水产种质资源保护的宣传教育	A. ①②③④ B. ①②③ C. ①②④ D. ①③④	A
191	对在安全检查中存在严重缺陷且未按规定纠正的船舶，主管机关依据《海上交通安全法》有权＿＿。	A. 通知其所有人采取有效的安全措施 B. 责成其重新检验 C. 禁止其离港 D. AB都对	C
192	根据《中华人民共和国渔港水域交通安全管理条例》规定，负责沿海水域渔业船舶之间交通事故的调查处理的机构是＿＿。	A. 港务监督 B. 渔政渔港监督管理机关 C. 海事局 D. AB都对	B

序号	题目内容	可选项	正确答案
193	按照现行《渔业船舶登记办法》的规定，应如何选择船籍港？	A. 依据渔业船舶所有人住所或主要营业所所在地就近选择 B. 按渔业船舶建造地选择 C. 按渔业船舶所有人意愿选择 D. 由登记机关指定	A
194	远洋渔业船舶的营运检验，由____组织实施。	A. 国家渔业船舶检验机构 B. 渔港监督 C. 船籍港所在地的船级社 D. 以上都对	A
195	不同船籍港渔业船舶间发生的事故由____共同调查。	A. 第一到达港的渔船事故调查机关 B. 双方渔船事故调查机关联合 C. 同上一级或其指定的渔船事故调查机关 D. 以上都对	C
196	根据《渔业港航监督行政处罚规定》，从重处罚的情形包括____。①违法情节严重，影响较大；②多次违法或违法行为造成重大损失；③损失虽然不大，但事后既不向渔政渔港监督管理机关报告，又不采取措施，放任损失扩大；④逃避、抗拒渔政渔港监督管理机关检查和管理；⑤依法可以从重处罚的其他渔业港航违法行为	A. ②③④⑤ B. ①②③④⑤ C. ①②③④ D. ①②③	B
197	海洋渔业职务船员驾驶人员证书分几个等级？	A. 三 B. 四 C. 五 D. 六	B
198	《中华人民共和国海洋环境保护法》适用于中华人民共和国____。①内水、领海、毗连区；②专属经济区；③大陆架；④我国管辖的其他海域	A. ①②③ B. ①④ C. ②③④ D. ①②③④	D

序号	题目内容	可选项	正确答案
199	下列哪项符合我国现行《海洋环境保护法》的要求____。①船舶必须持有防污证书和文书；②船舶必须配置相应的防污设备和器材；③船舶应防止因海难事故造成海洋环境的污染；④所有船舶均有监视海上污染的义务	A. ①②③ B. ②④ C. ②③④ D. ①②③④	D
200	根据《防治船舶污染海洋环境管理条例》，禁止船舶经过我国____转移危险货物。	A. 沿海水域 B. 内水、领海 C. 管辖水域 D. 内水、领海、专属经济区	B

二、判断题

序号	题目内容	正确答案
1	以北方向线为准顺时针量至方位线的角度为方位。	正确
2	按［开关］键就可以开机，开机之前要注意主机的 12－24VDC 直流电源是否正常。	正确
3	国际上采用的风力等级是"蒲福风级"，风级分为 0～17 级，共 18 个等级。	正确
4	在外海，热带气旋中心（或其他风暴中心）所在的方位可根据有规律和不断增强的涌浪来指示。	正确
5	船舶也可利用 NAVTEX 或 INMARSAT－C 站接收作业海区邻近台站发布的天气报告或天气警报来接收气象信息。	正确
6	利用对景图识别是航海上常用的识别陆标的方法。	正确
7	寒潮、台风、春季气旋入海等因素会引起潮汐预报值与实际值相差较大。	正确
8	A、B 区域浮标制度仅在于侧面标标身、顶标的颜色和光色不同：A 区域为"左红右绿"，B 区域为"左绿右红"。	正确
9	型宽是指在设计水线处，船体两舷船壳外缘之间的水平距离。	错误
10	大风浪中航行，当船长 L 等于波长 λ 时，船体最易出现扭转变形。	错误
11	船舶的船底板与内底板之间的空间称为双层底舱。	正确

序号	题目内容	正确答案
12	某矩形液货舱中部设置一道横向隔舱，则其自由液面的惯性矩与原来相同。	正确
13	制链器的主要作用是避免锚链跳动。	错误
14	舵设备是船舶在航行中保持和改变航向及旋回运动的主要工具。	正确
15	船舶尾倾比首倾时的航向稳定性差，旋回圈小。	错误
16	锚泊用锚和操纵用锚相比前者抓力大。	正确
17	船舶进入某港口管辖的水域后由船长酌情自行决定遵守港章还是"规则"。	错误
18	用曳绳钓捕鱼的船舶属于"从事捕鱼的船舶"。	错误
19	在显示号灯时间内不应显示会妨碍正规瞭望的灯光。	正确
20	限于吃水的船舶也是操纵能力受到限制的船舶。	错误
21	"从事捕鱼作业船"必须正在从事捕鱼作业。	正确
22	只要一船能发现另一船的存在，则应认为两船已处于"互见"之中。	错误
23	二级渔船其环照灯的最小能见距离为 2 n mile。	正确
24	$20 \leqslant L < 50$ m 的船舶，其桅灯的最小能见距离为 3 n mile。	错误
25	你船与一拖带长度大于 200 m 的船对遇，你可能见到他的垂直白灯最多为 5 盏。	错误
26	白天从事拖网作业的渔船应显示一个黑色圆球体。	错误
27	白天从事非拖网作业的渔船应显示二个尖端对接的圆锥体。	正确
28	失控船锚泊时在白天应悬挂的号型是垂直两个圆锥体。	错误
29	船舶在互见中，听到他船二短声，则表示他船将要向右转向。	错误
30	"规则"第四章第三十四条第 1 款所规定的"行动声号"的含义是表示从哪一舷相互驶过的建议。	错误
31	雾中听到一长两短的声号，该船不可能是失控船。	错误
32	手持红光火焰信号属于遇险信号。	正确
33	泊船只要保持定时的瞭望即可。	错误
34	为避免碰撞所采取的行动应能导致各自在他船的右舷驶过。	错误
35	从事捕鱼的船舶不应妨碍在狭水道或航道内帆船的安全通行。	正确
36	狭水道航行时，如被追越船不同意追越，被追越船可以鸣放五短声。	正确
37	船舶在狭水道中航行选择从他船的左舷追越是海员的通常做法的表现。	正确
38	对使用分道通航制水域的船舶的要求在相应的通航分道内沿船舶的总流向行驶。	正确
39	一船如对本船是否在追越前船有任何怀疑，应假定在追越中并采取相应措施。	正确

序号	题目内容	正确答案
40	追越形成后，其后两船间的方位变化可能使追越船变为直航船。	错误
41	被追越船为缩短两船追越时间采取减速措施是符合规则精神的行动。	正确
42	两机动船在夜间能看到他船前后桅灯成一直线和两盏舷灯时符合对遇局面。	正确
43	交叉相遇局面规则适用于互见中机动船与机动船交叉相遇。	正确
44	交叉相遇局面适用于任何能见度时的机动船。	错误
45	由于风浪变大，直航船为防止主机超负荷运转而采取适当地降低转速的措施的行动可以认为是正当的。	正确
46	直航船就是保速保向。	错误
47	渔业船员应按照有关的船舶避碰规则以及航行、作业环境要求保持值班瞭望，并及时采取预防船舶碰撞和污染的相应措施。	正确
48	大风浪中操作要谨慎小心。如果风浪过大，可适当调整航向与波浪的交角或降低车速，以减少波浪对船体的冲击和推进器的空转。	正确
49	制造、更新改造、购置、进口海洋捕捞渔船，必须经具有审批权的主管机关批准，由主管机关在国家下达的船网工具控制指标内核定船网工具指标。	正确
50	内水，是指中华人民共和国领海基线向陆地一侧至海岸线的海域。	正确

公共题

一、选择题

序号	题目内容	可选项	正确答案
1	根据不同基准将航向分为 ____。①真航向；②磁航向；③罗航向。	A. ①② B. ②③ C. ①②③ D. ①③	C
2	海流的运动形态是三维，通常把海水的____称为海流。	A. 向上流动 B. 向下流动 C. 水平流动 D. 不流动	C

序号	题目内容	可选项	正确答案
3	以下哪种因素会使潮汐预报值与实际值相差较大？①寒潮；②台风	A. ① B. ①② C. ② D. ①②都不是	B
4	冰区航行，应尽可能避免在冰区内抛锚，如必须抛锚，则链长应该____。	A. 以2～3节为宜 B. 以3～5节为宜 C. 不超过水深的2倍 D. 不超过水深的4倍	C
5	船舶方形系数是指____。	A. 设计水线面面积与长方形长×宽之比 B. 设计水线下中剖面面积与高×宽之比 C. 设计水线下船体体积与长方体：长×宽×高的体积之比 D. 设计水线面积与中横剖面面积之比	C
6	在外界条件相同的情况下，同一船舶满载和轻载在旋回运动中相比较，____。	A. 满载时进距大，反移量小 B. 满载时进距小，反移量大 C. 轻载时进距和反移量都大 D. 轻载时进距和反移量都小	A
7	在有浪、涌侵入的开敞锚地抛锚时，其低潮时的锚地水深至少应为____。	A. 1.2倍吃水+1/3最大波高 B. 1.2倍吃水+2/3最大波高 C. 1.5倍吃水+1/3最大波高 D. 1.5倍吃水+2/3最大波高	D
8	船舶在浅水区航行时，通常会出现____。①船速下降；②船体下沉和纵倾；③舵效变差；④船首向浅滩一侧偏转	A. ①②③④ B. ①②③ C. ①③ D. ②④	B
9	下列选项中不是船舶遇险信号的是____。	A. 船上的火焰 B. 以任何通信方式发出莫尔斯码SOS信号 C. 两臂侧伸，缓慢而重复地上下摆动 D. 船舶显示垂直三盏环照红灯	D
10	某船在能见度不良时用雷达发现与右正横前的船舶存在碰撞危险，在采取转向避碰行动时应尽可能做到____。	A. 左转结合增速 B. 左转结合减速 C. 右转结合减速 D. 右转结合增速	C

序号	题目内容	可选项	正确答案
11	海盗登船后的应急措施包括____。	A. 将船员撤至安全区，用棍、棒、刀具、太平斧等作为防护器材 B. 可启用应急信号弹、降落伞火箭、抛绳枪等设备作为防护武器 C. 向就近的港口主管机关报告，寻求援助 D. 以上都是	D
12	海流的运动形态是三维，通常把海水的____称为海流。	A. 向上流动 B. 向下流动 C. 水平流动 D. 不流动	C
13	海船配备的航海图书资料包括____。①世界大洋航路；②航路指南；③英版海图和出版物总目录	A. ①③ B. ①② C. ②③ D. ①②③	D
14	船舶在冰区航行，一般情况下当有破冰船引航时，航速通常由____指定。	A. 破冰船 B. 本船 C. 任意船 D. 两船协商	A
15	锚的抓重比又称锚的抓力系数，它是指____。	A. 锚的抓力与链重之比 B. 链的抓力与锚重之比 C. 锚的抓力与锚重之比 D. 锚重与锚的抓力之比	C
16	船舶在海上航行，值班驾驶员突然接到有人落水的报告，应怎样紧急操船？	A. 立即向落水者一舷操满舵 B. 立即向落水者相反一舷操满舵 C. 立即操左舷满舵 D. 立即操右舷满舵	A
17	"规则"的"一般定义"中，"船舶"一词包括____。	A. 用作水上运输工具的各类水上船筏 B. 能够用作水上运输工具的各类水上船筏 C. 水面上的水上飞机和非排水船舶 D. 用作或能够用作水上运输工具的各类水上船筏，包括水面上的水上飞机和非排水船舶	D

序号	题目内容	可选项	正确答案
18	渔船驾驶台交接班要求规定，接班人员应提前____到驾驶台。	A. 10 min B. 15 min C. 20 min D. 25 min	A
19	渔捞作业值班要求，渔船无论何种作业方式，起放网时应由____值班。	A. 船长 B. 船副 C. 驾驶员 D. 值班驾驶员	A
20	海盗攻击的目标一般是____的船舶。	A. 干舷较高 B. 干舷较低 C. AB 都对 D. 以上都不对	B
21	限于吃水的船舶是指____。	A. 由于吃水与可航水域的水深和宽度的关系，致使其偏离所驶航向的能力受到限制的机动船 B. 由于吃水与可航水域的水深和宽度的关系，致使其偏离所驶航向的能力受到限制的船舶 C. 由于水深太浅，致使其偏离所驶航向的能力受到限制的机动船 D. 由于浅水效应，致使其旋回性能受到限制的机动船	A
22	以下属于《进港指南》主要内容的是____。①港界；②进港所需文件；③锚地	A. ①③ B. ①② C. ②③ D. ①②③	D
23	海图底质注记中，"M/S"表示该处为____。	A. 分层底质，上层为沙，下层为泥 B. 分层底质，上层为泥，下层为沙 C. 沙泥的混合底质 D. 泥的成分多于沙的成分的混合底质	B

序号	题目内容	可选项	正确答案
24	检查磁罗经的软铁自差校正器时，要求软铁自差校正器＿＿。	A. 不含永久磁性 B. 含有永久磁性 C. 有少量的永久磁性 D. 磁性随意变化	A
25	载重线标志中"RQ"水平线段表示＿＿。	A. 夏季载重线 B. 热带载重线 C. 热带淡水载重线 D. 淡水载重线	C
26	在判断碰撞危险时，下列哪种资料是充分的？	A. 相对方位的估计 B. 凭雾号获得的 C. 利用雷达两次以上测得数据进行标绘的 D. 利用 VHF 获得的资料	C
27	脱离渔具的漂流中的渔船，应显示＿＿的号灯	A. 从事捕鱼作业的船舶 B. 操纵能力受到限制的船舶 C. 在航机动船 D. 失去控制船	C
28	观测天体求罗经差，应该注意＿＿。	A. 尽量选择低高度的天体 B. 尽量保持罗经面的水平 C. 以一定的时间间隔观测三次，取平均值作为平均罗方位 D. 观测时应观测天体的中心方位	C
29	风压差的大小与风速的 ＿＿ 成正比。	A. 四次方 B. 立方 C. 平方 D. 一次方	C
30	某船使用中、英版海图进行航线设计，当航行中更换海图进行定位时，发现在相邻两张不同版本的海图上定位出现了差异，则产生误差的原因可能是＿＿。（不考虑作图误差）	A. 海图基准纬度不一致 B. 海图比例尺不一致 C. 海图坐标系不一致 D. 海图新旧程度不一致	C

序号	题目内容	可选项	正确答案
31	船舶在沿岸雾中航行时，下列说法错误的是____。	A. 船舶进入雾区前尽可能准确地测定船位 B. 船舶进入雾区前尽可能了解周围船舶的动态 C. 为提高定位准确性，应适当减少离岸距离 D. 测深是检查推算的重要方法	C
32	某矩形液货舱中部设置一道横向隔舱，则其自由液面的惯性矩为____。	A. 与原来相同 B. 为原来的 1/2 C. 为原来的 1/3 D. 为原来的 1/4	A
33	螺旋桨产生的沉深横向力与"沉深比"h/D 的关系为____。	A. h/D 越大，沉深横向力越大 B. h/D 越大，沉深横向力越小 C. h/D 越小，沉深横向力越小 D. h/D＝0 时，沉深横向力为 0	B
34	单锚泊船，在风、流作用下，可能产生偏荡，防止偏荡的有效方法除抛止荡锚、八字锚外，也可以用____的方法。	A. 松长锚链 B. 增加尾吃水 C. 增加首吃水 D. 保持平吃水	C
35	北半球处于台风进路上的船舶其航法是____。	A. 左尾受风驶向可航半圆 B. 右首受风驶向可航半圆 C. 左首受风驶向可航半圆 D. 右尾受风驶向可航半圆	D
36	拖网渔业应给下列哪种船舶让路？	A. 围网渔船 B. 漂流渔船 C. 从事定置作业渔船 D. 围网渔船、漂流渔船、从事定置作业渔船	D
37	当带围船拖带围网渔船时，应显示____的号灯、号型。	A. 操纵能力受到限制的船舶 B. 从事围网作业渔船 C. 在航机动船 D. 失去控制船	B

序号	题目内容	可选项	正确答案
38	下列有关渔船航行值班的说法不正确的是____。	A. 在通常情况下，负责航行值班的驾驶员应严格执行船长指定的航向和主机转速，值班驾驶员不得任意改变航向或主机转速 B. 在为了避免碰撞采取必要的措施时，值班驾驶员有权对船舶的航向或主机转速作出改变 C. 在为了发生意外危险或为了确保安全需要而采取必要的措施时，值班驾驶员需征得船长同意才能对船舶的航向或主机转速作出改变 D. 在为了防止搁浅、救助落水人员而采取必要的措施时，值班驾驶员有权对船舶的航向或主机转速作出改变	C
39	墨卡托海图的比例尺是____。①图上各个局部比例尺的平均值；②图上某基准纬线的局部比例尺；③图外某基准纬度的局部比例尺	A. ①②③ B. ①② C. ②③ D. ①③	B
40	船舶在冰区航行，一般冰量为4/10时，可取8 kn航速，冰量每增加1/10，航速应减少____。	A. 0.5 kn B. 1 kn C. 1.5 kn D. 2 kn	B
41	船舶顶浪航行中，若出现纵摇、垂荡和拍底严重的情况，为了减轻其造成的危害应____。	A. 减速措施无效，转向措施有效 B. 减速措施无效，转向措施无效 C. 减速措施有效，转向措施有效 D. 减速措施有效，转向措施无效	C
42	锚链中连接链环（或连接卸扣）的主要作用是____。	A. 增加锚链的强度 B. 便于锚链拆解 C. 便于节与节之间区别 D. 抛锚后，制链器卡在连接卸扣（或连接链环）上	B
43	船舶自力脱浅时可采用____。①移卸载；②等候高潮；③车舵锚配合；④拖船协助脱浅	A. ①②③④ B. ①②③ C. ①③④ D. ②③④	B

序号	题目内容	可选项	正确答案
44	有引航员在引航船舶时，对船舶安全承担义务的人员是____。	A. 船长 B. 引航员 C. 船长和引航员以及值班驾驶员 D. 船长和引航员	C
45	渔船航行值班驾驶员在什么情况下不得交接班？①接班者在夜间视力不能适应时；②接班人员不称职；③正在进行起网时	A. ①② B. ①③ C. ②③ D. ①②③	D
46	根据"中越北部湾渔业合作协定"的规定，中越双方本着互利的精神，在共同渔区内进行长期渔业合作，根据共同渔区的____以及对缔约各方渔业活动的影响，共同制订共同渔区生物资源的养护、管理和可持续利用措施。①自然环境条件；②生物资源特点；③可持续发展的需要；④环境保护	A. ①②③④ B. ①②④ C. ①③④ D. ②③④	A
47	在火灾警报发出后，____应马上到达指定地点。	A. 船长 B. 轮机长 C. 全体船员 D. 以上都不对	C
48	每艘救生艇一般应每____个月在弃船演习时乘载被指派的操艇船员降落下水1次，并在水上进行操纵。	A. 1 B. 2 C. 3 D. 6	C
49	接近冰区的预兆有____。①刮西北风或者西风时，在海上遇到波高2 m左右的波浪；②在冰区方向的云中出现灰白色的反光；③有时在冰区的边缘伴有薄雾带	A. ①③ B. ①② C. ②③ D. ①②③	D

序号	题目内容	可选项	正确答案
50	雾中航行利用测深定位时，应将航线拟定在____。	A. 水深变化显著处 B. 水深变化不大处 C. 水深较深处 D. 无法判断	A
51	海图底质注记中，"泥沙"表示该处为____。	A. 分层底质，上层为沙，下层为泥 B. 分层底质，上层为泥，下层为沙 C. 泥多于沙的底质 D. 沙多于泥的底质	D
52	处于北半球在可航半圆内船舶为了避台抗台，在操纵中应以____全速驶离；风力较大，不允许全速驶离时，应以____滞航。	A. 右尾受风；左首受风 B. 右尾受风；右首受风 C. 左尾受风；左首受风 D. 左尾受风；右首受风	B
53	在北半球可航半圆的特点和可行的避台操纵法是____。①风向左转；②左首顶风全速驶离；③右首受风顶风滞航；④右尾受风驶离	A. ①④ B. ①③ C. ①③④ D. ②④	C
54	"把定"操舵是指____。	A. 将舵轮把定不变 B. 保持当时航向不变 C. 保持当时转出舵角不变 D. 将舵转回至正舵	B
55	围网渔船在追捕同一的起水鱼群时，只要有一船已开始放网，他船____。	A. 应尽快从鱼群中心穿过 B. 不得有妨碍该放网船正常作业的行动 C. 尽快远离该区域 D. 可在不影响放网船前提下在其周边放网	B
56	关于渔业船员在船工作期间，应当履行的职责，以下说法错误的是____。	A. 遵守法律法规和安全生产管理规定，遵守渔业生产作业及防治船舶污染操作规程 B. 执行渔业船舶上的管理制度、值班规定 C. 服从船长及上级职务船员在其职权范围内发布的命令 D. 不必携带有效的渔业船员证书	D

序号	题目内容	可选项	正确答案
57	渔船锚泊中，当负责值班的驾驶员发现船舶走锚时，应____。①抛下另一锚；②通知机舱备车；③报告船长	A. ①② B. ①③ C. ②③ D. ①②③	D
58	"中韩渔业协定"规定的维持现有渔业活动水域包括____。①暂定措施水域北限线所处纬度线以北的部分水域；②暂定措施水域和过渡水域以南的部分水域；③各自的专属经济以外的水域。	A. ①② B. ②③ C. ①③ D. ①②③	A
59	根据"中越北部湾渔业合作协定"，下列叙述中正确的是____。①缔约一方如发现缔约另一方小型渔船进入小型渔船缓冲区已方一侧水域从事渔业活动，可予以警告，或扣留、逮捕，并可使用武力；②如发生有关渔业活动的争议，应报告中越北部湾渔业联合委员会予以解决；③如发生有关渔业活动以外的争议，由两国各自相关授权机关依照国内法予以解决。	A. ①②③ B. ①② C. ②③ D. ①③	C
60	中韩双方在暂定措施水域和过渡水域内____。	A. 对从事渔业活动的本国国民及渔船采取管理和其他必要措施 B. 对另一方国民及渔船采取管理及其他措施 C. AB 都对 D. 以上都不对	C
61	船用磁罗经是由____组成。①罗经柜；②罗盆；③自差校正器	A. ①③ B. ①② C. ②③ D. ①②③	D
62	水平气压梯度力的方向与水平气压梯度的方向____。	A. 相同 B. 相反 C. 垂直 D. 水平	A

序号	题目内容	可选项	正确答案
63	俗话说的"风大浪大"是指风浪，风浪的特征为____。	A. 波峰尖、波长短、常有浪花出现 B. 背风面比迎风面陡、波向与风向一致 C. AB 都是 D. 以上均不是	C
64	两方位定位时，需要将罗方位换算成真方位之后才能在海图上进行定位，关于方位线的绘画下列说法正确的是____。	A. 以船位为基准，按 TB±180°的方向画出 B. 以船位为基准，按 TB 的方向画出 C. 以物标为基准，按 TB±180°的方向画出 D. 以物标为基准，按 TB 的方向画出	C
65	在海上救助时，搜寻基点由____确定。①岸上当局；②海面搜寻协调船；③救助船的推算	A. ①②③ B. ①② C. ②③ D. ①③	A
66	有关船舶舵效，哪一种说法是正确的?	A. 船舶首倾比尾倾时舵效好，顺流时比顶流时舵效好 B. 船舶首倾比尾倾时舵效好，顺流时比顶流时舵效差 C. 船舶首倾比尾倾时舵效差，顺流时比顶流时舵效差 D. 船舶首倾比尾倾时舵效差，顺流时比顶流时舵效好	C
67	大风浪中航行，同一船舶在同一风浪中____。	A. 顺浪时相对纵摇摆幅小，且冲击减缓 B. 顶浪时相对纵摇摆幅小，且冲击增强 C. 顶浪时相对纵摇摆幅大，且冲击减缓 D. 顺浪时相对纵摇摆幅小，且冲击增强	A
68	在交班过程中，交班驾驶员可以交班的情况为____。	A. 船舶正在起网作业中 B. 船舶正在放网作业中 C. 接班人员能正常履行职责 D. 接班人员不能理解交班内容	C
69	根据"中日渔业协定"，缔约一方的国民及渔船在缔约另一方沿岸遭遇海难、遇恶劣天气或其他紧急事态需要避难时，另一方应____。	A. 尽力予以救助和保护 B. 提供避难港口 C. AB 都对 D. AB 都不对	C

序号	题目内容	可选项	正确答案
70	中韩双方在暂定措施水域和过渡水域内，____。	A. 对从事渔业活动的本国国民及渔船采取管理和其他必要措施 B. 对另一方国民及渔船采取管理及其他措施 C. AB 都对 D. AB 都不对	C

二、判断题

序号	题目内容	正确答案
1	地理坐标是建立在地球椭圆体基础上的。	正确
2	我国出版的年度《潮汐表》系由国家海洋局海洋信息中心编制，共六册，每年出版一次，下年度的均在下年度 1 月份开始编好后再发行。	错误
3	按浮标航行、按叠标航行、按导标航行都是狭水道航行方法。	正确
4	对含水量超过 10％，温度超过 47 ℃的鱼粉应拒绝装船。	错误
5	船舶搁浅后，在情况不明时应立即全速后退脱浅。	错误
6	帆船条款中不同船舷受风时，左舷受风的船为让路船。	正确
7	能见度不良时锚泊船没有注意他船的动态，没有鸣放相应的雾号，是属于对特殊情况可能要求的任何戒备上的疏忽。	错误
8	正常作业的渔船应避让作业中发生故障的渔船。	正确
9	船长和值班人员应遵守国际、国内有关法律、法规、规章和当地港口港章的有关规定。并应采取一切可能的预防措施，防止污染海洋。	正确
10	陆标定位时，在有多个物标可供选择的情况下，应尽量避免选择正横后的物标进行定位。	正确
11	船舶离泊时，船首余地不大，且风、流较强，顺流吹拢风时，多采用尾先离。	正确
12	《进港指南》向驾驶员提供世界各港口情况，介绍船舶进港应了解和注意的事项。	正确
13	风浪中救助落水人员时，船舶应先驶向落水者的上风，放下下风救生艇；从落水者下风靠拢。	正确
14	两船中的一船应给另一船让路时，另一船应采取最有助于避碰的行动。	错误
15	对突然遇雾和暴风雨缺乏戒备是属于对遵守"规则"各条的疏忽。	错误

序号	题目内容	正确答案
16	"规则"第一章第二条"责任"所述的"疏忽"包括对海员通常做法可能要求任何戒备的疏忽。	正确
17	让路船应距光诱渔船 500 m 以外通过,并不得在该距离之内锚泊或其他有碍于该船光诱效果的行动。	正确
18	狭水道航行,常用保持船舶航行在计划航线上的导航方法有叠标导航法、导标方位导航法、平行方位线导航法。	正确
19	船舶在海上航行,值班驾驶员突然接到有人落水的报告,应立即停车,向落水者一舷操满舵。	正确
20	船舶在航道中航行发生岸壁效应是船体与岸壁的排斥作用和船首与岸壁的排斥作用。	错误
21	渔业船员在船舶航行、作业、锚泊时应当按照规定值班。	正确
22	船长是渔业安全生产的直接责任人。	正确
23	船副将失火时间、部位、原因、灭火过程、采取措施、火势控制与扑灭时间、船舶受损情况记入《航海日志》。	正确
24	通常冰量在 6/10 以下,冰厚在 30 cm 时还可以航行。	正确
25	船舶水尺显示水面淹没"3.8M"字体的一半时,则水尺读数是 3.8 m。	错误
26	互见中两艘限于吃水的船舶交叉相遇构成碰撞危险,适用交叉局面条款。	正确
27	直航船应终止"保向保速"的时机为当发现仅凭让路船的行动已不能避免碰撞时。	正确
28	任何船舶在经过起网中的围网渔船附近时严禁触及网具,可从起网船与带围船之间通过。	错误
29	需要倾倒废弃物的单位,必须向国家海事行政主管部门提出书面申请,经国家海事行政主管部门审查批准,发给许可证后,方可倾倒。	错误
30	根据《防治船舶污染海洋环境管理条例》,总吨位 1 000 吨以下载运非油类物质的中国籍国内航行的船舶,其所有人可以不投保船舶油污损害民事责任保险或者取得相应的财务担保。	正确
31	根据"中日渔业协定",在暂定措施水域中,考虑到对缔约各方传统渔业活动的影响,为确保海洋生物资源的维持不受过度开发的危害,采取适当的养护措施及量的管理措施。	正确

序号	题目内容	正确答案
32	距岸越近，岸壁效应越剧烈；航道宽度越大，岸壁效应越明显。	错误
33	船舶一侧靠近岸壁航行时，为了保向需向外舷压舵，且应使用大舵角。	错误
34	船舶之间的责任条款的基本原则是操纵不便的船不负让路责任。	错误
35	当围网渔船开始放网时应显示捕鱼作业中所规定的号灯和号型。	正确
36	根据《中华人民共和国渔业船舶登记办法》规定，在境外登记的渔业船舶，可以取得中华人民共和国国籍。	错误
37	"中韩渔业协定"于 2001 年 6 月 1 日正式生效，有效期为 5 年。	错误

第二部分

轮 机 人 员

一级轮机长

一、选择题

序号	题目内容	可选项	正确答案
1	动力装置单位海里燃油消耗量是指____。	A. 船舶每航行一海里动力装置所消耗的燃油总量 B. 特指船舶快速航行一海里动力装置所消耗的燃油总量 C. 特指船舶经济航速航行一海里动力装置所消耗的燃油总量 D. 船舶每航行一海里船舶消耗的燃油总量	A
2	下列参数中，评定柴油机经济性的参数是____。	A. 指示热效率 B. 有效耗油率 C. 机械效率 D. 相对效率	B
3	柴油机气缸内的平均指示压力的大小取决于____。	A. 转速高低 B. 气缸直径 C. 负荷大小 D. 转速高低和气缸直径	C
4	提高柴油机平均指示压力的主要方法是____。	A. 提高进气压力 B. 增加喷油量 C. 增大过量空气系数 D. 增大气缸直径	B
5	柴油机的指示功率系指____。	A. 柴油机气缸中实际发出的功率 B. 示功器直接指示出的功率 C. 柴油机对外输出的实际功率 D. 柴油机理论上发出的功率	A
6	在推力轴承中力的传递顺序是____。	A. 推力盘→推力块→油膜→调节圈 B. 推力块→推力盘→油膜→调节圈 C. 推力盘→油膜→推力块→调节圈 D. 推力块→推力盘→调节圈→机座	C

序号	题目内容	可选项	正确答案
7	对于筒形柴油机为了减轻重量，其主要固定件可没有____。	A. 机体 B. 机架 C. 机座 D. 气缸体	C
8	筒形活塞式柴油机的主要运动部件有____。	A. 活塞、连杆 B. 活塞、连杆和曲轴 C. 活塞、十字头、连杆和曲轴 D. 十字头、连杆和曲轴	B
9	如果活塞有两道刮油环，安装时应注意使两道环的刃口____。	A. 都向上 B. 相对安装 C. 相反安装 D. 都向下	D
10	活塞环在环槽中产生扭转与弯曲，其形成的原因是____。	A. 环搭口间隙大 B. 环平口磨损大 C. 环弹力不足 D. 环槽过度磨损	D
11	运行中柴油机气缸盖最容易发生的缺陷是____。	A. 腐蚀 B. 穴蚀 C. 烧蚀 D. 裂纹	D
12	新型中、高速柴油机一般都采用____。	A. 倒挂式主轴承、不设机座 B. 倒挂式主轴承、设机座 C. 正置式主轴承、不设机座 D. 正置式主轴承、设机座	A
13	与压缩环相比，关于刮油环特点中错误的是____。	A. 刮油环天地间隙较小 B. 刮油环与缸壁接触面积大 C. 刮油环槽底部有泄油孔 D. 刮油环主要作用是向下刮油	B
14	柴油机连杆大端螺栓受力最严重的柴油机是____。	A. 高速四冲程机 B. 低速二冲程机 C. 中速四冲程机 D. 中速二冲程机	A

序号	题目内容	可选项	正确答案
15	根据有关统计资料连杆螺栓断裂的部位大多是____。	A. 螺纹部分 B. 凸台圆角处 C. 螺杆与螺栓头部连接处 D. 螺栓开口销孔处	A
16	柴油机曲轴的弯曲疲劳裂纹一般发生在____。	A. 运转初期 B. 长期运转后 C. 随时都可能发生 D. 主要在运转初期	B
17	薄壁轴瓦磨损的检测方法是____。	A. 测轴瓦厚度 B. 压铅丝测轴承间隙 C. 比较内外径法测轴承间隙 D. 测轴颈下沉量	A
18	推力轴承在正常运转时其推力块将____。	A. 绕支持刃偏转 B. 与推力环平行 C. 形成液体静压润滑 D. 形成半液膜润滑	A
19	在气缸套表面沿活塞运动方向上有无平行直线状拉伤痕迹可用来判断____。	A. 熔着磨损 B. 磨料磨损 C. 腐蚀磨损 D. 活塞环与缸套接触	B
20	通常活塞上均装有多道压缩环，其目的是____。	A. 保证可靠密封，延长吊缸周期 B. 防止活塞环断裂 C. 加强布油效果 D. 加强刮油作用	A
21	容易引起连杆损坏的是____。	A. 柴油机飞车 B. 紧急制动 C. 螺旋桨绞渔网 D. 各缸负荷严重不均	A
22	关于连杆杆身的正确说法是____。	A. 杆身截面均为圆形 B. 杆身截面均为"工"字形 C. 杆身要有足够的抗拉强度 D. 杆身要有足够的抗弯强度	D

序号	题目内容	可选项	正确答案
23	在柴油机长期运转之后发生的疲劳裂纹多是____。	A. 扭转疲劳 B. 弯曲疲劳 C. 腐蚀疲劳 D. 应力疲劳	B
24	柴油机轴承合金的裂纹和剥落主要原因是____。	A. 热疲劳 B. 腐蚀疲劳 C. 机械疲劳 D. 应力疲劳	C
25	下列影响燃油管理工作的指标有____。	A. 残炭值 B. 凝点 C. 发热值 D. 十六烷值	B
26	通常，可以使用船舶净化设备来降低其含量的燃油性能指标是____。	A. 硫分 B. 钠和钒 C. 机械杂质和水分 D. 灰分	C
27	燃油的有关性能指标中对雾化质量影响最大的是____。	A. 密度 B. 自燃点 C. 挥发性 D. 黏度	D
28	柴油机中过量空气系数 α 的数值一般为____。	A. $\alpha > 0$ B. $\alpha = 1$ C. $\alpha > 1$ D. $\alpha < 1$	C
29	从喷射过程阶段的分析中可知，一般认为____。	A. 喷射延迟阶段越短越好 B. 主要喷射阶段越短越好 C. 尾喷阶段越短越好 D. 尾喷阶段越长越好	C
30	评定燃油雾化质量的主要指标是____。	A. 雾化细度与雾化均匀度 B. 雾化的锥角与射程 C. 喷油压力和喷油量的大小 D. 喷孔直径与喷孔数	A

序号	题目内容	可选项	正确答案
31	当喷油器喷射压力增大时，会引起____。	A. 雾化不良 B. 油束锥角变小 C. 油束射程减小 D. 雾化均匀度提高	D
32	喷油器针阀座因磨损而下沉时对喷油器工作的影响是____。	A. 雾化不良 B. 针阀升程变小 C. 密封面压力增大 D. 密封性变好	A
33	柴油机运转中若高压油泵的进、回油阀卡死在开启位，则该缸将发生____。	A. 单缸熄火 B. 单缸超负荷 C. 气缸安全阀打开 D. 拉缸	A
34	柴油机回油孔式喷油泵密封性的检查方法，普遍采用____。	A. 泵压法 B. 透光法 C. 自由下落法 D. 煤油渗漏法	A
35	柴油机的负荷、转速与循环供油量之间的关系是____。	A. 当负荷不变时，喷油量增加，转速下降 B. 当转速不变时，负荷增加，喷油量增加 C. 当喷油量不变时，负荷减少，转速降低 D. 当负荷不变时，喷油量减少，转速上升	B
36	在柴油机中广泛使用的喷油泵是____。	A. 高压齿轮泵 B. 螺杆泵 C. 往复活塞泵 D. 柱塞泵	D
37	喷油器喷孔内外结炭的直接原因在于____。	A. 燃油预热温度不当 B. 喷油器冷却不良而过热 C. 启阀压力太低 D. 喷油压力太低	B
38	喷油器针阀圆柱密封面磨损产生的主要影响是____。	A. 针阀圆柱面润滑性变好 B. 针阀不易卡死 C. 各缸喷油不均，转速不稳 D. 针阀撞击加重	C

序号	题目内容	可选项	正确答案
39	如将喷油泵凸轮逆凸轮轴正车方向旋转一角度，则将使该喷油泵____。	A. 供油提前角增大 B. 供油提前角减小 C. 供油量减小 D. 定时与供油量均不变	B
40	柴油机排气温度过高的可能原因是____。①负荷过大；②喷油提前角过大；③柱塞偶件漏油；④喷油器漏油；⑤喷油过迟	A. ①②④ B. ①④⑤ C. ①③④ D. ②②⑤	B
41	用千分表测气阀定时时，应将千分表触头____。	A. 压在阀盘上 B. 压在阀杆上 C. 压在弹簧盘上 D. 压在摇臂上	C
42	对齿轮传动的凸轮轴传动机构，下列齿轮的磨损对定时的影响最大的是____。	A. 主动齿轮 B. 中间齿轮 C. 从动齿轮 D. 各齿轮相同	B
43	引起四冲程柴油机气阀阀杆断裂的主要原因是____。	A. 阀的启闭撞击疲劳断裂 B. 温度过高膨胀断裂 C. 气阀间隙小膨胀断裂 D. 热应力过大而拉断	A
44	下列会造成四冲程柴油机气阀定时提前的故障是____。	A. 凸轮磨损 B. 滚轮磨损 C. 凸轮轴传动齿轮磨损 D. 凸轮轴向上弯曲	D
45	气阀摇臂座紧固螺栓松动产生的影响是____。	A. 气阀定时不变 B. 气阀早开早关 C. 气阀晚开晚关 D. 气阀晚开早关	D
46	四冲程柴油机机械式气阀传动机构的作用是____。	A. 控制气阀定时 B. 传递凸轮运动 C. 传递气阀运动 D. 传递滚轮运动	B

序号	题目内容	可选项	正确答案
47	中小型柴油机凸轮轴传动机构都安装在飞轮端，其目的是为了____。	A. 保证传动比准确可靠 B. 减小曲轴的扭转振动 C. 便于拆装 D. 保证曲轴和凸轮轴的传动比	A
48	提高柴油机功率的最有效方法是____。	A. 增大气缸直径 B. 增大活塞行程 C. 增加进气量和喷油量 D. 提高柴油机转速	C
49	柴油机采用增压技术的主要目的是____。	A. 提高柴油机的转速 B. 提高柴油机的可靠性 C. 提高柴油机的功率 D. 提高柴油机的热效率	C
50	关于柴油机增压下列说法正确的是____。	A. 增压是为了提高柴油机的经济性 B. 增压是为了提高换气质量 C. 增压是为了提高柴油机的动力性 D. 增压是为了提高柴油机的可靠性	C
51	在废气涡轮增压器中，空气流经离心式压气机时，流速会升高，而压力会降低的部件是____。	A. 进气道 B. 扩压器 C. 导风轮 D. 工作叶轮	A
52	柴油机转速不变而功率随时发生变化的工况，称为____。	A. 发电机工况 B. 螺旋桨工况 C. 面工况 D. 应急柴油机工况	A
53	对柴油机进行速度特性试验是为了____。	A. 了解柴油机所具有的潜力 B. 了解柴油机的使用条件 C. 模仿柴油机的运行规律 D. 开发柴油机的运行潜力	A
54	通常多数柴油机在____转速区，有效油耗率达到最低点。	A. 标定转速 B. 略低于标定转速 C. 略高于标定转速 D. 无规律	B

序号	题目内容	可选项	正确答案
55	柴油机的功率随转速按三次方关系而变化的工况，称为___。	A. 发电机工况 B. 螺旋桨工况 C. 面工况 D. 救生艇柴油机工况	B
56	船用柴油机的超负荷功率为标定功率的___。	A. 103% B. 105% C. 110% D. 115%	C
57	柴油机超负荷运行的一小时内，功率达到110%标定功率，不允许出现___现象。	A. 超转速 B. 产生振动 C. 转速波动 D. 冒黑烟	D
58	柴油机装设调速器的主要目的是当外界负荷变化，通过改变___来维持或限制柴油机规定转速。	A. 喷油压力 B. 喷油定时 C. 循环供油量 D. 喷油时间	C
59	根据船舶主机的工作特点，规定主机必须装设的调速器是___。	A. 全制式调速器 B. 极限调速器 C. 单制调速器 D. 液压调速器	B
60	用于限制柴油机转速不超过某规定值而在此定值之下不起调节作用的调速器称为___。	A. 极限调速器 B. 定速调速器 C. 全制调速器 D. 双制调速器	A
61	在调速器的性能指标中稳定调速率越小，表明调速器的___。	A. 灵敏性越好 B. 准确性越好 C. 动态特性越好 D. 稳定时间越短	B
62	在下述性能参数中，表明调速器稳定性的参数是___。	A. 瞬时调速率 B. 稳定调速率 C. 不灵敏度 D. 转速波动率	A

序号	题目内容	可选项	正确答案
63	在柴油机稳定运转中,表征其转速变化程度的参数是____。	A. 稳定调速率 B. 瞬时调速率 C. 不灵敏度 D. 转速波动率	D
64	使用机械或液压调速器的柴油机,当在设定转速稳定运转时,在其调速器内部的平衡状态是____。	A. 调速弹簧预紧力与飞重离心力的平衡 B. 飞重离心力与调速弹簧刚度的平衡 C. 飞重离心力与调速弹簧硬度的平衡 D. 飞重离心力与调速弹簧材质的平衡	A
65	影响机械调速器稳定调速率的主要因素是____。	A. 调速弹簧的直径 B. 调速弹簧的长度 C. 调速弹簧的刚度 D. 调速弹簧的材料	C
66	若液压调速器的补偿针阀开度过小对柴油机的工作影响是____。	A. 调油不足转速波动大 B. 调油过分转速波动大 C. 调油不足转速稳定时间长 D. 调油过分转速稳定时间长	C
67	如果液压调速器反馈指针指向最上位置对柴油机的影响是____。	A. 调油过度,转速波动大 B. 调油不足,转速稳定时间长 C. 调油过度,转速稳定时间长 D. 调油不足,转速波动大	D
68	影响液压调速器稳定性的因素之一是____。	A. 负荷大小 B. 油压大小 C. 补偿针阀开度 D. 柴油机转速	C
69	在 UG8 表盘式液压调速器的表盘上有 4 个旋钮,如果需改变调速器的稳定调速率,应该调节的旋钮是____。	A. 右上方手动旋钮 B. 右下方调速指示旋钮 C. 左上方手动旋钮 D. 左下方手动旋钮	C
70	调速器连续工作时推荐的使用滑油温度范围是____。	A. 40～50 ℃ B. 50～60 ℃ C. 小于 62 ℃ D. 60～90 ℃	D

序号	题目内容	可选项	正确答案
71	在压缩空气启动系统中，启动控制阀的作用是控制____的开启和关闭。	A. 空气分配器 B. 气缸启动阀 C. 空气压缩机 D. 主启动阀	D
72	在压缩空气启动系统中，气缸启动阀的启闭时刻和启闭顺序均由____控制。	A. 启动控制阀 B. 空气分配器 C. 主启动阀 D. 启动操纵阀	B
73	某发电柴油机发生启动故障，现象是操作启动手柄启动时，各缸启动阀同时有压缩空气进入气缸，则故障出在____上。	A. 启动控制阀 B. 主启动阀 C. 空气分配器 D. 气缸启动阀	C
74	柴油机启动时，启动空气应在____进入气缸。	A. 压缩行程 B. 膨胀行程 C. 进气行程 D. 排气行程	B
75	双凸轮换向装置在换向过程中的动作是____。	A. 超前差动 B. 滞后差动 C. 液压差动 D. 凸轮轴轴向移动	D
76	为保证正常吸油，在滑油吸入管路上，真空度不超过____。	A. 0.01 MPa B. 0.07 MPa C. 0.03 MPa D. 0.04 MPa	C
77	下列关于润滑系统管理的说法错误的是____。	A. 备车时，应开动滑油泵 B. 滑油压力过低时，将会使轴承磨损 C. 滑油温度过高时，易使滑油氧化 D. 停车后，应立即停止滑油泵运转	D
78	船用柴油机润滑系统中滑油泵的出口压力在数值上应保证____。	A. 各轴承连续供油 B. 抬起轴颈 C. 各轴承形成全油膜 D. 保护轴颈表面	A

序号	题目内容	可选项	正确答案
79	根据柴油机油品使用要求，燃油与滑油的黏温特性好表示____。	A. 燃油黏度随温度变化大，滑油黏度随温度变化小 B. 燃油黏度随温度变化大，滑油黏度随温度变化大 C. 燃油黏度随温度变化小，滑油黏度随温度变化小 D. 燃油黏度随温度变化小，滑油黏度随温度变化大	A
80	曲轴箱油的黏度和闪点降低，这是滑油系统中漏入____。	A. 海水或淡水 B. 燃油 C. 燃烧产物 D. 金属磨料、焊渣	B
81	曲轴箱油混入海水或淡水后，将会使____。	A. 滑油颜色深暗 B. 滑油乳化 C. 黏度和闪点降低 D. 酸值和炭渣增加	B
82	有关分油机分离原理方面的错误叙述是____。	A. 分油机是根据油、水、杂质密度不同，旋转产生的离心力不同来实现油、水、杂的分离 B. 分油机要求以 6 000～8 000 r/min 高速回转 C. 大部分机械杂质被甩到分油机分离筒的内壁上 D. 分水机中无孔分离盘把密度不一的杂质和水从油中分开	D
83	分油机停止分油工作后，应置于"空位"的目的是____。	A. 防止高置水箱的水流失 B. 放去管系中的残油 C. 防止净油倒流 D. 选项都是	A
84	为使分油机启动时分离筒的转速平稳上升，减少启动负荷，一般采用____结构。	A. 机械联轴器 B. 弹性联轴器 C. 摩擦联轴器 D. 万向联轴器	C
85	分油机分离滑油时的最佳分油量一般应选择铭牌额定分油量的____。	A. 100% B. 1/2 C. 1/5 D. 1/3	D

序号	题目内容	可选项	正确答案
86	分油机在分油过程中将油加热的目的是____。	A. 降低油的黏度 B. 提高流动性 C. 提高杂质、水和油之间的密度差 D. 减少杂质、水和油之间的密度差	C
87	可能造成分油机跑油的原因是____。	A. 进油阀开得过猛 B. 油加热温度过高 C. 重力环口径过小 D. 油的黏度过低	A
88	暖缸时，应使冷却水温度加热到____。	A. 10°左右 B. 20°左右 C. 45°左右 D. 70°左右	C
89	在柴油机强制液体冷却系统中，最理想的冷却介质是____。	A. 滑油 B. 淡水 C. 柴油 D. 海水	B
90	缸套冷却水压力波动，膨胀水箱翻泡，这种情况可能是____。	A. 活塞有裂 B. 缸盖或缸套有裂纹 C. 水泵有故障 D. 缸套出水温度过高	B
91	柴油机冷却水质应处理，这是因为水中含有____。	A. 碱性物质 B. 酸性物质 C. 盐分 D. 杂质	C
92	与间接传动相比，调距桨传动的推进装置最突出的优点是____。	A. 不受最低稳定转速限制 B. 主机无须换向装置 C. 选用中速机，机舱舱容减小 D. 无级调速	D
93	在主机功率和螺旋桨效率不变的情况下，航速降低时，轴系所承受的推力____。	A. 减少 B. 增大 C. 不变 D. 减少或不变	A

序号	题目内容	可选项	正确答案
94	船舶推进装置的传动轴系是指从____间的轴及轴承。	A. 曲轴自由端到螺旋桨 B. 推力轴法兰到螺旋桨 C. 曲轴动力输出法兰到螺旋桨 D. 尾轴法兰到螺旋桨	C
95	将推进装置轴线的倾斜角限制在0～5°、偏斜角限制在0～3°的目的是为了减小____。	A. 船体变形对轴线的影响 B. 各种振动对轴线的影响 C. 各档轴承所受的牵制 D. 推力的损失，确保主机安全运转	D
96	船舶轴系安装时，一般是____。	A. 曲轴轴心线高于推力轴轴心线，两个相对法兰端面为下开口 B. 曲轴轴心线低于推力轴轴心线，两个相对法兰端面为下开口 C. 曲轴轴心线低于推力轴轴心线，两个相对法兰端面为上开口 D. 曲轴轴心线高于推力轴轴心线，两个相对法兰端面为上开口	A
97	推进装置轴系各轴承工作的温度范围正确的是____。①齿轮箱的滚动轴承小于80℃；②齿轮箱的滑动轴承小于70℃；③白合金滑动轴承小于65℃；④推力轴承小于70℃；⑤水润滑轴承小于65℃	A. ②③④⑤ B. ②③④ C. ①②③④ D. ③④⑤	C
98	下列对于三轴五齿轮辅轴传动的倒顺减速齿轮箱，说法正确的是____。	A. 其离合器是串联布置的 B. 其正倒车均需辅轴传动 C. 仅倒车需辅轴传动 D. 仅正车需辅轴传动	C
99	垂直异中心传动的减速齿轮箱的特点是____。	A. 占机舱面积大 B. 主机重心高 C. 不影响船舶的稳定性 D. 减速比大	B
100	关于螺旋桨叶面的不正确的说法为____。	A. 螺旋桨工作时桨叶推水的一面 B. 推船前进时桨叶产生压力的一面 C. 站在船尾向看到的桨叶的一面 D. 螺旋桨顺车旋转时桨叶推水的一面	A

序号	题目内容	可选项	正确答案
101	螺旋桨的螺距比是指 ___ 之比。	A. 0.7R 处的螺距与该处直径 B. 0.7R 处的螺距与螺旋桨叶梢圆直径 C. 叶梢处螺距与叶根处螺距 D. 同一半径相邻桨叶螺距	B
102	在推进装置传动方式中，对间接传动的优点理解错误的是 ___。	A. 可选择减速比 B. 主机不用换向 C. 传动效率高 D. 可多机并车运行	C
103	制冷装置中吸气管是指从 ___ 通压缩机的管路。	A. 冷凝器 B. 蒸发器 C. 膨胀阀 D. 回热器	B
104	氟利昂制冷剂工作正常时由蒸发器进口至出口是由 ___ 变成 ___。	A. 饱和液体；饱和蒸汽 B. 湿蒸汽；饱和蒸汽 C. 湿蒸汽；过热蒸汽 D. 过冷液体；过热蒸汽	C
105	在制冷装置回热器中，气态制冷剂流过时 ___ 不变。	A. 温度 B. 压力 C. 焓值 D. 过热度	B
106	压缩机排气压力超过规定数值时，若压缩机安全阀被打开，高压气体将 ___。	A. 流回吸气腔 B. 排向舷外 C. 流回储液器 D. 排向蒸发器	A
107	活塞式制冷压缩机采用最广泛的能量调节方法是 ___ 法。	A. 吸气节流 B. 吸气回流 C. 排气回流 D. 变速调节	B
108	压缩制冷量装置中冷凝器容量偏大不会导致 ___ 降低。	A. 排气压力 B. 排气温度 C. 制冷系数 D. 轴功率	C

序号	题目内容	可选项	正确答案
109	制冷装置中不设安全阀的是____。①冷凝器；②贮液器；③蒸发器；④压缩机	A. ③ B. ②③ C. ①③ D. 都不是	A
110	有的制冷装置滑油分离器回油管上设有电磁阀，它在____时开启。	A. 压缩机运转 B. 压缩机停车 C. 曲轴箱油位过低 D. 油分离器油位过高	A
111	制冷装置中贮液器的液位在正常工作时以保持____为宜。	A. 1/2～2/3 B. 80%左右 C. 1/3～1/2 D. 能见到即可	C
112	热力膨胀阀的开度取决于____。	A. 蒸发器进口制冷剂压力 B. 蒸发器出口制冷剂压力 C. 温包压力 D. 蒸发器出口过热度	D
113	下列情况可引起热力膨胀阀关小的是____。①冷剂不足；②结霜加厚；③冷风机转速下降；④库温下降；⑤库温上升；⑥冷凝压力下降	A. ③④ B. ①③④ C. ④⑥ D. ②③④	D
114	调节热力膨胀阀主要的依据是____。	A. 蒸发压力高低 B. 排气温度高低 C. 吸气温度高低 D. 吸气过热度高低	D
115	制冷压缩机因下列原因启动后停车，问题解决后须按复位按钮才可重新启动的是____。①冰塞；②制冷剂不足；③冷风机停转；④缺滑油；⑤冷却水中断；⑥电压过低	A. ①③④ B. ②④⑤ C. ④⑤ D. ④⑤⑥	D

序号	题目内容	可选项	正确答案
116	在单机多库制冷装置中，高温、低温库蒸发器____。	A. 进口设蒸发压力调节阀 B. 出口设蒸发压力调节阀 C. 前者出口设蒸发压力调节阀，后者出口设止回阀 D. 后者出口设蒸发压力调节阀，前者出口设止回阀	C
117	制冷系统中可能用来放空气的是____。①冷凝器；②贮液器；③排出压力表接头；④吸入压力表接头；⑤膨胀阀	A. ①③④ B. ①②③④ C. ①③ D. 全部	C
118	会使制冷压缩机缸头过烫的是____。	A. 余隙过大 B. 运转时间太长 C. 膨胀阀开度大 D. 气阀漏泄	D
119	氟利昂制冷系统抽空后可以加入适量制冷剂重抽，目的是____。	A. 进一步查漏 B. 减少系统中残留试验用气 C. 防止用压缩机抽气使气温过高 D. 进一步查漏和减少系统中残留试验用气	B
120	船舶制冷装置附近发生火灾时，应开启____处的应急释放阀，向舷外释放制冷剂，保证安全。	A. 贮液器或冷凝器 B. 压缩机 C. 蒸发器 D. 滑油分离器	A
121	船舶冷库温度回升试验，库内外初始温差25℃时，6h库温回升应不大于____。	A. 3℃ B. 4℃ C. 6℃ D. 8℃	C
122	冷凝器冷却能力太小不会使制冷装置____。	A. 排气压力高 B. 排气温度高 C. 制冷量和制冷系数降低 D. 吸气压力降低	D
123	下列说法中错误的是____。	A. 氨制冷装置不会冰塞 B. 氨压缩机不会"奔油" C. R22制冷装置不会冰塞 D. R22制冷装置会冰塞	C

序号	题目内容	可选项	正确答案
124	使用下列制冷剂的压缩机在同样工况下排气温度最高的是____。	A. R12 B. R22 C. R134a D. R717	D
125	冷冻机油与其他设备滑油和液压油相比,最主要的特点是____。	A. 黏度指数高 B. 闪点高 C. 凝固点低 D. 抗氧化安定性好	C
126	对于开式液压系统,下列说法中____是不准确的。	A. 比较简单 B. 需要油箱小 C. 散热条件好 D. 可使用定量泵	B
127	液压系统的工作压力主要取决于____。	A. 输入油流量 B. 液压泵额定压力 C. 外负载 D. 液压泵功率	C
128	P 型机能换向阀中位油路为____。	A. P 口封闭,A、B、O 三口相通 B. P、A、B、O 四口全封闭 C. P、A、B 相通,O 封闭 D. P、O 相通,A 与 B 均封闭	C
129	先导式溢流阀如果主阀阀盖垫圈漏油将导致系统压力____。	A. 不能建立 B. 调不高 C. 调不低 D. 波动	B
130	节流调速与容积调速相比____。	A. 设备成本低 B. 油液发热轻 C. 运行经济性好 D. 以上都是	A
131	下列液压阀中设有外控油口的是 ____。①先导型溢流阀;②先导型减压阀;③普通型调速阀;④旁通型调速阀;⑤顺序阀;⑥平衡阀	A. ①② B. ①②④ C. ①②⑤⑥ D. ①②④⑤⑥	C

序号	题目内容	可选项	正确答案
132	液压传动的动力元件通常是指____。	A. 油泵 B. 油马达 C. 油缸 D. 控制阀	A
133	斜盘式轴向柱塞泵吸入压力过低容易损坏的部位是____。	A. 柱塞 B. 滚柱轴承 C. 斜盘 D. 滑履铰接处	D
134	径向柱塞泵改变排油方向是靠改变____。	A. 转向 B. 油缸体偏移方向 C. 斜盘倾斜方向 D. 浮动环偏心方向	D
135	轴向柱塞泵与径向柱塞泵相比，下列说法错误的是____。	A. 主要部件采取了静力平衡措施 B. 滤油精度要求较高 C. 允许吸上真空度较大 D. 转动惯量较小，可适用更高转速	C
136	变量液压马达是指液压马达____可改变。	A. 进油流量 B. 每转排量 C. 转速 D. 功率	B
137	双速液压马达轻载时使用重载档，会出现哪些现象？①转速提不高；②工作油压较高；③工作油压较低；④噪声增大	A. ①② B. ①③ C. ①②④ D. ①③④	B
138	下列液压马达中一般不属于低速大扭矩的是____。	A. 连杆式 B. 内曲线式 C. 叶片式 D. 轴向柱塞式	D
139	五星轮式液压马达工作时五星轮____。	A. 转动 B. 上下移动 C. 不动 D. 平面运动	D

序号	题目内容	可选项	正确答案
140	五星轮式液压马达结构上与连杆式的区别之一是___。	A. 无配油盘 B. 无偏心轮 C. 壳体无配油通道 D. 无柱塞	C
141	采用变量泵和变量液压马达的液压传动系统，如果降低安全阀整定压力而输出扭矩不变（尚未使安全阀开启），则___。 ①液压马达转速；②工作油压；③最大输出扭矩	A. ①②③降低 B. ①不变，②③降低 C. ①②不变，③降低 D. ①③不变，②降低	C
142	定量液压马达的工作油压大小取决于液压马达的___。	A. 功率 B. 流量 C. 转速 D. 负载	D
143	液压马达在工作时，输入液压马达中油的压力大小取决于___。	A. 泵的额定工作压力 B. 马达的额定输出扭矩 C. 马达的负载大小 D. 马达的额定压力	C
144	当滤器的公称过滤精度为 $100\ \mu m$ 时，表明该滤器后___。	A. 不含 $100\ \mu m$ 以上污染颗粒 B. $100\ \mu m$ 以上污染颗粒浓度不到滤器前的 $1/20$ C. $100\ \mu m$ 以上污染颗粒浓度不到滤器前的 $1/75$ D. $100\ \mu m$ 以上污染颗粒浓度不到滤器前的 $1/100$	B
145	液压系统中滤器滤芯的强度必须能承受滤器的___。	A. 额定工作压力 B. 初始压降 C. 110%A D. 饱和压降和可能的液压冲击	D
146	液压系统中蓄能器与液压管路之间应设___。	A. 截止阀 B. 单向阀 C. 减压阀 D. 节流阀	A

序号	题目内容	可选项	正确答案
147	改善液压油化学性能的添加剂是＿＿。	A. 抗氧化剂 B. 抗泡剂 C. 抗磨剂 D. 防锈剂	A
148	液压油氧化速度加快的原因不包括＿＿。	A. 油温太高 B. 油中杂质多 C. 加化学添加剂 D. 工作压力高	C
149	船舶液压机械中使用的液压油是由＿＿制成。	A. 矿物油 B. 植物油 C. 动物油 D. 以上全部	A
150	平衡舵是指舵叶相对于舵杆轴线＿＿。	A. 实现了静平衡 B. 实现了动平衡 C. 前后面积相等 D. 前面有一小部分面积	D
151	舵的转船力矩＿＿。	A. 与航速无关 B. 与舵叶浸水面积成正比 C. 只要舵角向 90 度接近，则随之不断增大 D. 与舵叶处水的流速成正比	B
152	正航船舶平衡舵的转舵力矩会出现较大负扭矩的是＿＿。	A. 小舵角回中 B. 小舵角转离中位 C. 大舵角回中 D. 大舵角转离中位	C
153	在台架试验时转叶式液压舵机在舵杆扭矩达到公称值时，跑舵速度应＿＿。	A. ≤0.5°/min B. ≤1°/min C. ≤2°/min D. ≤4°/min	D
154	阀控型舵机相对泵控型舵机来说＿＿的说法是不对的。	A. 造价相对较低 B. 换向时冲击较大 C. 运行经济性较好 D. 适用功率范围较小	C

序号	题目内容	可选项	正确答案
155	舵机在防浪让舵后液压泵的工作状态为____。	A. 在小排量下工作 B. 在大排量下工作 C. 不对外排油 D. 间断工作	B
156	采用液压或机械方式操纵的舵机，滞舵时间应不大于____。	A. 0.1 s B. 1 s C. 5 s D. 0.75 s	B
157	转舵扭矩与结构尺寸一定时，____推舵机构的工作油压最低。	A. 滑式 B. 滚轮式 C. 转叶式 D. 滑式与滚轮式	A
158	会使舵杆承受侧推力的转舵机构是____。	A. 转叶式 B. 四缸十字头式 C. 双缸拨叉式 D. 双缸双作用摆缸式	C
159	当结构尺寸和工作油压既定时，滚轮式转舵机构所能产生的转舵扭矩将随舵角增加而____。	A. 增加 B. 减小 C. 不变 D. 先减后增	B
160	摆缸式转舵机构在工作中可能会产生撞击的原因是____。	A. 铰接处磨损 B. 换向过频 C. 使用大舵角 D. 稳舵时间过长	A
161	当结构尺寸和工作油压既定时，具有转舵力矩随舵角的增大而增大特性的转舵机构是____。	A. 滚轮式 B. 摆缸式 C. 转叶式 D. 滑式	D
162	当结构尺寸和工作油压既定时，转叶式转舵机构所能产生的转舵扭矩将随舵角增加而____。	A. 增加 B. 减小 C. 不变 D. 先减后增	C

序号	题目内容	可选项	正确答案
163	舵机转舵液压缸的工作压力大小与____无关。	A. 舵叶面积 B. 舵叶上的水压力 C. 舵叶厚度 D. 船速	C
164	当最大舵角限制装置失灵时，____可能使柱塞撞击转舵油缸底部。	A. 缸内有空气 B. 舵上力矩太大 C. 转舵速度太快 D. 反馈信号发送器失灵	D
165	四个转舵油缸有一个漏油，改应急工况后，舵机最大转舵扭矩____。	A. 增加一倍 B. 减小 1/4 C. 减小 1/2 D. 不变	C
166	锚机是按能满足额定负载和速度的条件下连续工作____时间设计的。	A. 30 min B. 45 min C. 1 h D. 任意	A
167	叶片马达式锚机液压系统采用的调速方法为____。	A. 阀控 B. 泵控 C. 有级变量马达 D. 变量马达	A
168	关于锚机，下面说法错误的是____。	A. 通常同时设有绞缆卷筒 B. 电动锚机要设减速机构 C. 抛锚必须脱开离合器 D. 刹车常用手动控制	C
169	船用网机减速齿轮箱正常工作油温一般不超过____。	A. 50 ℃ B. 80 ℃ C. 60 ℃ D. 40 ℃	B
170	画液压泵图形符号时应注明泵的____。	A. 供油量 B. 配载功率 C. 工作压力 D. 转向	D

序号	题目内容	可选项	正确答案
171	船用液压系统管理中，以下说法中错误的是____。	A. 新油有相当大部分污染度不合要求 B. 污染控制符合要求的新装系统仍旧要定期清洗滤器 C. 油箱应经常放残检查 D. 冲洗系统时采用额定流量	D
172	正弦交流电的三要素是____。	A. 最大值、有效值、初相位 B. 角频率、频率、周期 C. 最大值、角频率、相位差 D. 最大值、频率、初相位	D
173	用万用表的欧姆挡检测电容好坏时，若表针稳定后，指在距"∞Ω"处越远（但不指在"0Ω"处），则表明____。	A. 电容是好的 B. 电容漏电 C. 电容被击穿 D. 电容内部引线已断	B
174	在一般情况下供电系统的功率因数总是小于1的原因在于____。	A. 用电设备多属于容性负载 B. 用电设备多属于阻容性负载 C. 用电设备多属电阻性负载 D. 用电设备多属于感性负载	D
175	交流电路中功率因数的高低取决于____。	A. 线路电压 B. 线路电流 C. 负载参数 D. 线路中功率的大小	C
176	关于磁场磁力线的描述，错误的是____。	A. 磁力线是闭合的回线 B. 磁力线的方向表示了磁场的方向 C. 在磁力线上各点的磁场方向是一致的 D. 磁力线上任一点的切线方向即为该点的磁场方向	C
177	对于各种电机、电气设备要求其线圈电流小而产生的磁通大，通常在线圈中要放有铁芯，这是基于铁磁材料的____特性。	A. 磁饱和性 B. 良导电性 C. 高导磁性 D. 磁滞性	C
178	所谓铁损，是指____。	A. 涡流损耗 B. 磁滞损耗 C. 剩磁 D. 涡流和磁滞损耗	D

序号	题目内容	可选项	正确答案
179	一般来说，本征半导体的导电能力____，当掺入某些适当微量元素后其导电能力____。	A. 很强；更强 B. 很强；降低 C. 很弱；提高 D. 很弱；更弱	C
180	二极管能保持正向电流几乎为零的最大正向电压称为____。	A. 死区电压 B. 击穿电压 C. 截止电压 D. 峰值电压	A
181	用万用表测试二极管性能时，如果正反向电阻相差很大，则说明该二极管性能____，如果正反向电阻相差不大，则说明该二极管____。	A. 好；一般 B. 好；不好 C. 不好；一般 D. 不好；好	B
182	单相半波整流电路，输入交流电压有效值为 100 V，则输出的脉动电压平均值为____；二极管承受的最高反向电压为____。	A. 45 V；100 V B. 90 V；100 V C. 90 V；141 V D. 45 V；141 V	D
183	在滤波电路中，电容器与负载____联，电感与负载____联。	A. 串；并 B. 并；串 C. 并；并 D. 串；串	B
184	晶体管中的"β"参数是____。	A. 电压放大系数 B. 集电极最大功耗 C. 电流放大系数 D. 功率放大系数	C
185	用万用表电阻档测量普通三极管时，最好选择____档。	A. R×1 B. R×100 C. R×10K D. R×100K	B

序号	题目内容	可选项	正确答案
186	关于直流电动机的转动原理，下列说法正确的是____。	A. 转子在定子的旋转磁场带动下，转动起来 B. 通电导体在磁场中受到力的作用 C. 导体切割磁力线产生感生电流，而该电流在磁场中受到力的作用 D. 穿过闭合导体的磁感应强度变化引起电磁转矩	B
187	直流电机励磁电路和电枢电路无任何电联系的励磁方式是____。	A. 并励 B. 串励 C. 复励 D. 他励	D
188	直流电动机最常用的启动方法是____。	A. 在励磁回路串联电阻 B. 直接启动 C. 在电枢电路串联电阻 D. 降低磁场电压	C
189	一台他励直流电动机，启动前出现励磁回路断线。假设该电机未设失磁保护，现空载起动，则会____。	A. 堵转以致于烧毁电机绕组 B. 发生飞车事故 C. 无启动转矩，转子静止 D. 转子的转数大大降低	B
190	一台三相异步电动机铭牌上标明：电压 220 V/380 V、接法 Δ/Y，则在额定电压、额定功率下哪种接法线电流大？	A. 一样大 B. Δ形接法线电流大 C. Y形接法线电流大 D. 无法确定	B
191	一台工作频率为 50 Hz 异步电动机的额定转速为 730 r/min，其额定转差率 s 和磁极对数 p 分别为____。	A. $s=0.0267$，$p=2$ B. $s=2.67$，$p=4$ C. $s=0.0267$，$p=4$ D. $s=2.67$，$p=3$	C
192	某三相异步电动机额定功率因数为 0.85，则轻载运行时功率因数可能是____。	A. 0.9 B. 0.85 C. 0.87 D. 0.4	D
193	三相异步电动机当采用 Y－Δ 换接启动时，电动机的启动电流可降为直接启动的____。	A. 1/3 B. 1/4 C. 1/2 D. 2/3	A

序号	题目内容	可选项	正确答案
194	一般来说，交流执行电动机的励磁绕组与控制绕组轴线空间上相差____而放置。	A. 60° B. 30° C. 90° D. 120°	C
195	交流电动传令钟的两套自整角同步传递系统的励磁绕组间的相互关系是____。	A. 串联在单相交流电源上 B. 并接在单相交流电源上 C. 并接在单相直流电源上 D. 并接在三相对称交流电源上	B
196	为满足电气系统的自动控制需要，常用到一些被称为"控制电机"的电器。控制电机的主要任务是转换和传递控制信号。下列不属于控制电机的是____。	A. 交流执行电动机 B. 直流执行电动机 C. 测速发电机 D. 单相异步电动机	D
197	为了保护电缆和电源不因短路时的特大电流而损坏或烧毁，通常在线路中加____把短路段与电源隔离。	A. 电压继电器 B. 电流互感器 C. 熔断器 D. 热继电器	C
198	下列电器的铁芯端面上设有短路铜套的是____。	A. 交流电压继电器 B. 直流电流继电器 C. 直流电压继电器 D. 直流时间继电器	A
199	空压机自动控制系统中，高压停机正常是由____控制。	A. 空气断路器 B. 热继电器 C. 压力继电器 D. 多极开关	C
200	为主机服务的燃油泵、滑油泵等主要电动辅机，为了控制方便和工作可靠，均设置两套机组，当一套运行时，另一套处于"备用"状态，一旦运行机组故障，另一套会自动启动投入运行，这种控制方式称为____。	A. 连锁控制 B. 自动切换控制 C. 互锁控制 D. 自锁控制	B

序号	题目内容	可选项	正确答案
201	具有磁力启动器启动装置的船舶电动机，其缺相保护一般是通过____自动完成的。	A. 熔断器 B. 热继电器 C. 接触器与起停按钮相配合 D. 手动刀闸开关	B
202	空压机总是在空气压力低时能正常启动，但未到足够的高压值就停机。下述原因中最可能的是____。	A. 低压继电器整定值太高 B. 冷却水压低，此压力继电器动作 C. 高压继电器整定值太低 D. 低压继电器接到高压继电器的位置	C
203	电动机的手动启动、停止控制要实现远距离多地点控制，通常是启动按钮开关____；停止按钮开关____。	A. 常开，并联；常开，串联 B. 常开，并联；常闭，串联 C. 常闭，并联；常闭，串联 D. 常闭，串联；常开，并联	B
204	关于电动锚机的下列说法，错误的是____。	A. 锚机电动机属于短时工作制电动机 B. 锚机电动机不允许堵转 C. 锚机电动机应具有一定调速范围 D. 锚机电动机应为防水式电动机	B
205	下列不可作为船舶主电源的是____。	A. 轴带发电机组 B. 蓄电池 C. 柴油发电机组 D. 汽轮发电机组	B
206	在并车屏上装有____。	A. 整步表、整步指示灯、功率因数表 B. 整步指示灯、功率因数表及其转换开关 C. 功率因数表、频率表及其转换开关 D. 整步表、整步指示灯、频率表及其转换开关	D
207	发电机控制屏上不装____。	A. 频率表 B. 电压互感器 C. 绝缘指示灯 D. 电压调节装置	C
208	下列不是由主配电板直接供电的设备有____。	A. 舵机、锚机 B. 航行灯、无线电电源板 C. 电航仪器电源箱 D. 日用淡水泵	D

序号	题目内容	可选项	正确答案
209	用于岸电主开关的空气断路器不能单独完成的保护的是____。	A. 失压 B. 过载 C. 短路 D. 逆相序	D
210	有些万能式空气断路器的触头系统含有主触头、副触头、弧触头及辅助触头，在合闸时____先接通。	A. 主触头 B. 副触头 C. 弧触头 D. 辅助触头	C
211	同步发电机进行并车操作时不必满足的条件是____。	A. 电压相等 B. 电流相等 C. 频率相同 D. 初相位一致	B
212	对于手动准同步并车，其电压差、频率差、初相位差允许的范围是____。	A. $\Delta U \leqslant \pm 6\% UN$、$\Delta f \leqslant \pm 0.5$ Hz、$\Delta \delta \leqslant \pm 30°$ B. $\Delta U \leqslant \pm 10\% UN$、$\Delta f \leqslant \pm 0.5$ Hz、$\Delta \delta \leqslant \pm 15°$ C. $\Delta U \leqslant \pm 10\% UN$、$\Delta f \leqslant \pm 2$ Hz、$\Delta \delta \leqslant \pm 30°$ D. $\Delta U \leqslant \pm 10\% UN$、$\Delta f \leqslant \pm 2$ Hz、$\Delta \delta \leqslant \pm 15°$	B
213	将同步发电机投入并联运行时，最理想的合闸要求是当接通电网的瞬时，该发电机的____为零。	A. 电压 B. 功率因数 C. 电流 D. 电压初相位	C
214	采用同步表法对同步发电机并车时，下列说法正确的是____。	A. 并车时，频差越小越好 B. 并车时，同步表应沿"慢"的方向旋转 C. 并车完毕及时断开整步表 D. 手动并车合闸操作应在同步表的指针指到"同相标志点"为好	C
215	发电机经大修后，第一次进行并车时，按灯光明暗法连接的三个灯不同时明暗，这表明____。	A. 待并机转速太高 B. 待并机转速太低 C. 有一相绕组未接牢 D. 待并机与电网相序不一致	D

序号	题目内容	可选项	正确答案
216	交流电站中，若电网负载无变化，电网频率不稳多由____引起。	A. 励磁 B. 调速器 C. 调压器 D. 均压线	B
217	电网上只有两台同步发电机并联运行，如果只将一台发电机组油门减小，而另一台未做任何调节，则会导致____。	A. 电网频率下降 B. 电网频率上升 C. 电网频率振荡 D. 电网电压上升	A
218	柴油同步发电机并联后，调节____可改变有功功率的分配，调节____可改变无功功率的分配。	A. 励磁电流；原动机油门 B. 励磁电流；发电机调压器 C. 原动机油门；原动机调速器 D. 原动机油门；励磁电流	D
219	自动调频调载装置的作用不是____。	A. 保持电网电压的频率恒定 B. 按并联运行机组的容量比例进行负荷分配 C. 当接到解列指令，可自动转移负荷 D. 主发电机出现过载时自动分级将次要负载从电网切除	D
220	自动分级卸载的根本的目的是____。	A. 避免发电机烧毁 B. 保证主要负载连续供电 C. 保证次要负载设备安全 D. 减少运行机组台数	B
221	考虑到船舶电站具有恒压装置，当电网 cosφ 降低时会带来____和____。	A. 发电机容量不能充分利用；线路的功率损耗降低 B. 电流上升；电压下降 C. 电流下降；电压下降 D. 发电机容量不能充分利用；线路的功率损耗增加	D
222	无刷同步发电机原理上属于____励磁系统。	A. 并励式 B. 相复励式 C. 自励式 D. 他励式	D

序号	题目内容	可选项	正确答案
223	在不可控相复励自动调压装置中，移相电抗器是____，一般通过调节移相电抗器的____可整定发电机的空载额定电压。	A. 三相铁芯线圈；线圈线径大小 B. 三相空心线圈；线圈匝数 C. 三相铁芯线圈；气隙 D. 三相空心线圈；气隙	C
224	具有 AVR 调节器的可控相复励调压装置，从控制规律上看，属于____调节励磁，从而是恒压的。	A. 按发电机端口电压偏差及负载电流大小变化 B. 按负载电流大小变化及相位变化 C. 按发电机端口电压偏差及负载扰动 D. 仅按负载电流大小变化	C
225	对于无刷同步发电机并联运行时，为使无功功率自动均匀分配，常采取的措施是在调压装置中____。	A. 设置调差装置 B. 设置差动电流互感器的无功补偿装置 C. 一律设置直流均压线 D. 视情形设置直流或交流均压线	B
226	对于装有主电源、大应急、小应急的船舶电站，小应急容量应保证连续供电____。	A. 1 h B. 20 min C. 30 min D. 2 h	C
227	一旦主电网失电，应急发电机应在____内，____启动，并____合闸投入供电。	A. 20 s；自动；自动 B. 30 s；自动；人工 C. 20 s；人工；自动 D. 30 s；自动；自动	D
228	铅蓄电池电解液液面降低，补充液面时应____。	A. 加酸 B. 加碱 C. 加纯水 D. 加海水	C
229	铅蓄电池放电完了，正负极的主要物质是____。	A. PbO_2/Pb B. PbO_2/PbO_2 C. $PbO_2/PbSO_4$ D. $PbSO_4/PbSO_4$	D
230	同步发电机的外部短路保护通常是通过____来实现。	A. 熔断器 B. 电流继电器 C. 热继电器 D. 自动空气断路器的过电流脱扣器	D

序号	题目内容	可选项	正确答案
231	船舶电网保护不设____。	A. 短路保护 B. 过载保护 C. 负压保护 D. 逆功保护	D
232	根据要求，船舶电网的绝缘电阻应不低于____。	A. 0.5 MΩ B. 1 MΩ C. 2 MΩ D. 5 MΩ	B
233	船舶接岸电时，不需考虑的因素是____。	A. 电压等级 B. 频率大小 C. 相序 D. 初相位	D
234	国际上通用的可允许接触的安全电压分为三种情况，其中人体大部分浸于水时的安全电压为____。	A. 小于 65 V B. 小于 50 V C. 小于 25 V D. 小于 2.5 V	D
235	按照我国对安全电压的分类，露天铁甲板环境，安全电压为____。	A. 65 V B. 12 V C. 24 V D. 36 V	D
236	对电气设备的防火有一定的要求，下列说法错误的是____。	A. 经常检查电气线路及设备的绝缘电阻，发现接地、短路等故障时不必要及时排除 B. 电气线路和设备的载流量必须控制在额定范围内 C. 严格按施工要求，保证电气设备的安装质量，电缆及导线连接处要牢靠，防止松动脱落 D. 按环境条件选择使用电气设备，易燃易爆场所要使用防爆电器	A
237	____是碳酸氢钠加硬脂酸铝、云母粉、石英粉或滑石粉等粉状物。它本身无毒，不腐蚀，不导电。它灭火迅速，效果好，但成本高。	A. CO_2 B. 1211 C. 干粉 D. 大量水	C

序号	题目内容	可选项	正确答案
238	对于三相三线绝缘系统的船舶，为防止人身触电的危险，大部分的电气设备都必须采用＿＿措施。	A. 工作接地 B. 保护接地 C. 保护接零 D. 屏蔽接地	B
239	备车时启动备用发电机并电是为了提供更大的＿＿。	A. 电压 B. 功率 C. 频率 D. AC 都正确	B
240	柴油机启动后，冷却水压力建立不起来或水泵发生杂音，应立即＿＿。	A. 通知船长 B. 通知轮机长 C. 减速运行 D. 停车检查	D
241	柴油机启动后，发生不正常的敲击声，一时间又无法判断和排除，应立即＿＿。	A. 通知船长 B. 通知轮机长 C. 减速航行 D. 停车	D
242	下列关于气缸冷却水温度调节的说法正确的是＿＿。	A. 可用调节淡水泵进口流量调节水温 B. 可用减少进柴油机淡水流量调节水温 C. 禁止用调节淡水泵进口阀的开度来调节 D. 可用调节淡水泵出口流量调节水温	C
243	柴油机工作中，发现某缸高压油管脉动大，且烫手，停车后应先检查＿＿。	A. 高压油泵 B. 喷油器 C. 高压油管 D. 定时凸轮	B
244	船舶在倒航时，为防止主机不致超负荷，必须使倒车的最大速度在标定转速的＿＿。	A. 50%～70% B. 70%～80% C. 80%～90% D. 100%	B
245	封缸运行时应＿＿柴油机的负荷，保持柴油机运转平稳以及其余各缸不超负荷，同时防止增压器发生喘振。	A. 适当降低 B. 增加 C. 适当增加 D. 以上都不对	A

序号	题目内容	可选项	正确答案
246	当发现主机个别缸有拉缸征兆时，所采取的首要措施是____。	A. 停车 B. 加强冷却 C. 单缸停油 D. 降速	D
247	根据柴油机燃烧过程分析其发生燃烧敲缸的时刻应是____。	A. 燃烧初期 B. 燃烧后期 C. 膨胀排气期间 D. 随机型而异	A
248	十字头式柴油机发生曲轴箱爆炸的主要热源是____。	A. 活塞环漏气 B. 活塞或气缸过热 C. 轴承过热 D. 发生拉缸事故	C
249	柴油机装设油雾探测器的目的是____。	A. 探测轴承温度 B. 检测活塞环漏气 C. 检测曲轴箱门漏气 D. 检测曲轴箱内油气浓度的变化	D
250	柴油机曲轴箱爆炸的决定因素是____。	A. 曲轴箱内油气压力 B. 曲轴箱内的空气 C. 曲轴箱内存在高温热点 D. 柴油机高转速	C
251	从船机外观显示方面表现出来的故障先兆是____。	A. 温度异常 B. 压力异常 C. 功能异常 D. 声音异常	D
252	通过船机运转中的____来发现船机故障。	A. 观察与检测 B. 外部环境 C. 故障征兆 D. 运转时间	A
253	属于外观反常的故障先兆是____。	A. 油、水、气有跑、冒、漏现象 B. 敲缸声 C. 增压器喘振声 D. 运转中油、水消耗量过多	A

序号	题目内容	可选项	正确答案
254	船舶机械突发性故障的特点是____。	A. 大多数是由磨损、腐蚀引起的 B. 有故障先兆 C. 无故障先兆 D. 可预测	C
255	船舶机械或零部件规定功能的丧失称为____。	A. 损坏 B. 故障率 C. 故障 D. 失效	C
256	可靠性是指产品在规定的时间、规定的条件下完成规定功能的____。	A. 性能 B. 能力 C. 程度 D. 特性	B
257	船机故障，按故障原因分，____占比例最大。	A. 污损 B. 材料不良 C. 安装不良 D. 管理不良	D
258	保证柴油机运动部件与固定件准确的相对位置和配合间隙，目的是____。	A. 保证船舶能够航行 B. 实现柴油机设计要求 C. 保证柴油机能够运转 D. 保证柴油机装配	B
259	机械设备装配时，____垫片如完好无损，可以继续使用。	A. 纸质 B. 软木 C. 石棉 D. 金属	D
260	对船上平时无法拆卸的部件或部位检查后，不能确切地决定修理内容的项目称为____工程。	A. 甲板 B. 轮机 C. 隐蔽 D. 电气	C
261	船舶小修间隔期通常为____。	A. 6个月 B. 12个月 C. 18个月 D. 24个月	B

序号	题目内容	可选项	正确答案
262	定时维修方式是按照___对机械设备进行检修，以防止故障发生。	A. 规定的时限 B. 公司规定 C. 轮机长规定 D. 运转参数变化	A
263	隐蔽工程拆卸检查后，船厂要写出拆检报告，经船技部门或船方认签，可作为___项目列入修理单中。	A. 补充修理 B. 检验修理 C. 正式修理 D. 临时修理	A
264	船舶检修时，海底阀箱必须更换的是___。	A. 阀体 B. 阀座 C. 锌块 D. 阀箱钢板	C
265	编制正确和准确的修理单对节约修船费用、缩短修船期和___有决定性作用。	A. 恢复船机的工作性能 B. 提高修船效率 C. 提高修船质量 D. 完成修船计划	C
266	船舶发生事故进行了重要的修理和换新应申请___。	A. 定期检验 B. 年度检验 C. 期间检验 D. 临时检验	D
267	已建造完毕或营运船舶改变船旗国的检验属于___。	A. 初次检验 B. 定期检验 C. 期间检验 D. 年度检验	A
268	职务船员培训是指职务船员应当接受的任职培训，包括___等内容。①拟任岗位所需的专业技术知识、专业技能和法律法规；②水上求生、船舶消防、急救、应急措施、防止水域污染、防止船上意外事故	A. ① B. ② C. ①② D. ①②都不对	A
269	渔业船员证书被吊销的，自被吊销之日起___年内，不得申请渔业船员证书。	A. 2 B. 3 C. 5 D. 8	A

序号	题目内容	可选项	正确答案
270	由于厂修质量不良，材料或燃泣料质量差、设计不当、无条件修换等原因而造成的机损事故属____。	A. 非责任事故 B. 非船员责任事故 C. 船员责任事故 D. 视具体情况而定	B
271	统计船舶事故的大小时，主要是统计事故造成的____。	A. 直接损失、间接损失 B. 直接损失、附加损失 C. 间接损失、附加损失 D. 直接损失、间接损失、附加损失	A
272	"船舶机电设备损坏事故报告"应由____负责填写，并由____签署后报送。	A. 主管轮机员；轮机长 B. 大管轮；船长 C. 轮机长；船长 D. 主管轮机员；船长	C
273	总吨 150 t 及以上油船和总吨 400 t 及以上非油船机舱油污水的排放允许在离岸最近距离为____以外的地方排放。	A. 3 n mile B. 4 n mile C. 12 n mile D. 24 n mile	C
274	400 总吨及以上的非油船和油船机舱舱底水排放应距陆地____以外。	A. 12 n mile B. 10 n mile C. 25 n mile D. 60 n mile	A
275	机舱污水管系和压载水管系应当____。	A. 不同管系 B. 部分共用 C. 同一管系 D. 可以分开也可以共用	A
276	含油污水及装载有毒物质的洗舱水应在____排放。	A. 涨潮时 B. 退潮时 C. 平潮时 D. 任何时候	B
277	关于防污染工作的下列做法中，错误的是____。	A. 舱底水不得一次性抽干 B. 舱底水排放应经过分离并符合排放标准 C. 油抹布需要离岸 12 n mile 外才能投入海中 D. 装油作业应由专人负责	C

序号	题目内容	可选项	正确答案
278	油水分离器的全面拆检，彻底清洗，以保持其原有的工作性能周期为____。	A. 18 个月 B. 12 个月 C. 6 个月 D. 3 个月	B
279	当油水分离器污水处理完毕后，应停止____。	A. 水泵 B. 加热 C. 控制箱供电 D. 以上都对	B
280	使用油水分离器时，对油污水加热温度一般取____。	A. 约 20 ℃ B. 约 40 ℃ C. 约 60 ℃ D. 约 80 ℃	C
281	空压机总排量应满足能从大气压力开始在____内充满所有主机启动用空气瓶。	A. 1 h B. 2 h C. 3 h D. 4 h	A
282	在船舶检验中，主机废气涡轮中间冷却器水压试验的压力要求为____。	A. 1.25 倍工作压力 B. 1.25 MPa C. 1.1 倍工作压力 D. 工作压力加 0.05 MPa	A
283	下列坞内检验内容与轮机部有关的是____。	A. 螺旋桨和舵 B. 船底板 C. 龙骨板 D. 防腐保护	A
284	当机舱破损进水压力较小，且破损面积不大时，可采用____。	A. 单独封闭舱室 B. 用堵漏封堵 C. 准备弃船 D. 密堵顶压法堵漏	D
285	船舶搁浅后，对双层底内的滑油循环油柜油位的检查应____。	A. 连续多次检查 B. 油柜首、尾端各检查一次 C. 只检查一次 D. 无须检查	A

序号	题目内容	可选项	正确答案
286	船舶在机舱部位发生搁浅时，值班轮机员首先考虑要做的事是____。	A. 准备好舱底水系统，关搁浅一舷海底阀，换另一舷海底阀 B. 加大油门，冲出浅滩 C. 按轮机长命令操作主机，测量有关油位 D. 全上盘车机，检查轴系情况	A
287	机舱进水后进行排水时，应考虑管系的排水率，一般是____。	A. 管径大小与排水能力无关 B. 管径大，排水能力大 C. 管径小，排水能力小 D. 管系排水能力大小只取决于泵的排量大小	B
288	船舶航行中发生碰撞时，轮机部人员应____。	A. 立即停车，紧急倒车 B. 立即撤离机舱 C. 按照自己的想法操纵主机 D. 按船长命令操纵主机，并正确记录轮机日志	D
289	大风浪中航行时，根据海上风浪、船体摇摆情况以及主机飞车和负荷变化情况，轮机长应____，并调整好主机的限速装置。	A. 适当减小油门刻度，降低主机负荷 B. 加大气缸注油量以提高主机发出功率 C. 关小海底吸入阀以免吸空 D. 加大冷却水流量以提高冷却效果	A
290	在大风浪中航行，为防止主机可能发生故障，应____。	A. 主机降速运行防止飞车 B. 加大气缸注油量以提高主机发出的功率 C. 关小海底吸入阀以避免吸空 D. 以上都对	A
291	大风浪航行时，降低主机转速是为了____。	A. 防止主机超负荷 B. 便于转向迎浪航行 C. 防止飞车 D. AC 都对	D
292	在恶劣天气航行，轮机员为防止空车和超负荷而需要降低主机的转速时，应取得____。	A. 船长同意 B. 轮机长同意 C. 值班驾驶同意 D. 自行决定	B
293	大风浪中锚泊时，下列说法错误的是____。	A. 所有安全设备和消防系统均处于备用状态 B. 定期检查所有运转和备用的机器 C. 由轮机长酌情决定航行值班与否 D. 影响航行和备车的各项维修工作必须立即完成，保持良好工作状态	C

序号	题目内容	可选项	正确答案
294	船舶在船厂修理时，台风季节的防台工作应以____为主，厂船结合。	A. 厂方 B. 船方 C. 机务部门 D. 没有规定	A
295	下列属于船舶电站本身故障造成全船失电的是____。	A. 调速器故障 B. 燃油供油中断 C. 滑油低压 D. 空气开关故障	D
296	发电机跳闸造成全船失电的常见原因有____。①电站本身故障；②操作失误；③发生大电流、过负荷；④大功率电动辅机故障；⑤电动辅机启动控制箱延时故障；⑥发电机及其原动机本身的故障	A. ①②③ B. ①②③④ C. ①②③④⑤ D. ①②③④⑤⑥	D
297	在全船失电，仅有应急发电机供电的情况下，下列设备中必须确保供电的是____。	A. 舵机、助航设备、消防设备 B. 通风机 C. 中央空调 D. 厨房设备	A
298	船舶恢复正常供电后，逐台起动有关电动泵的目的是____。	A. 有利于发现故障 B. 操作简单 C. 减少电量消耗 D. 避免误操作	A
299	航行中舵机失灵的主要原因包括____。	A. 船舶失电 B. 舵机机械传动系统故障 C. 舵机液压系统故障 D. 以上都对	D
300	航行中发现舵机失灵，驾驶台应通知机舱立即启动辅助或应急操舵装置。若无效，轮机部人员应立即进入舵机房，____为现场指挥，组织抢修和排除故障，同时向____报告排除故障情况。	A. 轮机长；船副 B. 轮机长；船长 C. 管轮；船副 D. 管轮；船长	B

序号	题目内容	可选项	正确答案
301	当发生重大机损、海损事故，抢救失败，____有权作出弃船决定。	A. 船长 B. 轮机长 C. 船副 D. 管轮	A
302	船舶遇险接到船长弃船命令时，轮机长应____。	A. 组织机舱人员迅速离船 B. 组织机舱人员携带主要技术资料离船 C. 组织其他人员先离船，自己最后离船 D. 迅速到甲板集合	B
303	船长命令弃船时，《轮机日志》应由____携带离船。	A. 轮机长 B. 船长 C. 管轮 D. 助理管轮	A
304	船舶发生海损事故，接到弃船命令时，____应携带《轮机日志》、车钟记录簿等重要技术资料最后离开机舱	A. 轮机长 B. 大管轮 C. 值班轮机员 D. 值班机匠	A
305	下述关于高处作业中不安全的操作是____。	A. 须铺设防滑布 B. 作业人员应穿硬底鞋 C. 作业应戴安全帽 D. 作业人员所带工具及用料应放在专用工具袋内	B
306	对于吊装作业，____是不安全的。	A. 起吊作业二人以上操作 B. 起吊作业中应有专门机匠在现场指挥 C. 起吊时快速吊索绷紧，再慢慢起吊 D. 用风动起吊设备时，应有专人看守压缩空气阀	C
307	机舱使用吊环螺栓起吊机械设备时，要确保____。①螺纹完好；②附垫圈一只，并拧至紧抵垫圈；③吊环无裂纹；④应用铜材料螺栓	A. ①② B. ①③ C. ①②③ D. ①②③④	C

序号	题目内容	可选项	正确答案
308	当设备拆装维修需挂警告牌时，应由____负责挂上和摘下。	A. 轮机长 B. 检修负责人 C. 船长 D. 任何一个参加人员	B
309	下列关于使用压力钢瓶时的说法，正确的是____。	A. 氧气、乙炔钢瓶瓶口钢帽若取不下，可敲击取下钢帽 B. 为了防止钢瓶跌倒，应卧放使用 C. 钢瓶一般在电焊间存放 D. 待灌的空瓶应做好明显标记并用同样的气体充灌，不准互换使用或改灌其他气体	D
310	电器防火防爆的主要措施是____。	A. 清洁油污 B. 保持绝缘 C. 禁止烟火 D. 定期检查、检验安全设备的工作状态	B
311	对于未切断电源的电器火灾，应禁止采用下列____灭火剂扑救。	A. CO_2 B. 泡沫 C. 1211 D. 干粉灭火剂	B
312	进入抽空液体的油舱（柜）作业时，下列做法中错误的是____。	A. 停止在该舱附近的明火作业 B. 关闭与该舱有关的油阀与汽阀 C. 使用110伏的有罩灯 D. 至少两人配合工作	C
313	需进入已抽空的油舱柜时，应____。①停止主副机运行；②停止该油舱附近明火作业；③提前打开道门进行通风；④关闭与该舱有关的油、气阀；⑤至少两人配合工作	A. ①③④ B. ②③④ C. ②③④⑤ D. 以上都对	C
314	每次加装燃油前，轮机长应将本船的存油情况和计划加装的油舱序号以及各舱加装数量告知____。以便计算稳性、水尺和调整吃水差。如遇雷电交加的暴风雨天气，或船舶、码头发生火灾等不安全因素时，应立即停止加装燃油。	A. 船长 B. 船副 C. 管轮 D. 助理管轮	B

序号	题目内容	可选项	正确答案
315	船舶如需加装燃油，轮机长应与____共同拟出加装燃油计划。	A. 管轮 B. 助理管轮 C. 船长 D. 公司机务	C
316	船舶加装燃油，确定加油油舱和数量时，轮机长应与____商量，确保船舶平衡。	A. 管轮 B. 助理管轮 C. 船长 D. 船副	D
317	当全船失电时，应急发电机可以给____供电。	A. 锅炉 B. 造水机 C. 分油机 D. 舵机	D
318	船舶应变的警报信号中，如警铃或汽笛二长一短声，连放 1 min，应是____的应变。	A. 消防 B. 堵漏 C. 弃船 D. 综合应变	B
319	应急消防泵的排量，应不少于所要求的消防泵总排量的____。	A. 25％ B. 30％ C. 35％ D. 40％	D
320	船舶救生艇发动机在冬季应____。	A. 放掉冷却腔中的水 B. 通入加热蒸汽保温 C. 冷却水箱加入防冻液 D. 放空滑油系统之滑油	C
321	应变的警报信号中，如警铃或汽笛三长声，连放 1 min，应是____的应变。	A. 消防 B. 堵漏 C. 弃船 D. 有人落水	D
322	应变的警报信号中，如警铃和汽笛一长声，连放 30 s，应是____的应变。	A. 消防 B. 堵漏 C. 弃船 D. 综合应变	D

序号	题目内容	可选项	正确答案
323	应变信号中，弃船警报为：警铃和汽笛____短____长声，连放____min。	A. 7；1；1 B. 6；1；1 C. 2；1；1 D. 3；2；1	A
324	火警警报发出后，全体不值班船员按应变部署表的规定，携带规定消防器材达到集合地点的时间不超过____min。	A. 2 B. 4 C. 5 D. 10	A
325	火警警报发出后，机舱应立即起动消防泵，要求在____min内，甲板消防栓能出水。	A. 2 B. 4 C. 5 D. 10	C
326	堵漏演习的部署和动作与正式应变相同，要求所有船员在听到警报信号，于____内到达各自岗位，听候指挥。	A. 1 min B. 2 min C. 3 min D. 4 min	B
327	消防演习的部署和动作与正式应变相同，要求所有的船员在听到警报信号后，在____min内到达各自岗位，机舱值班人员应在____min内开泵供水。	A. 2　5 B. 2　3 C. 3　2 D. 2　2	A
328	听到弃船应变演习报警信号后，全体人员应在____min内各就各位，于艇甲板集合。	A. 2 B. 3 C. 4 D. 5	A
329	对全船机电设备技术管理和机舱安全生产质量管理负全部责任的人是____。	A. 船长 B. 轮机长 C. 管轮 D. 船副	B
330	____负责编制全船机电设备的年度预防检修计划和机电设备年度保养分工明细表。	A. 轮机长 B. 管轮 C. 助理管轮 D. AB 都对	A

序号	题目内容	可选项	正确答案
331	下述说法正确的是＿＿＿。①轮机部档案的汇集建档，由轮机长负责制；②所有轮机部发出文件的底稿或收入的文件均须轮机长审阅签署；③所有密件均由轮机长或管轮保管	A. ①② B. ②③ C. ①③ D. ①②③	A
332	船长命令弃船时，《轮机日志》应由＿＿＿携带离船。	A. 轮机长 B. 轮机员 C. 船长 D. 管轮	A
333	船舶航行中，主机的操作是根据＿＿＿进行的。	A. 驾驶台的命令 B. 机器运转情况 C. 轮机长的命令 D. 船舶工况	A
334	航行中交接班时，交班人＿＿＿方可下班离开机舱。	A. 经轮机长同意后 B. 经接班人员同意后 C. 经值班驾驶同意后 D. 到时间后	B
335	轮机员值班中发现问题应设法排除，如不能解决，应立即报告＿＿＿。	A. 船长 B. 船副 C. 轮机长 D. 接班人员	C
336	航行中轮机员交接班内容有＿＿＿。①运转中的机电设备工作情况；②曾经发生的设备故障及处理结果；③需继续完成的工作；④交班机匠的工作情况	A. ①②③ B. ②③④ C. ①③④ D. ①②③④	A
337	轮机部锚泊值班时，＿＿＿应保持有效值班，根据驾驶台命令使主机、辅机保持准备状态。	A. 值班轮机员 B. 值班机匠 C. 轮机长 D. AB 都对	A

序号	题目内容	可选项	正确答案
338	轮机长在调动交接时,交接的主要工作一般不包括____。	A.《轮机日志》及重要设备技术证书 B. 重要设备的检修、测量记录 C. 核实机舱物料 D. 本船防污具体措施	C
339	开航前1h,值班轮机员,驾驶员核对的项目是____。	A. 车钟 B. 船钟、车钟及舵机 C. 主机转速 D. 油水存量	B
340	当值班轮机员记错《轮机日志》时,处理的正确方法是____。	A. 撕去记错的一页,再记录 B. 使用褪色剂去掉错记部位,再作记录 C. 错记内容画一横线,并标以括号,然后在括号后面或上方标记正确内容,并签字 D. 涂掉重作记录	C
341	轮机长离任时,应由离任轮机长和新任轮机长在____上签。	A.《航海日志》 B.《轮机日志》 C.《主机检修记录簿》 D. 书面声明	B
342	航行中《轮机日志》的填写应不超过____。	A. 1 h/次 B. 2 h/次 C. 3 h/次 D. 4 h/次	B
343	轮机长必须____认查阅《轮机日记》记载情况,对各栏目的内容审核,确认后签字。	A. 每日定时 B. 每航次结束时 C. 每月定期 D. 早晚2次	A
344	《轮机日志》内页所列船舶主要资料和轮机部人员姓名表由____负责填写。	A. 轮机长 B. 船长 C. 助理管轮 D. 管轮	D
345	船长、值班驾驶员的通知由____记录到《轮机日志》上。	A. 轮机长 B. 值班轮机员 C. 助理管轮 D. 管轮	B

序号	题目内容	可选项	正确答案
346	航行中，《轮机日志》由＿＿负责填写并签字。	A. 轮机长 B. 大管轮 C. 值班轮机员 D. 轮机长助理	C
347	现代柴油机制造商都提供了广泛的选择范围，船、机、桨配合的基准功率通常是由＿＿决定的，该功率称为＿＿。	A. 船东；标定功率 B. 船东和船厂；约定最大持续功率 C. 船厂；超负荷功率 D. 船东和船厂；最大持续功率	B
348	对螺旋桨的选配，当已选定合理的主机，可以根据＿＿选配螺旋桨。	A. 机型、船型、航速 B. 船型、航速 C. 船舶有效功率、航速 D. 船舶有效功率、螺旋桨特性	A
349	柴油机的最大持续功率与配桨时在标定转速下所选用的功率之差称为＿＿。	A. 经济运转工况区 B. 轴带发电机工作区 C. 推进装置的功率储备 D. 主机减额输出功率	C

二、判断题

序号	题目内容	正确答案
1	从柴油机飞轮端处测量所得的功率称为有效功率。	正确
2	运行中柴油机的气缸盖最容易发生的故障是烧蚀。	错误
3	柴油机曲轴在长期运行之后发生的疲劳裂纹多是弯曲疲劳裂纹。	正确
4	在测量活塞环的搭口间隙时，为了保证柴油机工作可靠性，应将活塞环平放在气缸中部进行测量。	错误
5	气缸盖所承受的机械应力与壁厚成反比，热应力与壁厚成正比。	正确
6	燃油的十六烷值过低，对柴油机工作的影响是工作粗暴。	正确
7	当柴油机气缸内的过量空气系数α值增大时，空气利用率提高。	错误
8	当喷油器的喷孔部分结炭而使孔径减小时，将会出现油束射程变短。	正确
9	检查与调整始点调节式喷油泵的供油提前角时，其油门手柄可置于任意位置。	错误

序号	题目内容	正确答案
10	柴油机最低稳定转速是指保证各个气缸能够连续均匀发火的最低转速。	正确
11	喷油器雾化试验后，喷油嘴尖端不允许滴漏油，但允许有湿润现象。	正确
12	使用轻质燃油的柴油机换用重油时，供油提前角应相应延迟。	正确
13	柴油机气阀间隙的大小会影响到配气定时，如气阀间隙太小会造成气阀漏气。	正确
14	气阀阀面经多次车削加工后按规定装复往往会引起柴油机排气温度升高。	正确
15	柴油机增压的根本目的是增加空气量，降低热负荷。	错误
16	喘振是由于废气对涡轮叶片不正常冲击所引起的。	错误
17	在中、低压增压柴油机中，为了更多地利用废气能量，一般采用脉冲增压。	正确
18	柴油机转速不变而功率随时发生变化的工况是发电机工况。	正确
19	船用发电柴油机的工况满足柴油机的速度特性。	错误
20	柴油机的限制特性是指对柴油机机械负荷和热负荷两个方面的限制。	正确
21	调速器按转速调节范围分有机械式调速器和液压调速器两类。	错误
22	柴油机调速器的不灵敏度过大会引起柴油机转速不稳定，严重时会造成飞车的危险。	正确
23	机械式调速器调速弹簧断裂后柴油机即发生飞车。	错误
24	液压调速器稳定性调节的基本原则是：在尽可能小的反馈指针刻度下，保证针阀开度符合说明书规定。	正确
25	柴油机发生游车现象时，其特征是：用手按住油门拉杆时转速稳定，松手后转速即发生波动。	正确
26	为保证压缩空气启动的四冲程柴油机曲轴停在任何位置均能可靠启动，最少气缸数目应不少于四缸。	错误
27	柴油机启动时，启动空气应在压缩行程进入气缸。	错误
28	柴油机换向后，要求各种定时关系、发火顺序以及液体输送的方向不变。	错误
29	为了防止润滑油氧化变质，应控制滑油的使用温度，通常不高于 60 ℃。	错误
30	分油机中在分离燃油时，燃油加热温度一般由燃油的黏度来确定。	正确
31	制冷剂在蒸发器中流动，只有在完全汽化后吸热才使温度升高。	正确
32	螺杆式压缩机可适用压缩比比活塞式压缩机大。	正确
33	液态制冷剂流过回热器时向吸气管中的气态制冷剂吸热。	错误

序号	题目内容	正确答案
34	制冷装置蒸发器出口管径大于 21 mm 时，热力膨胀阀感温包应绑在水平管路侧上方。	错误
35	制冷装置在充制冷剂时制冷装置都必须投入正常工作。	正确
36	制冷压缩机吸排气阀漏泄、活塞环密封性能差会引起吸气压力过高。	正确
37	对制冷剂热力性质的要求是临界温度要较低。	错误
38	采用国家标准图形符号画液压装置的系统原理图时，元件应位于常态位置。	正确
39	液压系统油液污染严重会引起换向阀阀芯移动阻力过大，甚至卡阻。	正确
40	顺序阀和溢流阀在某些场合可以互换。	正确
41	通过节流阀的流量与节流阀的通流面积成正比，与阀两端的压力差大小无关。	错误
42	安装良好的轴向柱塞泵在运转中出现噪声异常大的最常见原因是吸入空气。	正确
43	在定量泵与变量马达组成的容积调速回路中其转矩恒定不变。	错误
44	为防止液压系统中的油箱生锈，油箱内壁应涂有防锈保护层。	正确
45	舵机公称转舵扭矩是指船最深航海吃水、最大营运航速前进、最大舵角时的转舵扭矩。	正确
46	渔船液压舵机最大转舵角度一般限制在 35°。	正确
47	往复式液压舵机的推舵机构最大舵角限制是由液压控制阀控制的。	错误
48	液压舵机油泵内漏严重会造成转舵速度达不到规定要求。	正确
49	液压舵机只能单方向转舵可能是因为变量泵只能单向排油。	正确
50	锚机液压系统中膨胀油箱中油位高度通常在油箱总高度的 1/3～2/3。	正确
51	当电流流过导体时，由于导体具有一定的电阻，因此就要消耗一定的电能，这些电能转换的能量，使导体温度升高，这种效应称为电流的热效应。	正确
52	三相电动机属于三相对称负载，根据电源电压和绕组额定电压可以连接成星形或三角形。	正确
53	磁力线是互相不交叉的空间闭合曲线，在磁铁的外部，磁力线从 S 极到 N 极；在磁铁的内部，磁力线从 N 极到 S 极。	错误
54	电机和变压器的铁芯必须用软磁材料，常见软磁材料有硅钢、铸铁、铸钢等。	正确
55	当加在二极管的正向电压小于死区电压时，二极管基本上还处于截止状态。	正确
56	桥式整流电路中，某个整流二极管一旦接反，就会导致整个电路短路烧毁。	正确
57	他（并）励电动机适用于拖动起重生产机械；串励直流电动机适用于拖动恒速生产机械。	错误

序号	题目内容	正确答案
58	电动机铭牌上的 IP 是防护等级标志符号，数字分别表示电机防固体和防水能力。	正确
59	异步电动机的转子转速和同步转速之差，与同步转速之比定义为异步电动机的转差率。	正确
60	直流伺服电动机通常采用电枢控制方式，即其励磁电压为定值，磁通保持一定，控制信号电压加在电枢两端。	正确
61	在交流测速发电机中，当励磁磁通保持不变时，输出电压的值与转速成反比。	错误
62	熔断器熔体额定电流值的大小与熔体线径粗细有关，越粗的熔体额定电流值越大。	正确
63	当电动机运转时，圆盘式电磁制动器电磁刹车线圈断电，使静摩擦片与动摩擦片脱开，使电动机可自由旋转。	错误
64	在电路中装设自动空气开关、熔断器是常用的短路保护措施。	正确
65	电动机启动接触器的常开辅助触头并接在启动按钮常开触头两端构成自锁电路。	正确
66	船舶电气设备和陆用电气设备防护等级一样时，可以通用。	错误
67	三相同步发电机定子是励磁绕组，转子是电枢绕组。	错误
68	同步发电机并联运行时，单独增加一台发电机的励磁电流，该发电机的无功功率会增加，电网电压也会因此上升。	正确
69	不可控相复励自动励磁装置（按负载扰动调节）的动态指标比可控硅自动励磁装置（按电压偏差调节）要好一些。	正确
70	单个铅蓄电池的电压正常时应保持在 2 V，若电压下降到约 1.8 V 时，即需要重新充电。	正确
71	船舶起航和加速过程中，加速过快会使柴油机超负荷。	正确
72	热力检查的目的是确认发动机各缸燃烧是否良好以及负荷分配的均匀度。	正确
73	故障先兆主要从船机性能方面、船机外观显示方面表现出来。	正确
74	机械零件装配间隙、零件之间相互位置精度达不到要求，会加速机械零件失效。	正确
75	船体修理的重点是把船体、主机、辅机及锅炉修理好，不留隐患，确保安全。	错误
76	坞修项目验收不严造成的机损事故，不属责任事故。	错误
77	违反《船舶检验条例》规定维修、改造渔船的，渔船检验机构不受理检验。	正确
78	外国人、外国渔船进入中国管辖水域从事渔业活动必须经国务院有关主管部门批准。	正确

序号	题目内容	正确答案
79	渔业船舶之间发生交通事故，必须在进入第一个港口 48 h 内向主管机关提交事故报告书。	正确
80	在符合规范情况下，含油污水的排放应在航行中进行，且瞬时排放率不大于30 L/ n mile。	正确
81	塑料制品禁止投入任何沿海水域中。	正确
82	使用分离设备和过滤系统进行含油污水排放时，不需要征得驾驶员的同意。	错误
83	老旧船舶发电柴油机修理后的负荷试验可按船舶常用最大负荷但不低于标定值的 70% 进行负荷试验，试验时间不少于 2 h。	错误
84	发电机检修后，以在船舶各种使用工况中常用的最大负荷作为试验负荷，试验时间 1～2 h。	正确
85	检查艉轴承间隙，轴承下部要没有间隙，测量位置以距尾管端处 100 mm 处为准。	正确
86	发生碰撞时艉轴管及密封装置破损，应酌情关闭轴遂水密门。	正确
87	在大风浪中航行时，轮机长应根据海上风浪、船舶及机械设备的情况，适当提高主机负荷。	错误
88	台风季节，燃油柜里的燃油尽量均匀分散到各个燃油柜中，以保持左右舷平衡。	错误
89	大功率电气设备启动易导致全船失电。	正确
90	防止船舶失电，在狭长水道或进出港航行中不要开启备用发电机。	错误
91	航行中舵机失灵时，值班轮机员立即到驾驶台，执行船长和轮机长命令。	错误
92	按规定离地面 3 m 以上为上高作业。	错误
93	进入驳空的油舱柜中，要使用 24 V 以下的安全灯。	错误
94	用消防水喷洒火焰的周围，能有效地控制火势的蔓延。	正确
95	在舱柜或容器内进行油漆作业时，应采取强力通风措施，并应有人在外照应。	正确
96	应急空气压缩机是船舶以"瘫船状态"恢复运转的原始动力。	正确
97	机舱应设一个应急舱底水吸口。	正确
98	机动救生艇发动机应设有手启动装置，或主管机关认可的动力启动装置，使发动机能易于启动。	正确
99	任何水密门操作装置均须于船舶倾斜 15° 时能将水密门关闭。	正确
100	船舶应急部署分为：消防、救生、堵漏、综合应变四种。	正确

一级管轮

一、选择题

序号	题目内容	可选项	正确答案
1	通常所说的主机功率是指____。	A. 指示功率 B. 有效功率 C. 螺旋桨吸收功率 D. 燃气对活塞做功的功率	B
2	通常所说的柴油机油耗率是指____。	A. 指示油耗率 B. 有效油耗率 C. 每小时油耗率 D. 每千瓦油耗率	B
3	柴油机平均指示压力的大小主要取决于____。	A. 转速的高低 B. 负荷的大小 C. 燃烧的早晚 D. 燃烧压力的高低	B
4	螺旋桨的推力在____处传给船体。	A. 中间轴承 B. 主轴承 C. 推力轴承 D. 尾轴承	C
5	柴油机活塞行程的定义是指____。	A. 气缸空间的总长度 B. 活塞上止点至气缸下端长度 C. 活塞下止点至气缸底面的长度 D. 活塞位移或曲柄半径 R 的两倍	D
6	柴油机气缸盖与气缸套之间的垫片，其作用是____。	A. 防漏气 B. 调整压缩比 C. 防漏滑油 D. 防漏燃油	A
7	四冲程柴油机气缸体与气缸套液压试验时，其试验水压应为____。	A. 0.5 MPa B. 0.7 MPa C. 1.5 倍冷却介质压力 D. 1.1 倍冷却介质压力	B

序号	题目内容	可选项	正确答案
8	影响柴油机活塞环张力的是活塞环的____。	A. 径向厚度 B. 直径 C. 搭口间隙 D. 环槽间隙	A
9	四冲程柴油机活塞环在工作中产生"跳环"现象会造成____。	A. 漏气 B. 断环 C. 环黏着 D. 环槽严重磨损	A
10	中、高速柴油机连杆小端采用浮动式活塞销与衬套的目的是____。	A. 提高结构刚度 B. 加大承压面积，减小比压 C. 有利于减小间隙和缩小变形 D. 降低销与衬套间的相对速度，减小磨损和使磨损均匀	D
11	四冲程柴油机的连杆在运转中受力状态是____。	A. 始终受压 B. 始终受拉 C. 拉、压交替 D. 随连杆长度而变	C
12	在柴油机中连杆的运动规律是____。	A. 小端往复、杆身晃动、大端回转 B. 小端往复、杆身平稳、大端回转 C. 小端晃动、杆身平稳、大端回转 D. 小端晃动、杆身平稳、大端晃动	A
13	在柴油机投入运转初期所发生的曲轴疲劳裂纹大多属于____。	A. 扭转疲劳 B. 弯曲疲劳 C. 腐蚀疲劳 D. 应力疲劳	A
14	用压铅法测量柴油机主轴承间隙时，哪一项要求是不对的？	A. 铅丝的粗细要适当 B. 沿轴向放两根铅丝 C. 上紧轴承螺栓时紧度与平时相同 D. 轴颈顶部与上瓦的间隙作为轴承间隙	B
15	柴油机采用倒挂式主轴承的优点是____。	A. 提高柴油机刚度 B. 提高机座强度 C. 减少机座变形对轴线影响 D. 便于吊出活塞	C

序号	题目内容	可选项	正确答案
16	柴油机机体通常是采用____工艺制造的。	A. 铸造 B. 焊接 C. 锻造 D. 螺栓连接	A
17	柴油机气缸盖上，没有下述哪一种附件？	A. 喷油器 B. 安全阀 C. 点火塞 D. 启动阀	C
18	下列关于四冲程柴油机气缸冷却腔下部密封圈的说法错误的是____。	A. 密封圈装在气缸体上的环槽中 B. 密封圈截面尺寸过大会引起拉缸故障 C. 密封圈漏水会使曲轴箱进水 D. 拉缸套时密封圈一律换新	A
19	下列在造成柴油机活塞环黏着的根本原因中，错误的是____。	A. 活塞或气缸过热 B. 燃烧不良 C. 滑油过多及滑油过脏 D. 环不均匀磨损	D
20	当四冲程柴油机活塞采用浮动式活塞销时，相应地____。	A. 在连杆小端要采用滚针轴承 B. 采用定位销固定，防止轴向移动 C. 采用卡簧，防止销从轴向窜动 D. 不能采用强压润滑	C
21	在柴油机中把活塞往复运动变成曲轴回转运动的部件是____。	A. 连杆 B. 活塞 C. 曲轴 D. 十字头与导板	A
22	柴油机连杆大端采用斜切口结构形式是____。	A. 为了增加强度 B. 只是为了便于吊缸 C. 只是为了降低轴承比压 D. 为了便于吊缸和降低轴承比压	D
23	圆形断面与工字形断面的连杆杆身从材料的利用方面来看____。	A. 圆形断面连杆的材料利用比工字形连杆更充分 B. 工字形断面连杆的材料利用比圆形断面连杆更充分 C. 两者在材料利用方面相同 D. 两者都有可能	B

序号	题目内容	可选项	正确答案
24	柴油机曲柄箱防爆门的作用是____。	A. 防止曲柄箱爆炸 B. 爆炸前释放曲柄箱内空气 C. 避免曲柄箱气体达到爆炸限度 D. 曲柄箱透气	B
25	某六缸四冲程柴油机发火顺序为1→5→3→6→2→4，第一缸与第六缸的曲柄夹角是____，工作循环相位相差____。	A. 0°；0° B. 0°；120° C. 120°；0° D. 0°；360°	D
26	对柴油机气缸盖的要求主要有____。①抗腐蚀；②抗穴蚀；③热疲劳强度高；④刚性好；⑤抗磨损；⑥机械疲劳强度高	A. ②③⑤⑥ B. ①③④⑥ C. ②③④⑤ D. ②③⑤⑥	B
27	为了降低四冲程柴油机缸套振动以提高其抗穴蚀能力的错误做法是____。	A. 增加缸套壁厚 B. 提高缸套支撑刚度 C. 减小活塞与气缸套的装配间隙 D. 增加缸套的轴向支撑距离	D
28	筒形活塞式柴油机的活塞裙部通常加工成____，而且____。	A. 椭圆形；长轴在垂直活塞销轴线方向 B. 椭圆形；长轴在沿活塞销轴线方向 C. 圆柱形；上面直径大于下面 D. 圆柱形；上面直径小于下面	A
29	关于四冲程柴油机连杆在运转中受力，论述正确的是____。	A. 四冲程柴油机连杆受压应力作用 B. 四冲程柴油机连杆受拉应力作用 C. 四冲程柴油机连杆受拉压交变应力作用 D. 连杆不受弯矩作用	C
30	柴油机连杆大端的剖分面由平切口改为斜切口的主要原因是____。	A. 增加连杆的寿命 B. 为吊缸检修提供方便 C. 减轻连杆重量 D. 减少连杆螺钉的剪切力	B
31	表示燃油自燃性的指标是____。	A. 闪点 B. 倾点 C. 浊点 D. 十六烷值	D

序号	题目内容	可选项	正确答案
32	下列影响燃油燃烧产物构成的指标有____。	A. 柴油指数 B. 硫分 C. 机械杂质 D. 浊点	B
33	下述关于过量空气系数α的说法中不正确的是____。	A. α越小，单位气缸工作容积做功能力成大 B. 增大α可降低柴油机的热负荷 C. α是理论空气量与实际空气量之比 D. 在保证完全燃烧和热负荷允许情况下，力求减小α值	C
34	关于柴油机的过量空气系数，正确的是____。	A. 高速机低于低速机 B. 高速机与低速机相等 C. 低速机低于高速机 D. 非增压机高于增压机	A
35	柴油机喷射过程的主要喷射阶段是____。	A. 从针阀开启到针阀落座 B. 从针阀开启到喷油泵停止泵油 C. 从针阀开启到油压降至启阀压力 D. 从针阀开启到油压降至剩余压力	B
36	柴油机异常喷射中，重复喷射最容易发生的工况是____。	A. 高转速、高负荷 B. 低转速、高负荷 C. 高转速、低负荷 D. 低转速、低负荷	A
37	在柴油机燃油喷射过程中，自针阀开启瞬时到供油结束，喷射压力的变化规律是____。	A. 逐渐减小 B. 基本不变 C. 持续增加 D. 随机型而异	C
38	柴油机喷射过程中，下述关于影响喷射延迟阶段各因素中错误的是____。	A. 高压油管直径和长度 B. 柴油机转速 C. 喷油器启阀压力 D. 燃油的黏度	D
39	为了准确测取回油孔式始点调节式喷油泵的供油提前角，在测定时其油门手柄应置于____。	A. 手柄"0"位 B. 标定供油量处 C. 最大供油量处（油门限止块处） D. 任意位置	B

序号	题目内容	可选项	正确答案
40	柴油机的喷油器进行雾化检查时，正确的操作是____。	A. 油压小于启阀压力 B. 缓慢泵油 C. 迅速泵油 D. 油压等于启阀压力	C
41	柴油机运转中若高压油管脉动微弱、排气温度升高且冒黑烟则原因可能是____。	A. 喷油泵柱塞偶件过度磨损 B. 喷油泵柱塞在其最高位置咬死 C. 喷油器针阀在开启位置咬死 D. 燃油温度太低	C
42	四冲程柴油机在对回油孔式喷油泵供油定时进行调整时，不影响供油量和凸轮有效工作段的调整方法是____。	A. 转动凸轮法 B. 转动柱塞法 C. 升降柱塞法 D. 升降套筒法	A
43	柴油机喷油泵如采用等压卸载出油阀，其关键参数是____。	A. 卸油槽宽度 B. 卸载容积 C. 卸载弹簧预紧力 D. 卸油槽深度	C
44	在柴油机工作中，当喷油器针阀开启时，喷油泵的压力应该____。	A. 有所下降 B. 继续上升 C. 保持不变 D. 先降后升	B
45	四冲程柴油机回油孔式喷油泵当采用升降柱塞法调整供油定时，指出下述正确的变化规律是____。	A. 柱塞有效行程不变，凸轮有效工作段不变 B. 柱塞有效行程不变，凸轮有效工作段改变 C. 柱塞有效行程改变，凸轮有效工作段不变 D. 柱塞有效行程改变，凸轮有效工作段改变	B
46	关于柴油机喷油器启阀压力的下列叙述中错误的是____。	A. 启阀压力与抬起针阀的最低燃油压力相等 B. 启阀压力不等于喷油压力 C. 启阀压力不等于针阀弹簧预紧力 D. 启阀压力与针阀落座时的燃油压力相等	D

序号	题目内容	可选项	正确答案
47	当对柴油机喷油器进行启阀压力检查与调整时,下述各项中错误的操作是____。	A. 应该在专用的喷油器雾化试验台上进行 B. 检查前需先检查试验台的密封性 C. 接上待检喷油器后应先排除空气 D. 迅速泵油观察开始喷油时的压力	D
48	下列关于柴油机燃烧过程中滞燃期的论述错误的是____。	A. 在滞燃期内,缸内压力基本与压缩线重合 B. 滞燃期为不可控期 C. 滞燃期决定着后续燃烧期的急剧程度 D. 高速柴油机的滞燃期喷油量约占循环供油量的 $80\% \sim 100\%$	B
49	四冲程柴油机气阀阀杆卡死通常是由下列原因引起的,其中错误的是____。	A. 滑油高温结焦 B. 中心线不正 C. 燃烧发生后燃 D. 高温腐蚀	D
50	测柴油机正车气阀定时时,对盘车方向的要求是____。	A. 正向盘车 B. 反向盘车 C. 正、反向都可以 D. 顺时针方向盘车	A
51	下列关于四冲程柴油机气阀定时说法中,正确的是____。	A. 四冲程柴油机排气阀在膨胀行程的上止点前打开 B. 四冲程柴油机排气阀在排气行程的上止点前关闭 C. 四冲程柴油机排气阀在膨胀行程的下止点前打开 D. 四冲程柴油机排气阀在排气行程的上止点关闭	C
52	四冲程柴油机气阀间隙是指____。	A. 阀杆与摇臂处间隙 B. 摇臂与顶杆处间隙 C. 顶杆与滚轮处间隙 D. 顶头与顶杆处间隙	A

序号	题目内容	可选项	正确答案
53	当四冲程柴油机气阀间隙过大时，将会造成＿＿。	A. 气阀开启提前角与关闭延迟角增大 B. 气阀开启持续角减小 C. 气阀受热后无膨胀余地 D. 气阀与阀座撞击加剧	B
54	四冲程柴油机气阀定时测量与调整工作应在＿＿。	A. 喷油定时调整好以后进行 B. 喷油定时调整好之前进行 C. 气阀间隙调整好以后进行 D. 气阀间隙调整好之前进行	C
55	柴油机采用增压的根本目的是＿＿。	A. 降低油耗 B. 提高效率 C. 提高有效功率 D. 提高最高爆发压力	C
56	根据柴油机增压压力的高低，属中增压的增压压力范围在＿＿。	A. 0.275～0.30 MPa B. 0.25～0.275 MPa C. 0.20～0.25 MPa D. 0.15～0.25 MPa	D
57	自带润滑油泵的增压器，在柴油机冲车、试车后应及时检查＿＿。	A. 滑油液位 B. 滑油油质 C. 滑油温度 D. 滑油泵供油情况	D
58	废气涡轮增压器的空气滤网清洗应＿＿。	A. 在检修增压器时清洗 B. 依据滤器的压降清洗 C. 每月清洗一次 D. 每航次清洗一次	B
59	柴油机增压器压气机端喘振时会出现＿＿。	A. 空气排出压力升高 B. 机器发生强烈振动 C. 空气流量增大 D. 上述三点都是	B
60	柴油机增压器压气机排出压力下降而其转速变化不大，其主要原因是＿＿。	A. 排气定时不对 B. 喷嘴环流通面积增大 C. 压气机叶轮、扩压器脏污 D. 活塞环与缸套磨损漏气	C

序号	题目内容	可选项	正确答案
61	柴油机废气涡轮增压器的压气机端水洗时的负荷应为____。	A. 全负荷 B. 部分负荷 C. 低负荷 D. 任选负荷	A
62	根据我国海船建造规范规定，船用柴油机全负荷速度特性测定试验时所用的标定试验功率为____。	A. 15 min 功率 B. 1 h 功率 C. 124 h 功率 D. 持续功率	D
63	在柴油机转速不变情况下，有效油耗率最高的负荷是____。	A. 110%Pb 的超负荷 B. 100%Pb 的全负荷 C. 95%Pb 的部分负荷 D. 50%Pb 的部分负荷	D
64	直接带动螺旋桨的柴油机，其运转特性为____。	A. 推进特性 B. 负荷特性 C. 速度特性 D. 调速特性	A
65	下列关于柴油机超速保护装置的论述中不正确的是____。	A. 它是极限调速器的一种 B. 它自身无调速特性 C. 它是一种安全装置 D. 它对柴油机的控制动作不受操纵机构限制	A
66	根据我国有关规定，船用主机的稳定调速率应不超过____。	A. 2% B. 5% C. 10% D. 8%	C
67	表征柴油机调速器动作灵敏性的参数是____。	A. 瞬时调速率 B. 稳定时间 C. 转速波动率 D. 不灵敏度	D
68	关于柴油机机械调速器的工作特点不正确的是____。	A. 结构简单 B. 灵敏准确 C. 维护方便 D. 柴油机械调速器是直接作用式的	B

序号	题目内容	可选项	正确答案
69	为了降低柴油机设定转速，对机械调速器应做____的调节。	A. 改变调速弹簧刚度 B. 改变调速弹簧的硬度 C. 调节螺钉顺时针方向旋进 D. 调节螺钉逆时针方向旋出	D
70	液压调速器的滑油在正常情况下的换油周期一般是____。	A. 1 个月 B. 6 个月 C. 12 个月 D. 24 个月	B
71	下述关于柴油机发生游车的各种原因中不正确的是____。	A. 调速器反馈系统故障 B. 油位太低 C. 调速器输出轴和油泵齿条连接不当 D. 调油杆空动	C
72	两台使用液压调速器的发电柴油机并联运行时，其负荷分配始终不合理的主要原因是____。	A. 反馈指针调节不妥 B. 补偿针阀开度过大 C. 速度降旋钮调节不妥 D. 调速旋钮调节不妥	C
73	关于柴油机压缩空气启动的错误结论是____。	A. 启动空气必须具有一定的压力 B. 启动空气必须在膨胀冲程进入气缸 C. 四冲程只要缸数在四个以上，任何情况下均能启动 D. 二冲程气缸启动阀开启的延续时间约为 110°曲轴转角	C
74	根据我国《钢质海船入级规范》规定，启动空气瓶的总容量在不补充充气情况下，对每台不能换向的主机启动____。	A. 至少连续启动 12 次 B. 至少冷机连续启动 12 次 C. 至少热态连续启动 6 次 D. 至少冷机连续启动 6 次	D
75	确定加油油舱和数量时，应考虑____。	A. 船的吃水 B. 船的平衡 C. 船的吃水差 D. 船的续航力	B
76	按照我国有关规定，大型船舶燃油预热的热源应为____。	A. 过热蒸汽 B. 饱和蒸汽 C. 电加热器 D. 缸套冷却水	B

序号	题目内容	可选项	正确答案
77	为了使燃油在沉淀柜能够充分进行沉淀，按规定至少应沉淀____。	A. 12 h B. 16 h C. 20 h D. 24 h	D
78	使用劣质燃油时，采取的措施不当的是____。	A. 适当增大汽缸油注油量 B. 适当增加扫气温度 C. 适当减小喷油提前角 D. 适当增加冷却水温度	C
79	燃油系统的三大环节组成是指____。①燃油系统的主要设备；②燃油的注入、储存和驳运；③燃油的净化处理；④燃油的使用和测量	A. ①②③ B. ②③④ C. ③④① D. ④①②	B
80	柴油机滑油的出口温度通常应不超过____。	A. 40 ℃ B. 55 ℃ C. 65 ℃ D. 80 ℃	C
81	中小型筒形活塞式柴油机使用的飞溅气缸润滑的主要缺点是____。①滑油漏泄；②滑油易变质；③缸壁上滑油过多；④滑油进入燃烧室	A. ①② B. ②③ C. ①③ D. ③④	B
82	在滑油添加剂中，清净分散剂按其化学属性来讲，属于____。	A. 酸性 B. 碱性 C. 中性 D. 亚中性	B
83	在柴油机运转中，曲轴箱油的总酸值与总碱值的变化规律是____。	A. 总酸值增加，总碱值减小 B. 总酸值增加，总碱值增加 C. 总酸值减小，总碱值增加 D. 总酸值减小，总碱值减小	A
84	分杂机是一种____的离心机。	A. 只能分离水，不能分离杂质 B. 只分离杂质 C. 能将水和杂质全部分离出来 D. 分离杂质也能分出部分水	B

序号	题目内容	可选项	正确答案
85	活动底盘式分油机工作时，若控制阀处于"补偿"位置，则其状况为____。	A. 引水阀开着 B. 进油阀关着 C. 工作水内管通 D. 工作水外管通	C
86	分油机中被分离油料的加热温度一般由____确定。	A. 油料含杂量 B. 油料含水量 C. 分离量 D. 油料黏度	D
87	分离无添加剂的滑油时，常加入热水清洗，是为了去除滑油中的____。	A. 酸 B. 油渣 C. 机械杂质 D. 盐分	A
88	主机气缸冷却水进出口温差通常应不大于____。	A. 12 ℃ B. 20 ℃ C. 25 ℃ D. 30 ℃	A
89	柴油机冷却系统的冷却水，合理的流动路线和调节方法应该是____。	A. 冷却水自下而上流动，调节进口阀开度大小控制温度 B. 冷却水自下而上流动，调节出口阀开度大小控制温度 C. 冷却水自上而下流动，调节出口阀开度大小控制温度 D. 冷却水自上而下流动，调节进口阀开度大小控制温度	B
90	对柴油机冷却水进行水处理的目的是____。①防冷却腔结垢；②润滑作用；③增加热容量；④防腐蚀	A. ①② B. ②③ C. ③④ D. ①④	D
91	船舶主机缸套冷却水系统中自动调温阀的温度传感器检测的温度是____。	A. 淡水出机温度 B. 淡水进机温度 C. 淡水进冷却器温度 D. 各缸的淡水温度	A

序号	题目内容	可选项	正确答案
92	直接传动的柴油机船舶，在港内微速航行受____限制。	A. 主机最低转速 B. 主机最低稳定转速 C. 船舶用电 D. 动力装置燃烧性能	B
93	船舶搁浅后动用主机脱险，开车前人力盘车检查螺旋桨及轴系是否受阻，一般来说，可以从____看出。	A. 轴系的声音 B. 盘车时的阻力 C. 主机滑油压力 D. 无轴承处轴的跳动	B
94	倒顺车减速齿轮箱离合器主要用于哪种主机？	A. 高速柴油机 B. 低速柴油机 C. 四种程柴油机 D. 二冲程柴油机	A
95	在螺旋桨中，把螺旋线上轴向相邻对应点间的距离称为____。	A. 螺距 B. 导程 C. 滑距 D. 进程	A
96	喷射泵在船上不用作____。	A. 应急舱底水泵 B. 货舱排水泵 C. 真空泵 D. 应急消防泵	D
97	旋涡泵常用作辅锅炉给水泵，主要是利用其____特点。	A. 自吸能力强 B. 效率较高 C. 流量小扬程高 D. 抗气蚀性能好	C
98	离心旋涡泵与二级离心泵如叶轮直径、转速相同，前者与后者相比____是不对的。	A. 额定扬程较高 B. 效率较高 C. 有自吸能力 D. 扬程变化时流量改变少	B
99	喷射泵常做应急舱底水泵，不是因为____。	A. 自吸能力强 B. 被水浸没也能工作 C. 检修工作少 D. 无运动件，效率高	D

序号	题目内容	可选项	正确答案
100	喷射泵的喉嘴面积比 m 是指____。	A. 喷嘴出口面积与混合室进口截面积之比 B. 混合室进口截面积与喷嘴出口面积之比 C. 喷嘴出口面积与圆柱段截面积之比 D. 圆柱段截面积与喷嘴出口面积之比	D
101	级差式船用二级活塞式空压机的曲轴____。	A. 有两个互成 180°的曲拐 B. 有两个互成 90°的曲拐 C. 有两个互成 270°的曲拐 D. 只有一个曲拐	D
102	不会造成空压机排气量下降的是____。	A. 气阀弹簧断裂 B. 气缸冷却不良 C. 缸头垫片厚度减小 D. 空气滤器脏堵	C
103	两台向空气瓶供气的船用空压机分别由两只压力继电器自动控制起停，如产生调节动作的压力值分别为 2.4、2.5、2.9、3.0（MPa），气瓶在____压力范围内只可能有一台空压机运转。	A. 2.4～2.5 MPa B. 2.9～3.0 MPa C. 2.4～2.9 MPa D. 2.4～3.0 MPa	B
104	制冷装置自动化的元件中，不与系统制冷剂接触的是____。	A. 油压差继电器 B. 水量调节阀 C. 温度继电器 D. 高低压继电器	C
105	必要时可用____方法检查活塞式空压机的余隙高度。	A. 塞尺测量 B. 千分卡测量 C. 游标卡尺测量 D. 压铅	D
106	以下有关空压机润滑的叙述不当的是____。	A. 曲轴箱油位宁高勿低 B. 滴油杯油位不低于1/3高 C. 压力润滑油压不低于 0.1 MPa D. 水冷机油温不高于 70 ℃	A
107	管理中若发现空压机排气量减少，较合理的检查顺序是____。①气阀；②活塞环；③滤器；④冷却	A. ①②③④ B. ④①②③ C. ②①③④ D. ③④①②	D

序号	题目内容	可选项	正确答案
108	两级活塞式船用空压机高、低压级安全阀开启压力一般可比该级排气压力各高出约____。	A. 15％和15％ B. 10％和10％ C. 10％和15％ D. 15％和10％	C
109	使活塞式制冷压缩机实际排气量下降的最常见原因是____。	A. 气缸冷却不良 B. 余隙容积增大 C. 气阀和活塞环漏气量增加 D. 吸入滤网脏污	C
110	制冷剂从冷凝器进口至出口通常由____变成____。	A. 饱和蒸汽；饱和液体 B. 过热蒸汽；饱和液体 C. 湿蒸汽；饱和液体 D. 过热蒸汽；过冷液体	D
111	当压缩机状况和其他温度条件不变时，随着冷凝温度提高，制冷压缩机的轴功率____。	A. 增大 B. 不变 C. 降低 D. 先增大后降低	A
112	有油压顶杆启阀式调节机构的制冷压缩机在____情况会卸载。	A. 滑油压力太高 B. 排气压力太高 C. 吸气压力太高 D. 滑油压力太低	D
113	制冷装置冷凝器工作时进出水温差偏低，而冷凝温度与水的温差大，则说明____。	A. 冷却水流量太大 B. 冷却水流量太小 C. 传热效果差 D. 传热效果好	C
114	制冷系统中滑油分离器通常设在____。	A. 压缩机吸入口 B. 压缩机排出口 C. 回到吸气管 D. 贮液器出口	B
115	制冷装置运行时干燥-过滤器后面管路发凉结露，表明____。	A. 系统制冷剂不足 B. 该元件堵塞 C. 系统中水分太多 D. 制冷剂流量太大	B

序号	题目内容	可选项	正确答案
116	制冷系统过滤-干燥器通常设在____。	A. 压缩机吸气管上 B. 压缩机排气管上 C. 贮液器和回热器之间管路上 D. 回热器后液管上	C
117	回热器通常做成____。	A. 管内流过气态制冷剂，管外壳体内流过液态制冷剂 B. 管外流过气态制冷剂，管内壳体内流过液态制冷剂 C. 板式换热 D. 以上都可以	B
118	判断制冷压缩机工作中滑油系统工作是否正常应观察____。	A. 滑油泵排出压力 B. 滑油泵吸入压力 C. 油泵排压与压缩机吸入压力之差 D. 压缩机排出压力与油泵排出压力之差	C
119	下列制冷剂中与滑油相溶性最差的是____。	A. R12 B. R22 C. R134a D. R717	D
120	氟利昂制冷装置冷冻机油敞口存放最担心的是____。	A. 混入杂质 B. 氧化变质 C. 混入水分 D. 溶入空气	C
121	会使液压系统出现液压冲击的是____。	A. 油温过高 B. 流量过大 C. 换向较快 D. 压力过高	C
122	电液换向阀的导阀和主阀的控制方式分别是____。	A. 液压和电磁 B. 电磁和液压 C. 液压和液压 D. 电磁和电磁	B
123	下列液压控制阀中属于流量控制阀的是____。	A. 卸荷阀 B. 背压阀 C. 溢流节流阀 D. 平衡阀	C

序号	题目内容	可选项	正确答案
124	轴向柱塞泵配油盘在____处设有阻尼孔。	A. 两油窗口的两端 B. 两油窗口的油缸转入端 C. 某一油窗口（排油口）的两端 D. 两油窗口的油缸转出瑞	B
125	防止液压泵产生故障的管理措施主要应放在____。	A. 降低泵的吸入压力 B. 降低泵的工作压力 C. 控制液压油的污染度 D. 降低工作温度	C
126	属于液压传动系统的动力元件的是____。	A. 油泵 B. 油马达 C. 油缸 D. 控制阀	A
127	定量液压马达是指液压马达____不变。	A. 进油流量 B. 每转排量 C. 转速 D. 功率	B
128	下列液压马达中，启动效率最低的是____。	A. 连杆式 B. 五星轮式 C. 内曲线式 D. 叶片式	D
129	液压马达的"爬行"现象是指其____。	A. 转速太低 B. 低速时输出扭矩小 C. 低速时转速周期地脉动 D. 以上都是	C
130	滤油器位于压力管路上时的安全措施中通常不包括____。	A. 设污染指示器 B. 设压力继电器 C. 设并联单向阀 D. 滤器置于溢流阀下方	B
131	下列滤油器中属易清洗的有____。	A. 网式 B. 纸质 C. 线隙式 D. 都是	A

序号	题目内容	可选项	正确答案
132	为防止空气进入液压系统，错误的措施是____。	A. 回油管出口加工成斜切面 B. 回油管出口置于油箱油面之上 C. 系统高位设置放气装置 D. 保持油箱较高油位	B
133	对液压油不恰当的要求是____。	A. 黏温指数高好 B. 杂质和水分很少 C. 溶解的空气量很少 D. 抗乳化性和抗泡沫性好	C
134	下列各项中____通常并非更换液压油的原因。	A. 黏度变化较大 B. 污染物超标 C. 闪点下降多 D. 酸值下降多	D
135	液压油氧化速度加快的原因不包括____。	A. 油温太高 B. 油中杂质多 C. 加化学添加剂 D. 工作压力高	C
136	渔船最大舵角在35°，这是因为在该舵角时____。	A. 舵机的输出功率最大 B. 舵机的功率消耗最小 C. 转船力矩最大 D. 转舵力矩最大	C
137	按规范规定，主、辅操舵装置的布置应满足____。	A. 当其中一套发生故障时应不致引起另一套也失灵 B. 当其中一套发生故障时应不致引起另一套也失效 C. 在任何情况下都不能失效 D. 在任何情况下都不能失灵	B
138	舵机液压主泵不能回中时，会造成____。	A. 冲舵 B. 跑舵 C. 空舵 D. 滞舵	A
139	舵角限位器是为了防止____。	A. 操舵时的实际舵角太大 B. 操舵时的有效舵角太大 C. 实际舵角超过最大有效舵角 D. 实操舵角超过有效舵角	C

序号	题目内容	可选项	正确答案
140	阀控型液压随动舵机控制系统的反馈信号发送器一般由____带动。	A. 换向阀 B. 舵柄 C. 舵机房的遥控伺服机构 D. 转舵油缸柱塞	B
141	船舶舵机按原动力方式可分____。①电动舵；②液压舵；③人力舵	A. ①②③ B. ①② C. ②③ D. ①③	A
142	舵机公称转舵扭矩是指____转舵扭矩。	A. 平均 B. 工作油压达到安全阀开启时 C. 船最深航海吃水、最大营运航速前进，最大舵角时的 D. 船最深航海吃水、经济航速前进，最大舵角时的	D
143	机械舵角限位器一般设在____。①舵叶上侧；②下舵杆与舵柱的上部；③舵柄两侧极限舵角位置处	A. ①② B. ②③ C. ①③ D. ①②③	D
144	双撞杆四缸转舵机构停用一对油缸时，下列说法中错误的是____。	A. 同样条件下转舵，工作油压提高 B. 同样条件转舵，转舵速度下降 C. 同样条件下转舵，舵机功率增大 D. 舵杆会受到油压力产生的侧推力	B
145	转舵油缸常采用双作用式的是____转舵机构。	A. 滚轮式 B. 摆缸式 C. 拨叉式 D. 十字头式	B
146	液压舵机液压油温度一般不允许超过____。	A. 50℃ B. 60℃ C. 70℃ D. 80℃	C
147	锚机是按能满足额定负载和速度的条件下连续工作____时间设计的。	A. 30 min B. 45 min C. 1 h D. 任意	A

序号	题目内容	可选项	正确答案
148	关于锚机的说法错误的是____。	A. 通常同时设有绞缆卷筒 B. 电动锚机要设减速机构 C. 抛锚必须脱开离合器 D. 刹车常用手动控制	C
149	锚链每节长度的基本单位有____。①我国规定为 27.5 m；②英美规定为 15 拓；③我国老式船也有 25 m 或 20 m	A. ①② B. ②③ C. ①②③ D. ①③	C
150	锚机在系泊作业中，当离合器合上时，则____。	A. 卷筒转动而链轮不转动 B. 卷筒不转动而链轮转动 C. 卷筒与链轮同时转动 D. 卷筒与链轮都不转动	C
151	非电场力把单位正电荷从低电位处经电源内部移到高电位处所做的功是____。	A. 电压 B. 电动势 C. 电位 D. 电场强度	B
152	当电压、电流的参考方向选得相反时，电阻上的电压和电流关系可用下式____表示。	A. I＝U/R B. I＝RU C. R＝－IU D. I＝－U/R	D
153	把一个交流电流 i 和一个直流电流 I 分别通过阻值相同的电阻 R，在相同的时间内，若它们在电阻上产生的热效应相同，则该直流电的大小对应交流电流 i 的____。	A. 最大值 B. 有效值 C. 瞬时值 D. 平均值	B
154	用万用表的欧姆挡检测电容好坏时，若表针稳定后，指在距 "∞Ω" 处越远（但不指在 "0 Ω" 处），则表明____。	A. 电容是好的 B. 电容漏电 C. 电容被击穿 D. 电容内部引线已断	B
155	在三相四线制中，若某三相负载对称，星形连接，则连接该负载的中线电流为____。	A. 大于各相电流 B. 小于各相电流 C. 等于各相电流 D. 为零	D

序号	题目内容	可选项	正确答案
156	关于磁场磁力线的描述，错误的是____。	A. 磁力线是闭合的回线 B. 磁力线的方向表示了磁场的方向 C. 在磁力线上各点的磁场方向是一致的 D. 磁力线上任一点的切线方向即为该点的磁场方向	C
157	对于各种电机、电气设备要求其线圈电流小而产生的磁通大，通常在线圈中要放铁芯，这是基于铁磁材料的____特性。	A. 磁饱和性 B. 良导电性 C. 高导磁性 D. 磁滞性	C
158	金属导体的电阻率随温度升高而____；半导体的导电能力随温度升高而____。	A. 升高；升高 B. 降低；降低 C. 升高；降低 D. 降低；升高	A
159	稳压管的稳压功能通常是利用____特性实现的。	A. 具有结电容，而电容具有平滑波形的作用 B. PN结的单向导电性 C. PN结的反向击穿特性 D. PN结的正向导通特性	C
160	单相半波整流电路，输入交流电压有效值为100 V，则输出的脉动电压平均值为____；二极管承受的最高反向电压为____。	A. 45 V；100 V B. 90 V；100 V C. 90 V；141 V D. 45 V；141 V	D
161	在滤波电路中，电容器与负载____联，电感与负载____联。	A. 串；并 B. 并；串 C. 并；并 D. 串；串	B
162	晶体管中的"β"参数是____。	A. 电压放大系数 B. 集电极最大功耗 C. 电流放大系数 D. 功率放大系数	C
163	直流电机换向极作用主要是____。	A. 增加电机气隙磁通 B. 改善换向，减少换向时火花 C. 没有换向极，就成为交流电机 D. 稳定电枢电流	B

序号	题目内容	可选项	正确答案
164	直流电动机最常用的启动方法是____。	A. 在励磁回路串联电阻 B. 直接启动 C. 在电枢电路串联电阻 D. 降低磁场电压	C
165	变压器名牌上标有额定电压 $U1N$、$U2N$，其中 $U2N$ 表示____。	A. 原边接额定电压，副边满载时的副边电压 B. 原边接额定电压，副边空载时的副边电压 C. 原边接额定电压，副边轻载时的副边电压 D. 原边接额定电压，副边过载时的副边电压	B
166	三相变压器原、副边的电功率传递是通过____完成的。	A. 磁耦合 B. 直接的电连接 C. 磁阻 D. 电流	A
167	常用的电流互感器副边标准额定电流为____，当 $N2/N1 = 1000/10$ 时，电流互感器可测量的最大电流为____。	A. 5 A；500 A B. 10 A；1 000 A C. 5 A；50 A D. 10 A；100 A	A
168	下列对于异步电动机的定、转子之间的空气隙说法，错误的是____。	A. 空气隙越小，空载电流越小 B. 空气隙越大，漏磁通越大 C. 一般来说，空气隙做得尽量小 D. 空气隙越小，转子转速越高	D
169	一台工作频率为 50 Hz 异步电动机的额定转速为 730 r/min，其额定转差率 s 和磁极对数 p 分别为____。	A. $s=0.0267$，$p=2$ B. $s=2.67$，$p=4$ C. $s=0.0267$，$p=4$ D. $s=2.67$，$p=3$	C
170	对于三相异步电动机，当采用 Y-△ 换接起动时，电动机的启动电流可降为直接启动的____。	A. 1/3 B. 1/4 C. 1/2 D. 2/3	A
171	为取得与某转轴的转速成正比的直流电压信号，应在该轴安装____。	A. 交流执行电机 B. 自整角机 C. 直流执行电机 D. 直流测速发电机	D

序号	题目内容	可选项	正确答案
172	交流电动传令钟的两套自整角同步传递系统的励磁绕组间的相互关系是____。	A. 串联在单相交流电源上 B. 并接在单相交流电源上 C. 并接在单相直流电源上 D. 并接在三相对称交流电源上	B
173	为满足电气系统的自动控制需要，常用到一些被称为"控制电机"的电器。控制电机的主要任务是转换和传递控制信号。下列不属于控制电机的是____。	A. 交流执行电动机 B. 直流执行电动机 C. 测速发电机 D. 单相异步电动机	D
174	某照明电路所带负载的额定功率为1 000 W，额定电压为220 V，应选____A的熔丝以实现短路保护。	A. 5 B. 10 C. 15 D. 20	A
175	下列电器的铁芯端面上设有短路铜套的是____。	A. 交流电压继电器 B. 直流电流继电器 C. 直流电压继电器 D. 直流时间继电器	A
176	空压机自动控制系统中，高压停机正常是由____控制。	A. 空气断路器 B. 热继电器 C. 压力继电器 D. 多极开关	C
177	为主机服务的燃油泵、滑油泵等主要电动辅机，为了控制方便和工作可靠，均设置两套机组，当一套运行时，另一套处于"备用"状态，一旦运行机组故障，另一套会自动启动投入运行，这种控制方式称为____。	A. 连锁控制 B. 自动切换控制 C. 互锁控制 D. 自锁控制	B
178	磁力启动器启动装置不能对电动机进行____保护。	A. 失压 B. 欠压 C. 过载 D. 超速	D
179	电动机正、反转控制线路中，常把正转接触器的____触点____在反转接触器线圈的线路中，实现互锁控制。	A. 常开；并联 B. 常开；串联 C. 常闭；并联 D. 常闭；串联	D

序号	题目内容	可选项	正确答案
180	关于对电动锚机控制线路的要求，下列说法正确的是____。	A. 当主令控制器手柄从零位快速扳到高速挡，电机也立即高速启动 B. 控制线路应适应电机堵转 1 min 的要求 C. 控制线路中不设过载保护 D. 控制线路不需设置零压保护环节	B
181	船舶临时应急照明配电特点是____。	A. 系统均不设短路保护熔断器 B. 支路由各区域分电箱引出 C. 灯的控制开关设在各区域的明显处 D. 馈线上不设开关	D
182	当照明灯能在两地控制时，则两个地点的控制开关是____开关。	A. 串联的两个双联 B. 并联的两个单联 C. 串联的两个单联 D. 一个单联一个双联	A
183	船舶照明系统各种照明灯有一定维护周期，对航行灯及信号灯的检查应每____就要检查一次航行灯、信号灯供电是否正常，故障报警或显示装置是否正常。	A. 航行一次 B. 航行两次 C. 一个月 D. 两个月	A
184	某船舶的照明电网为三相绝缘线制，为检查照明分配电箱的管式熔断器是否熔断，下列方法可行的是____。	A. 利用验电笔检查 B. 供电开关接通时利用万用表欧姆挡检查 C. 供电开关接通时利用一额定电压与电网线电压相同的试灯灯头查验 D. 供电开关断开时利用万用表电压挡检查	C
185	下列不属于主配电板的组成部分的是____。	A. 主发电机的控制屏 B. 应急发电机的控制屏 C. 并车屏 D. 主发电机的负载屏	B
186	不经过分配电板，直接由主配板供电的方式是为了____。	A. 节省电网成本 B. 操作方便 C. 提高重要负载的供电可靠性 D. 提高重要负载的使用率	C
187	用于做岸电主开关的空气断路器不能单独完成的保护的是____。	A. 失压 B. 过载 C. 短路 D. 逆相序	D

序号	题目内容	可选项	正确答案
188	二台同步发电机正处于并联运行,则一定有____。	A. 电压相等、电流相等、频率相同 B. 电压相等、频率相同 C. 电流相等、频率相同 D. 有功功率相同、无功功率相同	B
189	将同步发电机投入并联运行时,最理想的合闸要求是当接通电网的瞬时,该发电机的____为零。	A. 电压 B. 功率因数 C. 电流 D. 电压初相位	C
190	在交流船舶电站的控制屏面板上,设有原动机的调速手柄。标有"快"(或"正转")及"慢"(或"反转")两个方向。意思是当手柄向"快"方向操作时,____。	A. 调速器的弹簧预紧力增加,油门开度增大 B. 调速器的弹簧预紧力增加,油门开度减小 C. 调速器的弹簧预紧力减小,油门开度增大 D. 调速器的弹簧预紧力减小,油门开度减小	A
191	电网上只有两台同步发电机并联运行,如果只将一台发电机组油门减小,而另一台未做任何调节,则会导致____。	A. 电网频率下降 B. 电网频率上升 C. 电网频率振荡 D. 电网电压上升	A
192	自动分级卸载的根本目的是____。	A. 避免发电机烧毁 B. 保证主要负载连续供电 C. 保证次要负载设备安全 D. 减少运行机组台数	B
193	维持同步发电机____和____的恒定是保证电力系统,供电品质的两个重要指标。	A. 电压;频率 B. 电压;有功功率 C. 频率;有功功率 D. 电压;无功功率	A
194	不可控相复励调压装置,从控制规律上看,属于按____调节励磁,从而实现恒压的目的。	A. 按发电机端口电压偏差及负载电流大小变化 B. 按负载电流大小变化及相位变化 C. 按发电机端口电压偏差及负载扰动 D. 仅按负载电流大小变化	B

序号	题目内容	可选项	正确答案
195	采取具有按发电机端口电压偏差调节的可控恒压装置的相复励同步发电机并联运行时，为使无功功率自动均匀分配，常采取的措施是___。	A. 设有调差装置 B. 设有差动电流互感器的无功补偿装置 C. 一律设立直流均压线 D. 视情形设立直流或交流均压线	A
196	属于应急供电设备的是___。	A. 航行灯 B. 锚机 C. 主海水泵 D. 空压机	A
197	应急发电机控制屏内不装有___。	A. 电压互感器 B. 电流互感器 C. 逆功率继电器 D. 调压装置	C
198	已经充足电的船用酸性蓄电池正极活性物质是___；负极活性物质是___。	A. Pb；Pb B. PbO_2；PbO_2 C. PbO_2；Pb D. Pb；PbO_2	C
199	当同步发电机外部短路，而短路电流为___倍发电机额定电时，过流脱扣器瞬时动作跳闸。	A. 1～2 B. 3～5 C. 4～7 D. 5～10	D
200	船舶电网保护不设___。	A. 短路保护 B. 过载保护 C. 负压保护 D. 逆功保护	D
201	船舶主配电板上装有三只绝缘指示灯，如其中有一只灯熄灭，其余两只灯比平时亮，说明___。	A. 电网有一相接地 B. 电网有两相接地 C. 一只灯泡烧毁 D. 一相接地，一只灯泡烧毁	A
202	接岸电时，岸电主开关合上后又立即跳开，可能的原因是___。	A. 船舶电站在运行 B. 相序接反或断相 C. 逆功率保护动作 D. 过载保护动作	B

序号	题目内容	可选项	正确答案
203	不允许用湿手接触电气设备，主要原因是____。	A. 造成电气设备的锈蚀 B. 损坏电气设备的绝缘 C. 防止触电事故 D. 损坏电气设备的防护层	C
204	____是碳酸氢钠加硬脂酸铝、云母粉、石英粉或滑石粉等粉状物。它本身无毒，不腐蚀，不导电。它灭火迅速，效果好，但成本高。	A. CO_2 B. 1211 C. 干粉 D. 大量水	C
205	我国渔业交流船舶普遍的动力负载额定电压为____；照明负载的额定电压为____。	A. 380 V；220 V B. 400 V；220 V C. 400 V；380 V D. 230 V；220 V	A
206	目前的海洋渔船以钢质、内燃机驱动、____推进为主要形式。	A. 螺旋桨 B. 明轮 C. 喷水 D. 喷气	A
207	通常所说的船长是指____。	A. 垂线间长 B. 船舶最大长度 C. 总长 D. 水线长	A
208	储备浮力的大小常以____表示。	A. 满载排水量的百分数 B. 空船排水量的百分数 C. 空船排水量的百分数 D. 排水体积的百分数	A
209	使船舶具有稳性的原因是____。	A. 浮力的作用 B. 重力的作用 C. 重力和浮力产生的力矩作用 D. 船的惯性作用	C
210	装载液体的舱越多，对稳性的影响____。	A. 越大 B. 越小 C. 不变 D. 不定	A

序号	题目内容	可选项	正确答案
211	根据要求，___管路不应设在锅炉、烟道、排烟管的上方。	A. 水管 B. 燃油 C. 压缩空气管 D. 蒸汽	B
212	按国家标准管路外表通常按系统涂有不同颜色的油漆，燃油管路用___表示。	A. 棕色 B. 黄色 C. 绿色 D. 灰色	A
213	滑油压力___，则因供油不足加剧机件磨损，严重时会发生重大机损事故。	A. 过高 B. 过低 C. 正常 D. 以上都不对	B
214	定期取样检查滑油质量，对滑油的___、闪点、水分、酸值和杂质等进行定量检查。	A. 黏度 B. 比重 C. 密度 D. 倾点	A
215	闭式冷却系统中因蒸发和泄漏而损失的水量一般由___补充。	A. 膨胀水箱 B. 海水泵 C. 消防泵 D. 压载泵	A
216	柴油机冷却系统中淡水和海水的压力应该___。	A. 海水压力大于淡水压力 B. 淡水压力大于海水压力 C. 淡水压力与海水压力相等 D. 无规范规定	B
217	供主机起动用的空气瓶至少___，其容量要求在额定工作压力的上限且在不补气的情况下，对每台可换向的主机在冷态下正倒车交替连续启动不少于12次。	A. 1个 B. 2个 C. 3个 D. 4个	B
218	对直接传动的柴油主机启动空气瓶的容量应保证空气瓶达到额定气压后不再补充空气的情况下，能___。	A. 在冷态下连续正倒车交替启动6次及以上 B. 在热态下连续正倒车交替启动6次及以上 C. 在冷态下连续正倒车交替启动12次及以上 D. 在热态下连续正倒车交替启动12次及以上	C

序号	题目内容	可选项	正确答案
219	船舶舱底水系统中所用的阀门必须是____。	A. 截止阀 B. 闸门阀 C. 止回阀 D. 旋塞	C
220	压载水泵通常采用____的离心泵。	A. 大排量高压头 B. 小排量高压头 C. 小排量低压头 D. 大排量低压头	D
221	必须设止回阀的船舶管系是____。	A. 日用淡水管系 B. 消防管系 C. 舱底水管系 D. 压载水管系	C
222	船用日用淡水系统中，若保养不周，使压力水柜内压缩空气量过少，将会产生____。	A. 淡水泵起停频繁 B. 淡水泵不能启动 C. 淡水泵运转过长时间不停 D. 淡水泵启动时水柜水位过低	A
223	下列关于试车的说法中，错误的是____。	A. 试车应在盘车、冲车后进行 B. 试车中主机应低速运转 C. 双主机船舶试车时应一正一反同时用车 D. 试车车令由驾驶台发出	D
224	开航前备车时，驾驶部、轮机部需核对的项目是____。	A. 车钟 B. 船钟、车钟及舵机 C. 主机转速表 D. 油水存量	B
225	柴油机正常工作，烟囱烟色应为____色。	A. 白 B. 黑 C. 蓝 D. 灰	D
226	柴油主机在工作中，某缸排温总是偏高，而油门是正常的，到港后应对____进行检查。	A. 高压油泵 B. 增压器 C. 调速器 D. 喷油泵	D

序号	题目内容	可选项	正确答案
227	接到完车指令将主机停止转动后,应让机油、冷却水系统继续循环___min。	A. 15 B. 20 C. 30 D. 60	C
228	船舶到港完车后,值班人员不能立即停止运行的是___。	A. 燃油输送泵 B. 主机报警系统 C. 缸套水泵 D. 废气锅炉	C
229	柴油机单缸停油的正确做法是___。	A. 关闭该缸高压油泵进油阀,停止供油 B. 拆除高压油管 C. 利用高压油泵停油装置将柱塞滚轮抬起,停止供油 D. AC 都对	C
230	下列关于柴油机拉缸的应急处理措施正确的是___。	A. 立即停车 B. 养活气缸油注入量 C. 加强气缸冷却 D. 降速	D
231	航行中,如果发现柴油机曲轴箱测量口、透气口有大量烟气冒出,且曲轴箱导门发热,应___。	A. 立即停车 B. 立即降速 C. 立即加强滑油的冷却 D. 立即用 CO_2 灭火	B
232	冒黑烟、蓝烟或白烟属于___的故障先兆。	A. 温度异常 B. 压力异常 C. 功能异常 D. 外观反常	D
233	柴油机喷油器针阀与阀座进行研磨修复时,其接触环带的宽度___。	A. 越大越好 B. 只要无划痕,越大越好 C. 越小越好 D. 只要无划痕,越小越好	D
234	检修活塞式空气压缩机时,气缸余隙容积可用___测量。	A. 塞尺 B. 游标尺 C. 直尺与平板 D. 铅块与千分尺	D

序号	题目内容	可选项	正确答案
235	由于管路固定于船体上，当船体变形或管路受热膨胀时，管子将产生很大的内应力，为了防止管子的弯曲和破裂，管路中常设有____。	A. 膨胀接头 B. 法兰接头 C. 螺栓接头 D. 焊接接头	A
236	船舶所更换的设备必须有____。	A. 船检局认可的证书 B. 出厂合格证 C. 国家质量检验局签发的合格证 D. 设备使用说明书	A
237	当船舶发生机损事故时，所申请的检验是____。	A. 初次检验 B. 保持入级检验 C. 临时检验 D. 法定检验	C
238	下列申请渔业职务船员证书应当具备的条件中，错误的是____。	A. 持有渔业普通船员证书 B. 年龄不超过 70 周岁 C. 符合任职岗位健康条件要求 D. 具备相应的任职资历条件；完成相应的职务船员培训	B
239	以下哪条不是渔业船员在船工作期间应当承担的职责____。	A. 携带有效的渔业船员证书 B. 遵守法律法规和安全生产管理规定，遵守渔业生产作业及防治船舶污染操作规程 C. 执行渔业船舶上的管理制度、值班规定 D. 绝对服从船长及上级职务船员发布的任何命令	D
240	因柴油机气缸检修时，新换活塞环搭口间隙太小，而在运行中发生严重拉缸，应属于____性质的事故。	A. 船员责任事故 B. 非船员责任事故 C. 因事故不报机务部门，所以不属事故 D. 事故隐患	A
241	轮机部的防污染工作的下列做法中，错误的是____。	A. 舱底水不得一次性抽干 B. 舱底水排放应经过分离并符合排放标准 C. 油棉纱、油抹布须清点后方可投入江中 D. 装油作业应由专人负责	C

序号	题目内容	可选项	正确答案
242	当发生机电设备损坏事故时，值班人员首先应____。	A. 报告轮机长 B. 报告船长 C. 离开机舱 D. 采取措施，防止事故扩大	D
243	船舶发生搁浅、擦底或触礁时，轮机人员应____，迅速备车并按船长命令正确操纵主机。	A. 立即进入机舱集合 B. 立即撤离机舱 C. 立即到艇甲板集合准备登艇 D. 立即建议船长弃船	A
244	搁浅后对主机滑油循环柜的液位应____。	A. 检查一次 B. 连续检查 C. 化验检查 D. 首尾测量	B
245	如进水部位系单独舱室又确定无法堵漏时，可____。	A. 采用单独封闭舱室法使之与相邻舱室密封隔离 B. 通知船长准备弃船 C. 通知轮机长准备弃船 D. 以上都不对	A
246	轮机值班人员发现机舱进水，____闻讯后应立即到达出事现场。	A. 船长 B. 轮机长 C. 轮机员 D. 政委	B
247	船舶在哪种航行情况下，应注意保持主、副机燃、润油压力和绑固机舱内活动工具、物料、备件等物品。	A. 进出港 B. 大风浪中航行 C. 从热带进入冰区 D. 由浅水区进入深水区	B
248	下列什么情况应使用低位海底阀?	A. 浅水航区航行 B. 港内航行 C. 大风浪中航行 D. 以上全部	C
249	下列有关船舶防台风措施的说法中，正确的是____。	A. 各燃油柜中的存油尽量并舱，以减少自由液面的影响 B. 在航行中遇台风，值班轮机员应亲自加强巡回检查 C. 台风季节，船舶如需拆检主机、舵机、锚机不需当地海事管理机构批准 D. 打开机舱天窗、水密门、通风道	A

序号	题目内容	可选项	正确答案
250	船舶在机动航行时，突遇跳闸停电，值班轮机员不正确的做法是____。	A. 立即启动备用机组迅速供电并通知驾驶台 B. 原动机若没停车而跳闸，应去掉次要负载，迅速合闸并通知驾驶台 C. 如驾驶台急于用车，必须考虑后果，立即执行驾驶台用车命令 D. 立即停发电原动机，然后通知电机员下机舱检查配电情况	D
251	当舵系统转动装置在技术上遇特殊疑难问题时，____应协助驾驶部做好舵系统转动装置的修理工作。	A. 轮机长 B. 管轮 C. 助理管轮 D. 值班轮机员	A
252	当船长作出弃船决定时，____负责操作救生艇发动机。	A. 船长 B. 船副 C. 助理船副 D. 轮机员	D
253	弃船时，机舱若接到____信号，应____撤离机舱登艇。	A. 一次完车；做好准备工作后 B. 二次完车；立即 C. 停车；立即 D. 备车；做好准备工作后	B
254	下列有关吊运作业安全注意事项的说法中，不正确的是____。	A. 严禁超负荷使用起吊工具 B. 在吊运前，应认真检查起吊工具，确认牢固可靠，方可吊运 C. 断股钢丝、霉烂绳索和残损的起吊工具，修理后，可以继续使用 D. 吊起的部件，应立即在稳妥可靠的地方放下，并衬垫绑系稳固	C
255	下述的操作中，存在不安全因素的是____。	A. 检修主机、必须在操纵台持"禁止动车"牌 B. 检修泵时须在电机处挂"禁止启动"牌 C. 拆装高温部件，应穿长袖衣裤 D. 警告牌应由检修负责人亲自悬挂和摘除	B
256	压力钢瓶应存放在____。	A. 锅炉平台 B. 阴凉处 C. 靠近热源处 D. 电焊间	B

序号	题目内容	可选项	正确答案
257	使用压力钢瓶时，钢瓶如因严寒结冻，可用____加温。①火烤；②蒸气；③热水	A. ①② B. ①③ C. ②③ D. ①②③	C
258	船舶电器防火防爆的预防措施是____。	A. 清洁油污 B. 保持绝缘 C. 严禁吸烟 D. 定期检查、检验安全设备和工作状态	B
259	下列各项中，存在不安全因素的是____。	A. 清洗空油舱时，禁止舱内油水管中的液体流动 B. 油柜附近，禁止拖动电焊机电缆 C. 柜透气管端有阻火铜丝网，其附近可以明火作业 D. 为防雷击，空油舱应充满惰性气体	C
260	船舶制定加油计划时，轮机长应与____商量，确保船舶平衡。	A. 管轮 B. 助理管轮 C. 船副 D. 船长	C
261	如果加装燃油时，在船周围的水面上发现有大量油花时，应立即____。	A. 报告船长 B. 报告轮机长 C. 停止装油 D. 继续查看	C
262	应急消防泵的排量，在任何情况下不得少于____。	A. 20 m³/h B. 25 m³/h C. 30 m³/h D. 40 m³/h	B
263	船舶应变的警报信号中，如警铃或汽笛一长声，连放 6 s，应如何应变？	A. 消防 B. 解除警报 C. 弃船 D. 综合应变	B
264	消防演习时，要求警报发出____内能供水。	A. 5 min B. 10 min C. 15 min D. 20 min	A

序号	题目内容	可选项	正确答案
265	当听到应急应变警报讯号后，除轮机长和机舱规定值班人员外，其他人员到现场由____统一指挥。	A. 船长 B. 船副 C. 值班驾驶 D. 管轮	B
266	船舶发生搁浅、擦底或触礁后，轮机部非值班人员应____。	A. 准备求生 B. 按应变部署表行动 C. 立即下机舱集合 D. 以上都对	C
267	船舶加装燃料的负责人是____。	A. 轮机长 B. 管轮 C. 助理管轮 D. 船副	C
268	轮机员在接班时必须在机舱外检查的项目不包括____。	A. 舷外排水情况 B. 烟囱排烟颜色 C. 救生艇发动机 D. 冰机	C
269	航行中，轮机员值班的活动不得超出____范围。	A. 车钟讯号的音响 B. 机舱 C. 机舱和船员生活区域 D. 集控室	A
270	航行时，轮机部交接工作应在____交接。	A. 机舱现场 B. 机舱上下扶梯处 C. 房间 D. AB 都对	A
271	船舶航行中，交接班若正好遇上处理严重的设备故障或险要航段的紧急操作时____。	A. 应立即交接 B. 不能交接 C. 可暂缓交接 D. 因轮机长在场，不用交接	C
272	船舶到港，由航行值班转为停泊值班的时间以____为准。	A. "完车" 时间 B. 先靠上码头时间 C. 次日 08:00 时 D. 轮机长规定时间	A
273	调动交接、交班轮机员涉及的机损事故报告应____。	A. 移交接班轮机员处理 B. 不得移交接班轮机员处理 C. 双方共同协商处理 D. 由轮机长处理	B

序号	题目内容	可选项	正确答案
274	开航前 1 h，值班轮机员、电机员和驾驶员三方共同核对的项目是____。	A. 转速表和车钟 B. 油、水储存量 C. 时钟、车钟和舵 D. 人员情况	C
275	航行中，值班驾驶员应及时将____情况通知值班轮机员。	A. 过狭窄水道、浅滩 B. 过危险水域 C. 转舵 D. AB 都对	D

二、判断题

序号	题目内容	正确答案
1	提高柴油机平均指示压力的主要方法是提高进气压力。	错误
2	柴油机工作中随着活塞环的径向磨损，活塞环的搭口间隙会增大。	正确
3	柴油机曲轴主轴承薄壁轴瓦磨损的检测方法是压铅丝测轴承间隙。	错误
4	燃油的使用温度应至少高于凝点 3～5 ℃。	错误
5	柴油机发生重复喷射的根本原因是喷射延迟阶段太长。	错误
6	喷油器喷射时燃油雾化的锥角与射程是评定燃油雾化质量的主要指标。	错误
7	当回油孔式喷油泵的柱塞偶件磨损后会使供油定时提前。	错误
8	在柴油机中对气缸燃烧有直接影响的是供油提前角。	错误
9	四冲程柴油机气阀的阀面锥角大，气阀落座的对中性就较差。	错误
10	柴油机在低转速、高负荷下运行时易产生喘振。	正确
11	船用柴油机的超负荷功率为标定功率的 103％。	错误
12	装设调速器的主要目的是当外界负荷变化时，通过调速器来改变柴油机的循环供油量以维持或限制柴油机的规定转速。	正确
13	表明调速器稳定性的参数是稳定调速率。	错误
14	机械式调速器的稳定调速率与弹簧预紧力有关。	错误
15	可逆转柴油机的气缸启动阀都采用间接启阀式。	正确
16	空气分配器定时不当使柴油机启动时转速波动，且无法达到启动转速。	正确
17	正式开泵装油前，供受油双方应规定好联系信号。	正确

序号	题目内容	正确答案
18	燃油系统中滤器堵塞的现象表现为滤器前后压力差变小。	错误
19	燃油系统的三大环节组成是指燃油的注入、储存和驳运；燃油的净化处理；燃油的使用和测量。	正确
20	主机启动前备车时，应先开动主机滑油泵进行预供油润滑。	正确
21	可能造成分油机出水口跑油的原因是进油阀开得过猛。	正确
22	柴油机冷却空间因结垢使冷却水进出口温差太小而造成的危害包括零件易出现过度磨损，甚至咬死。	正确
23	对于采用油润滑的巴氏合金艉轴管要确保其滑油系统正常工作。	正确
24	若船用柴油机齿轮箱下壳内设有两排水管，其主要作用是加热滑油。	错误
25	使用键连接的螺旋桨，主要靠连接键来传递扭矩和承受力。	错误
26	喷射泵泵内无任何运动部件，工作时无噪声。	正确
27	运行中的空压机排气管路上气液分离器的泄水阀应定时开启泄水。	正确
28	二级压缩活塞式空压机低压级安全阀顶开可能是低压级排气阀漏泄大。	错误
29	制冷装置中热力膨胀阀自动控制蒸发温度大致稳定。	错误
30	船舶制冷装置附近发生火灾时，应开启贮液器或冷凝器处的应急释放阀，向舷外释放制冷剂，保证安全。	正确
31	制冷系统进入空气不会使压缩制冷循环冷凝温度增高。	错误
32	R22制冷装置发生"奔油"现象，会使油泵建立不起油压，甚至油被吸入气缸产生"液击"。	正确
33	阀前后油压之差对开度既定的节流阀的流量影响最大。	正确
34	叶片泵体积相对较小，双作用叶片泵在所有液压泵中单位功率重量最轻。	正确
35	液压马达初次使用时，不必在壳体内灌满工作油。	错误
36	液压系统中的液压油黏度越大则通过过滤器时的压降越小。	错误
37	新装液压系统在运行前应使用轻柴油循环冲洗清除杂质。	错误
38	锚机应有独立的原动机驱动，能实现换向、变速、停车等功能。	正确
39	液压传动捕捞机械使用前应检查离合器、传动装置、刹车是否可靠。	正确
40	油中的气体急剧受压时，会放出大量的热量，引起局部过热，损坏液压元件和液压油。	正确
41	电机和变压器的铁芯必须用软磁材料，常见软磁材料有硅钢、铸铁、铸钢等。	正确

序号	题目内容	正确答案
42	他（并）励电动机适用于拖动起重生产机械；串励直流电动机适用于拖动恒速生产机械。	错误
43	运行中的三相异步电动机缺相时，运行时间过长就有烧毁电动机的可能。	正确
44	直流伺服电动机通常采用电枢控制方式，即其励磁电压为定值，磁通保持一定，控制信号电压加在电枢两端。	正确
45	当电动机运转时，圆盘式电磁制动器电磁刹车线圈断电，使静摩擦片与动摩擦片脱开，使电动机可自由旋转。	错误
46	在控制电路中相互制约的控制关系称为互锁，其中电动机正、反转控制中正转控制与反转控制的互锁最为典型。	正确
47	船舶电气设备和陆用电气设备防护等级一样时，可以通用。	错误
48	三相同步发电机定子是励磁绕组，转子是电枢绕组。	错误
49	同步发电机并联运行时，单独增加一台发电机的油门使输出有功功率增加，将引起另一台输出有功功率自动增加，以保持输出功率平衡。	错误
50	准同步并车可以使得发电机并联瞬间冲击电流在可接受的范围内。	正确
51	同步发电机的自励恒压装置具有当负载性质发生变化时，能自动保持无功功率基本不变的作用。	错误
52	采取不可控相复励自励恒压装置的同步发电机并联运行时，为使无功功率自动均匀分配，常采取的措施是视情形设立直流或交流均压线。	正确
53	单个铅蓄电池的电压正常时应保持在 2 V，若电压下降到约 1.8 V 时，即需要重新充电。	正确
54	船舶配电板上绝缘指示灯正常工作时，三盏灯亮度相同。若某一相出现接地故障，则接地相的那盏灯熄灭，而另外两盏灯亮度增强。	正确
55	接通岸电后，不允许再启动船上主发电机或应急发电机合闸向电网供电，因此主配电板均设有与岸电的互锁保护，使两者不可能同时合闸。	正确
56	大型船舶的主柴油机燃油回油管路应设置 2 套。	正确
57	渔船柴油机水冷却系统分为开式与闭式 2 种类型。	正确
58	应急舱底水吸口间应安装永久性的清晰铭牌。	正确
59	消防泵应为独立机械系统。	正确
60	滑油冷却器进出前后温度为 50～55 ℃。	正确
61	封缸运行时，应降低转速。	正确
62	当曲轴箱已发生爆炸，机舱内出现大量油雾时，应立即启动抽风机抽除油雾。	错误

序号	题目内容	正确答案
63	装配质量直接关系到柴油机的可靠性、经济性和使用寿命。	正确
64	油舱的清洁处理属于坞修工程验收项目。	错误
65	船舶更改船名、船籍港或船东时，应申请初次检验。	错误
66	总吨位 150 t 及以上的油船和总吨位 400 t 以上的非油船必须备有规定的船舶防污染证书。	正确
67	蒸汽管和温度较高的管路，应包扎绝热材料，其表面温度一般不超过 60 ℃。	正确
68	在大风浪中航行时，注意主、副机燃油系统的压力，酌情缩短清洗燃油滤器的时间。	正确
69	全船失电时应立即通知驾驶台，通知轮机长下机舱。	正确
70	乙炔气钢瓶瓶体温度不得超过 40 ℃。	正确
71	进入封闭场所作业时，必须安排照应人员。	正确
72	电动机应急消防泵由主配电板和应急配电板供电。	正确
73	消防演习按应变部署表中的消防部署进行。	正确
74	机舱固定值班人员在听到弃船警报后应坚守岗位按令操作。	正确
75	船舶停泊时，值班轮机员根据值班驾驶员的通知做好移泊准备，主机试车前，应报告轮机长。	错误

二级轮机长

一、选择题

序号	题目内容	可选项	正确答案
1	渔船日耗油量是指____。	A. 渔船 24 h 全船所消耗的燃油总量 B. 渔船 24 h 动力装置所消耗的燃油总量 C. 渔船 24 h 主机、柴油发电机所消耗的燃油总量 D. 渔船 24 h 计算理论燃油消耗量	A
2	柴油机的指示功率指的是____。	A. 燃气在单位时间内对活塞所做的功 B. 船舶航行所需要的功率 C. 柴油机对外输出功率 D. 螺旋桨所吸收的功率	A

序号	题目内容	可选项	正确答案
3	柴油机的指示功率系指____。	A. 柴油机气缸中实际发出的功率 B. 示功器直接指示出的功率 C. 柴油机对外输出的实际功率 D. 柴油机理论上发出的功率	A
4	在推力轴承中力的传递顺序是____。	A. 推力盘→推力块→油膜→调节圈 B. 推力块→推力盘→油膜→调节圈 C. 推力盘→油膜→推力块→调节圈 D. 推力块→推力盘→调节圈→机座	C
5	对于筒形柴油机，为了减轻重量，其主要固定件可没有____。	A. 机体 B. 机架 C. 机座 D. 气缸体	C
6	测量曲轴臂距差的量具是____。	A. 量缸表 B. 开挡表 C. 塞尺 D. 千分表	B
7	下述筒形活塞式柴油机的特点中，错误的是____。	A. 活塞的左右方向的磨损小 B. 活塞起导向作用 C. 使用连杆连接活塞与曲轴 D. 中、高速柴油机均使用筒形活塞	A
8	对柴油机活塞销的要求是，在保证足够的强度与刚度下____。	A. 越硬越好 B. 越软越好 C. 表面硬，芯部软 D. 热强度高	C
9	轮机管理人员判断柴油机受热部件热负荷高低最实用的方法是____。	A. 柴油机的排气温度 B. 燃烧室部件温度 C. 喷油量 D. 滑油温度	A
10	关于活塞环气密机理不正确的说法是____。	A. 第一次密封只能使环压向气缸壁形成滑动表面密封 B. 第二次密封在轴向不平衡力的作用下，把环压向环槽下侧在径向不平衡力作用下将环压在滑动表面缸壁上 C. 第二次密封比第一次密封更重要 D. 没有第一次密封，仍然可以形成第二次密封	D

序号	题目内容	可选项	正确答案
11	易发生连杆螺栓断裂事故的柴油机是____。	A. 四冲程高速机 B. 四冲程增压机 C. 二冲程增压机 D. 二冲程中速机	A
12	倒挂式主轴承与正置式主轴承比较的特点，错误的是____。	A. 机架下部有张开产生塌腰变形的倾向 B. 拆装曲轴比较方便 C. 广泛用于中高速柴油机 D. 可提高主轴承刚度	D
13	曲轴臂距差测量工作是____。	A. 测量曲柄两轴柄臂之间的距离 B. 测量在曲柄回转 360° 后两曲柄臂间距离的变化 C. 测量在曲柄回转 180°（曲柄销位于上、下止点或左平、右平位置）两曲柄臂间距离的变化 D. 测量在曲柄回转一个工作循环的转角后两曲柄臂间距离的变化	C
14	通常，可以使用船舶净化设备来降低其含量的燃油性能指标是____。	A. 硫分 B. 钠和钒含量 C. 机械杂质和水分 D. 灰分	C
15	当船用主柴油机由使用轻油换用重油时，在油门不变情况下主机转速将略有升高，其原因是____。	A. 重油热值高 B. 重油黏度大 C. 循环供油量大 D. 重油中含有腊质	C
16	燃油的有关性能指标中对雾化质量影响最大的是____。	A. 密度 B. 自燃点 C. 挥发性 D. 黏度	D
17	在燃油喷射过程中，喷射延迟阶段过长，将会导致的结果是____。	A. 油耗率降低，功率增加 B. 后燃严重，排烟温度增加 C. 平均压力增长率增加，工作粗暴 D. 最高爆发压力降低，工作粗暴	B

序号	题目内容	可选项	正确答案
18	柴油机良好的喷射质量应包括____。	A. 良好的雾化 B. 准确的定时 C. 合理的供油规律 D. 选项都是	D
19	当喷油器喷孔数不变而喷孔直径减小时，对喷油规律的影响是____。	A. 喷油阻力减小 B. 喷油持续角减小 C. 喷油率增大 D. 易引起异常喷射	D
20	对回油孔式喷油泵等容卸载出油阀在使用中的主要缺陷是____。	A. 结构复杂 B. 低负荷易穴蚀 C. 阀面磨损 D. 使用中故障多	B
21	关于检查柴油机喷油泵的喷油定时的方法中不正确的是____。	A. 冒油法 B. 标记法 C. 照光法 D. 拉线法	D
22	在柴油机回油孔式喷油泵出油阀上具有的减压环带，其作用是____。	A. 保持高压油管中的压力 B. 避免重复喷射 C. 防止高压油管穴蚀 D. 避免不稳定喷射	B
23	在柴油机喷射系统必须放空气的情况中，错误的是____。	A. 柴油机正常停车后 B. 长期停车后，启动前 C. 系统管路重新连接之后 D. 喷油器拆装之后	A
24	柴油机运行中，若高压油管脉动微弱，排温降低，最高爆发压力降低，其原因可能是____。	A. 喷油泵出油阀弹簧折断 B. 喷油器喷孔堵塞 C. 喷油器弹簧断裂 D. 喷油泵柱塞咬死	A
25	某主机在航行途中，突然出现单缸排烟温度降低，并伴随主机转速下降、高压油管脉动强烈，则可能的原因是____。	A. 某缸高压油泵柱塞卡死在最高位置 B. 某缸喷油器针阀卡死在关闭位置 C. 某缸喷油器针阀卡死在开启位置 D. 某缸高压油泵柱塞套筒磨损严重	B

序号	题目内容	可选项	正确答案
26	在柴油机中广泛使用的喷油泵是____。	A. 高压齿轮泵 B. 螺杆泵 C. 往复活塞泵 D. 柱塞泵	D
27	喷油器喷孔内外结炭的直接原因在于____。	A. 燃油预热温度不当 B. 喷油器冷却不良而过热 C. 启阀压力太低 D. 喷油压力太低	B
28	喷油器针阀与针阀座密封锥面磨损而密封不良时,对喷孔的影响是____。	A. 结炭 B. 穴蚀 C. 磨损孔径增大 D. 裂纹	A
29	检查喷油器针阀与针阀体密封性时,倾斜针阀45°角,观察其在针阀套中自由下滑情况,可大致检查____。	A. 针阀与阀套锥面的密封情况 B. 针阀与阀套柱面的密封情况 C. 针阀与喷油器本体的密封情况 D. 针阀与阀套锥面的磨损情况	B
30	四冲程柴油机气阀阀面与阀座为外接触式配合,下述特点中不正确的说法是____。	A. 密封性好 B. 阀盘易发生拱腰变形 C. 拱腰变形后增加散热 D. 易增大接触应力	D
31	柴油机换气过程是指____。	A. 排气行程 B. 进气行程 C. 进、排气行程 D. 进、排气过程	D
32	一般造成四冲程柴油机气阀弹簧断裂的主要原因是____。	A. 材料选择不当 B. 弹簧振动 C. 热处理不符合要求 D. 锈蚀	B
33	四冲程发电柴油机气阀间隙过大时____。	A. 在低负荷时敲阀严重 B. 在正常负荷时敲阀严重 C. 在超负荷时敲阀严重 D. 在排气温度高时敲阀严重	A

序号	题目内容	可选项	正确答案
34	提高柴油机单缸功率的途径之一是____。	A. 提高压缩比 B. 采用增压技术 C. 增大过量空气系数 D. 降低转速	B
35	关于自带润滑油泵的增压器，说法不正确的是____。	A. 滑油泵安装在转子轴两端 B. 滑油泵多为齿轮泵 C. 滑油泵从轴承箱吸油 D. 开航前备车时无法检查自带油泵供油情况	D
36	运行中的柴油机用水清洗增压器压气机时，储水罐内容量的水应在压下按钮后____内喷入压气机。	A. 4～10 min B. 10～20 s C. 4～10 s D. 10～20 min	C
37	柴油机运行中当负荷相同时，增压压力升高，并伴随着增压器的超速，主要原因是____。	A. 废气涡轮方面故障 B. 压气机方面故障 C. 柴油机方面故障 D. 上述三方面全部	C
38	废气涡轮增压柴油机改善经济性的主要原因是____。	A. 空气密度增大，使燃烧完全 B. 使示功图面积增大 C. 压缩终点的压力和温度提高 D. 选项都是	A
39	在废气涡轮增压器中，实现废气动能转变为机械能的部件是____。	A. 进气壳 B. 喷嘴环 C. 叶轮 D. 排气蜗壳	C
40	在废气涡轮增压器中，空气流经离心式压气机时，流速会升高，而压力会降低的部件是____。	A. 进气道 B. 扩压器 C. 导风轮 D. 工作叶轮	A
41	用听棒听到废气涡轮增压器在运转中发出钝重的嗡嗡声音，说明增压器____。	A. 负荷过大 B. 失去动平衡 C. 润滑不良 D. 密封泄漏	B

序号	题目内容	可选项	正确答案
42	用水清洗过增压器涡轮后，应在低负荷运转____。	A. 30～35 min B. 25～30 min C. 10～20 min D. 5～10 min	D
43	当柴油机用作船舶主机并与螺旋桨直接连接时，若柴油机输出功率达到标定功率的110%时，其相应的转速应是____。	A. 103％额定转速 B. 105％额定转速 C. 107％额定转速 D. 110％额定转速	A
44	固定喷油泵油量调节机构，用改变负荷的方法来改变柴油机转速，这样，测得主要性能指标和工作参数随转速的变化规律称为____。	A. 调速特性 B. 速度特性 C. 推进特性 D. 负荷特性	B
45	通常多数柴油机在下述某转速区，有效油耗率达到最低点____。	A. 标定转速 B. 略低于标定转速 C. 略高于标定转速 D. 无规律	B
46	柴油机在各种转速下的最大有效功率，使柴油机的机械负荷和热负荷均不超过许用的范围，称为____。	A. 调速特性 B. 推进特性 C. 负荷特性 D. 限制特性	D
47	船用柴油机的超负荷功率为标定功率的____。	A. 103％ B. 105％ C. 110％ D. 115％	C
48	船用发电柴油机必须装设的调速器是____。	A. 液压调速器 B. 机械式调速器 C. 定速调速器 D. 极限调速器	C
49	根据船舶主机的工作特点，规定主机必须装设的调速器是____。	A. 全制式调速器 B. 极限调速器 C. 单制调速器 D. 液压调速器	B

序号	题目内容	可选项	正确答案
50	稳定时间是用来衡量调速器的____。	A. 稳定性指标 B. 准确性指标 C. 灵敏性指标 D. 稳定性和灵敏性指标	A
51	根据我国有关规定，船用发电柴油机当突御全负荷后瞬时调速率应不超过____。	A. 5% B. 8% C. 10% D. 12%	C
52	在调速器的性能指标中稳定调速率越小，表明调速器的____。	A. 灵敏性越好 B. 准确性越好 C. 动态特性越好 D. 稳定时间越短	B
53	在下述性能参数中，表明调速器稳定性的参数是____。	A. 瞬时调速率 B. 稳定调速率 C. 不灵敏度 D. 转速波动率	A
54	影响机械调速器稳定调速率的主要因素是____。	A. 调速弹簧的直径 B. 调速弹簧的长度 C. 调速弹簧的刚度 D. 调速弹簧的材料	C
55	通常机械式调速器的稳定调速率____。	A. 不可调整 B. 可任意调整 C. 随机型而异 D. 与弹簧预紧力有关	A
56	关于柴油机液压调速器的下述叙述中，错误的是____。	A. 具有广阔的调速范围 B. 稳定性好，调节精度与灵敏度高 C. 它利用飞重离心力直接拉动油量调节机构 D. 广泛用于大中型柴油机	C
57	柴油机液压调速器换油时，旧油的放出应在____进行。	A. 空车正常转速运转时 B. 停车后油热时 C. 停车后油冷却时 D. 空车怠速运转时	D

序号	题目内容	可选项	正确答案
58	按表盘式液压调速器的正确使用要求，其负荷限制旋钮在柴油机启动时的正确调整位置是____。	A. 0 格 B. 5 格 C. 7～8 格 D. 10 格	B
59	使用表盘式液压调速器的两台发电柴油机并联运行负荷始终不能均匀分配，应该调整的部件是____。	A. 调速旋钮 B. 补偿针阀开度 C. 伺服马达 D. 速度降旋钮	D
60	调速器连续工作时推荐的使用滑油温度范围是____。	A. 40～50 ℃ B. 50～60 ℃ C. 62 ℃以下 D. 60～90 ℃	D
61	四冲程柴油机某缸气缸启动阀卡死不能开启而使曲轴停在某一位置不能启动时，下列说法正确的是____。	A. 飞轮指示在上止点后 0°～140°的缸为故障缸 B. 飞轮指示在上止点后 0°～140°进排气阀都关闭的缸为故障缸 C. 飞轮指示在上止点后 0°～140°排气阀关闭的缸为故障缸 D. 飞轮指示在上止点后 0°～140°进气阀关闭的缸为故障缸	B
62	在压缩空气启动系统中，启动控制阀的作用是控制____的开启和关闭。	A. 空气分配器 B. 气缸启动阀 C. 空气压缩机 D. 主启动阀	D
63	在压缩空气启动系统中，气缸启动阀的启闭时刻和启闭顺序均由____控制。	A. 启动控制阀 B. 空气分配器 C. 主启动阀 D. 启动操纵阀	B
64	四冲程可换向柴油机凸轮轴端立有两个油瓶的换向机构是用于____。	A. 机械差动换向 B. 液压差动换向 C. 单轴双凸轮换向 D. 鸡心凸轮差动换向	C

序号	题目内容	可选项	正确答案
65	柴油机滑油供油压力不足会导致____。	A. 接合面漏油 B. 滑油氧化变质 C. 滑油消耗增加 D. 机件磨损加剧	D
66	对于壳管式滑油冷却器冷却效果下降的原因分析中，不正确的是____。	A. 冷却水量不足，滤器污堵 B. 冷却器管子堵塞 C. 冷却器管子破损泄漏 D. 冷却水泵故障	C
67	滑油的进口温度通常应保持在____。	A. 35～40 ℃ B. 40～55 ℃ C. 50～65 ℃ D. 60～75 ℃	B
68	润滑的主要作用____。	A. 冷却作用 B. 清洁作用 C. 密封作用 D. 减磨作用	D
69	曲轴箱油在使用时应每隔____取样检查一次。	A. 3～4 个月 B. 4～5 个月 C. 5～6 个月 D. 6～7 个月	A
70	有关分油机分离原理方面的错误叙述是____。	A. 分油机是根据油、水、杂质密度不同，旋转产生的离心力不同来实现油、水、杂的分离 B. 分油机要求以 6 000～8 000 r/min 高速回转 C. 大部分机械杂质被甩到分油机分离筒的内壁上 D. 分水机中无孔分离盘把密度不一的杂质和水从油中分开	D
71	活动底盘式分油机，其工作时控制阀的正确位置应为____。	A. 补偿 B. 开启 C. 密封 D. 空位	A

序号	题目内容	可选项	正确答案
72	自动排渣分油机排渣口跑油的原因之一是＿＿。	A. 水封水太少 B. 重力环内径过大 C. 高置水箱缺水 D. 进油过猛	C
73	分油机分离滑油时的最佳分油量一般应选择铭牌额定分油量的＿＿。	A. 100％ B. 1/2 C. 1/5 D. 1/3	D
74	根据我国"海船规范"要求，柴油机气缸冷却水空间的水压试验压力应为＿＿。	A. 0.7 MPa B. 0.9 MPa C. 0.8 MPa D. 0.6 MPa	A
75	开式循环海水冷却柴油机的缸套腐蚀主要由＿＿引起。	A. 空泡腐蚀 B. 电化学腐蚀 C. 低温腐蚀 D. 高温腐蚀	B
76	下列关于冷却水系统管理中，说法错误的是＿＿。	A. 淡水压力应高于海水压力 B. 闭式淡水冷却系统中应设置膨胀水箱 C. 进港用低位海底阀 D. 定期清洗海底阀的海水滤器	C
77	关于柴油机冷却的说法不正确是＿＿。	A. 多采用闭式循环冷却系统 B. 个别气缸水温不正常时，应立即关小气缸进水阀 C. 淡水泵出口接主机可以防止冷却水气化 D. 启动前，对冷却水应预热暖缸	B
78	间接传动的推进装置主要优点是＿＿。	A. 维护管理最方便 B. 轴系布置比较自由 C. 经济性最好 D. 传动效率高	B
79	在主机功率和螺旋桨效率不变的情况下，航速降低时，轴系所承受的推力＿＿。	A. 减少 B. 增大 C. 不变 D. 减少或不变	A

序号	题目内容	可选项	正确答案
80	船舶轴系安装时，一般是____。	A. 曲轴轴心线高于推力轴轴心线，两个相对法兰端面为下开口 B. 曲轴轴心线低于推力轴轴心线，两个相对法兰端面为下开口 C. 曲轴轴心线低于推力轴轴心线，两个相对法兰端面为上开口 D. 曲轴轴心线高于推力轴轴心线，两个相对法兰端面为上开口	A
81	垂直异中心传动的减速齿轮箱的特点是____。	A. 占机舱面积大 B. 主机重心高 C. 不影响船舶的稳定性 D. 减速比大	B
82	螺旋桨与尾轴连接的紧固螺帽其螺纹的旋向是____，其作用是防止螺旋桨____。	A. 顺时针；正车时松动 B. 逆时针；倒车时松动 C. 与螺旋桨正转方向相反；正车松动 D. 与螺旋桨倒转方向相反；倒车松动	C
83	螺旋桨与尾轴间的动力传递，最主要的受力部位是____。	A. 用以连接的键 B. 轴颈上的键槽 C. 尾轴锥体部分的紧密结合面 D. 螺旋桨的并紧螺帽	C
84	在推进装置传动方式中，对间接传动的优点理解错误的是____。	A. 可选择减速比 B. 主机不用换向 C. 传动效率高 D. 可多机并车运行	C
85	在进行机、桨匹配时，对主机的选型要考虑很多因素，最重要的是____。	A. 主机类型 B. 燃油消耗率 C. 滑油耗量 D. 售后服务及备件供应	B
86	空压机气缸冷却不起____的作用。	A. 减少压缩功 B. 降低排气和滑油温度 C. 提高输气系数 D. 防止高温腐蚀	D

序号	题目内容	可选项	正确答案
87	两台向空气瓶供气的船用空压机分别由两只压力继电器自动控制起停，如产生调节动作的压力值分别为 2.4 MPa、2.5 MPa、2.9 MPa、3.0 MPa，气瓶在____压力范围内只可能有一台空压机运转。	A. 2.4～2.5 MPa B. 2.9～3.0 MPa C. 2.4～2.9 MPa D. 2.4～3.0 MPa	B
88	制冷装置中吸气管是指从____通压缩机的管路。	A. 冷凝器 B. 蒸发器 C. 膨胀阀 D. 回热器	B
89	不能在制冷装置液管上设的元件是____。	A. 干燥器 B. 回热器 C. 液体观察镜 D. 流量计	D
90	活塞式制冷压缩机能量调节的最常用方式是____。	A. 改变转速 B. 改变活塞行程 C. 顶开吸入阀 D. 顶开排出阀	C
91	制冷压缩机一般采用____轴封。	A. 软填料 B. 机械 C. 皮碗 D. 都有使用	B
92	压缩制冷量装置中冷凝器容量偏大不会导致____降低。	A. 排气压力 B. 排气温度 C. 制冷系数 D. 轴功率	C
93	下列制冷装置的部件中不设安全阀的是____。①冷凝器；②贮液器；③蒸发器；④压缩机	A. ③ B. ②③ C. ①③ D. 无	A
94	制冷系统中滑油分离器通常设在____。	A. 压缩机吸入口 B. 压缩机排出口 C. 回到吸气管 D. 贮液器出口	B

序号	题目内容	可选项	正确答案
95	有的制冷装置滑油分离器回油管上设有电磁阀，它在____时开启。	A. 压缩机运转 B. 压缩机停车 C. 曲轴箱油位过低 D. 油分离器油位过高	A
96	制冷装置中贮液器的液位在正常工作时以保持____为宜。	A. 1/2～2/3 B. 80%左右 C. 1/3～1/2 D. 能见到即可	C
97	制冷装置运行时干燥—过滤器后面管路发凉结露，表明____。	A. 系统制冷剂不足 B. 该元件堵塞 C. 系统中水分太多 D. 制冷剂流量太大	B
98	回热器通常做成____。	A. 管内流过气态制冷剂，管外壳体内流过液态冷剂 B. 管外流过气态制冷剂，管内壳体内流过液态冷剂 C. 板式换热 D. 以上都可以	B
99	热力膨胀阀的开度取决于____。	A. 蒸发器进口制冷剂压力 B. 蒸发器出口制冷剂压力 C. 温包压力 D. 蒸发器出口过热度	D
100	制冷系统的下列部位中能用来放空气的是____。①冷凝器；②贮液器；③排出压力表接头；④吸入压力表接头；⑤膨胀阀	A. ①③④ B. ①②③④ C. ①③ D. ①②③④⑤	C
101	船舶制冷装置附近发生火灾时，应开启____处的应急释放阀，向舷外释放制冷剂，保证安全。	A. 贮液器或冷凝器 B. 压缩机 C. 蒸发器 D. 滑油分离器	A
102	R22制冷剂限制含水量的目的是____。①防冰塞；②防腐蚀；③防"奔油"	A. ① B. ② C. ①② D. ①②③	C

序号	题目内容	可选项	正确答案
103	冷冻机油与其他设备滑油和液压油相比，最主要的特点是____。	A. 黏度指数高 B. 闪点高 C. 凝固点低 D. 抗氧化安定性好	C
104	开式液压系统是指____系统。	A. 油箱通大气 B. 执行机构回油至泵进口 C. 执行机构回油至油箱 D. 主要设备暴露在外	C
105	先导型减压阀和做安全阀用的先导型溢流阀的导阀在工作中____。	A. 全都常开 B. 全都常闭 C. 前者常开，后者常闭 D. 前者常闭，后者常开	C
106	节流调速与容积调速相比____。	A. 设备成本低 B. 油液发热轻 C. 运行经济性好 D. 以上都是	A
107	液压传动的动力元件通常是指____。	A. 油泵 B. 油马达 C. 油缸 D. 控制阀	A
108	斜盘式轴向柱塞泵吸入压力过低容易损坏的部位是____。	A. 柱塞 B. 滚柱轴承 C. 斜盘 D. 滑履铰接处	D
109	对斜盘式轴向柱塞泵的容积效率影响最大的密封是____。	A. 柱塞与柱塞孔之间 B. 配油盘与缸体之间 C. 配油盘与泵体之间 D. 配油轴与缸体之间	B
110	对液压泵容积效率影响较小的工作参数是____。	A. 工作温度 B. 吸入压力 C. 油液黏度 D. 工作压力	D

序号	题目内容	可选项	正确答案
111	下列液压马达中，启动效率最低的是____。	A. 连杆式 B. 五星轮式 C. 内曲线式 D. 叶片式	D
112	定量液压马达的工作油压大小取决于液压马达的____。	A. 功率 B. 流量 C. 转速 D. 负载	D
113	低速大扭矩液压马达调速方式很少采用____。	A. 改变工作液压缸列数 B. 改变输入液压马达油流量 C. 改变柱塞有效作用次数 D. 改变工作液压缸有效容积	D
114	液压系统使用专用液压与使用普通机械油相比____是不对的。	A. 价格低 B. 可适用较低温度 C. 使用寿命长 D. 可适用较高压力	A
115	下列滤油器中属易清洗的有____。	A. 网式 B. 纸质 C. 线隙式 D. 都是	A
116	下列滤油器中工作时压力损失最小的是____。	A. 网式 B. 纸质 C. 纤维式 D. 线隙式	A
117	下列各项中何者通常并非更换液压油的原因____。	A. 黏度变化较大 B. 污染物超标 C. 闪点下降多 D. 酸值下降多	D
118	吸收液压冲击或压力脉动用的蓄能器，应安装在____。	A. 靠近冲击源或脉动源处 B. 泵出口处 C. 换向阀处 D. 无特殊要求	A

序号	题目内容	可选项	正确答案
119	改善液压油化学性能的添加剂是____。	A. 抗氧化剂 B. 抗泡剂 C. 抗磨剂 D. 防锈剂	A
120	液压油氧化速度加快的原因不包括____。	A. 油温太高 B. 油中杂质多 C. 加化学添加剂 D. 工作压力高	C
121	船舶液压机械中使用的液压油是由____制成。	A. 矿物油 B. 植物油 C. 动物油 D. 以上都是	A
122	平衡舵是指舵叶相对于舵杆轴线____。	A. 实现了静平衡 B. 实现了动平衡 C. 前后面积相等 D. 前面有一小部分面积	D
123	舵的转船力矩____。	A. 与航速无关 B. 与舵叶浸水面积成正比 C. 只要舵角接近90°，则随之不断增大 D. 与舵叶处水的流速成正比	B
124	阀控型舵机相对泵控型舵机来说____的说法是不对的。	A. 造价相对较低 B. 换向时冲击较大 C. 运行经济性较好 D. 适用功率范围较小	C
125	采用液压或机械方式操纵的舵机，滞舵时间应不大于____。	A. 0.1 s B. 1 s C. 5 s D. 0.75 s	B
126	舵设备是由____组成的。①舵；②操舵装置；③操舵装置的控制装置；④附属装置	A. ①②③ B. ②③④ C. ①③④ D. ①②③④	D

序号	题目内容	可选项	正确答案
127	双撞杆四缸转舵机构停用一对油缸时，下列说法中错误的是____。	A. 同样条件下转舵，工作油压提高 B. 同样条件转舵，转舵速度下降 C. 同样条件下转舵，舵机功率增大 D. 舵杆会受到油压力产生的侧推力	B
128	转舵扭矩与结构尺寸一定时，下列推舵机构中____的工作油压最低。	A. 滑式 B. 滚轮式 C. 转叶式 D. 滑式与滚轮式	A
129	拨叉式与十字头式转舵机构相比，下列说法错误的是____。	A. 结构简单，拆装方便 B. 尺寸，重量较小 C. 撞杆要受侧推力 D. 转矩特性较差	D
130	当公称转舵扭矩和油缸数目、主要尺寸相同时，采用____可达到最大工作油压。①滑式；②滚轮式；③转叶式转舵机构，	A. ① B. ② C. ③ D. ①②③相同	B
131	主油管与____转舵油缸之间要以软管相接。	A. 转叶式 B. 滚轮式 C. 摆缸式 D. 拨叉式	C
132	撞杆式推舵机构的最大舵角限止是由____来完成。	A. 行程开关 B. 机械挡块 C. 液压控制阀 D. 油缸底部	B
133	当结构尺寸和工作油压既定时，具有转舵力矩随舵角的增大而增大特性的转舵机构是____。	A. 滚轮式 B. 摆缸式 C. 转叶式 D. 滑式	D
134	当结构尺寸和工作油压既定时，转叶式转舵机构所能产生的转舵扭矩将随舵角增加而____。	A. 增加 B. 减小 C. 不变 D. 先减后增	C

序号	题目内容	可选项	正确答案
135	电气舵角指示器在左右各舵角的指示舵角与实际舵角之间的偏差____。	A. 皆应为 0 B. ≤0.5 C. ≤1 D. ≤2	C
136	新装的舵机应在充油后以____对转舵液压缸和主油路系统进行液压密封性试验。	A. 1.25 倍工作压力 B. 1.25 倍设计压力 C. 1.5 倍设计压力 D. 1.5 倍工作压力	B
137	当最大舵角限制装置失灵时____可能使柱塞撞击转舵油缸底部。	A. 缸内有空气 B. 舵上力矩太大 C. 转舵速度太快 D. 反馈信号发送器失灵	D
138	锚机是按能满足额定负载和速度的条件下连续工作____时间设计的。	A. 30 min B. 45 min C. 1 h D. 任意	A
139	叶片马达式锚机液压系统采用的调速方法为____。	A. 阀控 B. 泵控 C. 有级变量马达 D. 变量马达	A
140	船用网机减速齿轮箱正常工作油温一般不超过____。	A. 50 ℃ B. 80 ℃ C. 60 ℃ D. 40 ℃	B
141	正弦交流电的三要素是____。	A. 最大值、有效值、初相位 B. 角频率、频率、周期 C. 最大值、角频率、相位差 D. 最大值、频率、初相位	D
142	在一般情况下供电系统的功率因数总是小于 1 的原因在于____。	A. 用电设备多属于容性负载 B. 用电设备多属于阻容性负载 C. 用电设备多属电阻性负载 D. 用电设备多属于感性负载	D

序号	题目内容	可选项	正确答案
143	关于磁场磁力线的描述，错误的是____。	A. 磁力线是闭合的回线 B. 磁力线的方向表示了磁场的方向 C. 在磁力线上各点的磁场方向是一致的 D. 磁力线上任一点的切线方向即为该点的磁场方向	C
144	对于各种电机、电气设备要求其线圈电流小而产生的磁通大，通常在线圈中要放有铁芯，这是基于铁磁材料的____特性。	A. 磁饱和性 B. 良导电性 C. 高导磁性 D. 磁滞性	C
145	金属导体的电阻率随温度升高而____；半导体的导电能力随温度升高而____。	A. 升高；升高 B. 降低；降低 C. 升高；降低 D. 降低；升高	A
146	二极管能保持正向电流几乎为零的最大正向电压称为____。	A. 死区电压 B. 击穿电压 C. 截止电压 D. 峰值电压	A
147	单相半波整流电路，输入交流电压有效值为 100 V，则输出的脉动电压平均值为____；二极管承受的最高反向电压为____。	A. 45 V；100 V B. 90 V；100 V C. 90 V；141 V D. 45 V；141 V	D
148	为了获得比较平滑的直流电压，需在整流电路后加滤波电路，滤波电路的作用是____；滤波效果最好的是____滤波电路。	A. 滤掉交流成分；电感 B. 滤掉直流成分；电容 C. 滤掉交流成分；Π 型 D. 滤掉直流成分；Π 型	C
149	晶体管中的"β"参数是____。	A. 电压放大系数 B. 集电极最大功耗 C. 电流放大系数 D. 功率放大系数	C
150	对于直流电机，下列部件不在定子上的是____。	A. 主磁极 B. 换向极 C. 电枢绕组 D. 电刷	C

序号	题目内容	可选项	正确答案
151	直流电动机最常用的启动方法是____。	A. 在励磁回路串联电阻 B. 直接启动 C. 在电枢电路串联电阻 D. 降低磁场电压	C
152	一台三相异步电动机铭牌上标明：电压 220 V/380 V、接法 △/Y，问在额定电压、额定功率下哪种接法线电流大?	A. 一样大 B. △形接法线电流大 C. Y 形接法线电流大 D. 无法确定	B
153	一台工作频率为 50 Hz 异步电动机的额定转速为 730 r/min，其额定转差率 s 和磁极对数 p 分别为____。	A. $s=0.0267$，$p=2$ B. $s=2.67$，$p=4$ C. $s=0.0267$，$p=4$ D. $s=2.67$，$p=3$	C
154	三相异步电动机当采用 Y－△ 换接启动时，电动机的启动电流可降为直接启动的____。	A. 1/3 B. 1/4 C. 1/2 D. 2/3	A
155	一般来说，交流执行电动机的励磁绕组与控制绕组轴线空间上相差____而放置。	A. 60° B. 30° C. 90° D. 120°	C
156	为取得与某转轴的转速成正比的直流电压信号，应在该轴安装____。	A. 交流执行电机 B. 自整角机 C. 直流执行电机 D. 直流测速发电机	D
157	交流电动传令钟的两套自整角同步传递系统的励磁绕组间的相互关系是____。	A. 串联在单相交流电源上 B. 并接在单相交流电源上 C. 并接在单相直流电源上 D. 并接在三相对称交流电源上	B
158	为了保护电缆和电源不因短路时的特大电流而损坏或烧毁，通常在线路中用____把短路段与电源隔离。	A. 电压继电器 B. 电流互感器 C. 熔断器 D. 热继电器	C

序号	题目内容	可选项	正确答案
159	由于衔铁机械卡住不能吸合而造成线圈发热而损坏的电器是____。	A. 交流接触器 B. 直流接触器 C. 交流电流继电器 D. 直流电流继电器	A
160	空气压缩机的自动起停控制线路中不可缺少____以实现在设定的高压时____，而在设定的低压时____。	A. 压力继电器；停止；停止 B. 压力继电器；停止；启动 C. 热继电器；停止；启动 D. 热继电器；停止；启动	B
161	下列关于自动化船舶机舱中重要泵的互为备用自动切换控制电路的功能叙述，正确的是____。	A. 在自动运行方式时，同组泵能够进行自动切换 B. 因某种原因电网失电后，所有运行泵都停止运行，电网恢复供电后，各组原来运行的泵立即重新同时自动启动 C. 在遥控方式时，不允许在集控室对各组泵进行遥控手动启动或停止 D. 在遥控方式时，只可以在集控室手动启、停泵，不可在机旁手动启、停泵	A
162	具有磁力启动器启动装置的船舶电动机，其缺相保护一般是通过____自动完成的。	A. 熔断器 B. 热继电器 C. 接触器与起停按钮相配合 D. 手动刀闸开关	B
163	空压机总是在空气压力低时能正常启动，但未到足够的高压值就停机。下述原因中哪种最可能？	A. 低压继电器整定值太高 B. 冷却水压低使压力继电器运作 C. 高压继电器整定值太低 D. 低压继电器接到高压继电器的位置	C
164	在为多台电动机设计顺序启动控制线路时，常由先启动的电机接触器的常开触点控制一时间继电器，启动其延时；而时间继电器的常开延时闭触点串入下一个待启动电机的接触器线圈回路中。此控制环节称之为____。	A. 自锁控制 B. 互锁控制 C. 连锁控制 D. 自保控制	C

序号	题目内容	可选项	正确答案
165	下列关于电动绞缆机对拖动电动机的基本要求的叙述中，正确的是____。	A. 绞缆机电动机应选用防水式和短期工作制电机 B. 绞缆机电动机在堵转情况下不能工作 C. 绞缆机电动机应选用普通长期工作制电机 D. 绞缆机电动机允许堵转 10 min 以上的电机	A
166	将船舶电网与陆地电网相比，下列说法错误的是____。	A. 船舶电网的频率、电压易波动 B. 船舶电网的容量很小 C. 船舶电网的电流小 D. 我国船舶电网额定频率为 50 Hz	C
167	船舶电站中发电机与电网之间的主开关安装于____。	A. 发电机控制屏 B. 并车屏 C. 负载屏 D. 分配电屏	A
168	下列不是由主配电板直接供电的设备的是____。	A. 舵机、锚机 B. 航行灯、无线电电源板 C. 电航仪器电源箱 D. 日用淡水泵	D
169	用于做岸电主开关的空气断路器不能单独完成的保护的是____。	A. 失压 B. 过载 C. 短路 D. 逆相序	D
170	同步发电机进行并车操作时不必满足的条件是____。	A. 电压相等 B. 电流相等 C. 频率相同 D. 初相位一致	B
171	将同步发电机投入并联运行时，最理想的合闸要求是当接通电网的瞬时，该发电机的____为零。	A. 电压 B. 功率因数 C. 电流 D. 电压初相位	C
172	交流电站中，若电网负载无变化，电网频率不稳多由____引起。	A. 励磁 B. 调速器 C. 调压器 D. 均压线	B

序号	题目内容	可选项	正确答案
173	电网上只有两台同步发电机并联运行，如果只将一台发电机组油门减小，而另一台未做任何调节，则会导致____。	A. 电网频率下降 B. 电网频率上升 C. 电网频率振荡 D. 电网电压上升	A
174	柴油同步发电机并联后，调节____可改变有功功率的分配，调节____可改变无功功率的分配。	A. 励磁电流；原动机油门 B. 励磁电流；发电机调压器 C. 原动机油门；原动机调速器 D. 原动机油门；励磁电流	D
175	自动调频调载装置的作用不是____。	A. 保持电网电压的频率恒定 B. 按并联运行机组的容量比例进行负荷分配 C. 当接到解列指令，可自动转移负荷 D. 主发电机出现过载时自动分级将次要负载从电网切除	D
176	船舶用电高峰时，可能会引起电机过载，此时自动分级卸载装置应能自动将____负载切除，以保证电网的连续供电。	A. 次要 B. 大功率 C. 任意一部分 D. 功率因数低的	A
177	我国《钢质海洋渔船建造规范》中，船舶主发电机系统的静态电压调节率为____。	A. ±5％以内 B. ±3.5％以内 C. ±2.5％以内 D. ±10％以内	C
178	具有 AVR 调节器的可控相复励调压装置，从控制规律上看，属于____调节励磁，从而是恒压的。	A. 按发电机端口电压偏差 B. 按负载电流大小变化及相位变化 C. 按发电机端口电压偏差及负载扰动 D. 仅按负载电流大小变化	C
179	对于无刷同步发电机并联运行时，为使无功功率自动均匀分配，常采取的措施是在调压装置中____。	A. 设有调差装置 B. 设有差动电流互感器的无功补偿装置 C. 一律设立直流均压线 D. 视情形设立直流或交流均压线	B
180	对于装有主电源、大应急、小应急的船舶电站，小应急容量应保证连续供电____。	A. 1 h B. 20 min C. 30 min D. 2 h	C

序号	题目内容	可选项	正确答案
181	小应急电源主要向____设备供电。	A. 舵机 B. 临时应急照明 C. 应急空压机 D. 应急消防泵	B
182	船舶主电源与大应急电源____电气连锁关系；大应急电源的起动一般是____进行的。	A. 有；手动 B. 无；手动 C. 有；自动 D. 无；自动	C
183	在装有主电源、大应急、小应急的船舶电站中，三者关系是____。	A. 各自有其供电范围，故相互独立同时供电 B. 主电源供电时，大应急可以人工启动并供电 C. 当大应急启动失败后，小应急立即投入 D. 当大应急启动成功后，小应急应自动退出	D
184	铅蓄电池电解液液面降低，补充液面时应____。	A. 加酸 B. 加碱 C. 加纯水 D. 加海水	C
185	遇到下列____情况时，应进行过充电。	A. 蓄电池电解液液面降低 B. 蓄电池已放电至极限电压以下 C. 在充电完毕后，电解液比重超过正常值 D. 经常不带负荷的蓄电池，定期充、放电	B
186	铅蓄电池胶塞上的透气孔需保持畅通，蓄电池室要通风良好并严禁烟火，主要原因是____。	A. 蓄电池为硬橡胶、塑料外壳，耐火性差 B. 电解液为易燃物质 C. 充电过程中产生易燃、易爆气体 D. 放电过程中产生氢气和氧气	C
187	为防止极板硫化，应按时进行____，定期进行____。	A. 充电；放电 B. 充电；全容量放电、充电 C. 过充电；全容量放电 D. 过充电；放电	B
188	同步发电机的外部短路保护通常是通过____来实现。	A. 熔断器 B. 电流继电器 C. 热继电器 D. 自动空气断路器的过电流脱扣器	D

序号	题目内容	可选项	正确答案
189	船舶电站中下列空气开关的过流保护装置电流整定值最小的是＿＿。	A. 主发电机控制屏主开关 B. 负载屏内用于接通动力负载屏的开关 C. 负载屏内用于接通照明负载屏的开关 D. 日用淡水泵控制箱内开关	D
190	根据要求，船舶电网的绝缘电阻应不低于＿＿。	A. 0.5 MΩ B. 1 MΩ C. 2 MΩ D. 5 MΩ	B
191	接岸电时，岸电主开关合上后又立即跳开，可能的原因是＿＿。	A. 船舶电站在运行 B. 相序接反或断相 C. 逆功率保护动作 D. 过载保护动作	B
192	国际上通用的可允许接触的安全电压分为三种情况，其中人体大部分浸于水时的安全电压为＿＿。	A. 小于 65 V B. 小于 50 V C. 小于 25 V D. 小于 2.5 V	D
193	若触电者呼吸、脉搏、心脏都停止了，则＿＿。	A. 可认为已经死亡 B. 送医院或等大夫到来再作死亡验证 C. 打强心剂 D. 立即进行人工呼吸和心脏按压	D
194	对电气设备的防火有一定的要求，下列说法错误的是＿＿。	A. 经常检查电气线路及设备的绝缘电阻，发现接地、短路等故障时要及时排除 B. 电气线路和设备的载流量不必须控制在额定范围内 C. 严格按施工要求，保证电气设备的安装质量，电缆及导线连接处要牢靠，防止松动脱落 D. 按环境条件选择使用电气设备，易燃易爆场所要使用防爆电器	B
195	对于三相三线绝缘系统的船舶，为防止人身触电的危险，大部分的电气设备都必须采用＿＿措施。	A. 工作接地 B. 保护接地 C. 保护接零 D. 屏蔽接地	B

序号	题目内容	可选项	正确答案
196	当主机滑油管破裂造成污染时，应____。	A. 减速航行 B. 立即停车 C. 加速航行到港 D. 不改变原航行工况	B
197	船舶由深水航道进入浅水航道，柴油机转速将____。	A. 升高 B. 降低 C. 不变 D. 以上均有可能	B
198	缸套裂纹后会产生____。	A. 大量冒白烟 B. 转速不稳定 C. 冷却水中出现大量气泡 D. 振动	C
199	当发生____，应紧急停车。	A. 有曲轴箱爆炸危险征兆时 B. 冷却水温过高时 C. 发生敲缸时 D. 机油压力消失时	D
200	主机减缸航行时应____，若减缸后增压器喘振，应____。	A. 降速；继续降速 B. 增速；继续增速 C. 降速；适当增速 D. 增速；适当减速	A
201	航行中，当废气涡轮增压器发生严重故障时，海况允许短时停车，对损坏的涡轮增压器采用____措施进行处置。	A. 降速运转 B. 检修 C. 锁住转子 D. 拆除转子	C
202	当发现主机个别缸有拉缸征兆时，所采取的首要措施是____。	A. 停车 B. 加强冷却 C. 单缸停油 D. 降速	D
203	关于柴油机敲缸的叙述不正确的是____。	A. 燃烧敲缸在上止点发出尖锐的金属敲击声 B. 燃烧敲缸是由最高爆发压力过高引起的 C. 机械敲缸使在上下止点附近产生钝重的敲击声 D. 单缸停油法是判断燃烧敲缸的最简易而可靠的方法	B

序号	题目内容	可选项	正确答案
204	柴油机装设油雾探测器的目的是____。	A. 探测轴承温度 B. 检测活塞环漏气 C. 检测曲轴箱门漏气 D. 检测曲轴箱内油气浓度的变化	D
205	航行中，若发现曲轴箱透气管有浓烟冒出或烟雾报警器发出报警，是曲轴箱可能发生爆炸的征兆，此时应采取的应急措施是____。	A. 立即停车 B. 减油降速 C. 减油降速 D. 准备灭火	B
206	柴油机全负荷运转后停车，不能立即打开曲轴箱门的主要原因是____。	A. 防止人身灼伤 B. 防曲轴箱内滑油溢出 C. 防止异物进入曲轴箱 D. 防曲轴箱爆炸	D
207	通过船机运转中的____来发现船机故障。	A. 观察与检测 B. 外部环境 C. 故障征兆 D. 运转时间	A
208	船舶机械突发性故障的特点是____。	A. 大多数是由磨损、腐蚀引起的 B. 有故障先兆 C. 无故障先兆 D. 可预测	C
209	船机故障，按故障原因分，____的可能性占比最大。	A. 污损 B. 材料不良 C. 安装不良 D. 管理不善	D
210	现代船舶对其可靠性影响最大的因素是____。	A. 设计方面 B. 制造方面 C. 材料方面 D. 管理水平	D
211	柴油机的质量和运行性能，除取决于设计、材料和制造工艺外，更重要的是取决于____质量。	A. 设计 B. 材料 C. 制造工艺 D. 装配	D

序号	题目内容	可选项	正确答案
212	对船上平时无法拆卸的部件或部位的检查后，不能确切地决定修理内容的项目称为____工程。	A. 甲板 B. 轮机 C. 隐蔽 D. 电气	C
213	检修一般在____小修后进行一次。	A. 1次 B. 1～2次 C. 2次 D. 2～3次	D
214	船舶小修间隔期通常为____。	A. 6个月 B. 12个月 C. 18个月 D. 24个月	B
215	关于船舶小修的工程范围，下列不适当的是____。	A. 增压器可拆装校正，个换零部件 B. 发电机可整台更换 C. 对生活设施不进行添装改建 D. 主要辅机、管系等一般不改装移位	B
216	船舶营运中发现影响安全航行必须解决的问题，而船员的技术力量及船上维修设备无法完成，需航修站或维修点协助进行的一般性修理工程，称____。	A. 航检 B. 航修 C. 预防检修 D. 事故修理	B
217	修理单应分类编制，不属于轮机部编制的是____。	A. 甲板部分 B. 轮机部分 C. 坞修部分 D. 电气部分	A
218	船舶进厂修理后，临时追加的超计划工程项目或工程量称____。	A. 附加工程 B. 补加工程 C. 附带工程 D. 隐蔽工程	B
219	船舶检修时，海底阀箱必须更换的是____。	A. 阀体 B. 阀座 C. 锌块 D. 阀箱钢板	C

序号	题目内容	可选项	正确答案
220	坞修中各海底阀和通海阀解体、清洁、打磨好后，阀与阀座经研磨后，须经____认可才能装复。	A. 轮机长 B. 管轮 C. 主管轮机员 D. 助理管轮	A
221	船舶出坞后，应在水面漂浮____以上，才可进行轴系的轴线校核和连接，并做好轴线偏移与曲折的测量记录。	A. 12 h B. 24 h C. 36 h D. 48 h	B
222	在修船时，如需对锅炉进行检验需要在进坞前将____。	A. 炉水加满 B. 炉水加热 C. 炉水投药 D. 炉水放光	D
223	下列哪一项不是轮机部坞修的主要项目？	A. 海底阀箱的检查与修理 B. 螺旋桨的检查与修理 C. 螺旋桨轴及轴承 D. 舵机的检查和修理	D
224	坞修时海底阀箱检查与修理内容包括____。	A. 检查连接螺栓和螺帽 B. 钢板除锈 C. 换锌块 D. 选项都对	D
225	主要坞修工程应申请____现场检验，签署检验报告。	A. 代理 B. 验船师 C. 管轮 D. 公司法人	B
226	船舶更改船名，船籍港或船舶所有人（单位）时，应申请____。	A. 特别检验 B. 年度检验 C. 入级检验 D. 临时检验	D
227	船舶发生事故进行了重要的修理和换新应申请____。	A. 定期检验 B. 年度检验 C. 期间检验 D. 临时检验	D

序号	题目内容	可选项	正确答案
228	渔业船员证书被吊销的，自被吊销之日起____年内，不得申请渔业船员证书。	A. 2 B. 3 C. 5 D. 8	C
229	因锅炉水中的盐分过高而引起锅炉损坏，就事故性质来说属于____。	A. 船员责任事故 B. 非船员责任事故 C. 非责任事故 D. 事故隐患	A
230	《船舶机电设备损坏事故报告》应由____负责填写，并由____签署后报送。	A. 主管轮机员；轮机长 B. 大管轮；船长 C. 轮机长；船长 D. 主管轮机员；船长	C
231	下列船舶排放水中通常不会造成海洋污染的是____。	A. 压载水 B. 冷却水 C. 洗舱水 D. 舱底水	B
232	下列哪项不符合总吨位 400 t 及以上的非油船和油船机舱舱底水的排放规定?	A. 船舶不在特殊区域内 B. 船舶在锚泊中 C. 未经稀释的排出物的含油量不超过 15 mg/L D. 船上安装的经主管机关批准的舱底水排油监控系统、油水分离设备、过滤设备或其他装置等，正在运转中	B
233	船舶排放未经消毒或其中固体物质未经粉碎的生活污水时，应距最近陆地____ n mile 以上。	A. 4 B. 12 C. 20 D. 50	B
234	我国防污条例规定，总吨位/50 t 及以上的油船和总吨位 400 t 及以上的非油船都应装设____。①油水分离设备或过滤系统；②标准排放接头；③污油储存舱	A. ①② B. ①③ C. ②③ D. ①②③	D

序号	题目内容	可选项	正确答案
235	在防污染方面，总吨位不足 400 t 的渔船应设有____。	A. 污油储存舱 B. 标准排放接头 C. 油水分离器 D. 专用容器	D
236	装设油水分离设备或过滤系统，排放经处理的含油污水的含油量应不超过____mg/L。	A. 5 B. 10 C. 15 D. 100	C
237	油水分离器的全面拆检，彻底清洗，以保持其原有的工作性能周期为____。	A. 18 个月 B. 12 个月 C. 6 个月 D. 3 个月	B
238	船舶油水分离器短期停用较好的保养方式为____。	A. 满水湿保养 B. 半干湿保养 C. 放空即可 D. 干燥保养	A
239	临时检验中，空压机工作效用试验时，从大气压力开始，向主空气瓶组供气，应在____内达到核定的工作压力。	A. 30 min B. 45 min C. 1 h D. 2 h	C
240	气缸盖经修理后或怀疑有缺陷时，应对冷却水腔进行水压试验，其试验压力为____。	A. 1.25 倍工作压力 B. 0.4 MPa C. 1.5 倍工作压力 D. 0.7 MPa	D
241	我国船检规定，空气瓶安全阀的开启压力应不超过最大工作压力的____倍。	A. 0.9 B. 1.0 C. 1.1 D. 1.2	C
242	船舶搁浅后，对双层底内的滑油循环油柜油位的检查应：	A. 连续多次检查 B. 油柜首、尾端各检查一次 C. 只检查一次 D. 无须检查	A

序号	题目内容	可选项	正确答案
243	船舶在机舱部位发生搁浅时，值班轮机员首先考虑要做的事是＿＿＿。	A. 准备好舱底水系统，关搁浅一舷海底阀，换另一舷海底阀 B. 加大油门，冲出浅滩 C. 按轮机长命令操作主机，测量有关油位 D. 全上盘车机，检查轴系情况	A
244	大风浪中航行时，值班轮机员不应＿＿＿。	A. 放净日用油柜残水 B. 经常性远离操纵室进行巡回检查 C. 安排人员将可移动的物料绑扎好 D. 关好机舱内的通风道	B
245	大风浪中航行，为防止油、水管路不畅，应＿＿＿。	A. 开足所使用管路中的阀门 B. 勤洗管路中的滤器 C. 调速器油量限制调到最大 D. 提高泵的压力	B
246	大风浪中锚泊时，下列说法错误的是＿＿＿。	A. 所有安全设备和消防系统均处于备用状态 B. 定期检查所有运转和备用的机器 C. 由轮机长酌情决定值航行班与否 D. 影响航行和备车的各项维修工作必须立即完成，保持良好工作状态	C
247	下列属于船舶电站本身故障造成全船失电的是＿＿＿。	A. 调速器故障 B. 燃油供油中断 C. 滑油低压 D. 空气开关故障	D
248	在全船失电，仅有应急发电机供电的情况下，下列哪些设备必须确保供电？	A. 舵机、助航设备、消防设备 B. 通风机 C. 中央空调 D. 厨房设备	A
249	如果属于超负荷跳电，跳电后发电机仍在空负荷下运转，则应切除非重要负载。下列属于非重要负载的是＿＿＿。	A. 通风机、空调、冰机、厨房和部分照明设备 B. 舵机 C. 助航设备 D. 消防设备	A
250	航行中发现舵机失灵，驾驶台应通知机舱立即启动辅助或应急操舵装置。若无效，轮机部人员应立即进入舵机房，＿＿＿为现场指挥，组织抢修和排除故障，同时向＿＿＿报告排除故障情况。	A. 轮机长；船副 B. 轮机长；船长 C. 管轮；船副 D. 管轮；船长	B

序号	题目内容	可选项	正确答案
251	当发生重大机损、海损事故，抢救失败，谁有权作出弃船决定____。	A. 船长 B. 轮机长 C. 船副 D. 管轮	A
252	船长下达弃船的命令后，____应按____完成各自的弃船准备工作。	A. 轮机长；船长指令 B. 船长；应急部署 C. 全体船员；船长指令 D. 全体船员；应急部署	D
253	下述关于高处作业中不安全的操作是____。	A. 须铺设防滑布 B. 作业人员应穿硬底鞋 C. 作业应戴安全帽 D. 作业人员所带工具及用料应放在专用工具袋内	B
254	对于吊装作业，____是不安全的。	A. 起吊作业二人以上操作 B. 起吊作业中应有专门机匠在现场指挥 C. 起吊时快速吊索绷紧，再慢慢起吊 D. 用风动起吊设备时，应有专人看守压缩空气阀	C
255	当设备拆装维修需挂警告牌时，应由____负责挂上和摘下。	A. 轮机长 B. 检修负责人 C. 船长 D. 任何一个参加人员	B
256	如果机舱失火，值班人员首先要做的工作是____。	A. 尽快找出火源 B. 立即报警或向驾驶台报告 C. 尽快撤离火场 D. 立即投入扑救	B
257	航行中第一个发现失火的船员应首先____。	A. 立即动手进行扑救 B. 向驾驶台报警 C. 立即查明失火原因，以采取应对措施 D. 尽可能组织人员寻找消防器材进行灭火	B
258	在机舱救火过程中，听到警铃响并有急闪红灯，说明要____。	A. 弃船 B. 使用 CO_2 灭火系统灭火，通知人员撤离机舱 C. 关闭水密门 D. 关闭所有油路	B

序号	题目内容	可选项	正确答案
259	对于 CO_2 灭火系统，施放 CO_2 前，首先应____。	A. 打开通往着火舱室的控制阀 B. 打开通往分配阀的主阀门 C. 严密封舱 D. 发警报，撤离人员	D
260	空油柜经过 ____ 后才准予明火作业。①清洗；②除气；③充注惰性气体；④测爆合格	A. ①②③ B. ①②④ C. ②③④ D. ①③④	B
261	每次加装燃油前，轮机长应将本船的存油情况和计划加装的油舱序号以及各舱加装数量告知____。以便计算稳性、水尺和调整吃水差。如遇雷电交加的暴风雨天气，或船舶、码头发生火灾等不安全因素时，应立即停止加装燃油。	A. 船长 B. 船副 C. 管轮 D. 助理管轮	B
262	加装燃油时如遇雷电交加的暴风雨天气，或船舶、码头发生火灾等不安全因素时，应____。	A. 立即停止加装燃油 B. 立即加快加装燃油速度 C. 立即减慢加装燃油速度 D. 照常加装燃油	A
263	船舶救生艇发动机在冬季应：	A. 放掉冷却腔中的水 B. 通入加热蒸汽保温 C. 冷却水箱加入防冻液 D. 放空滑油系统的滑油	C
264	应变的警报信号中，如警铃或汽笛三长声，连放 1 min，应是____的应变	A. 消防 B. 堵漏 C. 弃船 D. 有人落水	D
265	当听到警报讯号后，应按应变卡部署分工的要求，在____min 内到达现场。	A. 2 B. 3 C. 4 D. 5	A
266	对全船机电设备技术管理和机舱安全生产质量管理负全部责任的人是____。	A. 船长 B. 轮机长 C. 管轮 D. 船副	B

序号	题目内容	可选项	正确答案
267	轮机部航次所需燃、油料的数量应与船长协商，最后由____决定。	A. 船长 B. 轮机长 C. 管轮 D. AB 都对	A
268	船长和轮机长共同商定的主机各种车速，除非____，值班驾驶员和值班轮机员都应严格执行。	A. 另有指示 B. 情况允许 C. 自己认为需要 D. 值班驾驶员需要	A
269	航行中交接班时，交班人____方可下班离开机舱。	A. 经轮机长同意后 B. 经接班人员同意后 C. 经值班驾驶同意后 D. 到时间后	B
270	接班人员在接班前的巡回检查中，若发现问题应及时向____提出，双方如有争议向轮机长报告。	A. 船长 B. 轮机长 C. 交班人员 D. 以上都正确	C
271	轮机部进行____工作，可不通知值班驾驶员。	A. 锅炉给水柜中水的使用 B. 压载水的排出 C. 燃油舱之间油的调驳 D. 淡水舱水的调驳	A
272	轮机部锚泊值班时，____应保持有效值班，根据驾驶台命令使主机、辅机保持准备状态。	A. 值班轮机员 B. 值班机匠 C. 轮机长 D. AB 都对	A
273	轮机长在调动交接时，交接的主要工作一般不包括____。	A.《轮机日志》及重要设备技术证书 B. 重要设备的检修、测量记录 C. 核实机舱物料 D. 本船防污具体措施	C
274	轮机长必须____定时认真查阅《轮机日志》的记载情况，对各栏目内的内容进行审核，确认无误后签字。	A. 每班 B. 每半天 C. 每日 D. 每周	C
275	船长、值班驾驶员的通知由____记录到《轮机日志》上。	A. 轮机长 B. 值班轮机员 C. 助理管轮 D. 管轮	B

二、判断题

序号	题目内容	正确答案
1	当活塞采用浮动式活塞销时，应相应地采用卡簧，防止活塞销轴向窜动。	正确
2	中高速柴油机连杆杆身大多制成工字截面是为了减轻重量和提高抗压稳定性及抗弯能力。	正确
3	燃油中的硫分对柴油机的主要危害是磨料磨损和高温腐蚀。	错误
4	高压油管的直径和长度会影响喷射过程中的喷射延迟阶段。	正确
5	柴油机燃烧过程中，燃烧敲缸发生在缓燃期。	错误
6	四冲程柴油机换气过程的自由排气阶段中，废气的排出主要靠气体流动惯性。	错误
7	柴油机喷油提前角太大，使柴油机工作粗暴，会引起增压压力上升。	错误
8	船用发电柴油机的工况满足柴油机的速度特性。	错误
9	船舶主机按推进特性工作时，螺旋桨所需的功率与转速的二次方成正比。	错误
10	柴油机的限制特性是指对柴油机机械负荷和热负荷两个方面的限制。	正确
11	转速稳定时间是用来衡量调速器的灵敏性指标。	错误
12	设定柴油机转速时，机械调速器通过转动调节螺钉改变调速弹簧的预紧力，预紧力增大，转速下降。	错误
13	调速器油道内有空气会导致柴油机加不上负荷。	错误
14	小型高速柴油机多采用湿式曲轴箱润滑系统。	正确
15	柴油机在运行中，应控制滑油温度不宜过高，一般可通过滑油冷却器的旁通阀来调节。	正确
16	分油机在分离燃油时，燃油加热温度一般由燃油的黏度来确定。	正确
17	油环式中间轴承其工作可靠程度主要与轴的转速有关。	正确
18	对于水润滑艉轴管，注意填料函的工作情况，要让少量水漏入舱内，以冷却填料函。	正确
19	螺旋桨由于转速较低，因此可以不做静平衡试验。	错误
20	特别是对于中、高速增压柴油机，因柴油机本身的热负荷与机械负荷均较高，柴油机的工作潜力较小，为了防止运行中超负荷，需要在选配螺旋桨时适当留有一定的功率储备。	正确
21	膨胀阀"冰塞"可能使制冷压缩机吸气热度降低。	错误

序号	题目内容	正确答案
22	压缩机起着压缩和输送制冷剂蒸汽并造成蒸发器中的低压力、冷凝器中的高压力的作用。	正确
23	热力膨胀阀温包脱离管道则阀开大，使制冷剂流量增加，往往会引起制冷压缩机产生"液击现象"。	正确
24	制冷压缩机在运行中，排气温度不能太高，主要是受到冷冻机油闪点的限制。	正确
25	液压系统油液污染严重会引起换向阀阀芯移动阻力过大，甚至卡阻。	正确
26	减压阀主要用于降低系统某一支路的油液压力，它能使阀的出口压力基本不变。	正确
27	为防止液压系统中的油箱生锈，油箱内壁应涂有防锈保护层。	正确
28	提高安全阀调整压力会使液压舵机的工作油压更高。	错误
29	往复式液压舵机的推舵机构最大舵角限制是由液压控制阀控制。	错误
30	液压舵机油泵内漏严重会造成转舵速度达不到规定要求。	正确
31	液压舵机发生空舵现象主要原因是系统泄漏或系统内存有空气。	正确
32	锚机液压系统中膨胀油箱中油位高度通常在油箱总高度的 1/3～2/3。	正确
33	捕捞机械按捕捞方式可分拖网、围网、刺网、地曳网、敷网、钓捕等机械。	正确
34	由主机齿轮箱传动的起网机在主机高速和倒车时，可操纵起网机。	错误
35	油箱中油液要定期更换。一般累计工作 1 000 h 后，应当换油。	正确
36	在交流铁芯线圈中，铁损是铁芯中磁滞损耗和涡流损耗的总称。	正确
37	他（并）励电动机适用于拖动起重生产机械；串励直流电动机适用于拖动恒速生产机械。	错误
38	当电动机容量较大时应采用全压启动。	错误
39	接触器是利用电磁吸力原理用于频繁地接通和切断大电流电路（即主电路）的开关电器。	正确
40	在电路中装设自动空气开关、熔断器是常用的短路保护措施。	正确
41	用电动机启动接触器的常开辅助触头并接在启动按钮常开触头两端构成自锁电路。	正确
42	空气压缩机的自动起停控制线路中，用组合式高低压压力继电器以实现在设定的高压值时停止，而在设定的低压值时启动。	正确
43	动力电网是指供电给电动机负载和大的电热负载的供电网络。负载可由主配电板、分配电板或分电箱供电。	正确
44	船舶主配电板汇流排应坚固耐用，能承受短路时的机械冲击力，其最大允许温升为 60 ℃。	错误

序号	题目内容	正确答案
45	船用发电机主开关在合闸时弧触头先接通，然后依次是副触头和主触头。而分闸时，主触头先断开，然后是副触头和弧触头。	正确
46	船舶同步发电机并联运行时，两台发电机的有功功率和无功功率大于负载的有功功率和无功功率。	错误
47	单个铅蓄电池的电压正常时应保持在 2 V，若电压下降到约 1.8 V 时，即需要重新充电。	正确
48	船舶配电板上绝缘指示灯正常工作时，三盏灯亮度相同。若某一相出现接地故障，则接地相的那盏灯熄灭，而另外两盏灯亮度增强。	正确
49	接通岸电后，不允许再启动船上主发电机或应急发电机合闸向电网供电，因此主配电板均设有与岸电的互锁保护，使两者不可能同时合闸。	正确
50	船舶电气设备绝缘强度下降或绝缘破坏，发生短路、接地故障，引起局部过热，引发船舶发生火灾。	正确
51	温度异常属于船机性能方面表现出来的故障先兆。	正确
52	统计资料表明，船舶海损、机损约有 80% 是人为因素造成的。	正确
53	机械零件装配间隙、零件之间相互位置精度达不到要求，会加速机械零件失效。	正确
54	船方预选订购好坞修所需的重要备件属于坞修准备工作。	正确
55	《渔业法》发生效力的对象是在《渔业法》发生效力的地域从事渔业活动的任何单位或个人。	正确
56	渔业职务船员分为海洋渔业职务船员（证书）和内陆渔业职务船员（证书）。	正确
57	当船舶按规定排放含油污水时，含油量应小于 15 mg/L。	正确
58	塑料制品禁止投入任何沿海水域中。	正确
59	并联运行的发电机的欠电压保护，应当在电压降低至额定电压的 35%～70% 时，自动开关分断。	正确
60	碰撞部位在机舱外时，要反复测量受损舱的液位高度变化情况。	正确
61	在大风浪中航行时，应关闭一些门窗及通风口，以防海水打入机舱。	正确
62	变压器故障易导致全船失电。	正确
63	防止船舶失电要做好配电板、控制箱等的维护保养工作。	正确
64	舵机因电源故障失灵，应随时准备抛锚。	正确
65	弃船时，轮机长应亲自携带《轮机日志》、各种记录簿及重要资料，带头尽快撤离机舱。	错误

序号	题目内容	正确答案
66	检修管路及阀门时,应将阀门置于正确状态,在这些阀门处挂警告牌。	正确
67	使用 CO_2 灭火器灭火时,应将其倒置,一边喷射一边摇动。	错误
68	对机舱的水密门,天窗等应每月活动加油,每季度试水密门开关一次。	正确
69	堵漏演习每两个月举行一次。	错误
70	消防应变部署分消防、隔离和救护三队。	正确
71	渔船救生包括弃船求生和人落水救助两种应变。	正确
72	航行时,如轮机长在机舱内,值班轮机员可暂离岗位去处理一些事情。	错误
73	主机在开航前进行试车或冲车时,应通知驾驶台,得到同意方可进行。	正确
74	船舶进出港口时,如主机故障会导致严重机损或人身事故时,值班轮机员应先停车,同时报告驾驶台和轮机长。	正确
75	《轮机日志》的记录可用不褪色的蓝色或黑色墨水笔书写,也可用圆珠笔书写。	错误

二级管轮

一、选择题

序号	题目内容	可选项	正确答案
1	柴油机活塞在气缸内从上止点到下止点所扫过的容积称为___。	A. 燃烧室容积 B. 气缸总容积 C. 气缸工作容积 D. 存气容积	C
2	通常所说的主机功率是指___。	A. 指示功率 B. 有效功率 C. 螺旋桨吸收功率 D. 燃气对活塞做功的功率	B
3	测量柴油机气缸最高爆发压力常用于分析判断___。	A. 缸内机械负荷 B. 供油正时 C. 缸内密封性 D. 缸内机械负荷和供油正时	D

序号	题目内容	可选项	正确答案
4	在当代柴油机中，平均指示压力最高的是＿＿。	A. 增压四冲程机 B. 非增压四冲程机 C. 增压二冲程机 D. 非增压二冲程机	A
5	螺旋桨的推力在＿＿处传给船体。	A. 中间轴承 B. 主轴承 C. 推力轴承 D. 尾轴承	C
6	对于同一台四冲程非增压柴油机，一般来说＿＿。	A. 排气阀面积比进气阀大 B. 排气阀寿命比进气阀长 C. 排气阀面积比进气阀小 D. 进气阀有阀壳	C
7	从柴油机活塞环断面形状分析看，适用于在较高温度环槽中工作的环是＿＿。	A. 矩形环 B. 梯形环 C. 倒角环 D. 扭曲环	B
8	柴油机气缸盖与气缸套之间的垫片，其作用是＿＿。	A. 防漏气 B. 调整压缩比 C. 防漏滑油 D. 防漏燃油	A
9	影响柴油机活塞环张力的是活塞环的＿＿。	A. 径向厚度 B. 直径 C. 搭口间隙 D. 环槽间隙	A
10	四冲程柴油机活塞环在工作中产生"跳环"现象会造成＿＿。	A. 漏气 B. 断环 C. 环黏着 D. 环槽严重磨损	A
11	四冲程柴油机活塞环搭口间隙的正确测量方法是把活塞环放在＿＿。	A. 气缸上部 B. 气缸下部 C. 气缸中部 D. 任意位置	B

序号	题目内容	可选项	正确答案
12	中、高速柴油机连杆小端采用浮动式活塞销与衬套的目的是＿＿。	A. 提高结构刚度 B. 加大承压面积，减小比压 C. 有利于减小间隙和缩小变形 D. 降低销与衬套间的相对速度，减小磨损和使磨损均匀	D
13	四冲程柴油机的连杆在运转中受力状态是＿＿。	A. 始终受压 B. 始终受拉 C. 拉、压交替 D. 随连杆长度而变	C
14	在柴油机中连杆的运动规律是＿＿。	A. 小端往复、杆身晃动、大端回转 B. 小端往复、杆身平稳、大端回转 C. 小端晃动、杆身平稳、大端回转 D. 小端晃动、杆身平稳、大端晃动	A
15	在柴油机投入运转初期所发生的曲轴疲劳裂纹大多属于＿＿。	A. 扭转疲劳 B. 弯曲疲劳 C. 腐蚀疲劳 D. 应力疲劳	A
16	柴油机采用倒挂式主轴承的优点是＿＿。	A. 提高柴油机刚度 B. 提高机座强度 C. 减少机座变形对轴线影响 D. 便于吊出活塞	C
17	在一般情况下曲轴发生疲劳裂纹的常见原因是＿＿。	A. 扭转力矩 B. 扭转振动 C. 交变弯矩 D. 扭转振动和交变弯矩	D
18	允许采用滚动轴承作为主轴承的柴油机是＿＿。	A. 中速机 B. 高速机 C. 低速机 D. 都可以	B
19	指出关于四冲程柴油机广泛采用湿式气缸套的说法不正确的是＿＿。	A. 不容易产生穴蚀 B. 散热性好 C. 刚性较好 D. 更换较方便	A

序号	题目内容	可选项	正确答案
20	大功率柴油机活塞头与活塞裙分开制造的目的是____。	A. 形成薄壁强背结构 B. 减轻重量 C. 合理使用材料 D. 提高散热效果	C
21	柴油机活塞环内表面刻痕的目的是____。	A. 提高耐磨性 B. 提高弹性 C. 防止黏着磨损 D. 以利于磨合	B
22	不能用来制造柴油机连杆的材料是____。	A. 合金钢 B. 灰铸铁 C. 中碳钢 D. 优质碳钢	B
23	四冲程柴油机的连杆螺栓在工作中受力____。	A. 始终受压 B. 始终受拉 C. 有拉有压 D. 视机型而定	B
24	倒挂式主轴承盖除了用常规的连接螺栓外，再增加横向螺栓固紧，其主要目的是____。	A. 方便主轴承盖拆卸 B. 增强主轴承盖的强度 C. 增加主轴承盖的刚度 D. 方便主轴承盖安装	C
25	在使用中使滤器开始堵塞供油中断的燃油温度是低于____。	A. 闪点 B. 浊点 C. 倾点 D. 凝点	B
26	如果燃油的十六烷值过高对柴油机工作的影响是____。	A. 排气冒黑烟 B. 燃烧敲缸 C. 最高爆发压力升高 D. 柴油机工作粗暴	A
27	下列影响燃油燃烧产物构成的指标有____。	A. 柴油指数 B. 硫分 C. 机械杂质 D. 浊点	B

序号	题目内容	可选项	正确答案
28	燃油中的灰分对柴油机的主要危害是____。	A. 低温腐蚀 B. 磨料磨损 C. 高温腐蚀 D. 磨料磨损和高温腐蚀	D
29	下列有关柴油机过量空气系数 α 的论述中不正确的是____。	A. 在正常工况时，α 总大于1 B. 在燃烧室内各处 α 是不相等的 C. 柴油机使用期间，α 是不变的 D. 在保证燃烧完全和热负荷允许条件下，α 应力较小	C
30	下列有关柴油机过量空气系数 α 的论述中不正确的是____。	A. 在保证完全燃烧和热负荷允许条件下，α 应力较小 B. 在燃烧室空间内各处 α 是不相等的 C. α 值大，表示柴油机经济性差 D. 柴油机使用期间 α 是变化的	C
31	柴油机喷射过程中，喷射延迟阶段与下列影响的因素的关系中正确的是____。	A. 随燃油可压缩性的增大而缩短 B. 随凸轮轴转速的升高而缩短 C. 随高压油管的加长而缩短 D. 随喷油器启阀压力的提高而延长	D
32	喷油器针阀圆柱密封面磨损产生的主要影响是____。	A. 针阀圆柱面润滑性变好 B. 针阀不易卡死 C. 各缸喷油不均，转速不稳 D. 针阀撞击加重	C
33	船用柴油机的喷射系统大多采用____。	A. 直接喷射系统 B. 间接喷射系统 C. 蓄压式喷射系统 D. 电子喷射系统	A
34	柴油机喷油器喷油太早的主要原因是____。	A. 调节弹簧太紧 B. 启阀压力太高 C. 喷油器缝隙式滤器堵塞 D. 喷油器弹簧断裂	D
35	柴油机运转中若高压油管脉动微弱，排温降低则原因可能是____。	A. 喷油泵密封不良漏池 B. 喷孔堵塞 C. 喷油器针阀在开启位置咬死 D. 喷油泵拄塞在最高位置咬死	A

序号	题目内容	可选项	正确答案
36	柴油机喷油泵等容卸载出油阀所不能具有的作用是____。	A. 蓄压 B. 止回 C. 避免二次喷射 D. 避免穴蚀	D
37	柴油机回油孔式喷油泵欲增大其供油提前角，正确的调整方法是____。	A. 沿正车方向转动凸轮 B. 沿倒车方向转动凸轮 C. 降低柱塞下方的调节螺钉 D. 增厚套筒下方的调整垫片	A
38	有些柴油机喷油泵的出油阀上具有卸载环带，其作用是____。	A. 避免二次喷射 B. 避免不稳定喷射 C. 避免高压油管穴蚀 D. 避免隔次喷射	A
39	四冲程柴油机气阀阀杆卡死通常的原因是____。	A. 撞击 B. 烧蚀 C. 滑油高温结炭 D. 间隙过大	C
40	测柴油机正车气阀定时时，对盘车方向的要求是____。	A. 正向盘车 B. 反向盘车 C. 正、反向都可以 D. 顺时针方向盘车	A
41	所谓柴油机气阀间隙是指____。	A. 气阀与阀座之间的间隙 B. 气阀与导管之间的间隙 C. 气阀的热胀间隙 D. 在柴油机热态下气阀阀杆顶端与臂端头之间的间隙	C
42	机械式气阀传动机构在柴油机冷态下留有气阀间隙的目的是____。	A. 为了润滑 B. 防止气阀漏气 C. 有利于排气 D. 防止撞击	B
43	在四冲程柴油机中，排至废气管中的废气又重新被吸入气缸，其原因是____。	A. 进气阀提前开启角太小 B. 进气阀提前开启角太大 C. 排气阀延后关闭角太小 D. 排气阀延后关闭角太大	D

序号	题目内容	可选项	正确答案
44	柴油机的换气质量好坏是用___参数衡量。	A. 充量系数 B. 充气量 C. 进气温度 D. 进气压力	A
45	四冲程柴油机气阀启闭时刻的动作规律直接是由___控制。	A. 气阀机构 B. 气阀传动机构 C. 凸轮 D. 凸轮轴传动机构	C
46	柴油机采用增压的根本目的是___。	A. 降低油耗 B. 提高效率 C. 提高有效功率 D. 提高最高爆发压力	C
47	根据柴油机增压压力的高低，属中增压的增压压力范围在___。	A. 0.275～0.30 MPa B. 0.25～0.275 MPa C. 0.20～0.25 MPa D. 0.15～0.25 MPa	D
48	为了构成三脉冲系统，增压柴油机气缸数必须为___。	A. 最少气缸数 B. 三的倍数 C. 二的倍数 D. 四的倍数	B
49	下列有关增压器喘振的说法中，正确的是___。	A. 喘振发生在压气机端 B. 喘振是由涡轮不正常冲击引起的 C. 单独增压系统易在高负荷时发生喘振 D. 喘振是由转子的离心力引起的	A
50	用听棒听到废气涡轮增压器在运转中发出钝重的嗡嗡声音，说明增压器___。	A. 负荷过大 B. 失去动平衡 C. 润滑不良 D. 密封泄漏	B
51	根据我国有关规定船舶主机所装极限调速器的限制转速是___。	A. 103%nb（标定转速） B. 110%nb C. 115%nb D. 120%nb	C

序号	题目内容	可选项	正确答案
52	船用发电柴油机使用的最佳调速器应该是____。	A. 表盘液压式 B. 极限式 C. 液压杆式 D. 机械式	A
53	根据我国有关规定，船用主机的稳定调速率应不超过____。	A. 2% B. 5% C. 10% D. 8%	C
54	欲使两台并联运行的柴油机具有自动合理分配负荷的能力，其先决条件是使两台柴油机调速器的____。	A. 瞬时调速率必须相同 B. 稳定调速率必须相等且不为零 C. 瞬时调速率必须等于零 D. 稳定调速率必须均为零	B
55	关于柴油机机械调速器的工作特点不正确的是____。	A. 结构简单 B. 灵敏准确 C. 维护方便 D. 直接作用式	B
56	装有全制调速器的船用主机，当调速器故障而改为手动操纵时，其运转中出现的最大危险是____。	A. 海面阻力增大，主机转速自动降低 B. 海面阻力减小主机转速自动升高 C. 运转中主机转速波动而不稳定 D. 在恶劣气候，主机将发生超速危险	D
57	根据我国《钢质海船入级规范》规定，启动空气瓶的总容量在不补充充气情况下，对可换向柴油机正倒车交替进行启动，____。	A. 至少连续启动12次 B. 至少冷机连续启动12次 C. 至少热态连续启动8次 D. 至少冷机连续启动8次	B
58	在柴油机压缩空气启动系统中，气缸启动阀的启闭时刻和启闭顺序均由下列____控制。	A. 启动控制阀 B. 空气分配器 C. 主启动阀 D. 启动操纵阀	B
59	柴油机换向手柄虽已到位，但不能反向启动的原因可能是____。①操作太快，凸轮轴尚未换向到位；②操作太快，柴油机仍以原转向以较高速度转动；③空气分配器不能换向；④换向机构故障	A. ①② B. ②③ C. ③④ D. ①④	A

序号	题目内容	可选项	正确答案
60	以下选项中不是柴油机操纵系统的基本要求的是___。	A. 有必要的连锁装置 B. 有必要的监视仪表和安全保护与报警装置 C. 能迅速执行备车动作 D. 操作、调节方便，维护简单	C
61	舱柜加装燃油时应___。	A. 不得超过舱柜容量的95% B. 不得超过舱柜容量的85% C. 同一牌号不同厂家的燃油可混舱 D. 同一厂家不同牌号的燃油可混舱	B
62	燃油系统中燃油流经滤器无压差，表明___。	A. 滤器脏堵 B. 滤网破损 C. 滤芯装配不当 D. 滤器正常	B
63	燃油系统中滤器堵塞时可根据___判断。	A. 滤器前燃油压力急剧升高 B. 滤器前后燃油压力差增大 C. 滤器后燃油压力下降 D. 滤器前后压力差变小	B
64	关于滑油循环柜的说法中，不正确的是___。	A. 油位过低可能是循环油柜加热管泄漏、活塞或缸套冷却水（油）漏泄 B. 油位过高可能是循环油柜或系统管路漏泄、分油机跑油、阀门误操作等引起的 C. 滑油循环柜应设速闭阀 D. 滑油循环柜应设加热盘管	C
65	柴油机滑油的出口温度通常应不超过___。	A. 40 ℃ B. 55 ℃ C. 65 ℃ D. 80 ℃	C
66	自动排渣和不能自动排渣分油机的本质区别在于___。	A. 分离筒结构不同 B. 分油机分油原理不同 C. 控制程序不同 D. 分离筒容积不同	A
67	不能轻易互换分油机零件的主要原因是___。	A. 型号不同 B. 重量不同 C. 材料不一样 D. 动平衡可能被破坏	D

序号	题目内容	可选项	正确答案
68	分油机中被分离油料的加热温度一般由____确定。	A. 油料含杂量 B. 油料含水量 C. 分离量 D. 油料黏度	D
69	主机气缸冷却水进出口温差通常应不大于____。	A. 12 ℃ B. 20 ℃ C. 25 ℃ D. 30 ℃	A
70	关于柴油机冷却系统的说法，不正确的是____。	A. 可用副机循环淡水对主机暖缸 B. 气缸冷却水出口温度 80 ℃左右比较好些 C. 膨胀水箱可放出系统中的空气 D. 采用开式循环冷却系统比闭式好	D
71	目前在柴油机冷却水处理中，普遍使用亚硝酸盐以及硼酸盐作为水处理剂，此时在运转管理中的最重要的工作是____。	A. 定期排水 B. 定期检查冷却水质变化 C. 保证冷却水总硬度符合规定 D. 定期检验亚硝酸盐的浓度是否符合规定	D
72	安装齿轮箱的船用柴油机，其齿轮箱主要具有____的作用。	A. 换向和增加主机转速 B. 净化滑油 C. 离合换向和减速 D. 推进船舶	C
73	在螺旋桨中，把螺旋线上轴向相邻对应点间的距离称为____。	A. 螺距 B. 导程 C. 滑距 D. 进程	A
74	螺旋桨的推力主要靠____传递。	A. 螺母紧固的预紧力 B. 键定位 C. 螺母紧固的预紧力和键定位 D. 螺旋桨与尾轴锥体紧压配合摩擦力	D
75	泵在系统中的工作扬程与____无关。	A. 额定扬程 B. 排出液面压力 C. 泵的流量 D. 吸入液面真空度	A

序号	题目内容	可选项	正确答案
76	电动往复泵流量不均匀是因为____。	A. 转速太快 B. 转速太慢 C. 转速不均匀 D. 都不是	D
77	关小电动往复泵排出阀可能导致____。	A. 流量明显减小 B. 发生"气穴"现象 C. 泵内发生液击 D. 电机过载	D
78	对于齿轮泵是回转式容积泵，下列说法不正确的是____。	A. 可以自吸 B. 额定排压与尺寸无关 C. 可与电动机直联，无须减速 D. 流量连续均匀，无脉动	D
79	会使电动齿轮泵电流增大的是____。	A. 油温升高 B. 转速降低 C. 关小吸入阀 D. 电压降低	D
80	螺杆泵做液压泵用，运转时的工作压力主要取决于____。	A. 螺杆导程 B. 螺杆直径 C. 安全阀整定值 D. 执行机构负荷	D
81	螺杆泵管理中不正确的要求是____。	A. 安装时重心线尽量通过船体肋骨 B. 螺杆备件应两端水平支承在支出架上存放 C. 使用中应防止过热 D. 联轴节对中应特别严格	B
82	喷射泵在船上不用作____。	A. 应急舱底水泵 B. 货舱排水泵 C. 真空泵 D. 应急消防泵	D
83	旋涡泵使用管理时应____。①关闭排出阀起动；②用节流法调节流量	A. ① B. ② C. ①② D. 以上都不对	D

序号	题目内容	可选项	正确答案
84	下列泵中不采用电动机带的是____。	A. 往复泵 B. 离心泵 C. 喷射泵 D. 旋涡泵	C
85	喷射泵的喉嘴面积比 m 是指____。	A. 喷嘴出口面积与混合室进口截面积之比 B. 混合室进口截面积与喷嘴出口面积之比 C. 喷嘴出口面积与圆柱段截面积之比 D. 圆柱段截面积与喷嘴出口面积之比	D
86	不会造成空压机排气量下降的是____。	A. 气阀弹簧断裂 B. 气缸冷却不良 C. 缸头垫片厚度减小 D. 空气滤器脏堵	C
87	制冷装置自动化的元件中，不与系统制冷剂接触的是____。	A. 油压差继电器 B. 水量调节阀 C. 温度继电器 D. 高低压继电器	C
88	活塞式空压机气缸冷却不良不会使____。	A. 滑油温度升高 B. 排气温度升高 C. 安全阀开启 D. 输气系数降低	C
89	活塞式制冷压缩机最常用的能量调节方法是____。	A. 顶开排气阀片 B. 顶开吸气阀片 C. 调节旁通回气阀 D. 关小排气截止阀	B
90	制冷系统过滤—干燥器通常设在____。	A. 压缩机吸气管上 B. 压缩机排气管上 C. 贮液器和回热器之间管路上 D. 回热器后液管上	C
91	判断制冷压缩机工作中滑油系统工作是否正常应观察____。	A. 滑油泵排出压力 B. 滑油泵吸入压力 C. 油泵排出压力与压缩机吸入压力之差 D. 压缩机排出压力与油泵排出压力之差	C

序号	题目内容	可选项	正确答案
92	R22 制冷剂标准大气压的沸点是____。	A. －40.8 ℃ B. －29.8 ℃ C. －26.5 ℃ D. －33.4 ℃	A
93	氟利昂制冷装置冷冻机油敞口存放最担心的是____。	A. 混入杂质 B. 氧化变质 C. 混入水分 D. 溶入空气	C
94	Y 型机能换向阀门中位油路为____。	A. P 口封闭，A、B、O 三口相通 B. P、A、B、O 四口全封闭 C. P、A、O 三口相通，B 口封闭 D. P、O 相通，A 与 B 均封闭	A
95	溢流阀的作用是____。	A. 控制通过阀的流量 B. 防止阀前压力超过调定值 C. 控制阀后压力稳定 D. 控制油流动方向	B
96	安装良好的轴向柱塞泵噪声异常大的最常见原因是____。	A. 吸入空气 B. 工作温度高 C. 工作压力高 D. 油氧化变质	A
97	防止液压泵产生故障的管理措施主要应放在____。	A. 降低泵的吸入压力 B. 降低泵的工作压力 C. 控制液压油的污染度 D. 降低工作温度	C
98	属于液压传动系统的动力元件的是____。	A. 油泵 B. 油马达 C. 油缸 D. 控制阀	A
99	下列液压马达中允许工作油压较低的是____。	A. 连杆式 B. 五星轮式 C. 内曲线式 D. 叶片式	D

序号	题目内容	可选项	正确答案
100	液压马达的"爬行"现象是指其____。	A. 转速太低 B. 低速时输出扭矩小 C. 低速时转速周期地脉动 D. 以上都是	C
101	滤油器位于压力管路上时的安全措施中通常不包括____。	A. 设污染指示器 B. 设压力继电器 C. 设并联单向阀 D. 滤器置于溢流阀下方	B
102	对液压油不恰当的要求是____。	A. 黏温指数高好 B. 杂质和水分很少 C. 溶解的空气量很少 D. 抗乳化性和抗泡沫性好	C
103	关于液压系统说法正确的是____。①工作压力高应选择黏度较高的液压油；②工作速度高应选择黏度较高的液压油	A. ①正确，②不正确 B. ②正确，①不正确 C. ①②都正确 D. ①②都不正确	A
104	液压油氧化速度加快的原因不包括____。	A. 油温太高 B. 油中杂质多 C. 加化学添加剂 D. 工作压力高	C
105	平衡舵有利于____。	A. 减小舵叶面积 B. 减少舵机负荷 C. 增大转船力矩 D. 增加转舵速度	B
106	按规范规定，主、辅操舵装置的布置应满足____。	A. 当其中一套发生故障时应不致引起另一套也失灵 B. 当其中一套发生故障时应不致引起另一套也失效 C. 在任何情况下都不能失效 D. 在任何情况下都不能失灵	B
107	舵机液压主泵不能回中时，会造成____。	A. 冲舵 B. 跑舵 C. 空舵 D. 滞舵	A

序号	题目内容	可选项	正确答案
108	较大的阀控式舵机液压系统中，换向阀大多使用＿＿操纵方式。	A. 液压 B. 电磁 C. 电液 D. 机械	C
109	转舵油缸常采用双作用式的是＿＿转舵机构。	A. 滚轮式 B. 摆缸式 C. 拨叉式 D. 十字头式	B
110	锚机是按能满足额定负载和速度的条件下连续工作＿＿时间设计的。	A. 30 min B. 45 min C. 1 h D. 任意	A
111	关于锚机，下面说法错误的是＿＿。	A. 通常同时设有绞缆卷筒 B. 电动锚机要设减速机构 C. 抛锚必须脱开离合器 D. 刹车常用手动控制	C
112	网机在绞收曳纲时，下面说法正确的是＿＿。	A. 负荷大，应用慢速绞 B. 负荷大，应用快速绞 C. 采用快慢结合 D. 快慢都可	A
113	以下各项中不属于电阻串联之特征的是＿＿。	A. 流过同一个电流 B. 电压平均分配 C. 消耗总功率是各电阻功率之和 D. 总电阻等于各电阻之和	B
114	用万用表的欧姆挡检测电容好坏时，若表针稳定后，指在距"∞ Ω"处越远（但不指在"0 Ω"处），则表明＿＿。	A. 电容是好的 B. 电容漏电 C. 电容被击穿 D. 电容内部引线已断	B
115	在三相四线制中，若某三相负载对称，星形连接，则连接该负载的中线电流为＿＿。	A. 大于各相电流 B. 小于各相电流 C. 等于各相电流 D. 为零	D

序号	题目内容	可选项	正确答案
116	左手定则中，拇指所指的方向是____。	A. 电流方向 B. 磁力线方向 C. 受力方向 D. 感生电流方向	C
117	对于各种电机、电气设备要求其线圈电流小而产生的磁通大，通常在线圈中要放有铁芯，这是基于铁磁材料的____特性。	A. 磁饱和性 B. 良导电性 C. 高导磁性 D. 磁滞性	C
118	稳压管的稳压功能通常是利用下列____特性实现的。	A. 具有结电容，而电容具有平滑波形的作用 B. PN 结的单向导电性 C. PN 结的反向击穿特性 D. PN 结的正向导通特性	C
119	在滤波电路中，电容器与负载____联，电感与负载____联。	A. 串；并 B. 并；串 C. 并；并 D. 串；串	B
120	晶体管中的"β"参数是____。	A. 电压放大系数 B. 集电极最大功耗 C. 电流放大系数 D. 功率放大系数	C
121	直流电机换向极作用主要是____。	A. 增加电机气隙磁通 B. 改善换向，减少换向时火花 C. 没有换向极，就成为交流电机 D. 稳定电枢电流	B
122	直流电动机最常用的启动方法是____。	A. 在励磁回路串联电阻 B. 直接启动 C. 在电枢电路串联电阻 D. 降低磁场电压	C
123	变压器名牌上标有额定电压 $U1N$、$U2N$，其中 $U2N$ 表示____。	A. 原边接额定电压，副边满载时的副边电压 B. 原边接额定电压，副边空载时的副边电压 C. 原边接额定电压，副边轻载时的副边电压 D. 原边接额定电压，副边过载时的副边电压	B

序号	题目内容	可选项	正确答案
124	下列对于异步电动机的定、转子之间的空气隙说法，错误的是____。	A. 空气隙越小，空载电流越小 B. 空气隙越大，漏磁通越大 C. 一般来说，空气隙做得尽量小 D. 空气隙越小，转子转速越高	D
125	机械特性属软特性的直流电动机是____，软特性的交流电动机是____。	A. 并励电动机；鼠笼式异步电动机 B. 串励电动机；转子电路串联电阻的绕线式异步电动机 C. 并励或他励电动机；转子电路串联电阻的绕线式异步电动机 D. 串励电动机；鼠笼式异步电动机	B
126	为取得与某转轴的转速成正比的直流电压信号，应在该轴安装____。	A. 交流执行电机 B. 自整角机 C. 直流执行电机 D. 直流测速发电机	D
127	控制式自整角机是将____信号转换成____信号。	A. 电流；电压 B. 转角；电流 C. 转角；电压 D. 转角；转角	C
128	直流接触器吸合以后电压线圈回路中总串联一个电阻，其作用____。	A. 经济电阻 B. 降压调速电阻 C. 分流电阻 D. 启动电阻	A
129	空压机自动控制系统中，高压停机正常是由____控制。	A. 空气断路器 B. 热继电器 C. 压力继电器 D. 多极开关	C
130	电动机正、反转控制线路中，常把正转接触器的____触点____在反转接触器线圈的线路中，实现互锁控制。	A. 常开；并联 B. 常开；串联 C. 常闭；并联 D. 常闭；串联	D

序号	题目内容	可选项	正确答案
131	关于对电动锚机控制线路的要求，下列说法正确的是____。	A. 当主令控制器手柄从零位快速扳到高速挡，电机也立即高速启动 B. 控制线路应适应电机堵转 1 min 的要求 C. 控制线路中不设过载保护 D. 控制线路不需设置零压保护环节	B
132	将船舶电网与陆地电网相比，下列说法错误的是____。	A. 船舶电网的频率、电压易波动 B. 船舶电网的容量很小 C. 船舶电网的电流小 D. 我国船舶电网额定频率为 50 Hz	C
133	船舶信号桅上的失控灯采用____。	A. 白色环照灯 B. 红色环照灯 C. 白色直射灯 D. 红色直射灯	B
134	按统一的国际防护标准（IP），船舶照明器可分为____。	A. 荧光灯、白炽灯、气体放电灯 B. 保护型、非保护型 C. 防水型、非保护型 D. 保护型、防水型、防爆型	D
135	船舶照明系统各种照明灯有一定维护周期，对航行灯及信号灯的检查应每____就要检查一次航行灯、信号灯供电是否正常，故障报警或显示装置是否正常。	A. 航行一次 B. 航行两次 C. 一个月 D. 两个月	A
136	不经过分配电板，直接由主配板供电的方式是为了____。	A. 节省电网成本 B. 操作方便 C. 提高重要负载的供电可靠性 D. 提高重要负载的使用率	C
137	用于做岸电主开关的空气断路器不能单独完成保护的是____。	A. 失压 B. 过载 C. 短路 D. 逆相序	D
138	两台同步发电机正处于并联运行，则一定有____。	A. 电压相等、电流相等、频率相同 B. 电压相等、频率相同 C. 电流相等、频率相同 D. 有功功率相同、无功功率相同	B

序号	题目内容	可选项	正确答案
139	将同步发电机投入并联运行时，最理想的合闸要求是当接通电网的瞬时，该发电机的____为零。	A. 电压 B. 功率因数 C. 电流 D. 电压初相位	C
140	船舶用电高峰时，可能会引起发电机过载，在备用机组投入前，自动卸载装置应能自动将____负载切除，以保证电网的连续供电。	A. 次要 B. 大功率 C. 任意一部分 D. 功率因数低的	A
141	仅根据负载电流大小进行励磁调节作用为____调节，仅根据负载性质的变化进行励磁调节作用的为____调节。	A. 复励补偿；相位补偿 B. 复励补偿；相复励补偿 C. 相位补偿；复励补偿 D. 相复励补偿；相位补偿	A
142	属于应急供电设备的是____。	A. 船员舱室照明 B. 锚机 C. 主海水泵 D. 空压机	A
143	应急发电机配电板未装有____。	A. 电流表及转换开关 B. 电压表及转换开关 C. 同步表 D. 频率表	C
144	遇到____情况时，应对其进行过充电。	A. 每月定期一次的电解液检查的 B. 酸性蓄电池放电电压达到 1.8 V C. 电解液内混有杂质的 D. 电解液液面降低较多的	C
145	同步发电机的欠压保护是通过____来实现的。	A. 负序继电器 B. 接触器 C. 自动空气开关的失压脱扣器 D. 自动空气开关的过流脱扣器	C
146	在下列自动空气开关中，过电流保护装置电流整定值最大的是____。	A. 日用海（淡）水泵控制箱内的开关 B. 负载屏上接通动力负载屏的开关 C. 负载屏上用于接通照明负载的开关 D. 主发电机控制屏上的主开关	D

序号	题目内容	可选项	正确答案
147	装在主配电板上的用于监测电网绝缘的兆欧表，属于___测量仪表；其表头结构与___流电电流表头结构一致。	A. 非带电；直 B. 带电；直 C. 非带电；交 D. 带电；交	B
148	可携式船舶工作照明灯，其安全电压不超过___V。	A. 50 B. 36 C. 24 D. 12	B
149	若触电者呼吸、脉搏、心脏都停止了，则___。	A. 可认为已经死亡 B. 送医院或等大夫到来再作死亡验证 C. 打强心剂 D. 立即进行人工呼吸和心脏按压	D
150	___绝缘性能好，没有腐蚀性，使用后不留渣渍、不损坏设备，是一种很理想的灭火材料。使用时，不要与水或蒸汽一起使用，否则灭火性能会大大降低。	A. CO_2 B. 1211 C. 干粉 D. 大量水	A
151	船舶按航区分类有___。	A. 远洋船，近海船 B. 围网船，渔业辅助船 C. 近海船，沿岸船 D. AC 都对	D
152	通常所说的船长是指___。	A. 垂线间长 B. 船舶最大长度 C. 总长 D. 水线长	A
153	满载水线以上水密空间所具有的浮力称为___。	A. 满载浮力 B. 空载浮力 C. 理论浮力 D. 储备浮力	D
154	船舶分舱的目的是为了满足船舶___要求。	A. 浮性 B. 稳性 C. 抗沉性 D. 快速性	C

序号	题目内容	可选项	正确答案
155	在船舶上对燃油进行净化处理的手段是____。	A. 过滤 B. 离心净化 C. 沉淀 D. 以上全是	D
156	滑油温度____，黏度降低，润滑性能变差，零部件磨损增大，滑油易氧化变质。	A. 过高 B. 过低 C. 正常 D. 以上都不对	A
157	闭式冷却系统中因蒸发和泄漏而损失的水量一般由____补充。	A. 膨胀水箱 B. 海水泵 C. 消防泵 D. 压载泵	A
158	膨胀水箱的水面翻腾或溢出，温度升高，最可能的原因是____。	A. 缸套或缸盖裂开 B. 泵吸入口进空气 C. 水压过低 D. 水温偏高	A
159	空压机的总排量应在____内使空气瓶由大气压力升至柴油机连续启动所需要的压力。	A. 1 h B. 2 h C. 3 h D. 4 h	A
160	压缩空气系统易熔塞熔点约为____。	A. 100 ℃ B. 150 ℃ C. 180 ℃ D. 200 ℃	A
161	船舶设压载水的目的是为了____。	A. 增加排水量 B. 提高抗沉性 C. 增加载重量 D. 调整吃水和稳性高度	D
162	当日用淡水泵自动启动时，如果淡水压力水柜水位过高，应____。	A. 将淡水泵的启、停改为手动 B. 向压力水柜补充部分压缩空气 C. 开压力水柜放泄阀放掉部分水 D. 属正常情况不需要处理	B

序号	题目内容	可选项	正确答案
163	备车时对于主空气瓶的操作正确的是____。	A. 开启放残阀 B. 开启出口阀 C. 关闭进口阀 D. 打开安全阀	B
164	机舱备车工作完成，须经____同意后，才能回车钟表示驾驶台可以随时使用主机。	A. 轮机长 B. 大管轮 C. 值班轮机员 D. AC 都对	D
165	备车中压油的主要目的是____。	A. 减少启动时间和启动空气耗量 B. 减少启动初期摩擦力和机件磨损量 C. 增大启动初期柴油机功率 D. 提高启动初期的滑油压力	B
166	柴油机正常工作，烟囱烟色应为____色。	A. 白 B. 黑 C. 蓝 D. 灰	D
167	航行中发现主喷油器故障，更换的步骤为____。①停车；②拆下喷油器；③更换油头；④打开示动阀卸压	A. ①②③④ B. ①③②④ C. ①④②③ D. ②③④①	C
168	曲柄箱油位增高属于____的故障先兆。	A. 外观反常 B. 消耗反常 C. 气味反常 D. 声音异常	B
169	检修活塞式空气压缩机时，气缸余隙容积可用____测量。	A. 塞尺 B. 游标尺 C. 直尺与平板 D. 铅块与千分尺	D
170	柴油机缸套吊出检修时，应____。	A. 用酸清洗 B. 用碱清洗 C. 用柴油清洗 D. 除垢	D

序号	题目内容	可选项	正确答案
171	管路中截止阀、阀止止回阀拆卸后安装或更换后安装时，应注意阀的安装方向____。	A. 低进高出 B. 高进低出 C. 阀上箭头所指方向 D. AC 都对	D
172	渔业船舶检验机构对营运中的渔业船舶所实施的常规性检验是____。	A. 年度检验 B. 临时检验 C. 营运检验 D. 定期检验	C
173	有效期内的渔业船员证书损坏或丢失的，应当凭损坏的证书原件或在原发证机关所在地报纸刊登的遗失声明，向原发证机关申请补发。补发的渔业船员证书有效期应当____。	A. 与原证书有效期一致 B. 从补发之日起不超过 3 年 C. 从补发之日起不超过 5 年 D. 从补发之日起不超过 8 年	A
174	渔船水上安全事故中，凡造成 1～2 名人员死亡的是____。	A. 较大事故 B. 大事故 C. 一般事故 D. 小事故	C
175	船舶生活污水一般不包括____。	A. 卫生间污水 B. 洗衣服污水 C. 厨房洗菜水 D. 冲洗甲板水	D
176	当发生机电设备损坏事故时，值班人员首先应____。	A. 报告轮机长 B. 报告船长 C. 离开机舱 D. 采取措施，防止事故扩大	D
177	船舶发生搁浅、擦底或触礁时，轮机人员应____，迅速备车并按船长命令正确操纵主机。	A. 立即进入机舱集合 B. 立即撤离机舱 C. 立即到艇甲板集合准备登艇 D. 立即建议船长弃船	A
178	船舶尾部搁浅时，停车后可以用____方法检查轴系情况。	A. 冲车检查 B. 慢车运行检查 C. 盘车检查 D. 以上都是	C

序号	题目内容	可选项	正确答案
179	轮机值班人员发现机舱进水，应以最迅速的方式报告____，同时应设法进行抢救以防事态扩大或恶化。	A. 值班轮机员或轮机长 B. 船舶检验部门 C. 公司或机务部门 D. 以上均不对	A
180	当舵系统转动装置在技术上遇特殊疑难问题时，____应协助驾驶部做好舵系统转动装置的修理工作。	A. 轮机长 B. 管轮 C. 助理管轮 D. 值班轮机员	A
181	当船长作出弃船决定时，____负责操作救生艇发动机。	A. 船长 B. 船副 C. 助理船副 D. 轮机员	D
182	听到弃船警报，在得到停车通知后，轮机部应____。	A. 抓紧做好熄火、放汽、关机、停车等弃船的安全防护工作 B. 立即撤离机舱 C. 轮机长立即到船长处协同指挥 D. 立即到甲板集合	A
183	下列有关吊运作业安全注意事项的说法中，不正确的是____。	A. 严禁超负荷使用起吊工具 B. 在吊运前，应认真检查起吊工具，确认牢固可靠，方可吊运 C. 断股钢丝、霉烂绳索和残损的起吊工具，修理后，可以继续使用 D. 吊起的部件，应立即在稳妥可靠的地方放下，并衬垫绑系稳固	C
184	排气管和消声器要装设冷却水管或包装绝热材料，表面温度不能超过____，以免灼伤管理人员。	A. 50℃ B. 55℃ C. 60℃ D. 80℃	C
185	压力钢瓶应存放在____。	A. 锅炉平台 B. 阴凉处 C. 靠近热源处 D. 电焊间	B
186	清洗滑油柜，操作时应注意____。	A. 应用柴油清洗 B. 应用煤油清洗 C. 应用蒸汽清洗 D. 不能用棉纱擦洗	D

序号	题目内容	可选项	正确答案
187	由于电器设备操作管理不当而引起船舶火灾的原因有___。	A. 炉膛爆炸 B. 导线超负荷 C. 机器周围漏油过多 D. 吸烟	B
188	加油期间___在现场明火作业和吸烟,以防火灾。	A. 尽量避免 B. 严禁 C. 可以 D. 以上都不对	B
189	船舶在受油中,如果发现溢油,首先应___。	A. 堵住透气口 B. 关闭进油阀 C. 用容器接住透气口端 D. 通知供油船停泵	D
190	下列设备中的___应设在机舱之外。	A. 应急逃生孔 B. 应急发电机 C. 应急舱底水阀 D. 应急空压机	B
191	下列选项中___属船舶消防应急设备。	A. 应急空压机、应急救火泵、燃油速闭阀 B. 应急救火泵、燃油速闭阀、通风机应急切断装置 C. 应急救火泵、水密门、应急空压机 D. 水密门、逃生孔、消防泵	B
192	弃船时,机舱若接到___信号或船长利用其他方法的通知,值班人员应立即撤离机舱登艇。	A. 一次完车 B. 二次完车 C. 停车 D. 备车	B
193	按照船员职务分工,加装燃油应由___负责。	A. 轮机长 B. 管轮 C. 助理管轮 D. 电机员	C
194	按船员职务分工,救生艇发动机的维护管理工作应由___负责。	A. 轮机长 B. 管轮 C. 助理管轮 D. 电机员	C

序号	题目内容	可选项	正确答案
195	管轮负责分管____。	A. 主机、舵机、制冷设备 B. 主机、锚机、制冷设备 C. 主机、舵机、救生艇发动机 D. 主机、锚机、货油泵	A
196	航行中交班轮机员应在____下班。	A. 到了规定时间 B. 接班轮机员进入机舱时 C. 接班轮机员机舱巡回检查后 D. 接班轮机员在《轮机日志》上签字同意后	D
197	航行中，如果主机因故自行停车，轮机员首先应____。	A. 与值班机匠商讨停车原因 B. 采取措施启动主机 C. 通知驾驶台及轮机长 D. 合上盘车机盘车	C
198	船舶到港，由航行值班转为停泊值班的时间以____为准。	A. "完车"时间 B. 先靠上码头时间 C. 次日 8:00 时 D. 轮机长规定时间	A
199	轮机员的调动交接分为 ____ 两部分。	A. 情况介绍和实物交接 B. 现场交接和实物交接 C. 单独交接和领导监督交接 D. 公开交接和私下交接	A
200	停泊转为开航，开航前的准备工作由____负责进行。	A. 停泊值班轮机员 B. 航行值班轮机员 C. 双方共同 D. AB 都对	B

二、判断题

序号	题目内容	正确答案
1	柴油机的气缸直径和活塞外圆的直径是一样的。	错误
2	柴油机气缸套与气缸盖之间放入紫铜垫片的主要作用是调整压缩比。	错误
3	在正常情况下柴油机气缸内的过量空气系数 α 均大于 1。	正确
4	柱塞式喷油泵进行供油量检查时，检查喷油泵停油位置的目的是防止柴油机运转中熄火。	错误

序号	题目内容	正确答案
5	柴油机进气终了时，缸内压力越高，新鲜空气就越多。	正确
6	机舱温度过高，也是增压器压气机喘振的一个诱发因素。	正确
7	使用表盘式液压调速器的两台发电柴油机并联运行时，负荷始终不能均匀分配，应该调整的部件是速度降差旋钮。	正确
8	机械调速器的特点是利用飞重离心力直接拉动油门。	正确
9	采用压缩空气启动的柴油机，气缸启动阀的开启动作由空气分配器控制。	正确
10	不同油品混舱会形成大量的油泥沉淀及发生变质，但不同港口加装的相同牌号的燃油可以混舱。	错误
11	燃油系统的三大环节组成是指燃油的注入、储存和驳运；燃油的净化处理；燃油的使用和测量。	正确
12	分油机是根据油、水、杂质的密度不同，使旋转产生的离心力不同来实现油、水、杂质的分离。	正确
13	柴油机运转中因缺水而严重过热时，应立即停车，不可向系统内灌注大量冷水。	正确
14	对于采用油润滑的巴氏合金艉轴管要确保其滑油系统正常工作。	正确
15	对双桨船而言，正车旋转时，左桨右旋，右桨左旋叫内旋桨。	正确
16	往复泵吸入、排出阀未开足，会使泵启动后排量不足。	正确
17	热力膨胀阀的功用只是对制冷剂起节流降压作用。	错误
18	压缩式制冷装置中"有害过热"发生在蒸发器中。	错误
19	在回热器下部放泄阀放出较多冷冻油是因为氟利昂溶解滑油太多。	正确
20	R22 制冷装置发生"奔油"现象，会使油泵建立不起油压，甚至油被吸入气缸产生"液击"。	正确
21	换向滑阀阀芯上开环形均压槽的主要目的是减小移动阻力。	正确
22	液压系统修理后充油时应注意选择规定的液压油。	正确
23	液压舵机产生"空舵"现象，主要是由于系统中积存有空气及严重漏油造成的。	正确
24	锚机能在过载拉力作用下连续工作 2 min，过载拉力应不小于额定拉力的 1.5 倍。	正确
25	捕捞机械液压系统中进空气会使设备在工作中产生较大噪音。	正确
26	左手定则是判断通电的载流导体在磁场中的受力方向，载流导体受力，本质上是导体内的电流受力。	正确
27	直流发电机的换向器是把转子线圈内的交变电动势在电刷间变换为方向不变的电动势。	正确

序号	题目内容	正确答案
28	自动空气开关在电路中具有过载、短路和失压三种保护功能。	正确
29	在电路中装设自动空气开关、熔断器是常用的短路保护措施。	正确
30	在控制电路中相互制约的控制关系称为互锁，其中电动机正、反转控制中正转控制与反转控制的互锁最为典型。	正确
31	我国渔船主电网额定电压为 380 V，照明电压为 220 V。	正确
32	照明电网为三相绝缘线制，为检查照明分配电箱的管式熔断器是否熔断，可利用验电笔检查。	错误
33	船舶同步发电机并联运行时，两台发电机的有功功率和无功功率大于负载的有功功率和无功功率。	错误
34	采取不可控相复励自励恒压装置的同步发电机并联运行时，为使无功功率自动均匀分配，常采取的措施是视情形设立直流或交流均压线。	正确
35	船舶配电板上绝缘指示灯正常工作时，三盏灯亮度相同。若某一相出现接地故障，则接地相的那盏灯熄灭，而另外两盏灯亮度增强。	正确
36	主机循环滑油泵至少设置 2 台以上。	正确
37	各压载水舱的控制阀应相对集中。	正确
38	当主机变换运转方向时，必须先将操纵手柄移至"停车"位置，待曲轴停止旋转后，再移动手柄至"倒车"或"顺车"位置。	正确
39	废气涡轮增压器损坏后，降低柴油机运转速度。	正确
40	拉缸声属于船机外观显示方面的故障先兆。	正确
41	装配质量直接关系到柴油机的可靠性、经济性和使用寿命。	正确
42	螺旋桨及轴和轴承的检修属于坞修项目。	正确
43	油水分离器排水取样时，取样阀应开启放气 1 min 左右。	正确
44	船舶碰撞机舱进水时，根据进水情况使用舱底水系统或应急排水系统。	正确
45	台风季节，所有移动的工具、备件、物料、油桶等均应绑妥。	正确
46	乙炔气钢瓶瓶体温度不得超过 40 ℃。	正确
47	固定式应急消防泵应设置在机舱以外。	正确
48	渔业船员分为职务船员和普通船员。	正确
49	机舱固定值班人员在听到报警信号后应仍坚持岗位按指令操作在得到停车通知后在轮机长领导下抓紧做好熄火放气、关机、停电等弃船安全防护工作并携带规定物品撤离机舱。	正确
50	如遇紧急情况，船长必须用车时，可按驾驶台命令强制主机运行而不考虑主机的后果。	正确

三级轮机长

一、选择题

序号	题目内容	可选项	正确答案
1	关于四冲程柴油机进气阀定时的错误认识是____。	A. 进气阀开得过早将产生废气倒灌 B. 进气阀应在上止点时开启 C. 进气阀关得太晚，部分新气将从进气阀排出 D. 进气阀间隙不适当将影响其定时	B
2	柴油机压缩后的温度至少应达到____。	A. 110～150 ℃ B. 300～450 ℃ C. 600～700 ℃ D. 750～850 ℃	C
3	柴油机对外做功的行程是____。	A. 进气行程 B. 压缩行程 C. 膨胀行程 D. 排气行程	C
4	柴油机活塞从上止点到下止点所扫过的空间称为____。	A. 燃烧室容积 B. 气缸总容积 C. 气缸工作容积 D. 存气容积	C
5	下列关于四冲程柴油机工作特点的说法中错误的是____。	A. 用四个行程完成一个工作循环 B. 进、排气过程持续角比二冲程的小 C. 在上止点附近存在气阀重叠角 D. 每完成一个工作循环，曲轴回转二周	B
6	下列关于四冲程柴油机工作特点的说法中错误的是____。	A. 活塞四个行程完成一个工作循环 B. 进、排气过程比二冲程的长 C. 多采用筒形活塞式结构 D. 曲轴转一周，凸轮轴也转一周	D
7	四冲程柴油机拉缸时发生的磨损形式主要是____。	A. 磨料磨损 B. 黏着磨损 C. 腐蚀磨损 D. 摩擦磨损	B

序号	题目内容	可选项	正确答案
8	不使用测量工具，通过新旧环挤压对比可以判断柴油机活塞环的____。	A. 弹力大小 B. 磨损程度 C. 新旧程度 D. 使用寿命	A
9	四冲程柴油机连杆弯曲的常见原因有____。	A. 爆压过大 B. 压缩比过小 C. 压缩比过大 D. 气缸内积水产生液击	D
10	柴油机曲轴强度最薄弱的部位通常为____。	A. 主轴颈油孔处 B. 主轴颈与曲柄臂过渡圆角处 C. 曲柄臂中部 D. 曲柄销与曲柄臂过渡圆角处	D
11	一台八缸四冲程柴油机的发火间隔角是____。	A. 120° B. 180° C. 360° D. 90°	D
12	在换用新薄壁轴承时，指出下述不正确的安装工艺____。	A. 不允许拂刮合金表面 B. 不允许使用调隙垫片 C. 允许作用不同尺寸的薄壁轴承 D. 允许修刮瓦口以利安装	D
13	在柴油机中把活塞往复运动变成曲轴回转运动的部件是____。	A. 曲柄 B. 连杆 C. 活塞 D. 曲轴	B
14	柴油机曲柄臂与曲柄销关于抗弯强度的对比，____。	A. 曲柄臂比曲柄销弱 B. 曲柄臂比曲柄销强 C. 两者相同 D. 由曲轴结构而定	A
15	下列不能表示柴油机热负荷的是____。	A. 热应力 B. 温度场 C. 冷却水温度 D. 热流密度	C

序号	题目内容	可选项	正确答案
16	关于柴油机主轴承的安装工艺正确的是____。	A. 任何轴瓦均应拂刮 B. 厚壁轴瓦不用拂刮但需调整垫片 C. 薄壁轴瓦不用拂刮也没有调整垫片 D. 薄壁轴瓦不用拂刮但需调整垫片	C
17	柴油机受热部件壁面____，其部件的热应力____。	A. 越薄；越大 B. 越厚；越大 C. 厚或薄；不变 D. 增厚；先降后增	B
18	四冲程柴油机曲柄销与主轴颈磨损较大的部位在____。	A. 曲柄销内侧，主轴颈远离曲柄销一侧 B. 曲柄销外侧，主轴颈近曲柄销一侧 C. 曲柄销内侧，主轴颈近曲柄销一侧 D. 曲柄销外侧，主轴颈远离曲柄销一侧	C
19	中、小型柴油机气缸与缸盖之间的紫铜垫片主要作用是____。	A. 调整压缩比 B. 起密封作用 C. 防止缸盖与缸套黏结 D. 便于拆装	B
20	关于下列四冲程柴油机气缸套功用中不正确的是____。	A. 与气缸盖、活塞组成燃烧室 B. 承担活塞的侧推力 C. 开有气口构成扫气通道 D. 与气缸体形成冷却水通道	C
21	吊缸发现活塞环搭口很光亮，是因为____。	A. 高温燃气漏泄 B. 搭口间隙过大 C. 搭口间隙过小 D. 环失去弹性	C
22	在柴油机活塞环测量中发现使用中的活塞环搭口间隙增大，则说明____。	A. 搭口磨损 B. 环工作面磨损 C. 环槽磨损 D. 环平面磨损	B
23	柴油机活塞环搭口间隙的作用是____。	A. 便于环的安装 B. 使环具有弹力 C. 给环受热变形的余地 D. 便于散热	C

序号	题目内容	可选项	正确答案
24	柴油机曲轴上应力最大的地方是____。	A. 主轴颈 B. 曲柄销 C. 曲柄臂 D. 主轴颈、曲柄销与曲柄臂的交接处	D
25	当燃油温度低于____时将使燃油无法泵送。	A. 闪点 B. 浊点 C. 倾点 D. 凝点	D
26	下列论述错误的是____。	A. 燃油中灰分对柴油机产生磨料磨损 B. 从使用观点来讲，燃油的使用温度应至少高于浊点 3～5 ℃ C. 从使用观点来讲，燃油的使用温度应至少高于倾点 3～5 ℃ D. 船用燃油的闭口闪点应不得低于 60～65 ℃	C
27	下列关于柴油机喷射过程中喷射延迟角的论述，错误的是____。	A. 从供油提前角中减去喷油提前角即为喷射延迟角 B. 喷射延迟角大小与高压油管的长度和孔径有关 C. 当凸轮轴转速升高时，喷射延迟角也相应增大 D. 喷射延迟角随喷油量的增加而增大	D
28	____不是影响燃油雾化的因素。	A. 喷油压力 B. 喷油孔长度 C. 燃油黏度 D. 气缸内背压	B
29	对回油孔式终点调节式喷油泵，当循环供油量增加时，其工作特点是____。	A. 供油始点不变，供油终点提前 B. 供油始点不变，供油终点延后 C. 供油终点不变，供油始点提前 D. 供油终点不变，供油始点延后	B
30	欲减小柴油机回油孔式喷油泵的供油提前角，下述正确的调整方法是____。	A. 沿正车方向转动凸轮 B. 旋出柱塞下方顶头上的调节螺钉 C. 减薄套筒上端的调整垫片 D. 增厚套筒上端的调整垫片	C

序号	题目内容	可选项	正确答案
31	在柴油机中对气缸燃烧有直接影响是____。	A. 供油提前角 B. 几何供油提前角 C. 喷油提前角 D. 喷油持续角	C
32	柴油机喷油泵出油阀上具有的减压环带，其作用是____。	A. 保持高压油管中的压力 B. 避免重复喷射 C. 防止高压油管穴蚀 D. 避免不稳定喷射	B
33	当柴油机负荷降低时，等压卸载出油阀使高压油管残余压力的变化是____。	A. 增大 B. 降低 C. 不变 D. 无规律	C
34	柴油机喷油泵等容卸载出油阀在使用中的主要缺陷是____。	A. 结构复杂 B. 低负荷易穴蚀 C. 阀面磨损 D. 使用中故障多	B
35	关于柴油机过量空气系数 α，以下说法中不正确的是____。	A. 在正常情况下 α 均大于1 B. 在燃烧室内部各处 α 不同，可能大于1，也可能小于1 C. 增压机 α 大于非增压机 D. 四冲程机大于二冲程机	D
36	四冲程柴油机进气终了时，气缸内压力 ____，换气质量____。	A. 越高；越好 B. 越高；越差 C. 越低；越好 D. 以上都不对	A
37	一般造成柴油机气阀弹簧断裂的主要原因是____。	A. 材料选择不当 B. 弹簧振动 C. 热处理不符合要求 D. 锈蚀	B
38	柴油机气阀与阀座的工作条件中，哪一项说法是错误的____。	A. 高温 B. 腐蚀 C. 穴蚀 D. 撞击	C

序号	题目内容	可选项	正确答案
39	在四冲程柴油机中，压缩终点的压力和温度下降的原因是____。	A. 排气阀提前开启角太小 B. 排气阀提前开启角太大 C. 进气阀延后关闭角太小 D. 进气阀延后关闭角太大	D
40	四冲程柴油机测量气阀间隙时应注意的事项有____。	A. 要在机器热态下进行 B. 要在机器冷态下进行 C. 顶头滚轮应处于凸轮工作边上 D. 任何状态下均可测量	B
41	四冲程柴油机中进气阀与排气阀相比，____。	A. 一样大 B. 进气阀大 C. 排气阀大 D. 大小随机型而定	C
42	下列选项中与换气质量无关的是____。	A. 燃油的雾化 B. 柴油机的功率 C. 滞燃期的长短 D. 燃油的完全燃烧	A
43	脉冲涡轮增压对废气能量的利用情况是____。	A. 只能利用定压能，不能直接利用脉冲动能 B. 只能利用脉冲动能，不能直接利用定压能 C. 既能利用全部的定压能，又能利用部分的脉冲动能 D. 既能利用全部的脉冲动能，又能利用部分的定压能	C
44	脉冲涡轮增压时排气管需要分组，每组最多不得超过____。	A. 六个气缸 B. 四个气缸 C. 三个气缸 D. 二个气缸	C
45	有关柴油机增压理论中的不正确说法是____。	A. 增压就是提高进气压力 B. 增压是提高柴油机功率的主要途径 C. 通过废气涡轮增压器达到增压目的 D. 各种增压都不会消耗柴油机功率	D
46	柴油机调速器发生故障的主要原因是____。	A. 调节不当 B. 滑油污染 C. 零件损坏 D. 轴承磨损	B

序号	题目内容	可选项	正确答案
47	下列选项中与最低启动转速无关的是____。	A. 柴油机类型 B. 环境温度 C. 燃油品质 D. 进气方式	D
48	在装油过程中，为确保安全，油气扩散区应当禁止____。	A. 明火作业 B. 上高作业 C. 油漆作业 D. 清洗作业	A
49	燃烧重油时，滞燃期和燃烧持续期较长，且燃烧不完全、经济性下降，排气烟度增加，这是因为低质燃油____。	A. 密度较大 B. 黏度较高 C. 成分复杂 D. 发火性能差	D
50	装油过程中，确定油是否进入预定舱位是通过____。	A. 倾听油流声和检查透气管出气情况 B. 观察各阀开关情况 C. 各舱打开门检查 D. 各舱测量油位	A
51	主滑油循环泵或其出口管路上应设置安全阀，以防管内压力过高，其调定压力为管路正常供油压力的____倍。	A. 1.1 B. 1.2 C. 1.3 D. 1.4	A
52	在柴油机中润滑的作用有____。①减磨；②冷却；③密封；④清洁；⑤防腐；⑥传递动力	A. ①②③ B. ④⑤⑥ C. ③④⑤ D. ①②③④⑤⑥	D
53	清净分散剂是滑油使用的重要添加剂，它的作用主要是____。①锈蚀抑制；②降凝；③抗磨；④洗涤与悬浮	A. ①② B. ②③ C. ③④ D. ①④	D
54	为减少腐蚀和结垢，应限制海水的冷却器出口温度不超过____。	A. 40 ℃ B. 45 ℃ C. 65 ℃ D. 70 ℃	B
55	下列关于冷却水系统管理中，哪一项说法是错误的____。	A. 淡水压力应高于海水压力 B. 闭式淡水冷却系统中不需设置膨胀水箱 C. 进港用高位海底阀 D. 定期清洗海底阀的海水滤器	B

序号	题目内容	可选项	正确答案
56	柴油机的滑油冷却器和空气冷却器常采用____。	A. 开式冷却系统 B. 闭式冷却系统 C. 中央冷却系统 D. 温淡水冷却系统	A
57	对于中高速柴油机，出口冷却水温一般控制在____。	A. 50～60 ℃ B. 60～70 ℃ C. 70～80 ℃ D. 80～90 ℃	C
58	关于海水系统海底阀说法不正确的是____。	A. 至少有两个 B. 位于左右两舷 C. 有高位和低位 D. 位于海水滤器后	D
59	柴油机的"转速禁区"表示____。	A. 共振转速 B. 主共振转速 C. 危险临界转速 D. 临界转速	C
60	推力轴承的主要作用是____，尾轴管的主要作用是____。	A. 承受主机活塞、连杆部分重量；支持螺旋桨和尾轴重量 B. 传递推力；承受部分尾轴重量，安装轴承及附件 C. 承受轴向和径向力；承担螺旋桨重量 D. 传递推力；支持螺旋桨和尾轴重量，安装轴承及附件	D
61	柴油机轴系发生共振时的转速称为____。	A. 主临界转速 B. 副临界转速 C. 危险临界转速 D. 临界转速	D
62	倒顺车减速齿轮箱离合器主要用于哪种主机____。	A. 高速柴油机 B. 低速柴油机 C. 四冲程柴油机 D. 二冲程柴油机	A
63	下列泵中属于回转式泵的是____。	A. 齿轮泵 B. 往复泵 C. 离心泵 D. 旋涡泵	A

序号	题目内容	可选项	正确答案
64	电动往复泵的滑油泵不润滑____。	A. 曲轴轴承 B. 连杆小端轴承 C. 活塞与缸套 D. 减速齿轮	C
65	往复泵自吸能力的好坏主要与泵的____有关。	A. 额定排压 B. 功率 C. 转速 D. 密封性能	D
66	改变往复泵的流量不能用改变____的方法。	A. 转速 B. 活塞有效行程 C. 旁通回流阀开度 D. 排出阀开度	D
67	需要开卸荷槽解决困油现象的是____。	A. 正齿轮泵 B. 斜齿轮泵 C. 人字形齿轮泵 D. 以上都是	A
68	齿轮泵与螺杆泵相比优点是____。	A. 转速较高 B. 流量均匀 C. 效率较高 D. 价格低廉	D
69	外齿轮泵的前后盖的纸垫作用是____。	A. 调整间隙 B. 仅起密封作用 C. 起调整间隙和密封作用 D. 防止吸排沟通	C
70	离心泵调节流量方法中经济性最好的是____。	A. 节流调节 B. 回流调节 C. 变速调节 D. 视具体情况而定	C
71	离心泵调节流量方法中经济性最差的是____。	A. 节流调节 B. 回流调节 C. 变速调节 D. 视具体情况而定	B
72	船用离心式海水泵叶轮多采用____。	A. 开式 B. 半开式 C. 闭式 D. 以上都是	C

序号	题目内容	可选项	正确答案
73	正吸高离心泵吸入真空度过大而不能排水，可能是___。	A. 轴封填料老化 B. 密封环间隙大 C. 叶轮破损 D. 吸入滤器堵塞	D
74	空压机油的闪点以___为宜。	A. 略高于排气温度 B. 高于压缩终了气温 20～40 ℃ C. 高于压缩终了气温 10～20 ℃ D. 尽可能高些	B
75	船用空压机自动控制一般不包括___。	A. 自动开启和停止 B. 自动卸载和泄放 C. 冷却水供应自动控制 D. 滑油温度自动控制	D
76	船用空压机启阀式卸载机构通常用强开___方法卸载。	A. 第一级吸气阀 B. 第二级吸气阀 C. 第一级排气阀 D. 第二级排气阀	A
77	管理中空压机排气量减小的最常见原因是___。	A. 气阀和活塞环漏泄 B. 冷却不良 C. 余隙增大 D. 安全阀漏泄	A
78	下列液压控制阀中不属于压力控制阀的是___。	A. 卸荷阀 B. 背压阀 C. 溢流阀 D. 单向阀	D
79	下列液压控制阀中属压力控制阀的是___。	A. 节流阀 B. 调速阀 C. 换向阀 D. 溢流阀	D
80	下列液压控制阀中不属于压力控制阀的是___。	A. 溢流阀 B. 节流阀 C. 减压阀 D. 背压阀	B
81	液压泵是将___能变为___能。	A. 电；液压 B. 液压；机械 C. 机械；液压 D. 电；机械	C

序号	题目内容	可选项	正确答案
82	清洗或更换滤油器滤芯时要特别注意____。	A. 清洗后用棉纱揩净 B. 清洗后用水冲净 C. 清洗不允许用洗涤剂 D. 别忘记滤器壳体内部清洗	D
83	液压系统油箱透气孔处需设置____。	A. 空气滤器 B. 补油滤器 C. 防溢油装置 D. 空气滤器和补油滤器	A
84	液压油的工作温度最适合的是____。	A. 10～30 ℃ B. 30～50 ℃ C. 50～60 ℃ D. 比室温高 30 ℃	B
85	液压油颜色变深有异样气味，可能是____。	A. 混入其他油种 B. 化学添加剂太多 C. 水分、杂质多 D. 氧化变质	D
86	液压舵机停机时，应将舵操到____。	A. 0°舵角 B. 10°舵角 C. 35°舵角 D. 任意舵角	A
87	主操舵装置要求能在最深航海吃水，并以最大营运航速前进时，将舵从一舷的35°转至另一舷的 30° 的时间不应大于____。	A. 28 s B. 30 s C. 35 s D. 60 s	A
88	舵设备的组成中包括____。①舵机及其传动机构；②舵角指示器；③舵及舵角限位器；④操舵装置控制系统	A. ①②③ B. ②③④ C. ①③④ D. ①②③④	D
89	液压操舵装置的特点是____。①传动平稳，噪声较小；②操作方便，易于遥控；③能实现无级调速；④体积小，重量轻	A. ①②③④ B. ①②③ C. ②③④ D. ①②④	A

序号	题目内容	可选项	正确答案
90	液压舵机充油时，液压油一定要经过____加入系统与油箱。	A. 滤油器 B. 手摇泵 C. 专用泵 D. 透气管	A
91	当舵轮转动 2～3 s 后，舵叶才开始转动，该故障称为____。	A. 跑舵 B. 冲舵 C. 偏舵 D. 滞舵	D
92	舵停在某舵角时逐渐偏离叫____。	A. 跑舵 B. 冲舵 C. 滞舵 D. 空舵	A
93	起锚机的链轮应装有可靠的制动器，刹紧后，应能承受锚链断裂负荷的____。	A. 50% B. 35% C. 40% D. 45%	D
94	对新安装的锚机要进行____。①空转试验；②码头边抛起试验；③海上抛起试验	A. ①② B. ②③ C. ①③ D. ①②③	D
95	锚链的主要作用是____。①连接锚和船体；②传递锚的抓力；③增加锚的抓力	A. ①② B. ①③ C. ②③ D. ①②③	A
96	锚机制链器的作用是____。	A. 使锚链平卧在链轮上 B. 防止锚链下滑 C. 固定锚链并使拉力传到船体 D. 为美观而设计	C
97	锚设备中弃链器作用是____。	A. 固定末端锚链 B. 使末端锚链不乱 C. 保证在紧急情况下能迅速可靠地脱开锚链 D. 便于锚链拆修	C

序号	题目内容	可选项	正确答案
98	起锚时锚机的操作程序正确的是___。①通知机舱送电，供锚链水；②锚机加润滑油，空车正反转试验；③确认正常合上离合器，打开制链器和刹车带，让锚机受力；④工作完毕报告驾驶台	A. ①②③ B. ②③④ C. ①③④ D. ①②③④	D
99	关于渔船捕捞机械的说法错误的是___。	A. 船舶快速航行或侧转时，可以使用起网机 B. 在起放网过程中，起网机发生故障，不准网和绳索在移动中进行处理 C. 吊钩起重不得超过其安全负荷 D. 起网机在工作过程中，需要专人看管离合控制开关	A
100	网机放绳索时，下面操作正确的是___。①操作者不准停在人力刹车架中间；②绳索的时紧时松可用人力刹车控制；③船只在前进时，禁止突然用人力刹车使滚筒停住	A. ①②③ B. ①② C. ②③ D. ①③	A
101	若两个同频率的正弦量的瞬时值总是同时过零，则两者在相位上一定是___。	A. 同相 B. 反相 C. 同相或反相 D. 初相位相同	C
102	用万用表的欧姆挡检测电容好坏时，若表针稳定后，指在距"∞Ω"处越远（但不指在"0 Ω"处），则表明___。	A. 电容是好的 B. 电容漏电 C. 电容被击穿 D. 电容内部引线已断	B
103	对称三相电压是指___。	A. 三相的电压有效值相等即可 B. 三相的电压瞬时值相位互差120°即可 C. 三相电压的频率相等即可 D. 三相电压的有效值和频率相等、瞬时值相位互差120°	D
104	三相对称负载星形连接，其线电压为 380 V，则相电压为___。	A. 220 V B. 380 V C. 254 V D. 110 V	A

序号	题目内容	可选项	正确答案
105	磁力线是____曲线，永磁铁的外部磁力线从____。	A. 闭合；S极到N极 B. 开放；S极到N极 C. 闭合；N极到S极 D. 开放；N极到S极	C
106	载流导体在垂直磁场中将受到____的作用。	A. 电场力 B. 电抗力 C. 电磁力 D. 磁吸力	C
107	桥式全波整流电路中，若有一只二极管短路将会导致的危害是____。	A. 半波整流 B. 波形失真 C. 电路出现短路 D. 输出电压平均值升高，可能烧毁负载	C
108	确定直导体电流磁场时，手势错误的是____。	A. 右手拇指表示电流方向 B. 四手指表示磁场方向 C. 手呈握状 D. 手掌伸平	D
109	三相异步电动机铭牌上的额定功率是指三相异步电动机额定运行时，____。	A. 输入的三相电功率 B. 定、转子铁损 C. 电磁功率 D. 轴上输出的机械功率	D
110	三相六极异步电动机的额定转差率＝0.04，则其额定转速为____。	A. 200 r/min B. 380 r/min C. 540 r/min D. 960 r/min	D
111	改变三相鼠笼式异步电动机转速时不可能采取的方法是____。	A. 改变磁极对数 B. 改变电源频率 C. 改变电压 D. 转子回路串联电阻	D
112	交流执行电动机的转子制成空心杯形转子的目的是____。	A. 增加转动惯量，使之起、停迅速 B. 拆装方便 C. 减少转动惯量，使之起、停迅速 D. 减少启动电流	C
113	力矩式自整角机，在船上常用在____场合。	A. 车钟和舵角指示 B. 测速机构 C. 油门双位控制 D. 水位双位控制	A

序号	题目内容	可选项	正确答案
114	船舶电站中，常设有控制屏。将这些屏的柜门打开，会发现在柜门的背面有一些一层或多层的四方柱形的电器，它们中间有轴伸到柜门的正面与旋钮相连，并受其旋转控制。这些电器是____。	A. 接触器 B. 组合开关 C. 中间继电器 D. 热继电器	B
115	某照明电路所带负载的额定功率为 1 000 W，额定电压为 220 V，应选____A 的熔丝以实现短路保护。	A. 5 B. 10 C. 15 D. 20	A
116	磁力启动器启动装置不能对电动机进行____保护。	A. 失压 B. 欠压 C. 过载 D. 超速	D
117	电动机磁力启动器控制线路中，与启动按钮相并联的常开触点作用____。	A. 欠压保护 B. 过载保护 C. 零位保护 D. 自锁作用	D
118	将我国船舶电网与陆地电网相比较，下列说法错误的是____。	A. 船舶电网与陆地电网的频率都是 50 Hz B. 船舶电网的电压与频率易波动 C. 船舶电网的容量小 D. 船舶电网电站单机容量大	D
119	下列由主配电板直接供电的设备是____。	A. 航行灯、空压机、空调压缩机 B. 空压机、机舱风机、冰机 C. 机舱风机、航行灯、冰机 D. 航行灯、空压机、舵机	D
120	交流船舶的主发电机控制屏上除装有电流表、电压表外，还须装有____。	A. 频率表、功率表、功率因数表 B. 频率表、功率表、兆欧表 C. 功率表、频率表、转速表 D. 频率表、兆欧表、转速表	A
121	自动空气断路器在控制电路中的独立完成的作用之一是____。	A. 失压保护 B. 逆功率保护 C. 逆相序保护 D. 缺相保护	A

序号	题目内容	可选项	正确答案
122	已经充足电的船用酸性蓄电池正极活性物质是____；负极活性物质是____。	A. Pb；Pb B. PbO$_2$；PbO$_2$ C. PbO$_2$；Pb D. Pb；PbO$_2$	C
123	每个单体铅蓄电池的额定电动势为____V；每个单体镉-镍蓄电池的额定电动势为____V。	A. 1.2；2 B. 2；1.2 C. 1.5；1.5 D. 1.8；2	B
124	蓄电池的容量等于____的乘积，以____单位表示。	A. 充电电流与充电时间；安时 B. 放电电流与充电时间；安时 C. 充电电流与放电时间；安时 D. 放电电流与放电时间；安时	D
125	对于设立大应急、小应急电源的船舶，大应急是由采用____实现；小应急采用____实现。	A. 发电机组；发电机组 B. 蓄电池组；蓄电池组 C. 发电机组；蓄电池组 D. 蓄电池组；发电机组	C
126	当单个铅蓄电池的电压降到____时，应及时充电。	A. 1.5 V B. 2 V C. 1.8 V D. 1 V	C
127	铅蓄电池如果充足了电，则其电解液比重为____。	A. 1.20 以下 B. 1.18 左右 C. 1.20 D. 1.28～1.30	D
128	在____应对蓄电池进行过充电。	A. 蓄电池极板抽出检查，清除沉淀物之后 B. 每次充电时均 C. 当电解液液面降低时 D. 每周检查蓄电池时	A
129	8个单电池相串联的酸性蓄电池，充电完毕后的电压为____，电解液比重为____。	A. 16 V；1.1 B. 14.4 V；1.2 C. 20 V；1.3 D. 17.6 V；1.2	C
130	同步发电机的欠压保护主要是实现对____的保护。	A. 发电机主开关 B. 主配电板 C. 发电机和运行的电动机 D. 所有负载	C

序号	题目内容	可选项	正确答案
131	为了监视电网的绝缘，主配电板上设有绝缘指示灯，正常时这三盏灯应____。	A. 全不亮 B. 全亮且亮度相同 C. 一盏亮 D. 两盏亮且亮度相同	B
132	船舶接岸电时，应保证主发电机脱离电网，为安全可靠，主发电机开关与岸电开关之间应设有____保护。	A. 互锁 B. 逆序 C. 连锁 D. 自动切换	A
133	国际上通用的可允许接触的安全电压分为三种情况，其中人体大部分浸于水时的安全电压为____。	A. 小于 65 V B. 小于 50 V C. 小于 25 V D. 小于 2.5 V	D
134	规定"由电动机带动皮带、齿轮及链条等传动装置，须有防护罩"。这是主要出于____的考虑。	A. 避免灰尘对传动机构的污染 B. 安全用电 C. 电气设备散热 D. 避免水撒进传动机构，造成锈蚀	B
135	我国根据发生触电危险的环境条件将安全电压界定为三个等级，高度危险的建筑物中安全电压为____。	A. 2.5 V B. 12 V C. 36 V D. 65 V	C
136	____是碳酸氢钠加硬脂酸铝、云母粉、石英粉或滑石粉等粉状物。它本身无毒，不腐蚀，不导电。它灭火迅速，效果好，但成本高。	A. CO_2 B. 1211 C. 干粉 D. 大量水	C
137	灭火时，钢瓶中的压缩气体将____以雾状物喷射到燃烧物表面，隔离空气，使火熄灭。灭火后须擦拭被喷射物，一般仅用于小面积灭火。	A. CO_2 B. $CBrClF_2$ C. 干粉 D. 大量水	C
138	对于三相三线绝缘系统的船舶，为防止人身触电的危险，大部分的电气设备都必须采用____措施。	A. 工作接地 B. 保护接地 C. 保护接零 D. 屏蔽接地	B

序号	题目内容	可选项	正确答案
139	为保证柴油机启动，机动操纵时应特别注意＿＿。	A. 滑油压力 B. 冷却水压力 C. 冷却水温度 D. 压缩空气压力	D
140	启动发电柴油机后首先应注意检查的参数是＿＿。	A. 滑油温度 B. 滑油压力 C. 冷却水压力 D. 排气温度	B
141	柴油机运转时各缸排气温度的不均匀率应不超过规定值＿＿。	A. 5% B. 8% C. 10% D. 15%	A
142	柴油机运转中如发现淡水压力出现异常波动，可能原因是＿＿。	A. 淡水冷却器冷却水管漏泄 B. 淡水管出口出现裂纹漏水 C. 气缸或缸盖裂纹 D. 膨胀水箱低水位	C
143	船舶在大风浪中航行时为保证燃、滑油管路通畅的正确管理措施是＿＿。	A. 开足有关阀门 B. 提高泵出压力 C. 提高预热温度 D. 注意检查滤器前后压差并清洗滤器	D
144	当接到停止使用柴油机命令后，不应马上停车，应让柴油机在空载下继续运转 5～10 min，以防止冷却水突然停止循环，造成机器的＿＿现象。	A. 过冷 B. 过热 C. 飞车 D. 振动	B
145	长期停泊的柴油机，应擦净机器各部位，对容易生锈部位涂以＿＿防锈。	A. 柴油 B. 环氧树脂 C. 黄油 D. 冷却水	C
146	封缸运行时，应综合考虑＿＿、振动等各因素，选择适宜的转速维持航行。	A. 油温 B. 水温 C. 排气温度 D. 爆发压力	C

序号	题目内容	可选项	正确答案
147	当发现柴油机个别气缸过热而导致拉缸时，最佳处理方法是____。	A. 立即停车，加强冷却 B. 立即降速，单缸停油，加强活塞冷却和气缸润滑 C. 立即降速，单缸停油，加强气缸冷却和气缸润滑 D. 立即降速，单缸停油，并加强活塞与气缸冷却	B
148	当柴油机曲轴箱过热或透气管冒出大量油气时的正确处理措施是____。	A. 立即停车、停泵并打开曲轴箱门检查 B. 不允许停车后立即打开曲轴箱门检查 C. 立即停车并加强冷却 D. 立即停车、停泵，待冷却后打开曲轴箱门检查	B
149	曲柄箱油位增高属于船机外观显示方面的____。	A. 外观反常 B. 消耗反常 C. 气味反常 D. 声音异常	B
150	当活塞在上、下止点位置时，活塞在气缸中均向同一侧倾斜，造成此种情况的原因是____。	A. 曲柄销锥度 B. 曲柄销失圆 C. 曲柄销单面锥度 D. 曲柄销圆柱度误差过大	A
151	当活塞在上、下止点位置时，活塞在气缸中分别向不同方向倾斜，其原因是____。	A. 主轴颈锥度 B. 主轴颈与曲柄销不平行 C. 曲柄销锥度 D. 曲柄销失圆	B
152	采用调节一个特殊零件来调整装配的精度的方法叫____。	A. 调节装配法 B. 机械加工修配法 C. 钳工修配法 D. 以上都是	A
153	修船进坞前，船方应准备好____。①坞修专用工具；②船员适任证书；③有关图纸资料	A. ①② B. ①③ C. ②③ D. ①②③	B
154	下列关于出坞的检查工作中，不正确的是____。	A. 检查海底阀箱的格栅是否装妥 B. 船底塞及各处锌板是否装复好 C. 坞内放水后对淡水系统放空气 D. 检查舵、螺旋桨和尾轴是否装妥	C

序号	题目内容	可选项	正确答案
155	船舶在系泊试验时，为了试验主机性能，防止超负荷，应在____。	A. 50％、75％、85％、110％的负荷下分别进行试验 B. 50％、75％、85％、105％的标定转速下分别进行试验 C. 不超过标定转速80％～85％下进行试验 D. 部分负荷和全负荷下进行试验	C
156	已建造完毕准备投入运营的船舶需要进行的检验是____。	A. 初次检验 B. 定期检验 C. 期间检验 D. 年度检验	A
157	有效期内的渔业船员证书损坏或丢失的，应当凭损坏的证书原件或在原发证机关所在地报纸刊登的遗失声明，向原发证机关申请补发。补发的渔业船员证书有效期应当____。	A. 与原证书有效期一致 B. 从补发之日起不超过3年 C. 从补发之日起不超过5年 D. 从补发之日起不超过8年	A
158	以下哪条不是渔业船员在船工作期间应当承担的职责____。	A. 携带有效的渔业船员证书 B. 遵守法律法规和安全生产管理规定，遵守渔业生产作业及防治船舶污染操作规程 C. 执行渔业船舶上的管理制度、值班规定 D. 绝对服从船长及上级职务船员发布的任何命令	D
159	____是属于船员责任事故。	A. 使用燃油润滑油（脂）规格品种不符合规定 B. 新造或新换的机件或设备的材料和成分不合要求 C. 设计上存在错误 D. 已经发生但事先无条件修换	A
160	下列船舶对海洋油污染的途径中，不受"防止油污规则"排放规定限制的是____。	A. 油船装卸油作业中的排油、漏油 B. 船舶加装燃润油时的跑、冒、滴、漏 C. 为保证船舶安全或救护海上人命而进行的应急排放 D. 油舱调驳作业中意外排油	C

序号	题目内容	可选项	正确答案
161	指出下列哪项不符合总吨 400 t 及以上的非油船和油船机舱舱底水的排放规定____。	A. 船舶不在特殊区域内 B. 船舶在锚泊中 C. 未经稀释的排出物的含油量不超过 15 mg/L D. 船上安装的经主管机关批准的舱底水排油监控系统、油水分离设备、过滤设备或其他装置等，正在运转中	B
162	船舶含油污水的排放方法可以是____。①通过 100 mg/L 设备；②通过 15 mg/L 设备；③排入接收设备	A. ①② B. ②③ C. ①③ D. ①②③	B
163	当油水分离器除油效果不佳时，管理上的做法错误的是____。	A. 改为间断工作，给舱底水在分离器中有足够的停留时间 B. 采用将舱底水分层抽吸的方法 C. 改用离心泵以减轻油的乳化程度 D. 清洗或更换滤器或减小分离量	C
164	下列什么情况应使用高位主海底阀____。①浅水航区航行；②港内航行；③船舶擦底；④搁浅时；⑤大风浪中航行	A. ①②③ B. ①②④ C. ①②③④ D. ①②③④⑤	C
165	船舶搁浅应首先检查____的工作情况。	A. 轴系 B. 主机 C. 离合器 D. 螺旋桨	A
166	船舶航行中发生碰撞，轮机部应做好以下工作____。①立即停车；②立即倒车；③准备好压载水系统；④准备好污水系统；⑤按船长命令操车；⑥做好《轮机日志》记录	A. ①⑤⑥ B. ①③⑤⑥ C. ③④⑤⑥ D. ①②③④⑥	C
167	船舶航行中发生碰撞后，机舱进水压力较小且面积不大，可采用____。	A. 单独封闭舱室 B. 用堵漏毯封堵 C. 准备弃船 D. 密堵顶压法堵漏	D

序号	题目内容	可选项	正确答案
168	船舶机舱部位发生碰撞后，必须记入轮机日志的内容是____。	A. 发生碰撞时间 B. 进水量 C. 发生碰撞时车速 D. 损坏部位和破损情况	D
169	在大风浪中航行，为防止主机可能发生故障，应____。	A. 主机降速运行防止飞车 B. 燃油柜放残水 C. 保持滑油柜油位 D. 以上都是	D
170	下列有关船舶防台风措施的说法中，正确的是____。	A. 各燃油柜中的存油尽量并舱，以减少自由液面的影响 B. 在航行中遇台风，值班轮机员应亲自加强巡回检查 C. 台风季节，船舶如需拆检主机、舵机、锚机不需当地海事管理机构批准 D. 打开机舱天窗、水密门、通风道	A
171	在能见度不良时航行，轮机部的做法错误的是____。	A. 保证汽笛的工作空气正常使用 B. 保持船内通信畅通 C. 停开一台发电机 D. 加强值班	C
172	不属于船舶发电机原动机本身故障造成全船失电的原因是____。	A. 相复励变压器故障 B. 燃油供油中断 C. 电气短路 D. 空气开关故障	B
173	下列哪些操作，可以防止船舶失电事故____。	A. 大风浪天航行，使用轴带发电机 B. 在狭窄水道、进出港时，使用轴带发电机 C. 在装卸货时，随时增加开工头数 D. 在狭窄水道、进出港时，尽量避免配电板操作	D
174	船舶恢复正常供电后，逐台启动有关电动泵的目的是____。	A. 有利于发现故障 B. 操作简单 C. 减少电量消耗 D. 避免误操作	A
175	属于防止船舶失电时的安全措施是____。	A. 同时启动备用发电机 B. 重新启动主机，恢复主机正常运转 C. 做好配电板、控制箱的维护保养工作 D. 立即通知驾驶台	D

序号	题目内容	可选项	正确答案
176	舵机失灵时，轮机长所作的详细事故报告，应包括以下内容____。①发生故障的时间、地点、原因；②发生故障时的海况；③抢修经过和采取的措施；④参加抢修的人员名单	A. ①②③ B. ①②④ C. ①③④ D. ①②③④	A
177	弃船时，机舱若接到____信号，应____撤离机舱登艇。	A. 一次完车；做好准备工作后 B. 二次完车；立即 C. 停车；立即 D. 备车；做好准备工作后	B
178	当弃船警报响起后，集合时间是____min。	A. 5 B. 4 C. 3 D. 2	D
179	上高作业和多层作业时，上层作业所有的工具和所拆装的零部件应____，以防落下伤人或砸坏部件。①放在工具袋内；②放在桶内；③用软细绳索缚住	A. ①② B. ①③ C. ②③ D. ①②③	D
180	下列有关吊运作业安全注意事项的说法中，不正确的是____。	A. 严禁超负荷使用起吊工具 B. 在吊运前，应认真检查起吊工具，确认牢固可靠，方可吊运 C. 断股钢丝、霉烂绳索和残损的起吊工具，修理后，可以继续使用 D. 吊起的部件，应立即在稳妥可靠的地方放下，并用衬垫绑系牢固	C
181	下列有关吊运作业安全注意事项的说法中，正确的是____。	A. 起吊时，应先快速将吊索绷紧 B. 吊索绷紧后，摇晃绳索并注意观察，确认牢固可靠，方可吊运 C. 为了提高劳动效率，起吊货物应快速 D. 如发现起吊吃力，应快速起吊，防止超负荷	B

序号	题目内容	可选项	正确答案
182	在下列拆装作业中，哪项做法是不正确的？	A. 检修主机必须在操纵台悬挂"禁止动车"牌 B. 检修泵浦只需在现场挂警告牌 C. 拆装高温部件，应穿长袖衣裤 D. 检修完空气瓶、压力柜时应先泻放压力	B
183	当设备拆装维修需挂警告牌时，应由____负责挂上和摘下。	A. 轮机长 B. 检修负责人 C. 船长 D. 任何一个参加人员	B
184	下列有关压力容器使用安全注意事项的说法中，不正确的是____。	A. 压力钢瓶不准卧放使用，应直立安放在妥善的地方并用卡箍或绳子紧固 B. 钢瓶在开阀前应仔细检查，一旦开阀就要快速开大，以防泄漏 C. 钢瓶内气体绝不能全部用光，应保持一定剩余压力 D. 发生火灾、爆炸或相邻管道发生事故危及容器安全时，应迅速搬挪他处或泄压	B
185	压力钢瓶应存放在____。	A. 锅炉平台 B. 阴凉处 C. 靠近热源处 D. 电焊间	B
186	机舱发生火灾时，应____燃油、润滑油柜的出口阀门，切断有关电源。	A. 关闭 B. 打开 C. 开大 D. 以上都不对	A
187	船舶机舱失火后，下列做法不正确的是____。	A. 关闭通往火场的燃油进出阀 B. 用水枪冷却可能蔓延到的油箱、油柜、气瓶 C. 必要时，将油柜内的燃油泄放出去，以防爆炸 D. 控制通风	C
188	需进入已抽空的油舱柜时，应____。①停止主副机运行；②停止该油舱附近明火作业；③提前打开道门进行通风；④关闭与该舱有关的油阀与气阀；⑤至少两人配合工作	A. ①③④ B. ②③④ C. ②③④⑤ D. ①②③④⑤	C

序号	题目内容	可选项	正确答案
189	下列有关舱室作业的说法中，正确的是____。①封闭舱室作业前，应进行充分的机械通风或开舱自然通风；②在舱室作业环境中应使用过滤式防毒面具；③严禁不佩戴隔绝式呼吸器盲目进入舱室救人	A. ①② B. ①③ C. ②③ D. ①②③	C
190	如果出现下列哪些情况，船舶应立即停止加装燃油____。①船上起火；②码头上起火；③雷电交加的暴风雨天气	A. ①② B. ①③ C. ②③ D. ①②③	D
191	将两种不同种类的油品混装后，会导致柴油机____。①加速高温腐蚀；②高压油泵柱塞咬死；③喷油器针阀咬死	A. ①② B. ①③ C. ②③ D. ①②③	C
192	将两种不同种类的燃油油品混装后，会导致燃油系统____。①燃油滤器堵塞；②大量渣滓沉淀；③加速管路低温腐蚀	A. ①② B. ①③ C. ②③ D. ①②③	A
193	机舱应急设备应由____负责管理。	A. 轮机长 B. 管轮 C. 助理管轮 D. 检修明细表规定的专人	D
194	在船舶应急设备分类中，属于应急动力设备的有____。	A. 应急空压机 B. 应急救火泵 C. 救生艇发动机 D. 蓄电池	A
195	弃船演习的集合地点一般在____。	A. 驾驶台 B. 主甲板 C. 紧靠登乘地点 D. 最上一层甲板	C
196	下列不是轮机员航行值班职责的是____。	A. 保证机电设备正常运转 B. 及时供给水、电、气 C. 迅速准确操纵主机，认真填写《轮机日志》 D. 保持各种滤器处于良好使用状态	B

序号	题目内容	可选项	正确答案
197	船长命令弃船时，《轮机日志》应由____携带离船。	A. 轮机长 B. 船长 C. 管轮 D. 助理管轮	A
198	轮机长应向船长报告____。①机电设备情况；②船上安全情况；③燃油存量；④备品备件	A. ①③ B. ②④ C. ①② D. ③④	A
199	如因机械故障不能执行航行命令时，轮机长应组织抢修并通知____。	A. 船长 B. 管轮 C. 驾驶台 D. 船副	C
200	轮机长离任时，应由离任轮机长和新任轮机长在____上签字。	A.《航海日志》 B.《轮机日志》 C.《主机检修记录簿》 D. 书面声明	B

二、判断题

序号	题目内容	正确答案
1	四冲程柴油机采用整体式气缸盖密封性差。	正确
2	为了准确地测取始点调节式喷油泵的供油提前角，在测定时柴油机喷油泵的油门手柄应置于标定供油量处。	正确
3	小型高速柴油机组合式喷油泵上使用的燃油输送泵大多采用柱塞泵。	正确
4	四冲程柴油机进气阀是在膨胀行程的上止点前关闭。	错误
5	四冲程柴油机气阀传动机构中留有气阀间隙的主要目的是给气阀阀杆受热留有膨胀余地。	正确
6	如果没有合适的调速器专用液压油，可用增压器润滑油来替代。	正确
7	电力启动马达每次启动时间不超过 10 s，再次启动时应间歇 15 s，使蓄电池得以恢复。	错误
8	直接控制式压缩空气启动装置中起关键作用的是气缸启动阀和空气分配器。	正确
9	发动机启动后，必须立即切断电力启动机控制电路，使启动机停止工作。	正确

序号	题目内容	正确答案
10	渔船上对燃油实施加热的目的之一是保持燃油的流动性。	正确
11	为保证燃油正常流动，燃油的最低温度必须高于凝点。	错误
12	柴油机润滑系统中滑油泵的出口压力和海水压力差不多。	错误
13	轴承负荷越小，越容易形成油楔动压力。	正确
14	柴油机膨胀水箱的作用有放气、补水和使水受热后有膨胀的余地等。	正确
15	开式循环海水冷却柴油机的气缸套外表面腐蚀主要由空泡腐蚀和低温腐蚀引起。	错误
16	往复泵泵阀与阀座密封试验应倒入煤油 2 min 不漏。	错误
17	离心泵电机电流频率高，离心泵流量，扬程也会提高。	正确
18	二级活塞式空压机级间冷却目的是降低排气温度和减少功耗。	正确
19	为了保持泵排油压力恒定而设的控制阀称为减压阀。	错误
20	柱塞式液压泵不允许在关闭排出阀的情况下启动。	正确
21	额定转速大于 500 r/min 的液压马达属于中速马达。	错误
22	因存在泄漏，因此输入液压马达的实际流量大于其理论流量，而液压泵的实际输出流量小于其理论流量。	正确
23	液压油的黏度变化与压力有关。	错误
24	电动起锚机绞缆时，首先应使刹车带紧抱制动轮，并掣链器刹住锚链，然后脱开牙嵌离合器，才能进行绞缆作业。	正确
25	钓具捕捞辅助机械有放线机、卷线机和理线机等。	正确
26	电机和变压器的铁芯必须用软磁材料，常见软磁材料有硅钢、铸铁、铸钢等。	正确
27	直流伺服电动机通常采用电枢控制方式，即其励磁电压为定值，磁通保持一定，控制信号电压加在电枢两端。	正确
28	电动机点动控制与连续运转控制的关键控制环节在于有无自锁电路。	正确
29	由于船舶电站容量较小，所以当大容量负载启动时会对电网造成很大冲击。	正确
30	动力电网是指供电给电动机负载和大的电热负载的供电网络。负载可由主配电板、分配电板或分电箱供电。	正确
31	船舶主配电板汇流排应坚固耐用，能承受短路时的机械冲击力，其最大允许温升为 60 ℃。	错误
32	为了让发电机组正常工作，发电柴油机的额定转速应与发电机的同步转速相同。	正确
33	对装有大、小应急的船舶，小应急电源容量应保证连续供电 20 min	错误
34	相序及断相保护由负序继电器完成。	正确
35	电气灭火时首先迅速切断着火电源，然后用 CO_2 或 1211 灭火器等灭火。	正确

序号	题目内容	正确答案
36	发现拉缸时，必须迅速盘车。	错误
37	船机零件装配方法有调节装配法，机械加工修配法，钳工修配法。	错误
38	当曲柄销中心线与主轴颈中心线不平行时，活塞运动部件在气缸中发生纵向失中。	正确
39	《中华人民共和国船员管理办法》不适用于在中国籍船舶上工作的外籍船员。	错误
40	油水分离器运行时，应先注满清水。	正确
41	在大风浪中航行时，应将燃油尽量分散到各油舱以防船舶摇摆时，燃油从透气管溢出造成污染。	错误
42	大风浪中锚泊时轮机部按轮机长命令使主、副机保持备用状态。	错误
43	航行中舵机失灵的主要原因包括船舶失电、舵机液压系统故障、舵机机械传动系统故障。	正确
44	在吊运过程中，人员可在其下方快速通过。	错误
45	应急消防泵要进行启动和泵水试验。	正确
46	机舱要安装应急舱底水吸口。	正确
47	轮机长是全船机械、动力、电气（通信导航设备除外）设备的总技术负责人。	正确
48	船舶在锚泊时，值班轮机员应及时供给日常工作及生活所需的水、电、气。	正确
49	开航前，船长应提前 12 h 将预计开航时间通知轮机长。	错误
50	轮机长离任时，应由离任轮机长和接任轮机长在《轮机日志》上签字。	正确

助理管轮

一、选择题

序号	题目内容	可选项	正确答案
1	四冲程非增压柴油机的实际进气始点是在____。	A. 上止点 B. 上止点之前 C. 上止点之后 D. 排气结束后	C

序号	题目内容	可选项	正确答案
2	关于四冲程柴油机工作特点的说法不正确的是____。	A. 用四个冲程完成一个工作循环 B. 进、排气过程持续角比二冲程的大 C. 曲轴转一转，凸轮轴也转一转 D. 飞轮所储存的能量可供工作行程外的其他行程使用	C
3	柴油机采用压缩比这个参数是为了表示____。	A. 气缸容积大小 B. 工作行程的长短 C. 空气被活塞压缩的程度 D. 柴油机的结构形式	C
4	中速柴油机的转速 n 范围是____。	A. n≤300（r/min） B. n≥1 000（r/min） C. 300＜n≤1 000（r/min） D. 300≤n≤1 000（r/min）	C
5	在内燃机中柴油机的本质特征是____。	A. 内部燃烧 B. 压缩发火 C. 使用柴油做燃料 D. 用途不同	B
6	根据柴油机的基本工作原理，下列哪一种定义最准确？	A. 柴油机是一种往复式内燃机 B. 柴油机是一种在气缸中进行二次能量转换的内燃机 C. 柴油机是一种压缩发火的往复式内燃机 D. 柴油机是一种压缩发火的回转式内燃机	C
7	下列关于四冲程柴油机工作特点的说法中错误的是____。	A. 用四个行程完成一个工作循环 B. 进、排气过程持续角比二冲程的小 C. 在上止点附近存在气阀重叠角 D. 每完成一个工作循环，曲轴回转二周	B
8	在柴油机中把活塞往复运动变成曲轴回转运动的部件是____。	A. 曲柄 B. 连杆 C. 活塞 D. 曲轴	B
9	中小型柴油机连杆杆身采用工字型断面的主要目的的叙述中，错误的是____。	A. 增加在摆动平面内的抗弯截面模数，提高抗弯能力 B. 减轻连杆重量 C. 提高抗压稳定性 D. 便于在杆身中央钻孔输送滑油	D

序号	题目内容	可选项	正确答案
10	柴油机曲轴的单位曲柄是由____组成的。	A. 曲柄臂、曲柄销 B. 曲柄销、主轴颈 C. 曲柄臂、主轴颈 D. 主轴颈、曲柄臂、曲柄销	D
11	柴油机曲柄臂与曲柄销的抗弯强度比较是____。	A. 曲柄臂比曲柄销弱 B. 曲柄臂比曲柄销强 C. 两者相同 D. 随曲轴结构而定	A
12	在柴油机中工作条件最差的轴承是____。	A. 主轴承 B. 连杆大端轴承 C. 活塞销轴承 D. 推力轴承	C
13	检查柴油机气缸盖底面烧蚀的方法是____。	A. 水压法 B. 煤油白粉法 C. 直尺塞尺法 D. 听响法	C
14	高速柴油机缸套外表面清洁，但有麻点、深坑，表明气缸已发生____。	A. 腐蚀 B. 穴蚀 C. 应力 D. 材料问题	B
15	在普通使用的轴承材料中，耐疲劳强度最好的是____。	A. 锡基白合金 B. 铅基白合金 C. 铜铅合金 D. 高锡铝合金	D
16	在船用柴油机中湿式气缸套应用普遍，与干式气缸套相比其存在的主要问题是____。	A. 散热性差 B. 刚性较差 C. 加工要求高 D. 容易产生穴蚀	D
17	中小型柴油机的活塞材料大多选用____。	A. 铸铁 B. 合金钢 C. 球墨铸铁 D. 铝合金	D
18	吊缸发现活塞环搭口很光亮，是因为____。	A. 高温燃气漏泄 B. 搭口间隙过大 C. 搭口间隙过小 D. 环失去弹性	C

序号	题目内容	可选项	正确答案
19	四冲程柴油机活塞环在工作中产生"压入"现象会造成活塞环____。	A. 漏气 B. 断环 C. 环黏着 D. 环槽严重磨损	B
20	四冲程柴油机曲轴工作时所受到的力，错误的是____。	A. 热应力 B. 气体力 C. 往复惯性力 D. 离心力	A
21	某四冲程六缸柴油机发火顺序为1→5→3→6→2→4，若第一缸处在下止点排气则第三缸处于____。	A. 进气 B. 压缩 C. 膨胀 D. 排气	B
22	四冲程柴油机连杆大端轴承上半部分承受的作用力是____。	A. 惯性力 B. 气体力 C. 惯性力与气体力之和 D. 压缩力	C
23	四冲程柴油机连杆弯曲的常见原因有____。	A. 爆压过大 B. 压缩比过小 C. 活塞咬缸 D. 压缩比过大	C
24	当燃油温度低于____时将使燃油无法泵送。	A. 闪点 B. 浊点 C. 倾点 D. 凝点	D
25	从使用观点，燃油的使用温度应至少____。	A. 高于凝点3~5 ℃ B. 高于倾点3~5 ℃ C. 高于闪点3~5 ℃ D. 高于浊点3~5 ℃	D
26	在燃油喷射时，柴油机喷油器的启阀压力与关阀压力相比____。	A. 两者相等 B. 启阀压力较高 C. 关阀压力较高 D. 随机型变化	B
27	柴油机闭式喷油器在针阀开启以后喷油压力的变化是____。	A. 保持启阀压力喷射而无变化 B. 因喷油器喷油使压力有所下降 C. 开始喷油压力很高，喷射后压力下降 D. 为了维持喷射要比启阀压力提高许多	D

序号	题目内容	可选项	正确答案
28	柴油机中喷油器的油嘴尖端积炭的主要原因是____。	A. 喷油嘴滴漏 B. 后燃 C. 喷油器过冷 D. 以上全部	A
29	回油孔式喷油泵当采用升降套筒法调整供油定时时，指出下述正确的变化规律是____。	A. 柱塞有效行程 Se 不变，凸轮有效工作段 Xe 不变 B. Se 不变，Xe 改变 C. Se 改变，Xe 不变 D. Se 改变，Xe 改变	B
30	若回油孔式喷油泵的柱塞头部上下均有斜槽，则该种喷油泵称____。	A. 始点调节式 B. 终点调节式 C. 始终点调节式 D. 终点旁通调节式	C
31	在柴油机中可以进行调节的喷射提前角是____。	A. 几何供油提前角 B. 实际喷油提前角 C. 喷油提前角 D. 实际供油提前角和喷油提前角	A
32	喷油泵等容卸载式出油阀所不能具有的作用是____。	A. 蓄压 B. 止回 C. 避免二次喷射 D. 避免穴蚀	D
33	当柴油机负荷降低时，等压卸载出油阀使高压油管残余压力的变化是____。	A. 增大 B. 降低 C. 不变 D. 无规律	C
34	柴油机喷油泵等容卸载出油阀在使用中的主要缺陷是____。	A. 结构复杂 B. 低负荷易穴蚀 C. 阀面磨损 D. 使用中故障多	B
35	回油孔式喷油泵当采用转动凸轮法调整供油定时时，指出下述正确的变化规律是____。	A. 柱塞有效行程 Se 不变，凸轮有效工作段 Xe 不变 B. Se 不变，Xe 改变 C. Se 改变，Xe 不变 D. Se 改变，Xe 改变	A

序号	题目内容	可选项	正确答案
36	喷油器针阀与阀座密封面磨损下沉后产生的后果是____。	A. 密封面性能变好 B. 针阀升程变小 C. 密封面压强增大 D. 密封面压强变小	D
37	喷油器针阀座因磨损而下沉时对喷油器工作的影响是____。	A. 雾化不良 B. 针阀升程变小 C. 密封面压力增大 D. 密封性变好	A
38	船用柴油机形成可燃混合气的关键条件是____。	A. 空气涡动 B. 燃烧涡动 C. 喷雾质量 D. 压缩涡动	C
39	当对柴油机喷油器进行启阀压力检查与调整时，指出下述各项中错误的操作是____。	A. 应该在专用的喷油器雾化试验台上进行 B. 检查前需先检查试验台的密封性 C. 接上待检喷油器后应先排除空气 D. 迅速泵油观察开始喷油时的压力	D
40	渔船上使用最广泛的气阀阀盘形状为____。	A. 凹底 B. 凸底 C. 凹底和凸底 D. 平底	D
41	在四冲程柴油机中，压缩终点的压力和温度下降的原因是____。	A. 排气阀提前开启角太小 B. 排气阀提前开启角太大 C. 进气阀延后关闭角太小 D. 进气阀延后关闭角太大	D
42	四冲程柴油机换气质量好，对下列影响的不正确说法是____。	A. 换气质量好，可以降低油耗率 B. 换气质量好，可减轻排气污染大气 C. 换气质量好，可避免发生重复喷射 D. 换气质量好，能避免不完全燃烧	C
43	四冲程柴油机测量气阀间隙时应注意的事项有____。	A. 要在机器热态下进行 B. 要在机器冷态下进行 C. 顶头滚轮应处于凸轮工作边上 D. 任何状态下随时都可测量	B
44	四冲程柴油机气阀间隙的大小，一般进气阀和排气阀____。	A. 一样大 B. 进气阀大 C. 排气阀大 D. 大、小随机型而定	C

序号	题目内容	可选项	正确答案
45	有些四冲程柴油机的进气阀直径比排气阀稍大，主要是为了____。	A. 区别进排气阀 B. 气缸盖结构需要 C. 提高充量系数 D. 冷却进气阀	C
46	关于四冲程柴油机调整气阀间隙说法中错误的是____。	A. 间隙过大会造成气阀关不死 B. 调整间隙应在机器冷态下进行 C. 调整间隙时滚轮应放在凸轮基圆上 D. 间隙有大小，排气阀大，进气阀小	A
47	下列与换气质量无关的是____。	A. 燃油的雾化 B. 柴油机的功率 C. 滞燃期的长短 D. 燃油的完全燃烧	A
48	四冲程柴油机气阀和阀座的工作过程中，不会出现____。	A. 高温 B. 腐蚀 C. 穴蚀 D. 撞击	C
49	四冲程柴油机气缸启动阀中的控制空气在启动阀关闭时____。	A. 仍然保留在启动阀的控制空气腔内 B. 排入大气 C. 与启动空气一起进入气缸 D. 回到空气分配器中	B
50	下述哪一项不是脉冲涡轮增压的缺点？	A. 涡轮效率低 B. 利用废气能量较少 C. 增压布置困难 D. 对排气管要求较高	B
51	电启动马达的启动机每次启动时间不超过____。	A. 15 s B. 10 s C. 5 s D. 30 s	C
52	关于压缩空气启动的错误结论是____。	A. 启动空气必须具有一定的压力 B. 启动空气必须在膨胀冲程进入气缸 C. 四冲程柴油机只要缸数在四个以上，任何情况下均能启动 D. 四冲程柴油机启动阀开启的延续时间一般不超过140°曲轴转角	C

序号	题目内容	可选项	正确答案
53	小型高速柴油机的最低启动转速范围，一般为____。	A. n<50（r/min） B. 60≤n≤70（r/min） C. 80≤n≤150（r/min） D. n>150（r/min）	C
54	在装油过程中，为确保安全，油气扩散区应当禁止____。	A. 明火作业 B. 上高作业 C. 油漆作业 D. 清洗作业	A
55	燃油系统中滤器堵塞的现象表现为____。	A. 滤器前燃油压力急剧升高 B. 滤器前后燃油压力差增大 C. 滤器后燃油压力急剧升高 D. 滤器前后压力差变小	B
56	不同牌号的重油混舱时产生大量油泥沉淀物的原因是____。	A. 燃油中不同烃的化学反应 B. 燃油中添加剂的化学反应 C. 燃油的不相容性 D. 燃油中机械杂质凝聚产物	C
57	下列关于低质燃油的管理说法错误的是____。	A. 适当减小喷油提前角 B. 防止不同加油港的燃油混舱 C. 使用添加剂可以改善低质燃油的质量 D. 燃油贮存时间不要太长	A
58	主滑油循环泵或其出口管路上应设置安全阀，以防管内压力过高，其调定压力为管路正常供油压力的____倍。	A. 1.1 B. 1.2 C. 1.3 D. 1.4	A
59	在柴油机中润滑的作用有____。①减磨；②冷却；③密封；④清洁；⑤防腐；⑥传递动力	A. ①②③ B. ④⑤⑥ C. ③④⑤ D. ①②③④⑤⑥	D
60	柴油机润滑油在使用过程中闪点降低的主要原因是____。	A. 渗入水分 B. 渗入柴油 C. 高温氧化 D. 混入空气	B
61	清洗滑油柜，操作时应注意____。	A. 应用柴油清洗 B. 应用煤油清洗 C. 应用蒸汽清洗 D. 不能用棉纱	D

序号	题目内容	可选项	正确答案
62	在筒形活塞式柴油机中曲轴箱油的主要用途是____。	A. 各轴承润滑 B. 气缸润滑 C. 冷却活塞 D. 液压控制油	A
63	零件接触面没有润滑油而直接接触的摩擦，称为____。	A. 液体摩擦 B. 边界摩擦 C. 半干摩擦 D. 干摩擦	D
64	柴油机启动、低速运转时产生的摩擦，属于____。	A. 液体摩擦 B. 边界摩擦 C. 半干摩擦 D. 干摩擦	B
65	为减少腐蚀和结垢，应限制海水的冷却器出口温度，不宜超过____。	A. 40 ℃ B. 45 ℃ C. 65 ℃ D. 70 ℃	B
66	下列关于冷却水系统管理中，哪一项说法是错误的？	A. 淡水压力应高于海水压力 B. 闭式淡水冷却系统中不需设置膨胀水箱 C. 进港用高位海底阀 D. 定期清洗海底阀的海水滤器	B
67	为了减少海水在冷却系统中产生的腐蚀和结垢，应限制海水出口温度，不超过____。	A. 40 ℃ B. 45 ℃ C. 50 ℃ D. 55 ℃	B
68	冷却器内的防腐锌板何时应该更换____。	A. 检修冷却器时 B. 已腐蚀一半时 C. 已腐蚀 1/3 时 D. 发现被腐蚀时	C
69	不是柴油机膨胀水箱的作用的是____。	A. 放气 B. 补水 C. 水受热后有膨胀的余地 D. 测量冷却水量	D
70	柴油机各缸水温普遍升高的原因是____。	A. 某缸喷油设备故障 B. 气缸套严重结垢 C. 淡水压力过低，冷却水量不足 D. 柴油机换气质量差	C

序号	题目内容	可选项	正确答案
71	当柴油机淡水温度偏高时，应____。	A. 开大海水管路上的旁通阀 B. 关小海水管路上的旁通阀 C. 关小淡水出口阀 D. 向膨胀水箱补淡水	B
72	渔船轴系布置采用间接传动方式的优点是____。	A. 传动效率高 B. 除轴系传动损失外，无其他损失 C. 轴系结构相对简单 D. 轴系布置自由	D
73	倒顺车减速齿轮箱离合器主要用于哪种主机?	A. 高速柴油机 B. 低速柴油机 C. 四种程柴油机 D. 二冲程柴油机	A
74	可调螺旋桨传动方式的特点是____。	A. 结构简单 B. 可靠性好 C. 机动性好 D. 由于结构复杂，部分负荷下经济性差	C
75	下列泵中属于回转式泵的是____。	A. 齿轮泵 B. 往复泵 C. 离心泵 D. 旋涡泵	A
76	泵铭牌上标注的流量通常是指____。	A. 单位时间内排送液体的重量 B. 单位时间内排送液体的质量 C. 单位时间内排送液体的体积 D. 泵轴每转排送液体的体积	C
77	处于正吸高的泵工作时最低压力是在____。	A. 吸入液面 B. 吸入过滤器后 C. 吸入阀后 D. 泵的内部	D
78	电动往复泵交流电机相序接反可能会导致____。	A. 电动机过载 B. 不能排液 C. 润滑油泵不排油 D. 产生"气穴"现象	C
79	往复泵的额定排出压力不受____影响。	A. 密封性能 B. 结构强度 C. 原动机功率 D. 泵缸工作空间大小	D

序号	题目内容	可选项	正确答案
80	往复泵吸入滤器清洗后（洗前尚未发生"气穴"现象）____。	A. 流量增加 B. 排出压力增加 C. 吸入真空度增加 D. 吸入真空度减小	D
81	齿轮泵会产生困油现象的原因是____。	A. 排出口太小 B. 转速较高 C. 齿轮端面间隙调整不当 D. 部分时间两对相邻齿同时啮合	D
82	齿轮泵是回转式容积泵，下列说法不正确的是____。	A. 可以自吸 B. 额定排压与尺寸无关 C. 可与电动机直联，无须减速 D. 流量连续均匀，无脉动	D
83	会使电动齿轮泵电流增大的是____。	A. 油温升高 B. 转速降低 C. 关小吸入阀 D. 电压降低	D
84	下列哪种原因会造成齿轮泵无法建立起足够低的吸入压力？	A. 吸入管路堵塞 B. 吸入管路漏气 C. 油的黏度过大 D. 排出管路泄漏	B
85	离心泵敞口运行____。	A. 效率最高 B. 功率最大 C. 允许吸入真空度最大 D. 扬程最高	B
86	会使离心泵电流降低的是____。	A. 排出压力增高 B. 流量增加 C. 转速增加 D. 排出管破裂	A
87	正吸高离心泵无法建立足够的真空度吸入液体，不会是因为____。	A. 没有初灌 B. 轴封填料老化 C. 吸入阀忘开 D. 吸入管漏气	C
88	离心泵提倡关排出阀启动是因为这时泵的____。	A. 扬程最低 B. 效率最高 C. 启动功率最小 D. 工作噪音最低	C

序号	题目内容	可选项	正确答案
89	活塞式空压机的理论排气量是指___。	A. 在标准吸气状态的排气量 B. 在标准排气状态的排气量 C. 在标准吸气状态的排气量＋在标准排气状态的排气量 D. 单位时间内活塞扫过的容积	D
90	管理中若发现空压机排气量减少，较合理的检查环节步骤是___。①气阀；②活塞环；③滤器；④冷却。	A. ①②③④ B. ④①②③ C. ②①③④ D. ③④①②	D
91	对空压机着火爆炸原因的分析表明，下述说法中错误的是___。	A. 含油积碳在高温下氧化放热而自燃 B. 自燃并不一定要气温达到油的闪点 C. 是否发生爆炸取决于排气温度是否达到滑油闪点 D. 空转和低排气量长时间运转不安全	C
92	空压机低压级安全阀被顶开不会是___漏泄的原因。	A. 高压级吸气阀 B. 高压级排气阀 C. 低压级排气阀 D. 高压级活塞环	C
93	液压装置的工作压力主要取决于___。	A. 供油流量 B. 制动性能 C. 负载与阻力 D. 液压泵额定压力	C
94	下列液压控制阀中属于方向控制阀的是___。	A. 溢流阀 B. 卸荷阀 C. 背压阀 D. 二位三通阀	D
95	为防止液压系统过载或为了保持泵排油压力恒定而设的控制阀称为___。	A. 溢流阀 B. 减压阀 C. 平衡阀 D. 以上都是	A
96	流量控制阀的功能是控制___。	A. 液压泵的流量 B. 执行元件的速度 C. 动力元件的转速 D. 液压泵的流量和执行元件的速度	B

序号	题目内容	可选项	正确答案
97	液压传动装置的动力元件常用的有＿＿。	A. 油泵 B. 油管 C. 控制阀 D. 油马达	A
98	下列滤油器中一次性使用的是＿＿。	A. 金属纤维型 B. 金属网式 C. 纸质 D. 缝隙式	C
99	下列滤油器中属于纵深型的是＿＿。	A. 金属网式 B. 金属线隙式 C. 缝隙式 D. 纤维型	D
100	液压装置工作油箱油位高度以＿＿为宜。	A. 约1/2油箱高 B. 不超过箱内隔板 C. 停泵时不超过80％油箱高 D. 工作时约80％油箱高	C
101	液压油的工作温度最适合的是＿＿。	A. 10～30 ℃ B. 30～50 ℃ C. 50～60 ℃ D. 比室温高 30 ℃	B
102	船用液压油的主要污染指标不包括＿＿。	A. 水分 B. 颗粒污染物 C. 空气 D. 硫份	D
103	液压油中含空气太多，下列现象：①执行元件动作滞后；②油氧化加快；③易产生气穴现象；④油颜色变浅；⑤油乳液化；⑥黏度降低，会发生的是＿＿。	A. ①③ B. ①②③ C. ①②⑤⑥ D. 全部	B
104	下列关于舵的说法错误的是＿＿。	A. 船主机停车，顺水漂流前进，转航不会产生舵效 B. 转舵会增加船前进阻力 C. 转舵可能使船横倾和纵倾 D. 舵效与船速无关	D

序号	题目内容	可选项	正确答案
105	海船的舵角限位器应在舵角达到____时予以限制。	A. 35° B. 34.5～35.5° C. 36～37° D. 45°	C
106	尺寸既定的舵机，工作油压大小主要取决于____。	A. 安全阀整定值 B. 转舵速度 C. 转舵扭矩 D. 管路阻力	C
107	阀控型舵机的最大优点是____。	A. 系统简单 B. 效率高 C. 发热少 D. 运行经济性好	A
108	下列转舵机构中不属于往复式的是____。	A. 十字头式 B. 拨叉式 C. 摆缸式 D. 转叶式	D
109	液压舵机充油时，液压油一定要经过____加入系统与油箱。	A. 滤油器 B. 手摇泵 C. 专用泵 D. 透气管	A
110	对锚机规定：在使用额定拉力时的绞锚平均速度不小于____。	A. 12 m/min B. 20 m/min C. 9 m/min D. 13 m/min	C
111	下面关于渔船捕捞机械说法错误的是____。	A. 船舶快速航行或侧转时，可以使用起网机 B. 在起放网过程中，起网机发生故障，不准网和绳索在移动中进行处理 C. 吊钩起重不得超过其安全负荷 D. 起网机在工作过程中，需要专人看管离合控制开关	A
112	网机放绳索时，下面操作正确的是____。①操作者不准停在人力刹车架中间；②绳索的时紧时松可用人力刹车控制；③船只在前进时，禁止突然用人力刹车使滚筒停住	A. ①②③ B. ①② C. ②③ D. ①③	A

序号	题目内容	可选项	正确答案
113	电场力推动电荷移动而做功，衡量电场力做功能力大小的物理量是____。	A. 电压 B. 电容 C. 电流 D. 电动势	A
114	两个阻值相同的电阻，并联后总电阻为 5 Ω，将它们改为串联，总电阻为____Ω。	A. 25 B. 5 C. 20 D. 10	C
115	不论电路如何复杂，总可归纳为由电源、____、中间环节三部分组成。	A. 电阻 B. 电容 C. 电感 D. 负载	D
116	关于串联电阻的作用，下列说法不妥当的是____。	A. 分电压 B. 限制电流 C. 增大电阻 D. 增大功率	D
117	若两个同频率的正弦量的瞬时值具有如下特征：二者总是同时达到正的最大值，则二者在相位上一定是____。	A. 同相 B. 反相 C. 同相或反相 D. 初相位不同	A
118	渔船照明负载采用星形连接时，必须采用____。	A. 三相三线制 B. 三相四线制 C. 单相制 D. 任何线制	B
119	磁力线是____曲线，永磁铁的外部磁力线从____。	A. 闭合；S 极到 N 极 B. 开放；S 极到 N 极 C. 闭合；N 极到 S 极 D. 开放；N 极到 S 极	C
120	确定直导体电流的磁场和通电线圈磁场都用____。	A. 左手定则 B. 右手螺旋定则 C. 楞次定律 D. 左手螺旋定则	B
121	载流导体在垂直磁场中将受到____的作用。	A. 电场力 B. 电抗力 C. 电磁力 D. 磁吸力	C

序号	题目内容	可选项	正确答案
122	右手定则中，拇指所指的方向是____。	A. 运动方向 B. 磁力线方向 C. 受力方向 D. 感生电流方向	A
123	在直流发电机中电刷与换向器的作用是____。	A. 将电枢绕组中的直流电流变为电刷上的交流电流 B. 改变电机旋转方向 C. 将电枢绕组中的交流电流变为电刷上的直流电流 D. 改变换向绕组中电流方向	C
124	船舶常用的冷却电力变压器的方式属于____。	A. 强迫风冷 B. 水冷 C. 油浸变压器 D. 自然风冷	D
125	为保证互感器的安全使用，要求互感器____。	A. 只金属外壳接地即可 B. 只副绕组接地即可 C. 只铁芯接地即可 D. 必须铁芯、副绕组、金属外壳都接地	D
126	下列关于异步电动机的说法错误的是____。	A. 铭牌上的额定功率是指电动机在额定运行状态时的输出机械功率 B. 额定电压是指电源加在定子绕组上的线电压 C. 额定电流是指电动机的相电流 D. 我国工业用电的频率为 50 Hz	A
127	需要调速的甲板机械中采用的异步电动机，其常用的调速方法是____。	A. 变频 B. 变压 C. 变极 D. 变相	C
128	交流执行电动机的转向取决于____。	A. 控制电压与励磁电压的相位关系 B. 控制电压的大小 C. 励磁电压的大小 D. 励磁电压的频率	A

序号	题目内容	可选项	正确答案
129	电动机的零压保护环节的意义在于____。	A. 防止电动机短路 B. 防止电动机自行启动 C. 防止电动机过载 D. 防止电动机缺相	B
130	船舶电力系统的基本参数是____。	A. 额定功率、额定电压、额定频率 B. 电压等级、电流大小、功率大小 C. 电流种类、额定电压、额定频率 D. 额定功率、额定电压、额定电流	C
131	不经过分配电板，直接由主配电板供电是____所采用的。	A. 甲板机械 B. 小功率负载 C. 部分重要负载 D. 空调水泵	C
132	交流船舶的主发电机控制屏上除装有电流表、电压表外，还须装有____。	A. 频率表、功率表、功率因数表 B. 频率表、功率表、兆欧表 C. 功率表、频率表、转速表 D. 频率表、兆欧表、转速表	A
133	具有四连杆自由脱扣机构的自动空气断路器跳闸后，欲手动合闸时，必须先将手柄下扳再向上推。"下扳"作用是____。	A. 将那些因跳闸可能尚未打开的触头打开 B. 将那些因跳闸可能尚未闭合的触头闭合 C. 恢复四连杆的刚性连接 D. 消除四连杆的刚性连接	C
134	当铅蓄电池的电压降到额定电压的____，即需要重新充电。	A. 10% B. 50% C. 80% D. 90%	D
135	为防止极板硫化，对于经常不带负载的铅蓄电池，应每____进行一次____。	A. 周；放电 B. 周；充电 C. 月；充电、放电 D. 月；充电	C
136	铅蓄电池放电完毕后，其电解液的比重会比先前____；用吸入式比重计测量时吸管内的比重计比先前浮得更____。	A. 小；低 B. 小；高 C. 大；高 D. 大；低	A
137	在____应对蓄电池进行过充电。	A. 蓄电池极板抽出检查，清除沉淀物之后 B. 每次充电时均 C. 当电解液液面降低时 D. 每周检查蓄电池时	A

序号	题目内容	可选项	正确答案
138	保持铅蓄电池通气孔的畅通，注意加强电池室的通风，主要目的是＿＿。	A. 防止铅蓄电池硫化 B. 散热需要 C. 防爆 D. 防止触电事故	C
139	同步发电机的逆功率保护是通过＿＿输出信号，作用于空气断路器的＿＿来实现的。	A. 逆功率继电器；过电流脱扣器 B. 逆功率继电器；失压脱扣器 C. 负序继电器；分励脱扣器 D. 逆序继电器；分励脱扣器	B
140	在船舶电站中，配电板上装有＿＿用来监视电网的接地，还装有＿＿用来检测电网的绝缘值。	A. 相序测定仪；摇表 B. 绝缘指示灯；配电板式兆欧表 C. 兆欧表；绝缘指示灯 D. 摇表；相序测定仪	B
141	船舶接岸电时，用于逆相序保护的装置是＿＿，用于断相保护的装置是＿＿。	A. 负序继电器；负序继电器 B. 负序继电器；热继电器 C. 相序测定器；负序继电器 D. 热继电器；相序测定器	A
142	我国根据发生触电危险的环境条件将安全电压界定为三个等级，特别危险的建筑物中其安全电压为＿＿。	A. 2.5 V B. 12 V C. 36 V D. 65 V	B
143	我国根据发生触电危险的环境条件将安全电压界定为三个等级，高度危险的建筑物中其安全电压为＿＿。	A. 2.5 V B. 12 V C. 36 V D. 65 V	C
144	国际上通用的可允许接触的三种安全电压限值中，安全电压限值最高的是＿＿。	A. 小于 100 V B. 小于 70 V C. 小于 50 V D. 小于 36 V	C
145	当发现有人触电而不能自行摆脱时，不可采用的急救措施是＿＿。	A. 就近拉断触电的电源开关 B. 用手或身体其他部位直接救助触电者 C. 用绝缘的物品与触电者隔离进行救助 D. 拿掉熔断器切断触电电源	B

序号	题目内容	可选项	正确答案
146	对电气设备的防火有一定的要求，下列说法错误的是____。	A. 经常检查电气线路及设备的绝缘电阻，发现接地、短路等故障时要及时排除 B. 电气线路和设备的载流量不必须控制在额定范围内 C. 严格按施工要求，保证电气设备的安装质量，电缆及导线连接处要牢靠，防止松动脱落 D. 按环境条件选择使用电气设备，易燃易爆场所要使用防爆电器	B
147	____绝缘性能好，没有腐蚀性，使用后不留渣渍、不损坏设备，是一种很理想的灭火材料。使用时，不要与水或蒸汽一起使用，否则灭火性能会大大降低。	A. CO_2 B. 1211 C. 干粉 D. 大量水	A
148	灭火时，钢瓶中的压缩气体将____以雾状物喷射到燃烧物表面，隔离空气，使火熄灭。灭火后须擦拭被喷射物，一般仅用于小面积灭火。	A. CO_2 B. $CBrClF_2$ C. 干粉 D. 大量水	C
149	对于三相三线绝缘系统的船舶，为防止人身触电的危险，大部分的电气设备都必须采用____措施。	A. 工作接地 B. 保护接地 C. 保护接零 D. 屏蔽接地	B
150	在中性点接地的三相四线制的系统中，将电气设备的金属外壳接到中线上，称之为____。	A. 避雷接地 B. 保护接零 C. 屏蔽接地 D. 保护接地	B
151	在柴油机热力检查时如发现个别缸排气温度过高，其最大的原因可能是____。	A. 气缸漏气 B. 喷油器故障 C. 燃油质量不符要求 D. 空冷器空气侧污染	B

序号	题目内容	可选项	正确答案
152	当轮机员接到"完车"指令后，当班人员应完成下述工作____。①关闭主启动空气瓶主停气阀；②打开示功阀并盘车；③关闭主海水泵及有关阀件；④关闭燃油低压输油泵；⑤开启扫气箱放残阀；⑥关闭冷却水泵及滑油泵	A. ①②③④⑤ B. ②③④⑤⑥ C. ①②③⑤⑥ D. ①②④⑤⑥	A
153	封缸运行时应____发动机的负荷，保持发动机运转平稳以及其余各缸不超负荷，同时防止增压器发生喘振。	A. 适当降低 B. 增加 C. 适当增加 D. 以上都不对	A
154	航行中，当废气涡轮增压器发生严重故障时，海况允许短时停车，对损坏的涡轮增压器采用____措施进行处置。	A. 降速运转 B. 检修 C. 锁住转子 D. 拆除转子	C
155	根据柴油机燃烧过程分析其发生燃烧敲缸的时刻应是____。	A. 燃烧初期 B. 燃烧后期 C. 膨胀排气期间 D. 随机型而异	A
156	曲轴箱爆炸的决定性因素是____。	A. 油雾浓度达到爆炸限 B. 主机转速太高 C. 主轴承损坏 D. 轴承发热，活塞环漏气	D
157	船舶机械突发性故障的特点是____。	A. 大多数是由磨损、腐蚀引起的 B. 有故障先兆 C. 无故障先兆 D. 可预测	C
158	可靠性是船舶机械、设备和系统的一个____性能，反映了设计、材料、制造和安装等的质量。	A. 全面 B. 质量 C. 综合 D. 技术	A
159	保证柴油机运动部件与固定件准确的相对位置和配合间隙，目的是____。	A. 保证船舶能够航行 B. 实现柴油机设计要求 C. 保证柴油机能够运转 D. 保证柴油机装配	B

序号	题目内容	可选项	正确答案
160	系泊试验中对主机满负荷试验应在标定转速的＿＿时，连续运转试验2h。	A. 90％ B. 85％ C. 80％ D. 75％	B
161	职务船员培训是指职务船员应当接受的任职培训，包括＿＿等内容。①拟任岗位所需的专业技术知识、专业技能和法律法规；②水上求生、船舶消防、急救、应急措施、防止水域污染、防止船上意外事故	A. ① B. ② C. ①② D. 以上都不对	A
162	有效期内的渔业船员证书损坏或丢失的，应当凭损坏的证书原件或在原发证机关所在地报纸刊登的遗失声明，向原发证机关申请补发。补发的渔业船员证书有效期应当＿＿。	A. 与原证书有效期一致 B. 从补发之日起不超过3年 C. 从补发之日起不超过5年 D. 从补发之日起不超过8年	A
163	为使接收设备的管路能与船上机舱舱底水残余物的排放管相联结，在船上应装有＿＿。	A. 国际油类标准排放接头 B. 生活污水标准排放接头 C. 质量可靠的排放接头 D. 自制的排放接头	A
164	船舶油水分离器短期停用时，下列哪种方式可保养得最好？	A. 满水湿保养 B. 半干湿保养 C. 放空即可 D. 干燥保养	A
165	船舶搁浅后，如果船长要冲滩或退滩，机舱只能给机动操纵转速或者＿＿，以防主机超负荷。	A. 全速 B. 半速 C. 微速 D. 系泊试验转速	D
166	船舶发生搁浅、擦底或触礁后，轮机人员应＿＿。	A. 准备求生 B. 按应急部署 C. 立即下机舱 D. 以上都对	C

序号	题目内容	可选项	正确答案
167	船舶碰撞后，若碰撞发生在机舱以外部位，下列说法不正确的是____。	A. 断碰撞部位的油源、水源、气源等，关闭有关油舱柜进出口阀 B. 除当值人员外一律参加由甲板部组织的抢救工作 C. 如条件许可，测主机臂距差 D. 当值人员坚守岗位，听候车令	C
168	船舶航行中发生碰撞后，机舱进水压力较小且面积不大，可采用____。	A. 单独封闭舱室 B. 用堵漏毯封堵 C. 准备弃船 D. 密堵顶压法堵漏	D
169	船舶机舱部位发生碰撞后，必须记入《轮机日志》的内容是____。	A. 发生碰撞时间 B. 进水量 C. 发生碰撞时车速 D. 损坏部位和破损情况	D
170	大风浪中锚泊时，下列说法错误的是____。	A. 所有安全设备和消防系统均处于备用状态 B. 定期检查所有运转和备用的机器 C. 由轮机长酌情决定值航班与否 D. 影响航行和备车的各项维修工作必须立即完成，保持良好工作状态	C
171	台风季节轮机部应加强值班，保持____等设备处于正常的工作状态。①主副机；②舵机；③空压机	A. ①② B. ②③ C. ①③ D. ①②③	D
172	船舶在船厂修理时，若处于台风季节，防台工作应以____为主，厂船结合。	A. 厂方 B. 船方 C. 机务部门 D. 没有规定	A
173	下列属于船舶电站本身故障造成全船失电的是____。	A. 调速器故障 B. 燃油供油中断 C. 滑油低压 D. 空气开关故障	D

序号	题目内容	可选项	正确答案
174	如果属于超负荷跳电，跳电后发电机仍在空负荷下运转，则应切除非重要负载。下列属于非重要负载的是____。	A. 通风机、空调、冰机和部分照明设备 B. 舵机 C. 助航设备 D. 消防设备	A
175	航行中舵机失灵的主要原因包括____。①船舶失电；②舵机液压系统；③舵机机械传统故障	A. ①② B. ②③ C. ①③ D. ①②③	D
176	听到弃船警报，在得到完车通知后，轮机部应____。	A. 抓紧做好熄火、放汽、关机、停车等弃船的安全防护工作 B. 立即撤离机舱 C. 轮机长立即到船长处协同指挥 D. 立即到甲板集合	A
177	下列有关上高和多层作业时安全注意事项的说法中，不正确的是____。	A. 使用前必须严格检查上高作业用具 B. 脚手架上应铺防滑的帆布或麻袋 C. 上高作业人员应穿硬底鞋 D. 上高作业人员应系保险带	C
178	下列有关吊运作业安全注意事项的说法中，不正确的是____。	A. 严禁超负荷使用起吊工具 B. 在吊运前，应认真检查起吊工具，确认牢固可靠，方可吊运 C. 断股钢丝、霉烂绳索和残损的起吊工具，修理后，可以继续使用 D. 吊起的部件，应立即在稳妥可靠的地方放下，并衬垫绑系稳固	C
179	当设备拆装维修需挂警告牌时，应由____负责挂上和摘下。	A. 轮机长 B. 检修负责人 C. 船长 D. 任何一个参与人员	B
180	机舱发生火灾时，应____燃油、润滑油柜的出口阀门，切断有关电源。	A. 关闭 B. 打开 C. 开大 D. 以上都不对	A

序号	题目内容	可选项	正确答案
181	若机舱发生火灾，可撤出所有人员，施放灭火剂，并___机舱天窗、通风口、各出入口及机舱水密门，采用窒息法灭火。	A. 关闭 B. 打开 C. 半开 D. 忽略	A
182	对易燃易爆物资管理不严而引起的船舶火灾是___。	A. 曲柄箱爆炸 B. 导线绝缘老化起火 C. 炉灶起火 D. 地板、舱底机器周围漏油过多起火	D
183	使用电加热器加热燃油，当油位过低时，可能引起___。	A. 发电机负荷增大 B. 火灾 C. 柴油机负荷过大 D. 柴油机负荷过小	B
184	机舱发生火警时应立即___。	A. 报警 B. 撤离人员 C. 弃船 D. 等候救援	A
185	如果出现下列哪些情况，船舶应立即停止加装燃油___。①船上起火；②码头上起火；③雷电交加的暴风雨天气	A. ①② B. ①③ C. ②③ D. ①②③	D
186	加油过程中，当受油舱的油达到本舱容量___左右时应打开下一个受油舱的加油阀，换装油舱。	A. 30% B. 50% C. 70% D. 90%	C
187	加装燃油时如遇雷电交加的暴风雨天气，或船舶、码头发生火灾等不安全因素时，应___。	A. 立即停止加装燃油 B. 立即加快加装燃油速度 C. 立即减慢加装燃油速度 D. 照常加装燃油	A
188	船舶如需加装燃油，轮机长应与___共同拟出加装燃油计划。	A. 管轮 B. 助理管轮 C. 船长 D. 公司机务	C

序号	题目内容	可选项	正确答案
189	应急消防泵应____。	A. 定期维护保养 B. 进行启动和泵水试验 C. 定期清洁，加油活络 D. 定期水压试验	B
190	消防演习的部署和动作与正式应变相同，要求所有的船员在听到警报信号后，在____min内到达各自岗位，机舱值班人员应在____min内开泵供水。	A. 2；5 B. 2；3 C. 3；2 D. 2；2	A
191	船舶内部的通信系统，一般指的是____。①电话；②传令钟；③广播；④警报系统	A. ①②③ B. ①②④ C. ②③④ D. ①②③④	D
192	船长命令弃船时，《轮机日志》应由____携带离船。	A. 轮机长 B. 船长 C. 管轮 D. 助理管轮	A
193	以下属于管轮的职责的是____。	A. 负责主机、轴系及为主机直接服务的机电设备的管理 B. 进出港备车、航行时亲临机舱 C. 负责管理主发电原动机、应急发电机及为它服务的机电设备、压缩空气系统等 D. 负责管理甲板机电设备及泵浦间、救生艇、应急救火泵、燃油辅锅炉及其附属设备等	A
194	以下属于助理管轮的职责的是____。	A. 负责主机、轴系及为主机直接服务的机电设备的管理 B. 进出港备车、航行时亲临机舱 C. 负责管理主发电原动机、应急发电机及为它服务的机电设备、压缩空气系统等 D. 负责管理甲板机电设备及泵浦间、救生艇、应急救火泵、燃油辅锅炉及其附属设备等	C

序号	题目内容	可选项	正确答案
195	下列不是轮机员停（锚）泊值班职责的是____。	A. 保证机电设备正常运转 B. 及时供给水、电、气 C. 迅速准确操纵主机，认真填写《轮机日志》 D. 防止油污、水排出舷外	C
196	开航前 1 h，值班轮机员、驾驶员核对的项目是____。	A. 车钟 B. 船钟、车钟及舵机 C. 主机转速 D. 油水存量	B
197	航行中轮机部如____，应事先通知驾驶台。①调换发电机；②并车；③暂时停电	A. ①② B. ①③ C. ②③ D. ①②③	D
198	停（锚）泊时，值班驾驶员应将装卸鱼货情况随时通知值班员，以保证安全____。	A. 供水 B. 供电 C. 供油 D. 供气	B
199	轮机长离任时，应由离任轮机长和新任轮机长在____上签字。	A. 《航海日志》 B. 《轮机日志》 C. 主机检修记录簿 D. 书面声明	B
200	下列不是《轮机日志》应记载的内容是____。	A. 船长、轮机长的命令 B. 主机启动、停止时间 C. 船舶进出港时间 D. 船上消防演习	D

二、判断题

序号	题目内容	正确答案
1	四冲程柴油机进气冲程的曲轴转角约为 220°～250°。	正确
2	柴油机气缸套下部轴向不固定，下部外圆和气缸体内孔之间留有一定间隙。	正确
3	会影响燃油雾化质量的燃油性能指标主要是燃油的黏度和密度。	正确
4	喷油器针阀密封不良会导致喷孔磨损。	错误

序号	题目内容	正确答案
5	柴油机产生燃烧敲缸时，敲击声发生于气缸的中部和下部。	错误
6	四冲程柴油机排气阀长期关闭不严将导致阀面烧损。	正确
7	电力启动马达每次启动时间不超过 10 s，再次启动时应间歇 15 s，使蓄电池得以恢复。	错误
8	气缸启动阀漏气会使启动空气管路发热。	正确
9	舱柜加装燃油时应不得超过舱柜容量的 90%。	错误
10	为保证燃油滤器不堵塞，燃油的使用温度至少应高于浊点温度 3～5 ℃。	正确
11	柴油机的转速越高，轴承润滑油膜越容易形成。	正确
12	为减少柴油机冷却腔内的腐蚀和结垢，应限制海水的出口温度，使其不宜超过 50 ℃。	错误
13	船舶采用 Z 形传动推进装置的特点是操纵性能好，所发出的倒车推力较大，安装和维修方便。	正确
14	齿轮箱油温过高的原因之一是离合器摩擦片打滑发热。	正确
15	螺旋桨正转时，桨叶后入水的一边称为导边。	错误
16	齿轮泵用改变端盖与泵体之间的纸垫厚度来调整端面间隙。	正确
17	二级活塞式空压机高压缸气缸工作容积比低压缸小，而余隙容积也成比例减小。	错误
18	液压系统中流量控制阀的作用是控制系统中油的流量。	正确
19	液压泵的作用是将机械能转变为液压能，并为液压系统提供足够流量和足够压力的油液去驱动执行元件。	正确
20	因存在泄漏，导致输入液压马达的实际流量大于其理论流量，而液压泵的实际输出流量小于其理论流量。	正确
21	液压系统中的过滤器应按规定定期清洗，可以用棉纱擦洗过滤器。	错误
22	液压油的黏度变化与压力有关。	错误
23	摆缸式转舵机构为了适应油缸的摆动，连接油缸的油管必须采用高压软管。	正确
24	液压起锚机由起锚机和液压传动系统两部分组成。	正确
25	刺网振网机是利用振动原理将刺入或缠于刺网网列上的鱼类抖落，以完成摘鱼作业的机械工具。	正确
26	三相对称交流电是指三个电压幅值大小相等，同频率变化，但在相位上互差 120°的交流电。	正确
27	载流导体在磁场中的受力方向，可用左手定则来判断。左手定则又称电动机定则，让磁力线穿过手心（手心对 N 极），四指指向电流方向，则拇指所指的方向就是导体受力方向。	正确

序号	题目内容	正确答案
28	三相异步电动机铭牌上的额定电压指的是三相交流电源的相电压。	错误
29	电动机点动控制与连续运转控制的关键控制环节在于有无自锁电路。	正确
30	我国渔船主电网额定电压为 380 V，照明电压为 220 V；发电机额定电压为 400 V，照明电源额定电压为 230 V。	正确
31	船舶电网的短路保护要求良好的选择性。当发生短路故障时，直接切断总开关以保护其他电路不受破坏。	错误
32	接通岸电后，不允许再启动船上主发电机或应急发电机合闸向电网供电，因此主配电板均设有与岸电的互锁保护，使两者不可能同时合闸。	正确
33	触电对人体伤害的程度与通过人体电流的大小、种类和路径有关，与持续时间无关。	错误
34	电气设备着火时，正确的做法是首先迅速切断着火电源，然后用 CO_2 灭火器等灭火。	正确
35	为防止直接遭雷击，将避雷针接地，称为避雷接地。	正确
36	柴油机运转中的正常管理工作主要是热力检查和机械检查。	正确
37	舵机的检查和修理是轮机部坞修的主要项目。	错误
38	公海属于《中华人民共和国海上交通安全法》适用范围。	错误
39	船舶发生机损事故，值班人员必须立即报告轮机长。	正确
40	柴油机安全阀应在车间进行校验，开启压力为 1.4 倍的燃烧压力。	错误
41	船舶在大风浪中锚泊时，轮机部不应对主辅机进行拆检工作。	正确
42	在狭长水道航行尽量避免同时使用几台大功率设备。	正确
43	各轮机人员按应变部署表的要求进行弃船的各项操作。	正确
44	吊运鱼货前，应认真检查起吊设备，确认牢固可靠，方可吊运。	正确
45	装氧气、乙炔的钢瓶在搬运时不准抛扔，避免碰撞。	正确
46	渔船应按渔业主管机关的要求配备应急消防泵。	正确
47	每位船员每季度应至少参加一次弃船演习和消防演习。	错误
48	每个轮机人员都必须熟悉和掌握自己所管的仪器、设备、设施，做好日常维护保养工作，确保处于良好工作状态。	正确
49	开航主机试车前，值班轮机员应征得值班驾驶员同意。	正确
50	轮机长离任时，应由离任轮机长和接任轮机长在《轮机日志》上签字。	正确

公共题

一、选择题

序号	题目内容	可选项	正确答案
1	柴油机轴承合金裂纹主要原因是____。	A. 机械疲劳 B. 应力疲劳 C. 热疲劳 D. 机械冲击	A
2	在船用柴油机使用的直接喷射系统中，应用最广泛的是____。	A. 分配式 B. 柱塞泵式 C. 泵喷嘴式 D. 电子喷射式	B
3	引起增压压力异常下降的原因是____。①排气阀开启提前角较小；②喷油提前角较小；③喷嘴环变形截面增大；④轴承故障；⑤排气阀漏气；⑥轴封结炭	A. ①②③⑤ B. ①③④⑤ C. ①③④⑥ D. ②④⑤⑥	C
4	在制冷装置回热器中，液态制冷剂流过时____增加。	A. 压力 B. 温度 C. 焓值 D. 过冷度	D
5	制冷压缩机排气压力过高不会是____造成。	A. 冷凝器脏堵 B. 系统中空气多 C. 冷凝器端盖分水筋锈蚀烂坏 D. 压缩机排气阀片漏	D
6	液压马达输入功率的大小主要由____决定。	A. 供入油流量 B. 进排油压差 C. 供入油流量与进排油压差 D. 进排油压差与转速	C
7	液压锚机起锚时的拉力，取决于____。	A. 液压马达转速 B. 液压泵流量 C. 液压马达工作油压 D. 液压泵功率	C

序号	题目内容	可选项	正确答案
8	并联电容的总电容量等于各分电容的____。	A. 和 B. 倒数和 C. 倒数和的倒数 D. 和的倒数	A
9	下列方法中能改变直流并励电动机转向的是____。	A. 改变电源极性 B. 同时调换电枢绕组和励磁绕组两端接线 C. 调换电枢绕组两端接线 D. 降低励磁电流	C
10	有些万能式空气断路器的触头系统含有主触头、副触头、弧触头及辅助触头，在分闸时____最后断开。	A. 主触头 B. 副触头 C. 弧触头 D. 常开辅助触头	C
11	柴油机采用正置式主轴承与倒挂式主轴承比较，其特点说法错误的是____。	A. 拆装曲轴比较方便 B. 可增加主轴承的刚度 C. 可降低机座横梁的弯曲 D. 可降低机座横梁的变形	A
12	欲减小柴油机回油孔喷油泵的供油提前角，下述正确的调整方法是____。	A. 沿正车方向转动凸轮 B. 旋出柱塞下方顶头上的调节螺钉 C. 减薄套筒上端的调整垫片 D. 增厚套筒上端的调整垫片	C
13	增压器的压气机叶轮用水清洗时，柴油机工况应处于____。	A. 任意运转状态 B. 低速、低负荷运行状态 C. 高速、全负荷运行状态 D. 停车状态	C
14	滑油循环柜常用于____的大中型柴油机。	A. 干式曲轴箱 B. 湿式曲轴箱 C. 活塞注油润滑 D. 以上都对	A
15	闭式旋涡泵是指____。	A. 流道不直通吸排口 B. 叶轮有中间隔板或端盖板 C. 电机与泵封闭在同一壳体内 D. 叶轮无中间隔板或端盖板	B

序号	题目内容	可选项	正确答案
16	用溢流阀作安全阀的系统油压缓慢升高，油压需＿＿阀才开启。	A. 达到阀开启压力 B. 达到阀整定压力 C. 超过阀整定压力 D. 以上都对	A
17	泵控型液压舵机辅油泵一般不能起的作用是＿＿。	A. 为主油路补油 B. 向变量主泵壳体内供油帮助起散热作用 C. 为主泵伺服变量机构提供控制油 D. 主泵有故障时，应急操舵	D
18	在均匀磁场中，磁感应强度 B 与垂直于磁场方向的某一面积 A 的乘积称为＿＿；在国际单位制中它的单位是＿＿。	A. 磁场强度；安/米 B. 导磁率；亨/米 C. 磁通；韦伯 D. 磁感应强度；特斯拉	C
19	三相异步电动机能耗制动时，其定子绕组产生的磁场是＿＿。	A. 静止磁场 B. 圆形旋转磁场 C. 椭圆形旋转磁场 D. 脉动磁场	A
20	分闸时，空气断路器的灭弧栅能借助于＿＿将电弧吸入栅片内，将电弧＿＿。	A. 电磁力；拉长并冷却 B. 向心力；拉长并冷却 C. 电磁力；缩短并冷却 D. 向心力；缩短并冷却	A
21	在讨论并联运行同步发电机组调速器的调速特性时，下列说法错误的是＿＿。	A. 当调速特性均为有差特性，当电网负荷变化时，能自动地、稳定地分配有功功率，机组能稳定并联运行 B. 调速特性均为无差特性的发电机组不能稳定并联运行 C. 一台具有有差特性，另一台具有无差特性的发电机并联运行负荷变化时，能均匀有功功率 D. 当一台具有有差特性与另一台具有无差特性的发电机并联运行时，电网负荷变化时，总功率的变化量全部由具有无差特性的发电机承担	C

序号	题目内容	可选项	正确答案
22	＿＿＿是按推动力分类的船舶。	A. 鱿鱼钓船，金枪钓船 B. 水泥船，玻璃钢船 C. 人力船，机动船 D. 远洋船，沿海船	C
23	通风系统的管理措施有＿＿＿。①定期检查通风管支撑；②定期检查通风机的径、轴向间隙；③定期检查叶轮的磨损情况；④定期检查机舱通风情况	A. ①② B. ②③ C. ①②③ D. ②③④	C
24	因船员违反劳动纪律、操作规程以及设备使用管理不当，疏于维修保养等情况造成的机损事故属于＿＿＿。	A. 船员责任事故 B. 非船员责任事故 C. 人为事故 D. 事故隐患	A
25	当值班轮机人员记错《轮机日志》时，处理的正确方法是＿＿＿。	A. 撕去记错的一页，再记录 B. 使用褪色剂去掉错记部位，再作记录 C. 错记内容画一横线，并标以括号，然后在括号后面或上方标记正确内容，并签字 D. 涂掉重作记录	C
26	能保证柴油机在全工况范围内，在设定的转速下稳定工作的调速器是＿＿＿。	A. 极限调速器 B. 定速调速器 C. 双制式调速器 D. 全制式调速器	D
27	当分油机完成分油工作后，首先应＿＿＿。	A. 切断电源 B. 停止进油 C. 开启引水阀 D. 关闭出油阀	B
28	气缸冷却不宜过强的原因是为避免＿＿＿。	A. 排气压力降低 B. 滑油过黏 C. 缸壁结露 D. 耗功增加	C
29	在下列情况中制冷压缩机不必停车加油的是＿＿＿。①油泵吸入端有三通阀；②曲轴箱有加油螺塞；③曲轴箱有带阀加油接头	A. ①② B. ②③ C. ①③ D. ①②③	C

序号	题目内容	可选项	正确答案
30	锚机安装应保证锚链引出的____成一直线。	A. 链轮、制链器 B. 链轮、锚链筒 C. 制链器 D. 链轮、制链器、锚链筒上口	D
31	下列说法中错误的是____。	A. 系泊设备的最大工作负荷由安全阀限定 B. 抛锚速度可由机械制动器来控制 C. 锚机与系缆机按需可以做成一体 D. 锚机必须设有止链器	B
32	舵机调整安全阀设定值时，舵机应位于____。	A. 极限位置 B. 最大舵角 C. 零舵角处 D. 任何位置	A
33	以下关于线圈的感应电动势的说法正确的是____。	A. 当线圈中有磁通穿过时，就会产生感应电动势 B. 当线圈周围的磁通变化时，就会产生感应电动势 C. 当穿过线圈中的磁通变化时，就会产生感应电动势 D. 当线圈中有电流流过时，就会产生感应电动势	C
34	一台5 kW的三相异步电动机在启动时电源缺相，则____。	A. 电动机可以自行启动，但不能带满负荷 B. 转动一下后又停了下来 C. 不能自行启动，且嗡嗡叫 D. 时而转动时而停止	C
35	关于并联运行同步发电机的解列，下列说法正确的是____。	A. 只需按下被解除列发电机的解列按钮即可 B. 要将被解列机的全部负荷转移给运行机后方可解列 C. 解列操作时，注意被解列机的功率表，当功率表指针低于5％额定功率值时按下解列按钮 D. 解列操作时，仅操作留用发电机组的调速开关，使负荷全部转移到留用机上	C

序号	题目内容	可选项	正确答案
36	负序继电器的作用是____。	A. 逆功率及断相保护 B. 逆相序及断相保护 C. 断相及过载保护 D. 逆相序及短路保护	B
37	《渔业船员管理办法》规定，申请主推进装置 750 kW 以上渔船轮机长适任证书考试者，应具有 12 个月以上经认可的海上服务资历，包括不少于____的管轮任职资历。	A. 6 个月 B. 12 个月 C. 24 个月 D. 36 个月	B
38	____全面负责监督审查《轮机日志》额定记载及其保管。	A. 轮机长 B. 船长 C. 管轮 D. 助理管轮	A
39	柴油机与汽油机同属内燃机，它们在结构上的主要差异是____。	A. 燃烧工质不同 B. 压缩比不同 C. 燃烧室形状不同 D. 供油系统不同	D
40	其他条件相同，制冷装置冷凝器冷却水管脏污会引起____。	A. 制冷量增加 B. 轴功率减小 C. 制冷系数增大 D. 排气温度升高	D
41	离心泵输水时流量和扬程正常，但电机电流过大，不会是因为____。	A. 电压过低 B. 填料太紧 C. 电流频率太高 D. 叶轮碰撞泵壳	C
42	制冷装置中液管是指从____通____的管路。	A. 冷凝器；蒸发器 B. 蒸发器；膨胀阀 C. 膨胀阀；压缩机 D. 压缩机；冷凝器	A
43	下列滤油器中属吸附型的有____。	A. 编网式 B. 纸质 C. 磁性 D. 以上都是	C

序号	题目内容	可选项	正确答案
44	一台正在运行的三相异步电动机，用钳形电流表测得其线电流为 30 A，用电压表测得其线电压为 380 V，功率因数为 0.84，则有功功率、视在功率分别为___。	A. 16.58 kW 和 19.75 kVAR B. 16.58 kW 和 10.71 kVAR C. 10.71 kVAR 和 19.75 kVAR D. 10.71 kVAR 和 10.71 kVAR	A
45	电力变压器原边中的电流___副边电流；电流互感器原边中电流___副边电流。	A. 取决于；决定了 B. 取决于；取决于 C. 决定了；决定了 D. 决定了；取决于	A
46	发电机的逆功率继电器、电压互感器及电流互感器一般装在___。	A. 负载屏 B. 控制屏 C. 并车屏 D. 汇流排	B
47	___是属于按用途分类的船舶。	A. 远洋船，沿海船 B. 冷藏运输船，捕捞渔船 C. 人力船，柴油机船 D. 钢船，木船	B
48	航行中若发现柴油机曲轴箱过热或冒烟时，正确的操作是___。	A. 立即停车，并打开导门检查 B. 立即慢车运行，待冷却后停车，打开导门检查 C. 加强润油的冷却 D. 仅 BC 对	B
49	船舶应变的警报信号中，如警铃或汽笛七短一长声，重复连放 1 min，应是___类性质的警报信号。	A. 消防 B. 堵漏 C. 弃船 D. 综合应变	C
50	舱室作业人员发生缺氧窒息事故时，迅速救助的最理想时间是在___。	A. 15 min 以内 B. 20 min 以内 C. 25 min 以内 D. 30 min 以内	A

序号	题目内容	可选项	正确答案
51	气缸体制成整体式的柴油机适用于____。	A. 低速主机 B. 中、小型机 C. 大功率四冲程船用主机 D. 大、中型机	B
52	柴油机是热机的一种，它是____。	A. 在气缸内进行一次能量转换的热机 B. 在气缸内进行二次能量转换的点火式内燃机 C. 在气缸内进行二次能量转换的往复式压缩发火的内燃机 D. 在气缸内进行二次能量转换的回转式内燃机	C
53	不会使电动齿轮泵电流增大的是____。	A. 转速增加 B. 排出阀关小 C. 油温升高 D. 排出滤器堵塞	C
54	往复泵设排出空气室的作用是____。	A. 降低泵的启动功率 B. 贮存液体帮助自吸 C. 降低流量和排出压力脉动率 D. 减小吸压脉动，防止"气穴"现象	C
55	离心泵吸排容器和管路状况未变，流量降低，原因不会是____。	A. 滤器脏堵 B. 电机反转 C. 密封环间隙过大 D. 双吸叶轮装反	D
56	三相异步电动机再生制动可能发生在如下场合____。	A. 起货机快速下放重物 B. 锚机快速收锚 C. 换气扇电机 D. 同步发电机失步	A
57	三相异步电动机在额定的负载转矩下工作，如果电源电压降低，则电动机会____。	A. 过载 B. 欠载 C. 满载 D. 工作情况不变	A
58	自动空气断路器的灭弧栅片是用____制成的。	A. 绝缘材料 B. 磁钢片 C. 陶瓷材料 D. 硬橡胶	B

序号	题目内容	可选项	正确答案
59	下列接地线属于保护接地的是____。	A. 电流互感器的铁芯接地线 B. 三相四线制的发电机中性点接地线 C. 为防止雷击而进行的接地 D. 无线电设备的屏蔽体的接地线	A
60	对长期停泊的柴油机应在排气烟囱上口罩以帆布罩，防止雨水通过____进入机内。	A. 进气管 B. 排气管 C. 空气滤清器 D. 天窗	B
61	发电机跳闸造成全船失电的常见原因有____。①电站本身故障；②操作失误；③发生大电流、过负荷；④大功率电动辅机故障；⑤电动辅机启动控制箱延时故障；⑥发电机及其原动机本身的故障	A. ①②③ B. ①②③④ C. ①②③④⑤ D. ①②③④⑤⑥	D
62	船舶电器防火防爆的预防措施是____。	A. 清洁油污 B. 保持绝缘 C. 严禁吸烟 D. 定期检查、检验安全设备和工作状态	B
63	《轮机日志》记载时，下列说法错误的是____。	A. 填写时数字和文字要准确，字体要端正清楚 B. 如果记错，应当将错写的字句标以括号并划线一横线（被删除字句仍应清晰可见），然后在括号后面或上方重写，并签字 C. 计量单位，一律采用国家法定的计量单位 D. 轮机长全面负责记载《轮机日志》及其保管	D
64	四冲程柴油机的压缩与膨胀行程所占曲轴转角分别为____。	A. 均小于180° B. 压缩行程小于180°，膨胀行程大于180° C. 均为180° D. 压缩行程大于180°，膨胀行程小于180°	A

序号	题目内容	可选项	正确答案
65	下列关于燃油系统的管理中，____是错误的。	A. 不同加油港加装的同一牌号燃油可混舱 B. 不同牌号的同一油品的燃油不可混舱 C. 燃油流经滤器后无压差，则表明滤网破损 D. 燃油流经滤器后压差超过正常值，则表明滤器脏堵	A
66	泵铭牌上标注的流量是指____流量。	A. 实际排送的 B. 可能达到的最大 C. 额定工况的 D. 最低可能达到的	C
67	下列液压控制阀中属于方向控制阀的是____。	A. 减压阀 B. 溢流阀 C. 节流阀 D. 单向阀	D
68	阀控型舵机的液压泵采用____。	A. 单向定量泵 B. 双向定量泵 C. 恒功率泵 D. 以上都对	A
69	电源是将____的装置。	A. 电能转换为热能 B. 电能转换为磁场能 C. 非电能转换为电能 D. 能量互换	C
70	可以用左手定则来判断的是____。	A. 运动的带电粒子在磁场中受力大小 B. 运动的带电粒子在磁场中受力方向 C. 在磁场中运动的导体产生感生电动势的大小 D. 在磁场中运动的导体产生感生电动势的方向	B
71	单个酸性蓄电池充足电的标志是：电压达____，电解液比重达____。	A. 6 V；1.3 B. 3 V；2.5 C. 2.0 V；1.5 D. 2.5 V；1.3	D
72	轮机部坞修的主要项目是____。 ①海底阀及阀箱的检查和修理；②尾轴及轴承的检修；③螺旋桨的检修	A. ①② B. ①③ C. ②③ D. ①②③	C

序号	题目内容	可选项	正确答案
73	船舶在大风浪中航行，下列说法错误的是___。	A. 值班轮机员不得远离操纵室 B. 当逆大风航行时，可适当加大主机油门 C. 密切注意辅锅炉和废气锅炉的工况 D. 注意主、辅机燃油系统压力	B
74	航行值班发现主机故障，必须立即停车检修，应先征得驾驶台同意并报告___。	A. 船长 B. 轮机长 C. 管轮 D. 大副	B

二、判断题

序号	题目内容	正确答案
1	柴油机冷却空间因结垢使冷却水进出口温差太小，会使柴油机热负荷增大，零件易变形。	正确
2	轴系中心线的状态应通过对同轴度、总曲折的检查来判断。	错误
3	动力滚柱长2～4 m，大多装在船舷，可加快起放网速度。有的装在船尾，用于放网。	正确
4	新安装的液压系统在充油结束后，应分次瞬时启动液压泵，反复放气。	正确
5	同步发电机的欠压保护是通过自动空气开关的过流脱扣器来实现的。	错误
6	船员发现火灾首先救火，其次报警。	错误
7	废气涡轮增压器的涡轮喷嘴环变形后，如喷嘴流通截面积变大会引起增压器转速下降。	正确
8	发电柴油机采用的调速器通常有杆式液压调速器、表盘式液压调速器、定速调速器、全制调速器。	错误
9	液压传动与电气传动方式相比，优点之一是防过载能力好。	正确
10	水冷却的空压机气缸冷却水进出口温升一般是10～15 ℃。	正确
11	电动机是根据电磁感应原理，把机械能转换成电能，输出电能的原动机。	错误
12	只要触电者没有明显的死亡症状，就应坚持抢救，心脏按压和人工呼吸可同时进行。	正确
13	在空压机与空气瓶之间应安装油、气分离器或过滤器、火焰阻止器、减压阀。	错误

序号	题目内容	正确答案
14	船舶进出港或进入浅水航区航行前，应提早打开低位海底阀而关闭高位海底阀。	错误
15	柴油机换向后，要求各种定时关系、发火顺序以及液体输送的方向不变。	错误
16	当燃油温度低于凝点时，滤器开始堵塞，导致供油中断。	错误
17	R22 制冷剂在标准大气压下的沸点温度是—29.8 ℃。	错误
18	液压装置中换向阀常用来变换液压拉移动方向和液压油流动方向。	正确
19	交流电压在每一瞬间的数值，叫交流电的有效值。	错误
20	三相异步电动机铭牌上所标的电压值是指电动机在额定运行时定子绕组上应加的相电压。	错误
21	应急消防泵应作启动和泵水试验，检查排水压力。	正确
22	增压空气的压力是判断柴油机燃烧状况的主要依据之一。	正确
23	液压调速器补偿针阀开度过小，转速恢复时间长。	正确
24	滑油进、出柴油机的温差一般为 10～15 ℃。	正确
25	调速阀是通过调节执行机构（油马达、液压缸）供油流量来调节执行机构工作速度。	正确
26	实现电动机正、反转互锁控制的方法之一是将正反转接触器的常闭辅助触头串接在对方接触器线圈的前面，称为电气互锁。	正确
27	自动空气断路器的操作传动机构合闸前必须使储能弹簧"储能"、使自由脱扣机构处于"再扣"位置，利用储能弹簧释放的能量实现快速合闸。	正确
28	主管机关对水上交通事故进行调查时，被调查人所属单位对事故调查应予配合。	正确
29	《轮机日志》用完后应寄回公司妥善保管。	错误
30	柴油机活塞在上止点时，活塞离曲柄销中心线最远。	错误
31	船舶在系泊试验时螺旋桨的推力、转矩为最大值，效率也最大。	错误
32	泵铭牌上所标的排量是指泵在额定工况下，泵在单位时间内所能输送的液体量。	正确
33	往复泵泵阀泄漏最有害的影响是自吸能力降低。	错误
34	交流电的大小和方向随时间变化，用电表测量得到的是交流电的平均值。	错误
35	按最高允许温度的不同，将各种绝缘材料划分为 7 个不同的耐热等级，A 级绝缘等级最高，船舶电机多为 E 级和 B 级绝缘材料。	错误

序号	题目内容	正确答案
36	柴油机启动前应盘车让柴油机转几圈以检查回转情况和气缸内有无大量积水（示功阀处于打开状态）。	正确
37	柴油机启动后应检查冷却水泵是否供水，如发现不来水时，应马上进行检查、修理，仍无效时，应停车进一步检查。	正确
38	柱塞式喷油泵出油阀偶件卡紧咬死会使部分高压油管内油漏回套筒，造成下一循环供油量增加。	错误
39	四冲程柴油机机械式气阀传动机构顶杆与摇臂、顶头的连接方式是球形铰接。	正确
40	往复泵启动前必须先开吸入阀，启动后马上打开排出阀。	错误
41	离心泵流量连续均匀且便于调节，工作平稳，适用流量范围很大。	正确
42	电流互感器的二次侧开路不会对设备产生不良影响。	错误
43	三相电动机属于三相对称负载，根据电源电压和绕组额定电压可以连接成星形或三角形。	正确
44	操舵装置由于失电而失灵，舵机应急操作时，应急发电机间应有专人值守。	错误
45	应急空气压缩机属于应急救生设备。	错误

第三部分

远洋渔业专项

远洋驾驶专项

一、选择题

序号	题目内容	可选项	正确答案
1	《联合国海洋法公约》规定，如果海湾天然入口两端低潮标之间的距离不超过 24 n mile，则两个低潮标之间的封口线可作为领海基线。如超过 24 n mile，则应在湾口内划一条等于 24 n mile 的线作为领海基线。这种规定适用于____。	A. 采取正常基线的情形 B. 直线基线的情形 C. 历史性海湾 D. 仅 AB 对	A
2	《联合国海洋法公约》主要内容包括____。①岛屿制度；②闭海或半闭海；③毗邻区、专属经济区	A. ①③ B. ①② C. ②③ D. ①②③	D
3	《联合国海洋法公约》主要内容包括____。①大陆架；②岛屿制度；③群岛国	A. ①③ B. ①② C. ②③ D. ①②③	D
4	以下属于内海的是____。①地中海；②波罗的海；③加勒比海	A. ①③ B. ② C. ②③ D. ①②③	D
5	深入大陆内部，除了有狭窄水道跟外海或大洋相通外，四周被大陆内部、半岛、岛屿或群岛包围的海域是指____。	A. 领海 B. 内海 C. 毗邻区 D. 群岛水域	B
6	我国《海上交通安全法》规定，下列选项中正确的是____。①船舶必须持有船舶国籍证书；②外国籍船舶未经我国政府批准，不得进入我国领海；③处于不适航的船舶，港务监督有权禁止其离港	A. ③ B. ①② C. ②③ D. ①②③	D

序号	题目内容	可选项	正确答案
7	领海对外国船舶享有无害通过权，指在下列哪种情况下可使外国船舶通过领海？	A. 穿过领海但不进入内水或停靠内水以外的泊船处或港口设施 B. 驶往或驶出内水或停靠这种泊船处或港口设施 C. 一是穿过领海但不进入内水或停靠内水以外的泊船处或港口设施，二是驶往或驶出内水或停靠这种泊船处或港口设施 D. 以上都是	D
8	群岛水域的通过制度包括____。	A. 无害通过 B. 群岛海道的通过 C. AB 都是 D. AB 都不是	C
9	《促进公海渔船遵守国际养护和管理措施的协定》其主要内容为要求各缔约国____。①务必采取必要措施，以确保悬挂其国旗的渔船即方便旗渔船不再从事任何有损国际渔业资源养护和管理措施成效的活动；②实施公海捕捞许可制度，即未经授权的渔船不得从事公海捕捞，而且有权从事公海捕捞作业的渔船亦必须遵守相关规定；③所有有权悬挂其国家旗帜的渔船均必标有符合公认标准如联合国粮食及农业组织（简称 FAO）的《渔船标志和识别标准》的标志，以便国际社会均能随时加以识别，进而便于对其加强监管	A. ①③ B. ①② C. ②③ D. ①②③	D
10	《促进公海渔船遵守国际养护和管理措施的协定》其主要内容为要求各缔约国：____。①各缔约方应酌情开展合作，尤其应该共享各自渔船包括证据材料在内的所有相关数据资料，以协助船旗国及时查明违反国际海洋生物资源养护与管理措施的渔船；②务必采取必要措施，以确保悬挂其国旗的渔船即方便旗渔船不再从事任何有损国际渔业资源养护和管理措施成效的活动；③实施公海捕捞许可制度，即未经授权的渔船不得从事公海捕捞，而且有权从事公海捕捞作业的渔船亦必须遵守相关规定 甚至直接拒绝、中止或撤销其公海捕捞权	A. ①③ B. ①② C. ②③ D. ①②③	D

序号	题目内容	可选项	正确答案
11	《促进公海渔船遵守国际养护和管理措施的协定》其主要内容为要求各缔约国____。①务必采取必要措施，以确保悬挂其国旗的渔船即方便旗渔船不再从事任何有损国际渔业资源养护和管理措施成效的活动；②实施公海捕捞许可制度，即未经授权的渔船不得从事公海捕捞，而且有权从事公海捕捞作业的渔船亦必须遵守相关规定；③建立公海渔船档案库，要求所有渔船毫无条件的全部登记入档进库	A. ①③ B. ①② C. ②③ D. ①②③	D
12	从国际渔业管理实践的角度来看，《联合国鱼类种群协定》的签署和生效，进一步推动着传统公海捕鱼自由时代的结束，使____渔业进入全面管理时代。	A. 公海 B. 领海 C. 内水 D. 以上都不是	A
13	《联合国鱼类种群协定》内容主要包括____。①发展和使用有选择性渔具；②强调船旗国的责任和义务；③强化区域或分区域渔业管理组织和"安排"的功能和作用	A. ①③ B. ①② C. ②③ D. ①②③	D
14	《联合国鱼类种群协定》内容主要包括____。①考虑发展中国家的特殊需要；②及时收集和共用完整的捕鱼活动数据；③加强有效的监测、管制和监督和执法，以实施和执行养护管理措施	A. ①③ B. ①② C. ②③ D. ①②③	D
15	《联合国鱼类种群协定》内容主要包括____。①预防性做法的适用；②以生态系统为基础的管理；③考虑发展中国家的特殊需要	A. ①③ B. ①② C. ②③ D. ①②③	D
16	《联合国鱼类种群协定》内容主要包括____。①预防性做法的适用；②及时收集和共用完整的捕鱼活动数据；③加强有效的监测、管制和监督和执法，以实施和执行养护管理措施	A. ①③ B. ①② C. ②③ D. ①②③	D
17	《联合国鱼类种群协定》内容主要包括____。①预防性做法的适用；②以生态系统为基础的管理；③及时收集和共用完整的捕鱼活动数据	A. ①③ B. ①② C. ②③ D. ①②③	D

序号	题目内容	可选项	正确答案
18	属于北太平洋海洋科学组织成员的是：①日本；②中国；③韩国	A. ①③ B. ①② C. ②③ D. ①②③	D
19	属于大西洋金枪鱼养护国际委员会成员的是：①日本；②美国；③南非	A. ①③ B. ①② C. ②③ D. ①②③	D
20	属于大西洋金枪鱼养护国际委员会成员的是：①日本；②美国；③法国	A. ①③ B. ①② C. ②③ D. ①②③	D
21	《1965年濒危野生动植物国际贸易公约》又称"华盛顿公约"，其精神在于____野生物的国际贸易，其用物种分级与许可证的方式，以达到野生物市场的永续利用性。	A. 管制 B. 非完全禁止 C. 管制而非完全禁止 D. 完全禁止	C
22	根据《1969年濒危野生动植物国际贸易公约》附录一二三的有关规定，应符合下列哪些条件时，方可发给再出口证明书。①再出口国的管理机构确认，该标本系遵照本公约的规定进口到本国的；②再出口国确认，该项再出口的活标本会得到妥善装运，尽量减少伤亡、损害健康，或少遭虐待；③再出口国的管理机构确认，任一活标本的进口许可证已经发给	A. ①③ B. ①② C. ②③ D. ①②③	D
23	《1969年濒危野生动植物国际贸易公约》附录一二三的有关规定，应符合下列哪些条件时，方可发给进口许可证。①进口国的科学机构认为，此项进口的意图不致危害有关物种的生存；②进口国的科学机构确认，该活标本的接受者在笼舍安置和照管方面是得当的；③进口国的管理机构确认，该标本的进口，不是以商业为根本目的的。	A. ①③ B. ①② C. ②③ D. ①②③	D

序号	题目内容	可选项	正确答案
24	《1969 年濒危野生动植物国际贸易公约》附录一、二、三的有关规定从海上引进附录①所列物种的任何标本，应事先获得引进国管理机构发给的证明书，只有符合____条件时，方可发给证明。①引进国的科学机构认为，此项引进不致危害有关物种的生存；②引进国的管理机构确认，该活标本的接受者在笼舍安置和照管方面是得当的；③引进国的管理机构确认，该标本的引进不是以商业为根本目的的。	A. ①③ B. ①② C. ②③ D. ①②③	D
25	FAO2009 年打击 IUU 捕捞的港口国措施协定有关规定是____，适用于____，各缔约方应鼓励所有其他实体采用符合该协定的措施。	A. 全球性的；所有港口 B. 全球性的；某些港口 C. 区域性的；所有港口 D. 区域性的；某些港口	A
26	《港口国措施协定》规定各缔约方应在允许船舶入港前，要求该船舶事先通报____。①船舶基本身份信息；②行程信息；③船载渔获物信息	A. ①③ B. ①② C. ②③ D. ①②③	D
27	《港口国措施协定》规定各缔约方应在允许船舶入港前，要求该船舶事先通报____。①船舶基本身份信息；②行程信息；③与供货渔船有关的转运信息	A. ①③ B. ①② C. ②③ D. ①②③	D
28	《港口国措施协定》规定各缔约方应在允许船舶入港前，要求该船舶事先通报____。①行程信息；②船舶监测系统；③捕捞授权信息	A. ①③ B. ①② C. ②③ D. ①②③	D
29	《港口国措施协定》规定各缔约方应在允许船舶入港前，要求该船舶事先通报____。①行程信息；②船舶监测系统；③相关渔获物转运信息	A. ①③ B. ①② C. ②③ D. ①②③	D
30	中西太平洋渔业委员会强制要求在____统计报告中包括主要鲨鱼种类。	A. 年度 B. 季度 C. 月度 D. 每日	A

序号	题目内容	可选项	正确答案
31	三大洋主要的金枪鱼渔业区域性管理组织有____个。	A. 1 B. 2 C. 3 D. 4	D
32	产生潮汐的原动力是____。	A. 天体的引潮力 B. 天体引力 C. 惯性离心力 D. 以上都是	A
33	所谓平衡潮是海水在____和____作用下达到平衡时的潮汐。	A. 引潮力；重力 B. 太阳引潮力；月球引潮力 C. 以上都是 D. 无法判断	A
34	传真天气图上，表示台风的是____。	A. TD B. TS C. T D. STS	C
35	气象学上最常用的气象要素为____。	A. 温度、湿度、气压和雾 B. 温度、湿度、气压和风 C. 温度、湿度、气压和降水 D. 温度、能见度、气压和雾	B
36	气象传真机频道由____位数字组成。	A. 1 B. 2 C. 3 D. 4	C
37	气象卫星云图中，台风的云系表现为____。	A. 黑色的涡旋状云系 B. 白色的涡旋状云系 C. 灰色的涡旋状云系 D. 以上都不是	B
38	某船在黄海接收到的传真天气图上，热带气旋缩写符号为 TS，其近中心附近最大风级为____。	A. 11～12 级 B. 10～11 级 C. 9～10 级 D. 8～9 级	D
39	大范围天空由晴转阴时，可见光卫星云图上的相应地区的变化为____。	A. 由黑色转为白色 B. 由白色转为灰色 C. 由白色转为黑色 D. 由灰色转为黑色	A

序号	题目内容	可选项	正确答案
40	用露点水温图解法测算海雾生消趋势时，水温高于露点温度且两曲线的间距增大时____。	A. 不可能有雾 B. 有大雾 C. AB 都可以 D. 无法判断	A
41	在地面传真天气图上 FOG [W] 表示海上能见度为____。	A. 小于 0.1 km B. 小于 1 km C. 1～10 km D. 小于 10 km	B
42	世界各国气象传真发播台频道可在操作说明书的"FACSIMILE STATION TABLES"或者在英版《无线电信号表》每年第____卷中查阅。	A. 1 B. 2 C. 3 D. 4	C
43	风暴潮亦称"气象海啸"会造成严重的灾害，形成风暴潮的原因为____。	A. 热带气旋 B. 温带气旋 C. 冷高压 D. 以上均是	D
44	热带气旋是指形成在____上的气旋。	A. 热带海面 B. 热带洋面 C. 热带地面 D. 热带地区	B
45	高空图分析项目包括____。	A. 等高线 B. 等温线 C. 槽线 D. 以上都是	D
46	雷达荧光屏上海浪干扰强弱与风向的关系为____。	A. 上风舷强 B. 下风舷强 C. 上、下风舷一样 D. 无法判断	A
47	雷达观测中的干扰有____。	A. 海浪干扰 B. 雨雪干扰 C. 雷达干扰 D. 以上都对	D
48	海流是矢量，海流的常用单位是____。	A. kn B. n mile/h C. m/s D. 仅 AB 是	D

序号	题目内容	可选项	正确答案
49	海流的运动形态是三维，通常把海水的＿＿＿称为海流	A. 向上流动 B. 向下流动 C. 水平流动 D. 无规则流动	C
50	There are many navigational aids ＿＿＿.	A. in chief engineer's room B. in chief officer's room C. on the bridge D. on deck	C
51	My ETA ＿＿＿ Cheng Shan Tou lighthouse is 0900 hours local time.	A. of B. in C. on D. at	D
52	If the ship is alongside the wharf，what kind of ladder is used?	A. pilot ladder B. rope ladder C. rod ladder D. accommodation ladder	D
53	The vessel on same course will ＿＿＿ on your port side.	A. cross B. overtake C. catch up D. run down	B
54	Our ship has not been to shipyard for a long time，the fouling on the ship's hull greatly decreases her ＿＿＿.	A. resistance B. weight C. speed D. displacement	C
55	The fog is too thick. Don't ＿＿＿ the radar.	A. switch on B. switch off C. close D. open	B
56	It is danger for vessels without the use of ＿＿＿ to approach the estuary in such poor visibility.	A. Loran C B. Direction Finder C. Gyro - compass D. Radar	D
57	"Destination" means ＿＿＿.	A. the last port B. the home port C. the port of registry D. the final port of the voyage	D

序号	题目内容	可选项	正确答案
58	What does "VHF" stand for ?	A. echo sounder B. radar C. direction finder D. Very High Frequency	D
59	____ up Maritime Declaration of Health.	A. Write B. Filling C. Filled D. Fill	D
60	The captain is in ____ command of the ship.	A. overall B. over C. all D. task	A
61	The pilot said he ____ our vessel directly to berth.	A. will take B. took C. is taking D. would take	D
62	Fishing gear fouled ____ propeller.	A. we B. me C. I D. my	D
63	《1974 年国际海上人命安全公约》是为了保障海上航行船舶上人命安全，在____方面规定统一标准的国际公约。	A. 船舶结构 B. 设备 C. 性能 D. 以上都是	D
64	《1974 年国际海上人命安全公约》的主要内容包括____。①船舶检验；②船舶证书；③航行安全	A. ①③ B. ①② C. ②③ D. ①②③	D
65	互有过失的船舶碰撞中，举证方提出的证据应能证明____。	A. 碰撞事实 B. 双方的过失 C. 损害事实 D. ABC 都是	D
66	救助人命者应得的合理报酬应由____负担。	A. 被救助者本人 B. 被救助者的雇主 C. 获救财产所有人 D. 财产救助者	C

序号	题目内容	可选项	正确答案
67	根据《中华人民共和国渔业船员管理办法》，职务船员不包括____。	A. 驾驶人员 B. 轮机人员 C. 机驾长 D. 普通船员	D
68	《2001 年国际燃油污染损害民事责任公约》就本公约而言，"事故"系指____。	A. 具有同一起源的、造成污染损害或造成引起此种损害的严重和紧迫威胁的一起事件或一系列事件 B. 污染损害 C. 造成引起此种损害的严重和紧迫威胁的一起事件或一系列事件 D. 一系列事件	A
69	海图底质注记中，缩写"Cy"表示____。	A. 沙 B. 泥 C. 黏土 D. 淤泥	C
70	海上浮标制度 B 制度适用于____。	A. 澳大利亚 B. 欧洲 C. 新西兰 D. 美洲及日本	D
71	下列证书中要求船舶必须配备的是____。①国际载重线证书；②国际载重线免除证书；③防火安全训练手册	A. ①③ B. ② C. ②③ D. ①②③	D
72	海船配备的航海图书资料包括____。①世界大洋航路；②航路指南；③英版海图和出版物总目录	A. ①③ B. ①② C. ②③ D. ①②③	D
73	《世界大洋航路》供航速在____以下中等吃水（吃水在 12 m 以下）的船舶拟定大洋航线时参考。	A. 15 kn B. 16 kn C. 17 kn D. 18 kn	A

序号	题目内容	可选项	正确答案
74	航路设计图共分为___个海区。	A. 5 B. 6 C. 7 D. 8	A
75	英版航路指南每卷的第一章的内容包括___。	A. 航行与规则 B. 国家与港口 C. 自然条件 D. 以上都有	D
76	《进港指南》由两本组成，第一本是以国名的首字母为___的各国港口资料组成。	A. A至K B. L至Y C. A至L D. 以上都错	A
77	英版《灯标与雾号表》的主要内容包括___。①对灯标的定义；②对雾号的说明；③灯质的说明及图式	A. ①③ B. ①② C. ②③ D. ①②③	D
78	英版《无线电信号表》第一卷内容为___。	A. 海岸无线电台 B. 无线电助航标志 C. 航海安全信息服务 D. 以上都有	A
79	《航海通告》中标题栏内容后用括号加注(临)，表示该通告是___。	A. 永久性通告 B. 临时性通告 C. 预告性通告 D. 以上都错	B
80	当船舶向___航行进入相邻时区，区时应___1小时。	A. 西；减 B. 东；减 C. 西；加 D. 以上都错	A
81	由国家或地区的政府以法律规定的某一经度线的地方平时作为本国或本地区的统一时间称为___。	A. 标准时 B. 日光节约时 C. 夏令时 D. 法定时	A

序号	题目内容	可选项	正确答案
82	英版《潮汐表》共＿＿。	A. 四册 B. 五册 C. 六册 D. 七册	A
83	英版《潮汐表》第2册显示的范围是＿＿。	A. 英国和爱尔兰 B. 欧洲 C. 印度洋和中国南海 D. 太平洋	B
84	大洋航行的特点有＿＿。	A. 受洋流影响也较大 B. 航行时间长 C. 气象、海况变化大 D. 以上都是	D
85	选择大洋航线应考虑的因素有＿＿。	A. 定位与避让条件 B. 海况 C. 障碍物 D. 以上都是	D
86	俗话说的"风大浪大"是指风浪，风浪的特征为＿＿。	A. 波峰尖、波长短 B. 背风面比迎风面陡、波向与风向一致 C. 常有浪花出现 D. 以上都是	D
87	世界海洋雾区分布特点＿＿。	A. 春夏多、秋冬少 B. 大洋西海岸多于东海岸 C. 北大洋多于南大洋 D. 以上都是	D
88	我国沿海，结冰日数最多的海域是＿＿。	A. 辽东湾 B. 黄海 C. 东海 D. 南海	A
89	世界大洋表层环流模式有＿＿。	A. 西风漂流 B. 赤道逆流 C. 西边界流 D. 以上都是	D

二、判断题

序号	题目内容	正确答案
1	在一般情况下，除非特别说明，海洋法即指国际海洋法，不包括一个国家对于海洋管理的国内立法。	正确
2	《联合国海洋法公约》主要内容包括：领海、毗邻区、专属经济区、大陆架、用于国际航行的海峡、群岛国、岛屿制度、闭海或半闭海、内陆国出入海洋的权益和过境自由、国际海底以及海洋科学研究、海洋环境保护与安全、海洋技术的发展和转让等等。	正确
3	国家主权和其管辖，不仅在领海的整个水域，还包括领海上面的天空及其海底和海底以下的底土。	正确
4	《促进公海渔船遵守国际养护和管理措施的协定》的适用范围是针对所有在公海从事商业性捕捞、船舶长度为24m及以上的渔业船舶，包括母船和直接从事公海商业性捕捞的其他船舶。	正确
5	《联合国鱼类种群协定》适用范围中所指的鱼类不包括海洋软体动物和甲壳动物。	错误
6	中华人民共和国渔政渔港监督机构是对沿海水域的渔业船舶交通安全实施统一管理的主管机关。	正确
7	《濒危野生动植物国际贸易公约》又称"华盛顿公约"，其精神在于管制而非完全禁止野生物的国际贸易，其用物种分级与许可证的方式，以达到野生物市场的永续利用性。	正确
8	天气图是填有各地区同一时刻气象要素观测记录，能反应某一地区、某一时刻天气状况或天气形势的特种地图。	正确
9	世界各国气象传真发播台频道可在操作说明书的"FACSIMILE STATION TABLES"或者在英版《无线电信号表》每年第三卷中查阅。	正确
10	设置气象传真发播台频道进行自动接收时，频道由3个数字组成，其中第1、2数字为发播台频道号，第3位数为发播台频率号。	正确
11	某船在东海接收到的传真天气图上，强热带气旋缩写符号为STS，其近中心附近最大风速和风级分别为48～63KT、10～11级。	正确
12	相邻的波谷与波谷间的水平距离称为波长。	正确
13	在传真图中，对于热带气旋按照强度可分为热带低压、热带风暴、强热带风暴、台风四个等级。	正确
14	《1995年国际渔船船员培训、发证和值班标准公约》规定各缔约国承担义务颁布一切必要的法律、法令、命令和规则，并采取一切必要的其他措施，使本公约得以充分和完全实施，以便从海上人命和财产的安全以及保护海洋环境的观点出发，保证海洋渔船船员是合格的并胜任其职责。	正确

序号	题目内容	正确答案
15	《2001 年国际燃油污染损害民事责任公约》适用于缔约国领土和领海、专属经济区或其领海基线 200 n mile 范围内的水域的污染损害和为预防或减轻这种损害而无论何地所采取的预防措施。	正确
16	海图底质注记中，缩写"M. S"表示泥的成分多于沙的成分的混合底质。	正确
17	适淹礁为平均大潮高潮面下，深度基准面上的礁石。	正确
18	国际航标的颜色有蓝、绿、黄、黑黄、黑红黑横纹、红白竖纹。	错误
19	大洋航行尽量避开逆流，利用顺流，避开大风浪区、流冰区和冰山活动区。	正确
20	航路设计图共分为 5 个海区，每个海区每月 1 张，共 60 张。	正确
21	《进港指南》由英国航运指南有限公司出版并发行，每两年再出版一次。	正确
23	《无线电信号表》每年出版一次。	正确
24	《英版航海图书目录》由英国海军水道测量局出版，每年一版。	错误
25	英版《潮汐表》第一二册包括印度洋和中国南海。	错误
26	中高纬海域西部是强大冷、暖海流交汇处，这也导致了锋面和气旋的形成及强烈发展。	正确
27	雾的分布，中高纬度海域多于低纬度海域。	正确
28	我国沿海，结冰日数最多的海域是辽东湾。	正确
29	在稳定的东北信风作用下，形成了北赤道流，在东南信风作用下，形成了南赤道流。	正确
30	查取法定时资料时可查阅英版《无线电信号表》的第 2 卷。	正确

远洋轮机专项

一、选择题

序号	题目内容	可选项	正确答案
1	离心式分油机是根据油、水、杂质____的不同来进行净化处理的。	A. 质量 B. 密度 C. 温度 D. 比例	B

序号	题目内容	可选项	正确答案
2	自动排渣和不能自动排渣分油机的本质区别在于____。	A. 分离筒结构不同 B. 分油机分油原理不同 C. 控制程序不同 D. 分离筒容积不同	A
3	若被分离油液的密度、黏度降低而分离温度反而增加时，会引起分油机的____。	A. 油水分界面外移 B. 油水分界面内移 C. 水封易破坏 D. 分离能力降低	B
4	分油机分离油的密度大，则选择____。	A. 大口径的重力环 B. 中转速的分油机 C. 小口径的重力环 D. 大排量分油机	C
5	当分油机完成分油工作后，首先应____。	A. 切断电源 B. 切断进油 C. 开启引水阀 D. 关闭出油阀	B
6	启动清洁后的分油机，若发现有振动，通常原因是____。	A. 进油过猛 B. 加热温度过高 C. 安装不良 D. 三者均可能	C
7	分油机出水口大量跑油原因可能是____。	A. 重力环口径太大，水封水太少 B. 重力环口径太小，水封水太多 C. 分离温度太高 D. 分离筒内积渣过多	A
8	当由于没有及时清洗分油机的分离盘，而造成分离盘之间的油流通道堵塞，将会出现____的故障。	A. 出水口跑油 B. 净化后的油中有水 C. 排渣口跑油 D. 燃油不能进入分油机	A
9	下列故障不是分油机达不到启动转速的原因是____。	A. 制动器未松开 B. 分离筒内集渣过多 C. 摩擦离合器有油 D. 摩擦片磨损严重	B

序号	题目内容	可选项	正确答案
10	船用真空沸腾式海水淡化装置多在高真空条件下工作，主要是为了____。	A. 提高热利用率 B. 利用动力装置散热和减轻结垢 C. 便于管理 D. 造水量大	B
11	船用真空沸腾式海水淡化装置的凝水泵一般采用____。	A. 水环泵 B. 离心泵 C. 旋涡泵 D. 螺杆泵	C
12	海水淡化装置产水含盐量超标，在发出警报的同时____。	A. 凝水泵停止工作 B. 海水淡化装置全部停止工作 C. 停止凝水泵工作 D. 开启电磁阀使产水流回蒸馏器或泄放舱底	D
13	海水淡化装置一般会在____时发出声光报警。	A. 真空度太高 B. 真空度太低 C. 盐水水位太低 D. 产水含盐量太高	D
14	海水淡化装置盐度传感器是____。	A. 一个测量电极 B. 一对测量电极 C. 温度传感器 D. 快速化学分析仪	B
15	海水淡化装置在运行中真空破坏阀____。	A. 禁止开启 B. 真空度太大时可适当开启少许 C. 含盐量太大时可适当开启少许 D. 产水量太大时可适当开启少许	B
16	启用海水淡化装置最先做的是____。	A. 供入需淡化的海水 B. 供加热水 C. 供冷却水 D. 启动海水泵供水给喷射泵抽真空	D
17	海水淡化装置底部的泄水阀应在____时开启。	A. 产水含盐量太大 B. 产水量太大 C. 真空度太大 D. 停用时	D
18	海水淡化装置的真空破坏阀应在____时开启。	A. 停用 B. 产水量太小 C. 含盐量太小 D. 除垢	A

序号	题目内容	可选项	正确答案
19	船用真空沸腾式海水淡化装置的给水倍率是指____。	A. 产水量与给水量之比 B. 给水量与产水量之比 C. 排盐（水）量与给水量之比 D. 给水量与排盐（水）量之比	B
20	真空沸腾式海水淡化装置工作真空度太大不会导致____。	A. 产水量增加 B. 产水含盐量增加 C. 结垢量增加 D. 沸腾过于剧烈	C
21	海水淡化装置产水含盐量太大，下列措施错的是____。	A. 加大给水量 B. 减少加热水流量 C. 降低盐水水位 D. 稍开真空破坏阀	A
22	拆检海水淡化装置盐度传感器时，其电极通常以____。	A. 热淡水浸洗 B. 碱水浸洗 C. 酸溶液浸洗 D. 细砂布擦拭	A
23	反渗透式海水淡化装置是利用____进行压力反渗透过滤。	A. 沙滤芯 B. 普通薄膜 C. 只能通过纯水的半透膜 D. 极细滤芯	C
24	反渗透式海水淡化装置高压泵指定的操作压力为____。	A. 9～15 MPa B. 0.9～1.5 MPa C. 0.5～0.9 MPa D. 5～9 MPa	B
25	反渗透式海水淡化装置设备的正常使用温度为____。	A. 5～33 ℃ B. 0～35 ℃ C. 25～35 ℃ D. 20～30 ℃	A
26	反渗透式海水淡化装置造水量不足的主要原因是____。	A. 反渗透膜积污物 B. 高压泵压力过低 C. 精密过滤器阻塞 D. 以上都对	D
27	油污水分离器的用途是____。	A. 净化机舱污水 B. 分离燃油中的水分 C. 清除滑油中的水分 D. 处理生活污水	A

序号	题目内容	可选项	正确答案
28	真空沸腾式海水淡化装置真空度不足，可能是因为＿＿。	A. 冷却水温太低 B. 凝水泵流量过大 C. 加热水流量太大 D. 给水倍数率太高	C
29	海水淡化装置产水含盐量太大时可＿＿。	A. 加大加热水量 B. 加大给水量 C. 减小加热水流量 D. 增加冷却水量	C
30	船舶油水分离器运行中误报警的最大可能是＿＿。	A. 分油太快 B. 检测装置反冲不良 C. 排油电磁阀失灵 D. 加热温度太低	B
31	目前，油水分离器的自动排油装置的感受元件均采用＿＿，而其中多采用＿＿。	A. 液位式；电极棒式 B. 液位式；电感式 C. 电极棒式；电容式 D. 电极棒式；电感式	A
32	真空式油水分离器具有的显著优点是＿＿。	A. 装置简单 B. 污水中油分不会乳化 C. 操作容易 D. 价廉	B
33	油水分离器运行前，应先＿＿。	A. 注满污水 B. 注满油 C. 注满清水 D. 放空	C
34	油水分离器停用前，应引入海水或清水继续运行＿＿，停泵后关闭油水分离器的＿＿以减少内壁氧化腐蚀。	A. 15 min；进口阀 B. 15 min；进出口阀 C. 30 min；出口阀 D. 30 min；进口阀	B
35	重力式油水分离器的工作原理是利用＿＿。	A. 油水的不相容性 B. 油的聚积性 C. 油水的比重差 D. 水的分散性	C
36	在航行中进行正常排污时，值班驾驶员应对这种排污行为负责，而轮机部对＿＿负责。	A. 排污设备状态，排放标准，操纵正确性 B. 对排污量 C. 排污监督检查 D. 对排污速度	A

序号	题目内容	可选项	正确答案
37	通常船舶油水分离器自动排油装置是根据分离器____自动排油的。	A. 内部的清水水位高度 B. 污水进入量 C. 上部的油层厚度 D. 油层的温度	C
38	如果油水分离器的分离效果不佳时，可采取____改善。①间断供水；②采用离心泵供水；③适当加温；④分层抽吸	A. ①②③ B. ①③④ C. ②③④ D. ①②④	B
39	油水分离器排油管向污油舱（柜）排水的原因可能是____。	A. 安全阀起跳 B. 泵前吸入系统中粗滤器堵塞 C. 空气漏入集油室 D. 吸入水底阀堵塞	C
40	油水分离器集油室温度不上升的原因不可能是____。	A. 加热器保险丝断 B. 加热器电阻丝断 C. 检测器与分离器壳体短路 D. 交流接触器接触不良	C
41	锅炉自动点火通常采用____点火原理。	A. 摩擦 B. 电热丝 C. 常压电极放电 D. 高压电极放电	D
42	检查锅炉水位表的"叫水"操作是____。	A. 关通水阀，开通汽阀 B. 开通水阀，关通汽阀 C. 通水阀和通汽阀全关 D. 通水阀和通汽阀全开	B
43	新装的锅炉水位计投入使用时应先____。	A. 稍开通水阀 B. 开大通水阀 C. 稍开通汽阀 D. 开大通汽阀	C
44	锅炉运行中水位计超过最高水位，冲洗后恢复正常，通常是因为原先____。	A. 通汽管堵 B. 通水管堵 C. 冲洗管堵 D. 锅炉"满水"	A
45	所谓锅炉汽水共腾是指____。	A. 蒸汽带水太多 B. 炉水中含气泡太多 C. 炉水表面形成很厚不易消散的泡沫层 D. 以上都对	A

序号	题目内容	可选项	正确答案
46	锅炉在运行中发现水位过低时的紧急处理方法是____。	A. 迅速停火 B. 立即加水 C. 停止送汽 D. 迅速停火和停止送风	D
47	判断制冷压缩机工作中滑油系统工作是否正常应观察____。	A. 滑油泵排出压力 B. 滑油泵吸入压力 C. 油泵排压与压缩机吸入压力之差 D. 压缩机排出压力与油泵排出压力之差	C
48	在压缩机状况和其他温度条件不变时，随着膨胀阀前制冷剂过冷度的增大，制冷压缩机制冷量____。	A. 增大 B. 不变 C. 减小 D. 先增大，在冷过度大到一定程度后反而减小	A
49	制冷装置中吸气管是指从____通压缩机的管路。	A. 冷凝器 B. 蒸发器 C. 膨胀阀 D. 回热器	B
50	制冷装置中液管是指从____通____的管路。	A. 冷凝器；蒸发器 B. 蒸发器；膨胀阀 C. 膨胀阀；压缩机 D. 压缩机；冷凝器	A
51	工作正常时氟利昂制冷剂在压缩机进口的状态是____。	A. 湿蒸气 B. 饱和蒸汽 C. 过热蒸汽 D. 过冷蒸汽	C
52	当压缩机的状况和其他温度不变时，随着冷凝温度的降低，轴功率____。	A. 增大 B. 不变 C. 减小 D. 先增大，在冷凝温度太低时反而减小	C
53	下列制冷剂中在空气中浓度达到一定范围可燃爆的是____。	A. R12 B. R22 C. R134a D. R717	D

序号	题目内容	可选项	正确答案
54	R717 在船上使用不普遍的原因主要是其____。	A. 价格贵 B. 单位容量制冷量小 C. 放热系数小 D. 安全性差	D
55	R22 制冷装置必须周到的考虑蒸发器和吸气管路回油问题，主要是因为 R22 ____。	A. 容油量特别大 B. 在任何条件下不溶油 C. 高温时溶油，低温时难溶 D. 所用油黏度太大	C
56	冷冻机油黏度过低主要的危害是____。	A. 容易奔油 B. 油损耗过快 C. 漏气量增加 D. 油进入系统量增多	C
57	压缩制冷装置系统增加膨胀阀前制冷剂的过冷度可以____。	A. 提高压缩机效率 B. 降低压缩机轴功率 C. 减少液击可能性 D. 提高制冷系数	D
58	活塞式制冷压缩机假盖的主要作用是____。	A. 减小余隙容积 B. 改善缸头冷却 C. 防止液击造成机损 D. 降低排气阻力	C
59	制冷压缩机能量调节通常是以____为信号（被调参数）。	A. 排气压力 B. 吸气压力 C. 滑油压力 D. 蒸发温度	B
60	制冷装置贮液器顶部的平衡管与____相通。	A. 压缩机排出管 B. 压缩机吸入管 C. 压缩机曲轴箱 D. 冷凝器顶部	D
61	制冷装置回热器是使____中的制冷剂相互换热。	A. 吸气管和排气管 B. 蒸发器和排气管 C. 液管和排气管 D. 液管和吸气管	D
62	压缩制冷装置中冷凝器的容量偏小会导致____。	A. 排气压力升高 B. 冷凝温度升高 C. 排气温度升高 D. 以上都是	D

序号	题目内容	可选项	正确答案
63	制冷装置冷凝器工作时进出水温差偏低，而冷凝温度与水的温差大，则说明＿＿。	A. 冷却水流量太大 B. 冷却水流量太小 C. 传热效果差 D. 传热效果好	C
64	调节正确的蒸发压力调节阀其控制的＿＿。	A. 蒸发压力略高于大气压 B. 蒸发温度应不低于－3℃ C. 蒸发温度应为要求库温减传热温差 D. 蒸发温度保持在比库温低5～10℃的传热温差	D
65	制冷装置设背压阀可以＿＿。	A. 提高制冷系数 B. 控制高温库库温 C. 使高温库蒸发温度合适 D. 提高制冷系数并且使高温库蒸发温度合适	C
66	制冷装置中防止冷凝压力过低的元件是＿＿。	A. 热力膨胀阀 B. 水量调节阀 C. 低压继电器 D. 高压继电器	B
67	制冷装置冷凝器工作时冷凝温度与水的温差不大，而进出水温差较大，则说明＿＿。	A. 冷却水流量太大 B. 冷却水流量太小 C. 传热效果差 D. 传热效果好	B
68	制冷装置气密试验最好用＿＿进行。	A. 氮气 B. 氧气 C. 空气 D. 氟利昂	A
69	压缩机制冷装置做气密试验时应将＿＿阀通外接管端堵死。	A. 充剂阀 B. 冷却水进出阀 C. 安全阀 D. 以上都是	C
70	制冷装置做气密试验时，为了防止冷凝器安全阀泄放制冷剂，应＿＿。	A. 试验压力低于安全阀开启压力 B. 将安全阀调紧，使其开启压力超过系统设计压力 C. 将安全阀与通舷外管路脱开，安全阀出口端用盲板封死 D. 以上都对	C

序号	题目内容	可选项	正确答案
71	制冷装置充剂阀一般设在＿＿＿。	A. 压缩机吸气管上 B. 压缩机排气管上 C. 液管干燥器前 D. 液管干燥器后	C
72	制冷剂瓶口向下斜放从充剂阀充剂，如发现钢瓶出口端底部结霜表明＿＿＿。	A. 充剂太快 B. 制冷剂中有杂质 C. 瓶中制冷剂快用完 D. 制冷剂含水量多	C
73	氟利昂检漏灯调节阀可用来调节＿＿＿。	A. 火焰亮度 B. 吸入气体流量 C. 火焰高度 D. 火焰颜色	C
74	用卤素灯查到含氯氟利昂漏泄时火焰会变成＿＿＿色。	A. 蓝 B. 绿 C. 橙黄 D. 红	B
75	制冷系统放空气应在＿＿＿进行。	A. 停车后一段时间 B. 停车即开始 C. 任何时候 D. 运行中	A
76	制冷装置中空气主要聚集在＿＿＿中。	A. 压缩机曲轴箱 B. 吸气管 C. 排气管至冷凝器 D. 贮液器	C
77	制冷系统放空气不可能在＿＿＿处进行。	A. 排出阀多用通道 B. 吸入阀多用通道 C. 高压表接头 D. 冷凝器放气阀	B
78	压缩式制冷装置在正常运行中，判断油分离器回油是否正常的方法是用手触摸回油管，当感觉到＿＿＿，说明油分离器回油正常。	A. 回油管时冷时热 B. 长时间不热 C. 长时间发热 D. 不确定	A

序号	题目内容	可选项	正确答案
79	制冷装置在正常运行中，膨胀阀开度越大则____。	A. 蒸发温度越高，制冷量越大 B. 蒸发温度越高，制冷量越小 C. 蒸发温度越低，制冷量越大 D. 蒸发温度越低，制冷量越大	A
80	当制冷装置运行中发生近吸气侧气缸盖大量结霜时，正确的处置方法是____。	A. 关小吸气截止阀 B. 通过能量调节装置卸载 C. 停止压缩机运行 D. 保持原状，继续运行	A
81	使活塞式制冷压缩机实际排气量下降的最常见原因是____。	A. 气缸冷却不良 B. 余隙容积增大 C. 气阀和活塞环漏气量增加 D. 吸入滤网脏污	C
82	会造成制冷压缩机吸气管和缸头结霜是____。	A. 蒸发温度太低 B. 冷却水温度太低 C. 膨胀阀温包破裂 D. 膨胀阀开度过大	D
83	会造成氟利昂压缩机曲轴箱中油位太低的是____。	A. 贮液器中存油太多 B. 系统制冷剂不足 C. 运转时间过长 D. 蒸发温度太高	B
84	制冷压缩机运转中突然停止，其原因可能是____。	A. 冷凝器断水 B. 冷凝压力过低 C. 蒸发温度过高 D. 冷凝器水量过大	A
85	中央空调器在夏季工况不起作用的设备是____。	A. 滤器 B. 加湿器 C. 挡水板 D. 空气冷却器	B
86	空调装置加湿器多放在____。	A. 加热器前 B. 加热器后 C. 挡水板前 D. 冷却器前	B
87	集中式空调装置采用回风的主要目的是____。	A. 节省能量消耗 B. 改善室内空气温、湿度条件 C. 改善舱内空气洁净度 D. 减少外介病菌传入机会	A

序号	题目内容	可选项	正确答案
88	空调装置取暖工况停用时应____。	A. 同时停止风机和加湿 B. 先停风机，再停加湿 C. 先停加湿，随即停风机 D. 先停加湿，30 s后停风机	D

二、判断题

序号	题目内容	正确答案
1	分油机比重环内径增大，油水分界面内移。	错误
2	分油机出水口跑油的根本原因是油水界面外移。	正确
3	离心式分油机在进行油、水和杂质分离操作时，应快速开启进油控制阀。	错误
4	离心式分油机出水口跑油可能是由于水封水泄漏导致油水分界面外移。	正确
5	为了使结构更加紧凑，沸腾式海水淡化装置都将冷凝器放置在蒸发器的下方，并组装成一整体。	错误
6	沸腾式海水淡化装置盐度计上的一对测量电极应定期清洗，清洗时通常用细砂布擦拭。	错误
7	沸腾式海水淡化装置停用正确的步骤是：关闭给水截止阀→停止加热→停止凝水泵工作→停止冷凝器的海水供应。	错误
8	沸腾式海水淡化装置给水量一般应控制在造水量的5～6倍。	错误
9	反渗透海水淡化是一种以压力为驱动力的膜分离过程。	正确
10	为防止反渗透海水淡化装置的反渗透膜被冻坏，当在环境温度0 ℃以下使用时，应采取保护措施。	正确
11	油水分离器污水输送泵一般采用离心泵。	错误
12	检验油污水分离装置超负荷的方法之一是低位旋塞能放出油。	正确
13	当油水分离器除油效果不佳时，改用离心泵以减轻油的乳化程度。	错误
14	油水分离器应定期全面拆检、彻底清洗，周期一般为每隔两年检修一次。	错误
15	油水分离器排出水的含油量超过标准的原因可能是泵前吸入系统中粗滤器堵塞。	错误
16	所谓火管锅炉是指炉膛内的高温烟气和火焰在烟管内流动加热烟管外的水。	正确
17	船用辅助锅炉喷油器喷孔直径与雾化质量关系不大。	错误

序号	题目内容	正确答案
18	锅炉燃烧器中风量太小的主要危害是产生大量炭黑。	正确
19	锅炉"失水"是指炉水水位低于最低工作水位。	正确
20	安全阀是控制锅炉在安全压力下工作的保护设备，其调定压力应不超过额定工作压力的5%。	错误
21	锅炉底部排污的主要作用是排除底部泥渣和沉淀物。	正确
22	船用锅炉停用时应改自动控制为手动控制，先停风后停油。	错误
23	当发现锅炉水位过高或过低时，首先应迅速停火和停止送风，然后检查水位表是否准确，查明原因。	错误
24	制冷装置中，制冷剂从冷凝器进口至出口通常是由过热蒸汽变成过冷液体。	正确
25	活塞式制冷压缩装置中，能量调节的最常用方法是顶开排出阀。	错误
26	其他条件不变，蒸发器结霜逐渐加厚，热力膨胀阀的开度加大。	错误
27	制冷装置中充制冷剂量过多，可能会使高压继电器断开而停机。	正确
28	当制冷压缩装置停机排除空气时，应先停止冷凝器冷却水泵的运行。	错误
29	当制冷压缩机在运行中发生"液击现象"时，安全阀首先被顶开。	错误
30	有集中式空调的船舶，空调舱室室内气压与大气压相比略高。	正确
31	船舶空气调节装置诱导式布风器诱导比大，则送风温差可选得小。	错误
32	沸腾式海水淡化装置最容易漏气的地方是凝水泵的轴封和各有关阀门的阀杆填料函。	正确

第四部分

机 驾 长

一、选择题

序号	题目内容	可选项	正确答案
1	南半球的纬度叫南纬，用____表示。	A. "E" B. "S" C. "W" D. "N"	B
2	格林经线与某点经线在赤道上所夹的短弧长，称为____。	A. 纬线 B. 经线 C. 纬度 D. 经度	D
3	60°SW 的圆周方向是____。	A. 060° B. 120° C. 240° D. 300°	C
4	罗经点 SE 的圆周方向是____。	A. 45° B. 135° C. 225° D. 315°	B
5	35°NE 的圆周方向是____。	A. 035° B. 145° C. 215° D. 325°	A
6	航海中，在粗略表示方向的时候，可以用____。	A. 圆周法 B. 半圆法 C. 罗经点法 D. 四点方位法	C
7	航海上表示方向的最常用的一种方法是____。	A. 圆周法 B. 半圆法 C. 罗经点法 D. 四点方位法	A
8	航海上最常用的长度单位____。	A. 链 B. 米 C. 节 D. 海里	D

序号	题目内容	可选项	正确答案
9	航海上常用作为计量高程和水深的单位是____。	A. 链 B. 米 C. 节 D. 海里	B
10	海面涨到最高位置时称____。	A. 高潮 B. 低潮 C. 高潮高 D. 低潮高	A
11	海面从高潮降低到低潮的过程，称为____。	A. 涨潮 B. 落潮 C. 平潮 D. 停潮	B
12	一个太阳日内只有一次高潮和一次低潮称为____。	A. 半日潮型 B. 全日潮型 C. 混合潮型 D. 非混合潮型	B
13	一个太阳日内出现两次高潮和两次低潮称为____。	A. 半日潮型 B. 全日潮型 C. 混合潮型 D. 非混合潮型	A
14	在低潮发生后，海面出现的暂停升降的现象，称为____。	A. 高潮 B. 低潮 C. 平潮 D. 停潮	D
15	半日潮港，高（低）潮与相邻的高（低）潮的时间间隔是____。	A. 6 h 12 min B. 12 h 25 min C. 18 h 36 min D. 24 h 50 min	B
16	每月大潮出现的时期为____。	A. 农历每月初一、十五 B. 农历每月初八、二十三 C. 农历每月初一、十五以后两三天内 D. 农历每月初八、二十三以后两三天内	C
17	在高潮发生后，海面出现的暂停升降的现场，称为____。	A. 高潮 B. 低潮 C. 平潮 D. 停潮	C

序号	题目内容	可选项	正确答案
18	潮流流向发生约 180°变化时，流速接近于零，此时称为＿＿。	A. 转流 B. 回转流 C. 涨潮流 D. 落潮流	A
19	设置在陆地上或水中指定位置并发光的固定标志为＿＿。	A. 灯塔 B. 灯桩 C. 立标 D. 浮标	B
20	通常设在沿海、港口等重要位置的塔形大型固定标志为＿＿。	A. 灯塔 B. 灯桩 C. 立标 D. 浮标	A
21	某船航向前方发现锥顶相对的上下垂直设置的两个锥形，则应从其＿＿。	A. 东侧通过 B. 南侧通过 C. 西面通过 D. 北面通过	C
22	某船航向前方发现一灯浮标，快(6)＋长闪 15 s，则应从其＿＿。	A. 左侧通过 B. 右侧通过 C. 北面通过 D. 南面通过	D
23	北方位标的特征是两个上下垂直的黑色圆锥体＿＿。	A. 锥尖相对 B. 锥底相对 C. 锥顶均向上 D. 锥顶均向下	C
24	我国沿海航道右侧标的特征为＿＿。	A. 红色罐形 B. 红色锥形 C. 绿色罐形 D. 绿色锥形	D
25	孤立危险物标的顶标为＿＿。	A. 单个黑球 B. 单个红球 C. 上下垂直两个黑球 D. 上下垂直两个红球	C
26	用于标示特定水域或水域特征的标志是＿＿。	A. 方位标志 B. 安全水域标志 C. 专用标志 D. 孤立危险物标志	C

序号	题目内容	可选项	正确答案
27	依航道走向配布的，用以标示航道两侧界限的标志是____。	A. 侧面标志 B. 方位标志 C. 专用标志 D. 安全水域标志	A
28	船舶航行时见到方位标志，则应从其____。	A. 同名侧通过 B. 异名侧通过 C. 任意一侧通过 D. 远离之航行	A
29	安全水域标的顶标为____。	A. 一个红球 B. 一个黑球 C. 垂直两个红球 D. 垂直两个黑球	A
30	专用标志的顶标为____。	A. 单个红球 B. 垂直两个黑球 C. 单个锥形，锥顶向上 D. 黄色，单个"×"形	D
31	船舶前进中受正横以前来风，出现船首向下风偏转的条件是____。	A. 空载、航速较低 B. 空载、航速较高 C. 满载、航速较低 D. 满载、航速较高	A
32	静止中船舶，正横后来风时船舶的偏转规律是____。	A. 船首向上风偏转最终转向正横受风 B. 船首向上风偏转最终转向船首受风 C. 船首向下风偏转最终转向船首受风 D. 船首向下风偏转最终转向正横受风	A
33	静止中船舶，正横前来风时船舶的偏转规律是____。	A. 船首向上风偏转最终转向正横受风 B. 船首向上风偏转最终转向船首受风 C. 船首向下风偏转最终转向船首受风 D. 船首向下风偏转最终转向正横受风	D
34	我国将中心附近最大风力达到6～7级的热带气旋称为____。	A. 热带低压 B. 热带风暴 C. 台风 D. 强台风	A
35	下列关于流压对船舶漂移的影响说法正确的是____。	A. 流速越大，流压越小 B. 船速越慢，流压越小 C. 船速越快，流压越小 D. 流舷角越大，流压越小	C

序号	题目内容	可选项	正确答案
36	船舶在有流航道航行时，掌握转向时机与静水时不同，顺流航行时应____。	A. 提前转向 B. 延迟转向 C. 担腰转向 D. 开门转向	A
37	我国将中心附近最大风力达到12～13级的热带气旋称为____。	A. 热带低压 B. 热带风暴 C. 台风 D. 强台风	C
38	船舶逆流航行时，船舶对岸速度（航速）约等于____。	A. 流速加船速 B. 流速减船速 C. 船速加流速 D. 船速减流速	D
39	同等条件下，顶流旋回圈的纵距比静水中____。	A. 长 B. 短 C. 相同 D. 时长时短	B
40	利用船尾方向的叠标导航，发现近偏右，应当____。	A. 向左修正航向 B. 向右修正航向 C. 保持航向不变 D. 远离叠标航行	A
41	单标导航，导标在船首，当发现导标的方位增大时，应____。	A. 向左修正航向 B. 向右修正航向 C. 保持航向不变 D. 远离导标航行	B
42	当避险物标和危险物的连线与计划航线垂直或接近垂直时，可采用____。	A. 方位避险 B. 距离避险 C. "开视"避险 D. "闭视"避险	B
43	利用船首方向的叠标导航，发现近偏右，应当____。	A. 向左修正航向 B. 向右修正航向 C. 保持航向不变 D. 远离叠标航行	B
44	单标导航，导标在船尾，当发现导标的方位增大时，应____。	A. 向左修正航向 B. 向右修正航向 C. 保持航向不变 D. 远离导标航行	A

序号	题目内容	可选项	正确答案
45	岛礁区航行的有利因素是____。	A. 航道附近危险物多 B. 流速大，流向复杂 C. 船、渔网、渔栅多 D. 可供导航的物标多	D
46	临时性的变迁和变更，一般采用的发布形式为____。	A. 航海警告 B. 航海通告 C. 信息联播 D. 航道公报	A
47	沿岸航行的有利条件是____。	A. 航行、避让困难较小 B. 可供导航的物标多 C. 水深较浅，水流复杂 D. 船舶回旋余地较大	B
48	船舶遇雾应减速行驶，按章鸣笛，并报请____。	A. 船长 B. 轮机长 C. 公司 D. 海事	A
49	"规则"适用于____。	A. 船舶能够到达的一切水域 B. 除内陆水域外的一切水域 C. 公海及与公海相连的一切可航水域 D. 海洋及与海洋相连的一切可航水域	C
50	当船舶相遇接近到即将构成紧迫危险时，应____。	A. 严格遵守"规则"规定 B. 严禁背离"规则"要求 C. 背离"规则"全部要求 D. 背离"规则"某一条款	D
51	下列说法正确的是____。	A. 地方规定较"规则"应优先适用 B. 遵守"规则"，无须执行地方规定 C. 执行地方规定，无须遵守"规则" D. 应同时遵守"规则"和地方规定	A
52	瞭望条款适用于____。	A. 任何机动船 B. 任何锚泊船 C. 任何在航船 D. 任何船舶	D
53	保持正规瞭望的最基本、最重要的手段是____。	A. 雷达 B. 视觉 C. 听觉 D. 甚高频	B

序号	题目内容	可选项	正确答案
54	不应妨碍任何其他在狭水道或航道以内航行的船舶通行的船舶是____。	A. 失去控制的船舶 B. 从事捕鱼的船舶 C. 操纵能力受限的船舶 D. 长度小于 20 m 的船舶	B
55	从事捕鱼的船舶,不应妨碍按通航分道行驶的____。	A. 任何船舶 B. 任何机动船 C. 操纵能力受到限制的船舶 D. 帆船或长度小于 20 m 的船舶	A
56	下列说法正确的是____。	A. 慢速船比快速船安全 B. 限制航速就是安全航速 C. 船舶速度太低也会造成事故 D. 事故都是因船过快引起的	C
57	在能见度不良时,船舶判断碰撞危险最有效的方法为____。	A. 雷达标绘观测 B. 视觉信号观测 C. 罗经方位判断 D. VHF 互通情报	A
58	单用转向作为避免紧迫局面的最有效行动的先决条件是____。	A. 有足够的水域 B. 行动是及时的 C. 行动是大幅度的 D. 不会造成另一紧迫局面	A
59	有关船舶在狭水道航行时的航法规定适用于____。	A. 任何船舶 B. 任何自航船 C. 任何机动船 D. 任何非机动船	A
60	船舶在驶近可能被居间障碍物遮蔽他船的狭水道或航道的弯头或地段时,应鸣放____。	A. 两长一短声 B. 两长两短声 C. 一长声 D. 至少五短声	C
61	不使用分道通航制区域的船舶,应____。	A. 占用该区行驶 B. 尽可能远离该区 C. 不应妨碍该区任何船舶通行 D. 不应妨碍该区机动船安全通行	B
62	特殊情况下,可以免受分道通航制约束的船舶是____。	A. 分隔带内从事捕鱼的船舶 B. 操纵能力受到限制的船舶 C. 帆船或长度小于 20 m 的船舶 D. 分道区域端部附近行驶的船舶	B

序号	题目内容	可选项	正确答案
63	在决定船舶安全航速时，首要考虑的因素是____。	A. 能见度情况 B. 船舶操纵性能 C. 航道情况 D. 风、浪、流状况	A
64	能见度良好时判断是否存在碰撞危险最有效的方法是____。	A. 雷达观测 B. AIS观测 C. 罗经观测 D. 望远镜观测	C
65	船舶及早地采取避碰行动的前提条件是____。	A. 不需要任何条件 B. 当时环境许可 C. 在能见度不良时 D. 在船舶互见中	B
66	船舶沿狭水道或航道行驶时，在保证安全的情况下，应尽量____。	A. 靠近本船左舷的狭水道或航道行驶 B. 靠近本船右舷的狭水道或航道行驶 C. 靠近本船左舷的该水道或航道的外缘行驶 D. 靠近本船右舷的该水道或航道的外缘行驶	D
67	在不得不穿越通航分道时，应尽可能与通航分道的船舶总流向成____。	A. 小角度穿越 B. 大角度穿越 C. 垂直角穿越 D. 平行角穿越	C
68	有关是否同意追越，应由____。	A. 追越船决定 B. 被追越船决定 C. 两船协商决定 D. 不需要协商决定	B
69	机动船甲发现正前方乙船显示垂直两个黑球，方位不变，距离减小，其避让关系为____。	A. 甲船让乙船 B. 乙船让甲船 C. 甲乙两船互让 D. 两船各自向右转向	A
70	船员常说的看到他船舷灯，"让红不让绿"适用于____。	A. 对遇局面 B. 追越局面 C. 尾随局面 D. 交叉相遇局面	D

序号	题目内容	可选项	正确答案
71	夜间，看见他船的前后桅灯成一直线或接近一直线，和两盏舷灯时，应认定为____。	A. 追越局面 B. 尾随局面 C. 对驶相遇局面 D. 交叉相遇局面	C
72	"如当时环境许可，还应避免横越他船前方"的规定，适用于____。	A. 任何相遇情况中的让路船 B. 交叉相遇局面中的让路船 C. 追越局面中的让路船 D. 对驶相遇局面中的让路船	B
73	一艘从事捕鱼的船舶追越一艘机动船，致有构成碰撞危险时，其避让关系____。	A. 两船各自向右转向 B. 两船各自向左转向 C. 机动船为让路船 D. 从事捕鱼的船舶为让路船	D
74	两艘机动船在相反或者接近相反的航向上相遇，致有构成碰撞危险的局面称为____。	A. 对驶相遇 B. 交叉相遇 C. 追越行动 D. 尾随行驶	A
75	你船在追越前船，解除你船让路船责任的时机为____。	A. 看到前船的舷灯时 B. 驶过前船船尾时 C. 驶过前船船首时 D. 最后驶过让清时	D
76	一艘从事捕鱼的船舶与一艘机动船对驶相遇，致有构成碰撞危险时，应____。	A. 两船各自向右转向 B. 两船各自向左转向 C. 机动船为让路船 D. 从事捕鱼的船舶为让路船	C
77	"规则"允许直航船应采取最有助于避碰的行动时机是____。	A. 只要有助于避碰，在任何时候均可独自采取行动 B. 一经发觉让路船显然没有遵照规则采取适当行动时 C. 两船已接近到单凭让路船的操纵行动已不能保证两船在安全距离上驶过时 D. 发觉本船不论由于何种原因逼近到单凭让路船的行动不能避免碰撞时	D

序号	题目内容	可选项	正确答案
78	"规则"规定让路船应____。	A. 给在本船右舷的船舶让路 B. 给在本船左舷的船舶让路 C. 避免横越他船的前方 D. 尽可能及早地采取大幅度的行动，宽裕地让请他船	D
79	直航船可以独自采取操纵行动以避免碰撞的时机为____。	A. 当两船构成碰撞危险时 B. 当两船构成紧迫危险时 C. 让路船显然没有遵照规则采取适当行动时 D. 单凭让路船的行动不能避免碰撞时	C
80	当对在本船右正横后的机动船是否在追越你船有任何怀疑时，你应断定为____。	A. 追越局面 B. 交叉相遇局面 C. 局面难以断定 D. 采取保向保速	B
81	船舶在能见度不良时的行动规则适用的对象为____。	A. 在能见度不良的水域中航行时互见中的船舶 B. 在能见度不良的水域中航行时不在互见中的船舶 C. 在能见度不良的水域中或在其附近航行时互见中的船舶 D. 在能见度不良的水域中或在其附近航行时不在互见中的船舶	D
82	雾中航行，当本船与右前方的他船不能避免紧迫局面时，你船应采取____。	A. 背着它转向 B. 朝着它转向 C. 保向、保速 D. 减速、停车，必要时倒车	D
83	雾中航行，当听到他船的雾号显示在正横以前，但对他船的船位尚未能确定时，你船应采取____。	A. 保向、保速 B. 减速、停车 C. 背着它转向 D. 朝着它转向	B
84	有关号型各条规定的显示时间为____。	A. 白天 B. 夜间 C. 白天和夜间 D. 任何时候	A

序号	题目内容	可选项	正确答案
85	舷灯是指安置在船舶最高甲板左右两侧或左、右舷的____。	A. 红光灯、黄光灯 B. 绿光灯、黄光灯 C. 红光灯、绿光灯 D. 绿光灯、红光灯	C
86	搁浅的机动船在白天应显示的号型是____。	A. 垂直两个黑球 B. 垂直三个黑球 C. 一个锚球和垂直两个黑球 D. 一个锚球和垂直三个黑球	B
87	船长在 50 m 及以上的在航机动船应显示的号灯为____。	A. 桅灯、尾灯 B. 前桅灯、舷灯、尾灯 C. 前、后桅灯、舷灯 D. 前、后桅灯、舷灯、尾灯	D
88	拖网渔船捕鱼作业中额外显示垂直两盏红灯表示____。	A. 渔船起网作业 B. 渔船放网作业 C. 网挂住障碍物 D. 行动为其渔具妨碍	C
89	失去控制的船舶锚泊后应显示的号型是____。	A. 一个球体 B. 垂直两个球 C. 垂直三个球 D. 垂直四个球	A
90	航道中，一船看见另一船在桅杆悬挂"球、菱、球"各一个的号型，经判断另一船为____。	A. 从事捕鱼的船舶 B. 失去控制的船舶 C. 限于吃水的船舶 D. 操纵能力受到限制的船舶	D
91	船长大于 50 m 的船舶锚泊时，白天应____。	A. 在船舶前部悬挂一个球体 B. 在船舶尾部悬挂一个球体 C. 在船舶前后各悬挂一个球体 D. 在船舶前部悬挂两个球体	A
92	可以用一盏环照白灯代替其桅灯和尾灯的船舶是____。	A. 长度小于 12 m 的机动船 B. 长度小于 12 m 的任何船舶 C. 长度小于 7 m 且其最高速度不超过 7 kn 的机动船 D. 长度小于 7 m 且其最高速度不超过 7 kn 的任何船舶	A

序号	题目内容	可选项	正确答案
93	从事拖网捕鱼作业的捕鱼船应显示的号灯是____。	A. 上绿下白垂直两盏环照灯 B. 上红下白垂直两盏环照灯 C. 上白下绿垂直两盏环照灯 D. 上白下红垂直两盏环照灯	A
94	当有外伸渔具，其从船边伸出的水平距离大于 150 m 时，应朝着渔具的方向显示____。	A. 一盏环照红灯 B. 一盏环照白灯 C. 两盏环照红灯 D. 两盏环照白灯	B
95	限于吃水的船舶，夜间除按同等长度机动船显示号灯外，还垂直显示____。	A. 两盏环照红灯 B. 三盏环照红灯 C. 三盏环照绿灯 D. 红白红三盏环照灯	B
96	船舶在互见中的操纵声号适用于____。	A. 机动船 B. 任何船舶 C. 在航机动船 D. 任何在航船舶	C
97	后船要求从前船右舷追越，如前船同意追越时，则前船应鸣放____。	A. 至少五短声 B. 两长一短声 C. 两长两短声 D. 一长一短一长一短	D
98	你船沿狭水道行驶，企图从前船的左舷追越，应鸣放____。	A. 两长一短声 B. 两长两短声 C. 至少五短声 D. 一长一短一长一短	B
99	船舶在驶近航道的弯道地段时，听到他船鸣放一长声，则该船应回答____。	A. 一长声 B. 两长声 C. 至少五短声 D. 一长一短一长一短	A
100	雾航中，听到他船鸣放"四短声"，则表明该船为____。	A. 失去控制的船舶 B. 限于吃水的船舶 C. 从事捕鱼作业的船舶 D. 执行引航任务的船舶	D
101	能见度不良水域中，锚泊中的船舶发现有他船驶近时，应鸣放____。	A. 急敲号钟 5 s B. 一长两短声 C. 一长三短声 D. 一短一长一短声	D

序号	题目内容	可选项	正确答案
102	船组在灯诱鱼群时，后下灯的船组与先下灯的船组间的距离应＿＿。	A. 不少于 500 m B. 不少于 1 000 m C. 不大于 500 m D. 不大于 1 000 m	B
103	雾中航行，拖网渔船在拖网中发现与他船网档互相穿插时，应鸣放声号＿＿。	A. 至少五短声 B. 一长二短声 C. 一短一长一短声 D. 一短一长二短声	D
104	围网渔船在拖带灯船或舢板进行探测、搜索或追捕鱼群的过程中，应显示＿＿。	A. 拖带船的号灯、号型 B. 操限船的号灯、号型 C. 拖网渔船的号灯、号型 D. 非拖网渔船的号灯、号型	A
105	柴油机的压缩容积、气缸工作容积与气缸总容积三者的关系是＿＿。	A. 压缩容积＝总容积＋工作容积 B. 工作容积＝总容积＋压缩容积 C. 总容积＝工作容积－压缩容积 D. 总容积＝工作容积＋压缩容积	D
106	柴油机的压缩比一般控制在＿＿。	A. 15～20 B. 12～14 C. 14～16 D. 12～22	D
107	通常，高速柴油机的压缩比一般比低速机的大些，其主要原因是＿＿。	A. 经济性要求 B. 启动性能要求 C. 结构特点 D. 机械负荷低	B
108	柴油机是热机的一种，它是＿＿。	A. 在气缸内进行一次能量转换的热机 B. 在气缸内进行二次能量转换的点火式内燃机 C. 在气缸内进行二次能量转换的往复式压缩发火的内燃机 D. 在气缸内进行二次能量转换的回转式内燃机	C
109	以下不属于运动部件的是＿＿。	A. 活塞 B. 曲轴 C. 飞轮 D. 气缸套	D

序号	题目内容	可选项	正确答案
110	有些四冲程柴油机的进气阀直径比排气阀稍大，主要是为了____。	A. 区别进排气阀 B. 气缸盖结构需要 C. 提高进气量 D. 冷却进气阀	C
111	当排气阀在长期关闭不严的情况下工作，将导致____。	A. 积炭更加严重 B. 燃烧恶化 C. 爆发压力上升 D. 阀面烧损	D
112	下面不属于燃油系统的是____。	A. 输油泵 B. 柴油过滤器 C. 喷油器 D. 空气分配器	D
113	在柴油机燃油供油过程中，喷油泵和喷油器动作的正确顺序是____。	A. 喷油泵开始供油→喷油器针阀开启→喷油器针阀关闭→喷油泵供油停止 B. 喷油器针阀开启→喷油泵开始供油→喷油泵供油停止→喷油器针阀关闭 C. 喷油泵开始供油→喷油器针阀开启→喷油泵供油停止→喷油器针阀关闭 D. 喷油泵开始供油→喷油泵供油停止→喷油泵针阀开启→喷油器针阀关闭	C
114	以下不是燃烧室部件的是____。	A. 汽缸盖 B. 活塞 C. 气缸套 D. 曲轴	D
115	柴油机运转中润滑系统中进入大量空气的征兆是____。	A. 滑油压力迅速上升 B. 滑油压力迅速下降 C. 滑油温度下降 D. 滑油压力有明显波动	D
116	根据润滑基本理论分析，在柴油机中最大磨损量发生的运转工况是____。	A. 高速 B. 中速 C. 低速 D. 启动与变速	D

序号	题目内容	可选项	正确答案
117	引起使用中曲轴箱油氧化变质的重要原因是___。	A. 与空气接触 B. 滑油温度过高 C. 有铁锈与涂漆混入滑油中 D. 滑油压力不稳定	B
118	对于柴油机启动的要求,下列说法不正确的是___。	A. 启动迅速,功率消耗少 B. 曲轴出于任何位置都能启动 C. 短时内能够多次启动 D. 必须要先暖机才能启动	D
119	柴油机启动时,启动空气应在___中进入气缸。	A. 压缩行程 B. 膨胀行程 C. 进气行程 D. 排气行程	B
120	柴油机的负荷、转速及循环供油量之间的正确关系是___。	A. 当负荷不变循环供油量增加,转速下降 B. 当转速不变负荷增加,则循环供油量增加 C. 当循环供油量不变负荷减少,转速降低 D. 当负荷不变循环供油量减少,转速上升	B
121	柴油机运转中若需对某一气缸停油时,正确的操作是___。	A. 松脱喷油泵的高压油管 B. 抬起该缸喷油泵柱塞 C. 拆去该缸喷油器 D. 关闭喷油泵进口阀	B
122	关于柴油机润滑系统的管理工作的说法错误的是___。	A. 自带滑油泵柴油机备车时应压油 B. 滑油压力过低会加快轴承的磨损 C. 冷车启动后滑油压力偏低是正常现象 D. 柴油机运转中滑油进机温度一般不允许超过65℃	C
123	压缩空气启动无力不能达到转速而启动失败,不可能是因为___造成的。	A. 空气分配器控制的启动定时失准 B. 主启动阀阀芯卡死打不开 C. 启动空气不足 D. 启动时间太短	B

序号	题目内容	可选项	正确答案
124	进排气阀不在上、下止点位置上启闭，其目的是为了____。	A. 提高压缩压力 B. 扫气干净 C. 充分利用热能 D. 提高进、排气量	D
125	对同一台四冲程非增压柴油机，一般来说____。	A. 排气阀面积大于进气阀 B. 排气阀面积小于进气阀 C. 排气阀寿命大于进气阀 D. 进气阀有阀壳	B
126	四冲程柴油机进、排气阀定时规律为____。	A. 早开，早关 B. 早开，晚关 C. 晚开，早开 D. 晚开，晚关	B
127	国产 6135 型柴油机的燃油流动路线是____。	A. 输油泵→滤器→喷油泵→喷油器→汽缸 B. 输油泵→喷油泵→滤器→喷油器→汽缸 C. 滤器→喷油泵→输油泵→喷油器→汽缸 D. 输油泵→喷油泵→喷油器→滤器→汽缸	A
128	如果柱塞泵式喷射系统高压油管中的空气排放不净，则会出现____。	A. 喷油泵不供油 B. 喷油压力难以建立 C. 供油定时变化 D. 雾化质量恶化	B
129	柴油机在运转过程中，滑油压力突然降低，正确的做法是____。	A. 利用系统中的调压阀将压力调至标准值 B. 加强滑油的冷却 C. 立即查明原因，排除故障 D. 调节滑油泵出口阀阀开度	C
130	柴油机运转中冷却水压力波动，膨胀水箱中翻泡甚至出现满溢的现象，最可能的原因是____。	A. 冷却水温过高 B. 冷却水泵有故障 C. 冷却水压力过高 D. 气缸盖触火面有贯穿裂纹	D
131	电力启动式柴油机每次持续启动时间一般不允许超过 10～15 s，原因是____。	A. 启动电机是按短期工作制设计，时间过长会发热烧损 B. 蓄电池组容量有限，不能支持更长时间的大电流放电 C. 时间长可能造成启动蓄电池极板损坏 D. 启动过程中柴油机各摩擦部位处于缺油状态，时间过长则磨耗很大	A

序号	题目内容	可选项	正确答案
132	某船用发电柴油机组运转中，若船舶耗电量突然降低，则该机组的运转状态变化是____。	A. 转速自动升高稳定工作 B. 循环供油量降低转速稍有降低稳定工作 C. 循环供油量降低转速稍有增加稳定工作 D. 转速自动升高至飞车	B
133	四冲程柴油机四个冲程的先后次序是____。	A. 进气→压缩→膨胀→排气 B. 进气→膨胀→压缩→排气 C. 进气→膨胀→排气→压缩 D. 进气→排气→压缩→膨胀	A
134	柴油机压缩后的温度至少应达到____。	A. 110～150 ℃ B. 300～450 ℃ C. 600～700 ℃ D. 750～850 ℃	C
135	四冲程柴油机的进气阀在下止点后关闭，其目的是____。	A. 利用进气空气的流动惯性，向气缸多进气 B. 利用进气空气的热能，向气缸多进气 C. 利用进气空气的流动惯性，驱扫废气 D. 减少新废气的掺混	A
136	四冲程柴油机一个工作循环中的四个冲程中，对外做功的冲程数有____。	A. 一个 B. 二个 C. 三个 D. 四个	A
137	四冲程柴油机的膨胀冲程进行到____为止。	A. 进气阀开 B. 进气阀关 C. 排气阀开 D. 排气阀关	C
138	四冲程柴油机的排气阀定时为____。	A. 下止点后开，上止点后关 B. 下止点前开，上止点前关 C. 下止点后开，上止点前关 D. 下止点前开，上止点后关	D
139	柴油机启动后，冷却水压力建立不起来或水泵发生杂音，应立即____。	A. 通知船长 B. 通知轮机长 C. 减速航行 D. 停车检查	D

序号	题目内容	可选项	正确答案
140	柴油机启动后，发生不正常的敲击声，一时间又无法判断和排除，应立即____。	A. 通知船长 B. 通知轮机长 C. 减速航行 D. 停车检查	D
141	主机启动后发现润滑油、燃油、冷却水管严重漏泄，应立即____。	A. 通知船长 B. 通知轮机长 C. 减速运行 D. 停车检查	D
142	柴油机启动后加油门的正确操作是____。	A. 随油格增大而加快加油速度 B. 随油格增大而减慢加油速度 C. 直接加至车令油格 D. 直接加至定速油格	B
143	经长时间航行的船舶在准备进港之前对主机应做的准备工作是____。	A. 开启示功阀检查缸内燃烧状态 B. 检查配电板用电量 C. 测试压缩压力与最高爆发压力 D. 进行停车、换向、启动操作检查	D
144	有离合装置的主推进装置，在到港停车操作时应____。	A. 先松脱离合器，后停主机 B. 先停主机，后松脱离合器 C. 先停冷却水泵（非柴油机自带泵），后停主机 D. 主机停止与离合器脱开同时进行	A
145	有齿轮箱离合器的推进装置，停车后的操作正确的是____。	A. 直接停止主机运转即可 B. 先停止主机运转，再松脱离合器 C. 先松脱离合器随即停主机 D. 先松脱离合器，主机低速继续短时运转，再停车	D
146	压缩空气启动系统中，若启动操作手柄，各气缸启动阀同时有压缩空气进入，但不能正常启动，则故障应该出在____。	A. 启动控制阀 B. 主启动阀 C. 空气分配器 D. 进气阀	C
147	检查时如发现个别缸排气温度过高，其最大的原因可能是____。	A. 气缸漏气 B. 喷油器故障 C. 燃油质量不符合要求 D. 空气冷却器发生污染	B

序号	题目内容	可选项	正确答案
148	以下关于挂桨机的操作说法错误的是____。	A. 启动前应放空挡，待船尾离开码头，再合上离合器 B. 切不可在高转速下转弯 C. 切不可直接高速换挡 D. 靠离码头停车后再脱挡	D
149	1 个单体铅蓄电池的额定电压为____。	A. 2 V B. 12 V C. 2.23 V D. 1.8 V	A
150	铅酸蓄电池充电过程中，正极板上的硫酸铅转换为活性物质____，负极板上的硫酸铅转换为活性物质____。	A. Pb；Pb B. PbO_2；PbO_2 C. PbO_2；Pb D. Pb；PbO_2	C
151	酸性蓄电池较为理想的充电方式是____。	A. 恒流充电 B. 恒压充电 C. 分段恒流充电 D. 浮冲充电	C
152	船舶电气设备的工作环境____。	A. 良好 B. 恶劣 C. 一般 D. 干燥	B
153	____的电流对人体的伤害最严重。	A. 直流电 B. 小于 25 Hz 的交流电 C. 25～300 Hz 的交流电 D. 300 Hz 以上的交流电	C
154	潮湿、盐雾、油雾和霉菌对船舶电气设备有多方面的不利影响，其中安全方面最突出最广泛的影响是使电气设备的____。	A. 电缆（线）芯线锈蚀 B. 绝缘性能下降 C. 散热受阻 D. 金属部件氧化	B

序号	题目内容	可选项	正确答案
155	对照明电路中，不会引起触电事故的是____。	A. 人赤脚站在大地上，一手接触火线，但未接触零线 B. 人赤脚站在大地上，一手接触零线，但未接触火线 C. 人赤脚站在大地上，两手接触火线 D. 两手分别搭在火线和零线上	B
156	触电对人体伤害程度与触电电流大小有关，____决定触电电流的大小。	A. 接触电压 B. 人体电阻 C. 接触电压和人体电阻 D. 电流路径	C
157	若触电者呼吸、脉搏、心脏都停止了，应该____。	A. 可认为已经死亡 B. 送医院或等大夫到来再作死亡验证 C. 打强心剂 D. 立即进行人工呼吸	D
158	不许用湿手接触电气设备，主要原因是____。	A. 造成电气设备的锈蚀 B. 损坏电气设备的绝缘 C. 防止触电事故 D. 损坏电气设备的防护层	C
159	渔业职务船员中的驾驶人员，除船长外，还包括____。	A. 船副 B. 船副、助理船副 C. 船副、助理船副、无线电操作员 D. 船副、助理船副、无线电操作员、机驾长	B
160	海洋渔业轮机人员二级证书适用于主机总功率____的渔业船舶。	A. 750 kW 以上 B. 250 kW 以上不足 750 kW C. 50 kW 以上不足 250 kW D. 50 kW 以下	B
161	渔业船员应当按规定接受培训，经____后，方可在渔船上工作。	A. 考试合格 B. 考试或考核合格、取得相应的渔业船员证明 C. 考试或考核合格 D. 考试或考核合格、取得相应的渔业船员证书	D

序号	题目内容	可选项	正确答案
162	应申报营运检验的船舶是____。	A. 改造的渔业船舶 B. 进口的渔业船舶 C. 证书即将到期的船舶 D. 因事故受到损坏的船舶	C
163	渔业船舶所有权登记，由渔业船舶____申请。	A. 代理人 B. 所有人 C. 经营人 D. 负责人	B
164	渔业船舶申请注销登记时，因证书灭失无法交回的，应当提交____。	A. 书面说明 B. 在当地报纸上公告声明的证明材料 C. AB 都对 D. AB 都不对	C
165	遇到海事管理机构公布的禁航区，正确的做法是____。	A. 任何船舶不得擅自进入或者穿越 B. 任何船舶不得擅自进入但可以穿越 C. 渔业船舶捕鱼作业时可以临时穿越 D. 渔业船舶捕鱼作业时不受禁航区限制	A
166	渔业船舶在渔港水域外发生水上安全事故，应当在进入第一个港口或事故发生后____内向船籍港渔船事故调查机关提交水上安全事故报告书。	A. 12 h B. 24 h C. 36 h D. 48 h	D
167	渔业船舶在渔港水域外发生水上安全事故，应当在进入第一个港口或事故发生后 48 h 内向____渔船事故调查机关提交水上安全事故报告书。	A. 船籍港 B. 所在渔港 C. AB 都不对 D. AB 都对	A
168	因____造成渔业船舶损坏、沉没或人员伤亡、失踪的事故属于自然灾害。	A. 风损 B. 触电 C. 触损 D. 风暴潮	D
169	渔业船舶水上安全事故分为____个等级。	A. 3 B. 4 C. 5 D. 6	B
170	____是指造成三人以下死亡、失踪，或十人以下重伤，或一千万元以下直接经济损失的事故。	A. 特别重大事故 B. 重大事故 C. 较大事故 D. 一般事故	D

序号	题目内容	可选项	正确答案
171	《渔业船网工具指标书》的有效期是____。	A. 12 个月 B. 18 个月 C. 24 个月 D. 60 个月	B
172	关于渔业船舶捕捞行为，下列说法错误的是____。①捕捞幼鱼可以使用小于最小网目尺寸的网具进行捕捞；②捕捞的渔获物中幼鱼不得超过规定的比例；③禁止捕捞有重要经济价值的水生动物苗种	A. ① B. ② C. ③ D. ①②③	A
173	捕捞作业时误捕珍贵、濒危的水生野生动物的，应当____。	A. 妥善保护后上交 B. 立即无条件放生 C. 对其进行健康检查 D. 报告渔业行政主管部门	B
174	发生水上安全交通事故、污染事故时，船长有责任立即向____报告。	A. 当地海事管理机构 B. 当地水上警察机构 C. 渔政渔港监管机构 D. 当地环保监管机关	C

二、判断题

序号	题目内容	正确答案
1	位于北极的测者，其任意方向都为北。	错误
2	墨卡托海图上纬度 1' 对应 1 n mile。	正确
3	地球南北两极之间的半个大圆，称为子午线。	正确
4	海图上详细地标绘了航海所需的各种资料，但不包括沉船。	错误
5	在书写圆周法方向时要用三位数字表示，如 030°、097° 等。	正确
6	测者面向正北方向时，左手所指方向为正西方向。	正确
7	圆周法是从正北开始，按逆时针方向度量，由 000°~360°。	错误
8	目前我国和世界大多数国家均采用 1 n mile=1 852 m。	正确
9	在绝大多数情况下，潮高基准面与海图深度基准面相一致。	正确

序号	题目内容	正确答案
10	相邻的高潮和低潮的潮高差叫潮差。	正确
11	我国统一取黄海的平均海面作为高程的起算面。	正确
12	海面从低潮上升到高潮，其时间间隔称为涨潮时间。	正确
13	潮流流向发生约180°变化时，流速接近于零，此时也称为转流。	正确
14	导标是指在同一垂直面上，由两座或两座以上构成一条方位线并作为指向的助航标志。	正确
15	推荐航道左侧标的顶标是单个红色罐形。	正确
16	孤立危险物标标示孤立危险物所在，船舶应避开该标航行。	正确
17	当看到一标身为红白直纹球形浮标，应尽量远离航行。	错误
18	顺航道走向行驶的船舶应将航道左侧标和右侧标置于该船的右舷和左舷通过。	错误
19	方位标志标示在该标的同名一侧为可航行水域。	正确
20	孤立危险物标志的顶标为一个黑色球体。	错误
21	内河专用标志标示特定水域所设置的标志，其主要功能是为了助航。	错误
22	由港口、河口、港湾或其他水道驶向海上的方向为航道走向。	错误
23	船舶在静止中或航速接近于零时受风，船身将趋向于和风向垂直。	正确
24	提高船速是减小风造成船舶向下风飘移的有效措施。	正确
25	船舶在顺风、顺流航行时冲程减小，反之增大。	错误
26	顺流航行的船舶，不论是掉头操纵或避让，应及早停车淌航。	正确
27	船舶低速后退时受风，船舶的偏转基本与静止时情况相同。	正确
28	我国气象局将寒潮标准定义为最低气温不超过0℃。	错误
29	顺流时，船舶对地冲程增加，停车后减速的过程缓慢。	正确
30	岛礁区海底地形复杂，水深变化大且不规则，有明礁、暗礁等航海危险物。	正确
31	按导标航行，要使船舶保持在导标方位上，不能误认为是以船首对着导标航行。	正确
32	按叠标航行，如发现叠标错开，说明船舶已经偏离计划航线，应及时修正。	正确
33	当避险物标和危险物的连线与计划航线平行或接近平行时，可采用距离避险法避险。	错误
34	沿岸航行转向比较频繁，必须把握转向时机，准确地将船舶转到计划航行上。	正确
35	逐点航法的缺点是必须故意接近物标，这在浓雾中具有较大的危险性。	正确
36	雾中可仅凭听到的声音大小或有无，来判断船舶安全情况。	错误
37	《国际海上避碰规则》适用于公海和连接公海而可供海船航行的一切水域中的一切船舶。	正确

序号	题目内容	正确答案
38	地方规定与"规则"对船舶在同一事项的规定不一致时，优先执行地方规定。	正确
39	锚泊时，应坚持昼夜值锚更，但因锚泊不同于在航，可在瞭望上放低标准。	错误
40	判定是否存在碰撞危险时，不应当根据不充分的雷达观测资料作出推断。	正确
41	核查避碰行动的有效性应贯穿整个会遇过程中，直到驶过让清为止。	正确
42	不论由于何种原因，追越船始终负有让路的责任和义务，直到最后驶过让清为止。	正确
43	在不得不穿越通航分道时，应与分道的船舶总流向成尽可能小的角度穿越。	错误
44	瞭望人员一般是指正在从事操舵的人员，舵工即为瞭望人员。	错误
45	使用罗经观测来船方位，若来船方位发生明显变化，则说明不存在碰撞危险。	错误
46	核查避碰行动的有效性应贯穿整个会遇过程中，直到驶过让清为止。	正确
47	从事捕鱼的船舶不应妨碍只能在狭水道或航道以内安全航行的船舶的通行。	错误
48	驶进或驶出通航分道的船舶，应尽可能与分道内船舶总流向形成较大的角度。	错误
49	在追越过程中，随着两船间方位的改变，应把追越局面视为交叉相遇局面。	错误
50	帆船在航时应给机动船、从事捕鱼的船舶、失去控制的船舶让路。	错误
51	对驶相遇两船避让关系是各自向右转向，互从他船的左舷驶过。	正确
52	夜间只能看见被追越船的尾灯而看不见它的任一舷灯时，应认为是在追越中。	正确
53	从事捕鱼的船舶在航时应尽可能给失去控制的船舶、操纵能力受到限制的船舶让路。	正确
54	在交叉相遇局面下，如当时环境许可，不应对在本船右舷的船采取向右转向。	错误
55	直航船可以独自采取操纵行动的时机为两船相遇即将构成碰撞危险时。	错误
56	任何原因致使两船无法用视觉相互看见的情况称为"能见度不良"。	错误
57	能见度不良时船舶的避让责任为会遇两船负有同等的避让责任和义务。	正确
58	一船仅凭雷达测到他船时，应判定是否正在形成紧迫局面和存在着碰撞危险。	正确
59	"闪光灯"，指每隔一定时间以每分钟60闪次或60以上闪次的频率闪光的号灯。	错误
60	"从事捕鱼的船舶"是指使用使其操纵性能受到限制的渔具从事捕鱼的任何船舶。	正确
61	船长大于50 m的船舶锚泊时，夜间应显示一盏前锚灯和一盏后锚灯，且前灯高于后灯。	正确
62	锚泊船的号型为在船舶的前部和尾部各显示一个球体。	错误
63	"帆船"，指任何驶帆的船舶，包括装有推进机器而不在使用者。	正确

序号	题目内容	正确答案
64	非拖网渔船，外伸渔具大于 150 m 时，应朝着渔具方向显示一个尖端向上的圆锥体号型。	正确
65	执行引航任务的船舶应在桅顶或接近桅顶处垂直显示上白下红两盏环照灯。	正确
66	"长声"是指历时 4～6 s 钟的笛声。	正确
67	追越船无须对被追越的船舶采取行动就能安全追越，则不须鸣放追越声号。	正确
68	当被追越船不同意追越或对是否能够安全追越有怀疑时，可以鸣放至少五短声。	正确
69	雾中锚泊船鸣放"一短一长一短声"，以警告驶近船舶注意本船位置和碰撞的可能性。	正确
70	雾航中机动船对水移动时，应以每次不超过 1 min 的间隔鸣放一长声。	错误
71	各类渔船在放网过程中，先放网的船应避让后放网的船。	错误
72	拖网中渔船应给放网中或起网中的渔船让路。	错误
73	柴油机活塞在气缸中运动的最上端位置称上止点。	正确
74	柴油机活塞上、下止点之间的距离称为活塞冲程。	正确
75	柴油机压缩比的最低要求应满足柴油机冷车启动与低负荷正常运转。	正确
76	燃烧产生的高温高压燃气膨胀，推动活塞下行，通过曲柄连杆对外做功，该过程将热能转变为机械能。	正确
77	曲轴是柴油机的运动部件之一。	正确
78	排气管路对柴油机的影响比较小，不需要检查。	错误
79	无论进气道还是排气道脏污都会使换气质量下降。	正确
80	燃油系统包括燃油供应和燃油喷射两个系统。	正确
81	燃油供应系统的压力比燃油喷射系统的压力要低。	正确
82	启动完柴油机首先看的参数是滑油压力是否建立。	正确
83	柴油机运行过程中可以通过油尺观察滑油的油位。	正确
84	当柴油机冷却水中断出现过热现象时，应立即停车。	错误
85	柴油机冷车启动后应迅速增大负荷，以尽快提高冷却水温到正常范围。	错误
86	人力启动柴油机的方式多用于小型柴油机。	正确
87	电力启动系统中按下启动按钮柴油机启动后应立即松开启动按钮。	正确
88	有些单缸柴油机具有人力和电启动的多种启动方式。	正确
89	调速装置的作用是使柴油机能按外界负载的变化而自动改变喷油泵的喷油量，使柴油机在选定的转速下稳定。	正确

序号	题目内容	正确答案
90	四冲程柴油机的压缩冲程实际上是从进气阀关这一时刻开始的。	正确
91	喷油器是在活塞到达上止点位置将燃油喷入气缸的。	错误
92	排气阀提前开启、延迟关闭的目的是使废气排得干净。	正确
93	刚启动的柴油机很容易出现故障，一定要加强检查。	正确
94	柴油机启动后应尽快加负荷使其正常工作。	错误
95	有减速齿轮箱的柴油机停车时应先降速停车，再脱开齿轮箱。	错误
96	发生飞车时，可通过切断燃油和空气的方法进行停车。	正确
97	柴油机飞车时连杆螺栓受力变大，极易损坏。	正确
98	柴油机排气冒黑烟表明柴油机燃烧不良。	正确
99	喷油器雾化不良将导致柴油机排气冒蓝烟。	错误
100	舷外挂机可绕托架衬套的中线回转，可起到舵的作用。	正确
101	大小和方向随时间周期性变化的电流称为交流电。	正确
102	酸性蓄电池是船舶上使用非常广泛的应急电源。	正确
103	放电过程中电解液的比重会越来越小。	正确
104	当船舶上的灯泡发红时说明蓄电池电量不足需及时充电。	正确
105	严禁过分放电，单格电池的电压不得低于 1.17 V。	正确
106	电击是电流通过人体内部器官而造成的伤害，其危险性较高。	正确
107	触电时，直流电流对人体造成的伤害要大于交流电流的伤害。	错误
108	人体出汗或潮湿时碰触用电设备最容易触电，因为此时人体的电阻特别小，通过人体的电流就大。	正确
109	电气设备着火，对可能带电的设备要使用 CO_2 灭火器灭火。	正确
110	《渔业船员管理办法》规定，所有内陆渔业船员都应当持证上岗。	正确
111	渔业船舶的初次检验，是指渔业船舶检验机构对新造的渔业船舶在投入营运前对其所实施的全面检验。	错误
112	渔业船舶水上安全事故，分为水上生产安全事故和自然灾害事故两大类。	正确
113	《渔业船网工具指标批准书》的有效期不得超过 5 年。	错误
114	捕捞的网具网目切不可小于规定的最小网目尺寸。	正确
115	捕捞作业时误捕珍贵、濒危的水生野生动物的，应当立即报告渔业行政主管部门妥善处理。	错误

序号	题目内容	正确答案
116	船舶应当将不符合规定的排放要求的污染物排入港口接收设施或者由船舶污染物接收单位接收。	正确
117	船舶不得向依法划定的海洋自然保护区、海滨风景区等需要特别保护的海域排放船舶污染物。	正确
118	船舶应当将使用完毕的含油污水、含有毒有害物质污水记录簿在船舶上保留3年。	正确
119	当船舶发生事故有沉没危险时，船员离船前应尽可能关闭所有货舱、油舱管系的阀门，堵塞货舱、油舱的通气孔。	正确
120	发生船舶污染事故，海事管理机构可以采取清除、打捞、拖航、过驳等必要措施，减轻污染损害，费用由财政承担。	错误

第五部分

电机员

电工基础

一、选择题

序号	题目内容	可选项	正确答案
1	非电场力把单位正电荷从低电位处经电源内部移到高电位处所做的功是____。	A. 电压 B. 电动势 C. 电位 D. 电场强度	B
2	关于电位与电压的说法，错误的是____。	A. 电路中任意两点之间的电压值取决于参考点的选取 B. 电路中某点的电位值是对于参考点的相对值 C. 电路中任意两点之间的电压值是绝对值，与参考点无关 D. 电位与电压都表示电场力将单位正电荷从一点移到另一点所做的功	A
3	以下关于电路中电流方向的说法中，正确的是____。	A. 电流的实际方向一定与其参考方向一致 B. 电流的参考方向可以任意选定 C. 电流总是从电源的正极流向电源的负极 D. 电流的实际方向与产生这一电流的电子运动方向相同	B
4	电流的实际方向与产生这一电流的电子运动方向____。	A. 相同 B. 相反 C. 超前 $90°$ D. 在直流电制中，相反；在交流电制中，相同	B
5	下列说法中正确的是____。	A. 人们习惯以正电荷的运动方向作为电流的参考方向 B. 人们习惯以正电荷的运动方向作为电流的实际方向 C. 人们习惯以负电荷的运动方向作为电流的实际方向 D. 人们习惯以负电荷的运动方向作为电流的参考方向	B

序号	题目内容	可选项	正确答案
6	串联电路中，电压的分配与电阻____。	A. 正比 B. 反比 C. 1∶1 的比例 D. 不确定	A
7	并联电路中，电流的分配与电阻成____。	A. 正比 B. 反比 C. 1∶1 的比例 D. 不确定	B
8	根据基尔霍夫第一定律（电流定律），若某电路有多根导线连接在同一个节点上，则流进节点的总电流一定____流出节点的总电流。	A. 大于 B. 小于 C. 等于 D. 不等于	C
9	交流电的三要素是指最大值、频率、____。	A. 相位 B. 角度 C. 电压 D. 初相角	D
10	在电炉、电烙铁、白炽灯等电阻器具上，只标出两个额定值，它们是____。	A. 额定电压、额定电流 B. 额定功率、额定电阻 C. 额定电压、额定功率 D. 额定电流、额定电阻	C
11	三相对称负载星形连接时，已知相电压为 220 V，相电流为 4 A，功率因数为 0.6，则其三相有功功率为____。	A. 2 640 kW B. 1 584 W C. 915 W D. 528 W	B
12	在某一感性负载的线路上，并上一适当的电容器后，则____。	A. 该负载功率因数提高，该负载电流减少 B. 线路的功率因数提高，线路电流减少 C. 该负载功率因数提高，该负载电流不变 D. 线路的功率因数提高，线路电流不变	B
13	电流通入线圈后将在线圈中产生磁场，其电流方向与磁场方向符合____。	A. 右手定则 B. 左手定则 C. 右手螺旋定则 D. 楞次定律	C

序号	题目内容	可选项	正确答案
14	载流直导体在磁场中要受到力的作用,确定磁场电流和受力方向之间关系应用____。	A. 右手螺旋定律 B. 左手定则 C. 右手定则 D. 楞次定律	B
15	对于晶体二极管,以下说法错误的是____。	A. 正向电阻很小 B. 无论加多大的反向电压,都不会导通 C. 未被反向击穿前,反向电阻很大 D. 所加正向电压大于死区电压时,二极管才算真正导通	B
16	可控硅导通的条件是____。	A. 阳极和阴极间加一定的反向电压,控制极和阴极间加一定的正向电压 B. 阳极和阴极间加一定的正向电压,控制极和阴极间加一定的正向电压 C. 阳极和阴极间加一定的正向电压,控制极和阴极间加一定的反向电压 D. 阳极和阴极间加一定的反向电压,控制极和阴极间加一定的反向电压	B
17	变压器容量,即____功率,其单位是____。	A. 有功　千瓦 B. 视在　千瓦 C. 视在　千伏安 D. 无功　千伏安	C
18	单相变压器的铁芯,采用硅钢片叠压而成,其原因是____。	A. 增加空气隙,减小空载电流 B. 减小铁损 C. 减轻磁饱和程度 D. 增加磁饱和程度	B
19	变压器铭牌上标有额定电压$U1N$、$U2N$,其中$U2N$表示____。	A. 原边接额定电压,副边满载时的副边电压 B. 原边接额定电压,副边空载时的副边电压 C. 原边接额定电压,副边轻载时的副边电压 D. 原边接额定电压,副边过载时的副边电压	B

序号	题目内容	可选项	正确答案
20	一台 220/24 V 的单相变压器，如果将 220 V 的直流电源接到原边，原边电流将____。变压器将____。	A. 正常；副边电压正常 B. 很大；因铁损发热而烧毁 C. 很大；因线圈发热而烧毁 D. 不变；作直流变压器用	C
21	有一台单相变压器，额定容量为 3.8 kVA，原、副边额定电压 380 V 和 220 V。其原、副边的额定电流分别为____。	A. 10 A 和 17.3 A B. 17.3 A 和 10 A C. 20 A 和 34.6 A D. 17.3 A 和 34.6 A	A
22	已知变压器的原、副边变压比 Ku>1，若变压器带载运行，则变压器的原、副边的电流比较结果是____。	A. 原边电流大 B. 副边电流大 C. 相等 D. 由副边负载大小决定	B
23	电力变压器原边中的电流____副边电流；电流互感器原边中电流____副边电流。	A. 取决于；决定了 B. 取决于；取决于 C. 决定了；决定了 D. 决定了；取决于	A
24	变压器的基本作用是将某一等级的电压转换为____。	A. 不同频率同等级的电压 B. 同频率同等级的电压 C. 不同频率不同等级的电压 D. 同频率的另一等级的电压	D
25	一台三相变压器接法是 Y/△。原、副绕组匝数比为 10:1，则原、副绕组线电压比是____。	A. 10:1 B. $10\sqrt{3}:1$ C. $10:\sqrt{3}$ D. $\sqrt{3}:10$	B
26	仪用互感器使用时，电流互感器副边绕组绝对不允许____，电压互感器副边绕组不允许____。	A. 开路；短路 B. 短路；短路 C. 短路；开路 D. 开路；开路	A
27	常用的电压互感器的副边标准额定电压为____；当 N1/N2 = 10 000/100 时，与电压互感器连接的电压表可测量的最高电压为____。	A. 100 V；1 000 V B. 100 V；10 000 V C. 500 V；5 000 V D. 500 V；50 000 V	B

序号	题目内容	可选项	正确答案
28	关于电压互感器和电流互感器的使用要求下列说法正确的是＿＿。	A. 电压互感器副边不能开路，电流互感器副边不能短路；只金属外壳接地即可 B. 电压互感器副边不能短路，电流互感器副边不能开路；只金属外壳接地即可 C. 电压互感器副边不能短路，电流互感器副边不能开路；铁芯、副边线圈均需接地 D. 电压互感器副边不能短路，电流互感器副边不能开路；接地视情况而定	C
29	常用电压互感器的副边标准电压为＿＿；常用电流互感器的副边电流为＿＿。	A. 24 V；5 A 或 1 A B. 50 V；5 A 或 1 A C. 100 V；5 A 或 1 A D. 24 V；50 A 或 10 A	C
30	三相异步电动机的三相绕组接 △ 形或 Y 形哪一种形式，应根据＿＿来确定。	A. 负载的大小 B. 绕组的额定电压和电源电压 C. 输出功率多少 D. 电流的大小	B
31	下列对于异步电动机的定、转子之间的空气隙说法，错误的是＿＿。	A. 空气隙越小，空载电流越小 B. 空气隙越大，漏磁通越大 C. 一般来说，空气隙做得尽量小 D. 空气隙越小，转子转速越高	D
32	某三相异步电动机铭牌标有：电压 380 V/220 V、频率 50 Hz、接法 Y/△、转速 1 440 r/min、绝缘等级 B，判断下列说法错误的是＿＿。	A. 当线电压为 380 V 时电机的额定功率是当线电压为 220 V 时的 $\sqrt{3}$ 倍 B. 额定转差率为 4% C. 定子绕组工作温度不应超过 130 ℃ D. 该电机为 4 极电机	A
33	一台三相异步电动机铭牌上标明：电压 220 V/380 V、接法 △/Y，问在额定电压下两种接法时，每相绕组上的电压＿＿；在相同负载时通过每相绕组的电流＿＿。	A. 不同；相同 B. 相同；不同 C. 相同；相同 D. 不同；不同	C

序号	题目内容	可选项	正确答案
34	下列关于异步电动机的说法错误的是____。	A. 铭牌上的额定功率是指电动机在额定运行状态时的输出机械功率 B. 额定电压是指电源加在定子绕组上的线电压 C. 额定电流是指电动机的相电流 D. 我国工业用电的频率为 50 Hz	C
35	三相异步电动机铭牌中的额定电压为 UN、额定电流为 IN 分别是指在额定输出功率时定子绕组上的____。	A. 线电压和相电流 B. 相电压和线电流 C. 线电压和线电流 D. 相电压和相电流	C
36	异步电动机在____运行时转子感应电流的频率最低；异步电动机在____运行时转子感应电流的频率最高。	A. 启动；空载 B. 空载；堵转 C. 额定；启动 D. 堵转；额定	B
37	随着三相异步电动机负载转矩增大，转差率将____；定子电流将____。	A. 减小；增加 B. 增加；减小 C. 减小；减小 D. 增加；增加	D
38	一台工作频率为 50 Hz 异步电动机的额定转速为 730 r/min，其额定转差率 s 和磁极对数 p 分别为____。	A. s＝0.026 7，p＝2 B. s＝2.67，p＝4 C. s＝0.026 7，p＝4 D. s＝2.67，p＝3	C
39	某三相异步电动机铭牌标有：电压 380 V、频率 50 Hz、电流 15.4 A、接法 Y、转速 1 440 r/min、绝缘等级 B，判断下列说法错误的是____。	A. 空载转速一定大于 1 440 r/min，小于 1 500 r/min B. 可利用 Y/△ 换接降压启动 C. 定子绕组工作温度不应超过 130 ℃ D. 理想空载转速为 1 500 r/min	B
40	三相异步电动机轻载运行时，三根电源线突然断一根，这时会出现____现象。	A. 能耗制动，直至停转 B. 反接制动后，反向转动 C. 由于机械摩擦存在，电动机缓慢停车 D. 电动机继续运转，但电流增大，电机发热	D
41	三相异步电动机启动的时间较长，加载后转速明显下降，电流明显增加，可能的原因是____。	A. 电源缺相 B. 电源电压过低 C. 某相绕组断路 D. 电源频率过高	B

序号	题目内容	可选项	正确答案
42	需要调速的甲板机械中采用的异步电动机，其所常用的调速方法是___。	A. 改变频率 B. 改变电压 C. 改变磁极对数 D. 改变相位	C
43	船用电动吊机采用多速异步电动机，它是用___得到不同转速的。	A. 空载启动 B. 改变电源电压 C. 改变转差率 s D. 改变定子磁极对数	D
44	三相异步电动机能耗制动可能发生在如下场合___。	A. 起货机上吊货物 B. 锚机抛锚 C. 电动机停车时在定子绕组三个出线端中任选两个接在蓄电池的正负极 D. 三相异步电机反转时改变电源的相序	C
45	当三相异步电动机转差率 $-1<s<0$ 时，电动机工作处于___状态。	A. 反向电动 B. 反接制动 C. 正向电动 D. 再生制动	D
46	三相异步电动机再生制动可能发生在什么情况下？	A. 起重机快速下放重物 B. 锚机快速收锚 C. 换气扇电机 D. 同步发电机失步时	A
47	交流执行电动机（伺服电动机）的转子常制成空心杯式，其目的是___。	A. 增大转动惯量，使之停止迅速 B. 拆装和维护方便 C. 减小转动惯量，使之启动、停止迅速 D. 减小启动电流和增大启动转矩	C
48	为取得与某转轴的转速成正比的直流电压信号，应在该轴安装___。	A. 交流执行电机 B. 自整角机 C. 直流执行电机 D. 直流测速发电机	D
49	自整角机按输出信号不同可分为___。	A. 力矩式和控制式 B. 控制式和差动式 C. 力矩式和差动式 D. 接触式和非接触式	A

序号	题目内容	可选项	正确答案
50	控制式自整角机的功用是____。	A. 同步传递转角 B. 将转角转换为电压信号 C. 将电压信号转变为转角或转速 D. 脉冲转换为转角信号	B
51	舵角指示器是由____组成的同步跟踪系统。	A. 两台执行电机 B. 两台直流电动机 C. 两台力矩式自整角机 D. 两台步进电动机	C
52	双金属片热继电器在电动机控制线路中的作用是____。	A. 短路保护 B. 零位保护 C. 失压保护 D. 过载保护和缺相保护	D
53	交流接触器通电后，产生剧烈震动的原因之一是____。	A. 经济电阻烧毁 B. 电源电压过高 C. 线圈导线太细，电阻太大 D. 短路环断裂	D
54	空气压缩机的启、停自动控制是用____检测气压并给出触点信号来控制的。	A. 行程开关 B. 时间继电器 C. 双位压力继电器 D. 热继电器	C
55	直流电器的铁芯不用相互绝缘的硅钢片叠压而成，也不在其端部装短路环的原因是____。	A. 直流电器的电压低 B. 直流电器的电流小 C. 直流电器的磁通小 D. 线圈工作时没有感应生电动势，铁芯中的磁通为恒定值无涡流	D
56	已知一三相异步电动机的额定电流为5.5 A，启动电流为额定电流的7倍，应选取电动机主电路的熔断器的规格是____。	A. 额定电流为6 A B. 额定电流为50 A C. 额定电流为10 A D. 额定电流为20 A	D
57	某照明电路所带负载的额定功率为1 000 W，额定电压为220 V，应选____A的熔丝以实现短路保护。	A. 5 B. 10 C. 15 D. 20	A

序号	题目内容	可选项	正确答案
58	交流接触器通电后，产生剧烈抖动的原因之一是___。	A. 经济电阻烧毁 B. 电源电压过高 C. 线圈导线太细，电阻太大 D. 短路环断裂	D
59	某控制线路中有一正常工作着的线圈额定电压为380 V的交流接触器，由于某种原因电路的电压由原来的380 V降至350 V，其他正常，则___。	A. 接触器不能吸合，但能释放衔铁 B. 接触器仍能正常吸合和释放衔铁 C. 接触器烧毁 D. 接触器不能吸合，也不能释放衔铁	B
60	电动机的启、停控制线路中，常把启动按钮与被控电机的接触器常开触点相并联，这称之为___。	A. 自锁控制 B. 互锁控制 C. 联锁控制 D. 多地点控制	A
61	如需在两地控制电动机启、停，应将两地的___。	A. 启动按钮相并联，停止按钮相并联 B. 启动按钮相串联，停止按钮相并联 C. 启动按钮相串联，停止按钮相串联 D. 启动按钮相并联，停止按钮相串联	D
62	当电动机因过载而停车后，再次启动须要___。	A. 测量电源电压 B. 换大容量的熔断器 C. 对热继电器手动复位 D. 电源开关复位	C
63	具有磁力启动器启动装置的电动机，其失（零）压保护是通过___完成的。	A. 熔断器 B. 热继电器 C. 接触器与启停按钮相配合 D. 手动刀闸开关	C
64	具有磁力启动器启动装置的船舶电动机，其缺相保护一般是通过___自动完成的。	A. 熔断器 B. 热继电器 C. 接触器与启、停按钮相配合 D. 手动刀闸开关	B
65	下列电机中，没有电刷装置的是___。	A. 采用转枢式励磁机的三相同步发电机 B. 三相绕线式异步电动机 C. 直流并励发电机 D. 静止式自励三相同步发电机	A

序号	题目内容	可选项	正确答案
66	同步发电机的额定容量一定，当所带负载的功率因数越低时，其提供的有功功率____。	A. 越小 B. 越大 C. 不变 D. 不一定	A
67	若供电发电机组的转速变高而发电机的电压不变，则船舶电网上运行的三相异步电动机的转速____。	A. 增加 B. 减小 C. 不受影响 D. 不能确定	A
68	我国《渔业船舶检验规范》中，船舶主发电机系统的静态电压调节率为____。	A. ±5%以内 B. ±3.5%以内 C. ±2.5%以内 D. ±10%以内	C
69	为维持同步发电机的输出电压恒定，随着输出电流的增大，在感性负载时应____励磁电流；在容性负载时，应____励磁电流。	A. 减小；不变 B. 增大；减小 C. 增大；不变 D. 减小；增大	B
70	为保持同步发电机的电压在任何负载下恒定不变，须按同步发电机的____提供励磁电流。	A. 空载特性 B. 外特性 C. 调节特性 D. 调速特性	C
71	考虑到船舶电站具有恒压装置，当电网 $\cos\varphi$ 降低会带来____和____。	A. 发电机容量不能充分利用；线路的功率损耗降低 B. 电流上升；电压下降 C. 电流下降；电压下降 D. 发电机容量不能充分利用；线路的功率损耗增加	D
72	按照我国《渔业船舶检验规范》规定，发电机的自动调压系统应该满足：发电机突加或突减60%额定电流及功率因数不超过0.4感性对称负载时，电动机的动态电压变化率应在____以内，恢复时间应在____以内。	A. ±20%；1.5 s B. ±15%；1.5 s C. ±30%；1 s D. ±25%；2 s	B

序号	题目内容	可选项	正确答案
73	对于无刷同步发电机并联运行时，为使无功功率自动均匀分配，常采取的措施是在调压装置中____。	A. 设有调差装置 B. 设有差动电流互感器的无功补偿装置 C. 一律设立直流均压线 D. 视情形设立直流或交流均压线	B
74	采取不可控恒压装置的相复励同步发电机并联运行时，为使无功功率自动均匀分配，常采取的措施是____。	A. 设有调差装置 B. 设有差动电流互感器的无功补偿装置 C. 一律设立直流均压线 D. 视情形设立直流或交流均压线	D
75	晶闸管导通后控制极电源线脱落，将产生的现象是____。	A. 晶闸管截止 B. 流过阳极的电流减小 C. 流过阳极的电流增大 D. 流过阳极的电流不变	D
76	变压器的基本作用是将某一等级的电压转换为____。	A. 不同频率同等级的电压 B. 同频率同等级的电压 C. 不同频率不同等级的电压 D. 同频率的另一等级的电压	D
77	一台 50 Hz, 220 V/12 V 的壳式单相变压器，如果将原副边颠倒而将 220 V 的电源误接到副边，则铁芯中的磁通____，变压器将____。	A. 不变；作升压变压器用 B. 升高；因铁芯发热而烧毁 C. 降低；作升压变压器用 D. 升高；作升压变压器用	B
78	某电子变压器额定电压为 220 V/110 V。若原边加额定电压，副边接电阻 R＝8 Ω，则原边的等效电阻为____。	A. 4 Ω B. 8 Ω C. 16 Ω D. 32 Ω	D
78	变压器运行时空载电流过大的原因可能是____。	A. 铁芯硅钢片接缝太大 B. 绕组匝间有短路 C. 电源电压偏高 D. 以上都可能	D
80	三相变压器，原、副边相绕组匝数比为 K，当三相绕组 Y/△ 及 Y/Y 连接时，则原、副边线电压之比分别是____。	A. $\sqrt{3}K$, $\sqrt{3}K$ B. $3K$, K C. $\sqrt{3}K$, K D. K, $\sqrt{3}K$	C

序号	题目内容	可选项	正确答案
81	在使用电流互感器时，电流互感器副边绝对不允许开路，其原因是____。	A. 副边产生很高的电压并且铁损严重 B. 副边产生的电压不变但磁通减少 C. 副边电流过大 D. 原边电流过大	A
82	三相异步电动机铭牌的功率因数值是指____。	A. 任意状态下的功率因数 B. 额定运行下的功率因数值 C. 任意状态下的线电压和线电流之间的相位差 D. 任意状态下的相电压和相电流之间的相位差	B
83	某三相异步电动机铭牌标有：电压 380 V/220 V、频率 50 Hz、接法 Y/△、转速 1 440 r/min、绝缘等级 B，判断下列说法正确的是____。	A. 在线电压为 220 V 的供电系统中不能使用 B. 无论线电压为 220 V 还是 380 V，原则上都可利用 Y/△ 换接降压启动 C. 定子绕组工作温度不应超过 130 ℃ D. 该电机为 2 极电机	C
84	一台三相异步电动机铭牌上标明：电压 220 V/380 V、接法 △/Y，问在额定电压下两种接法时，电动机的额定功率是否相同____。在相同负载时线电流是否相同____。	A. 不同；相同 B. 相同；不同 C. 相同；相同 D. 不同；不同	B
85	额定电压为 380/220 V 的三相异步电动机，可以在不同的电压等级下接成 Y 形或 △ 形运行。这两种情况下，线电流 IY 与 I△ 的关系为____。	A. $IY = I\triangle/3$ B. $IY = I\triangle/\sqrt{3}$ C. $IY = \sqrt{3}I\triangle$ D. $IY = I\triangle$	B
86	三相异步电动机在额定的负载转矩下工作，如果电源电压降低，则电动机将工作在____状态。	A. 过载 B. 欠载 C. 满载 D. 空载	A
87	三相异步电动机之所以能转动起来，是由于____和____作用产生电磁转矩。	A. 转子旋转磁场；定子电流 B. 定子旋转磁场；定子电流 C. 转子旋转磁场；转子电流 D. 定子旋转磁场；转子电流	D

序号	题目内容	可选项	正确答案
88	一台 5 kW 的三相异步电动机在启动时电源缺一相，则___。	A. 电动机可以自行启动，但不能带满负荷运行 B. 转动一下又停下来 C. 不能自行启动，且嗡嗡响 D. 时而转动时而停止	C
89	三相异步电动机的同步转速与电源频率 f 磁极对数 p 的关系是___。	A. $n_0 = 60f/p$ B. $n_0 = 60p/f$ C. $n_0 = pf/60$ D. $n_0 = p/60f$	A

二、判断题

序号	题目内容	正确答案
1	当选择不同的电位参考点时，各点的电位值是不同的值，两点间的电位差是不变的。	正确
2	交流电流表和电压表所指示的都是有效值。	正确
3	在交流电路中，把热效应与之相等的直流电的值称为交流电的有效值。	正确
4	电感在直流稳态电路中相当于短路。	正确
5	对称三相电路采用"Y"形连接时，线电压为相电压的$\sqrt{3}$倍。	正确
6	视在功率是指电路中电压与电流的乘积，它既不是有功功率也不是无功功率。	正确
7	磁力线用来形象地描述磁铁周围磁场的分布情况，每一根磁力线都是闭合的曲线，磁力线总是从磁铁的北极出发，经外部空间回到南极；而在磁铁的内部，则由南极到北极。	正确
8	涡流也有可利用的一面，家用电磁炉是利用涡流来加热。	正确
9	变压器二次电流与一次电流之比，等于二次绕组匝数与一次绕组匝数之比。	错误
10	电流互感器在运行时不能短路，电压互感器在运行时不能开路。	错误
11	在现场工作过程中，若遇到异常现象或断路器跳闸时，不论与本身工作是否有关，应立即停止工作，保持现状。	正确
12	使用兆欧表测量时，要求手摇发电机的转速为 120 r/min。	正确

序号	题目内容	正确答案
13	交流三速电动锚机控制线路的要求是当主令控制器手柄从零位快速扳到高速挡，电机也立即高速启动运转。	错误
14	电机的端电压为额定值，其电功率就为额定值。	错误
15	异步电动机在正常工作状态时，转子转向与旋转磁场转向一致。	正确
16	绕线式异步电动机常采用 Y-Δ 降压启动的方法。	错误
17	船用多速异步电动机，它是用改变电源电压得到不同转速的。	错误
18	通过对调正、负两根电源线的方法可以改变直流电动机的转向。	错误
19	三相异步电动机电力"制动"是指电动机在切断电源的同时给电动机一个和实际转向相反的电磁力矩（制动力矩）使电动机迅速停止的方法。	正确
20	交流执行电动机控制绕组上所加的控制电压消失后，电动机将在机械惯性作用下，转动几周后停止。	错误
21	控制式自整角机的功用是将转角转换为电压信号。	正确
22	辅助继电器可分为中间继电器、时间继电器和信号继电器。	正确
23	船舶电气主接线图一般用单线图表示。	正确
24	电动机的启、停控制线路中，常把启动按钮与被控电机的接触器常开触点相并联，这种连接方式称为自锁控制。	正确
25	电动机的手动启动、停止控制要实现远距离多地点控制，通常是将启动按钮相互并联；将停止按钮相互串联。	正确
26	空压机的自动控制系统中，高压继电器整定值太低将会导致空压机未到规定的高压值就停机，但到规定低压值时仍能正常启动。	正确
27	电动机正、反转控制线路中，常把正、反转接触器的常闭触点相互串接到对方的线圈回路中，这种连接方式称为互锁控制。	正确
28	自动空气开关的瞬时脱扣器有过电流脱扣器、欠电压脱扣器、过热脱扣器和分励脱扣器等，起过载和欠压保护的作用。	错误
29	右手定则也称为发电机定则，是用来确定在磁场中运行的导体产生感应电动势方向的。	正确
30	同步电机的励磁电流是直流电流。	正确

船舶电气与自动化

一、选择题

序号	题目内容	可选项	正确答案
1	为保证舵机的供电可靠，实际做法是____。	A. 配有专用的柴油发电装置向舵机供电 B. 通常分左、右舷两路馈线方式向舵机室供电即可，不需要与应急电源相连 C. 通常采用一路供电并与应急电源相连即可，没必要采用两路馈线方式 D. 通常分左、右舷两路馈线方式向舵机供电，其中之一与应急电源相连	D
2	下列对船舶舵机的电力拖动与控制装置的基本要求的叙述错误的是____。	A. 通常分左、右舷两路馈线方式向舵机供电，其中之一与应急电源相连 B. 至少有两个控制站（驾驶台和舵机房），控制站之间装有转换开关 C. 当舵叶转至极限位置时，舵机自动停止转舵，防止操舵设备受损 D. 从一舷最大舵角转至另一舷最大舵角的时间应不超过 60 s	D
3	舵机的电力拖动系统应设置至少____个控制站（台）；其控制系统应保证各控制站（台）____同时操作。	A. 2；不可以 B. 2；可以 C. 3；可以 D. 1；不可以	A
4	下列关于舵机对电力拖动与控制的要求的说法中错误的____。	A. 允许电动舵机的拖动电动机堵转 1 min B. 只在驾驶台设有一个操纵装置 C. 舵叶偏转极限角一般为 35°，到达该角度，限位开关动作 D. 拖动电动机应具有较强的过载能力	B
5	若实际舵角与指令舵角的零位不同或舵角偏差超过____，需对操舵系统进行调整。	A. ±2° B. ±3° C. ±1° D. ±4°	C

序号	题目内容	可选项	正确答案
6	为保证舵机的工作可靠、操作灵便,自动操舵仪应包括____。	A. 自动和随动两种操舵方式,并能方便地选择切换 B. 应急和随动两种操舵方式,并能方便地选择切换 C. 自动和应急两种操舵方式,并能方便地选择切换 D. 自动、随动和应急三种操舵方式,并能方便地选择切换	D
7	下列关于自动舵操舵的叙述正确的是____。	A. 自动舵操舵时,操舵手轮手扳舵转,手放舵停 B. 自动舵操舵是按照船舶对航向的偏离角度来自动控制船舶的航迹 C. 自动舵操舵是按偏差原则进行调节的自动操舵跟踪系统 D. 自动舵操舵时,通过操舵手轮实现对船舶的偏航进行自动跟踪	C
8	自动操舵方式特点是____。	A. 船舶不再出现 S 航迹,直线运行 B. 只能减小 S 航迹的振幅,但不可能消除 C. 减轻工作人员的劳动强度,但增加了 S 航迹的振幅 D. 如果系统的灵敏度太高,在大风浪的天气里,舵机投入次数太少,S 航迹振幅加大	B
9	体积小、感温灵敏度很高,可置入狭窄的空隙、腔体、内孔等处检测温度,在船上常用于轴承温度的监测、热保护报警电路和火灾报警的灵敏元件,这就是____。	A. 热电偶 B. 铜热电阻 C. 热敏电阻 D. 铂热电阻	C
10	热电偶常用于船舶机舱有关设备的____监测上。	A. 液体黏度 B. 压力 C. 转速 D. 温度	D
11	热敏电阻常用于船舶机舱有关设备的____监测上。	A. 油雾浓度 B. 压力 C. 转速 D. 温度	D

序号	题目内容	可选项	正确答案
12	基于热电势原理的感温元件是____。	A. 铜热电阻 B. 热电偶 C. 铂热电阻 D. 双金属片感温元件	B
13	在船上常采用____作为监控冷却系统温度（40~60 ℃）的元件。	A. 铜热电阻 B. 铂热电阻 C. 热电偶 D. 压敏电阻	A
14	船上压力变送器的作用是____。	A. 把电信号变为气压信号输出 B. 把压力信号变为标准的气压信号或电流信号输出 C. 将气压信号变为电信号输出 D. 将气压信号转变为空气流量输出	B
15	弹簧管和波纹管常用于船舶机舱有关设备的____监测上。	A. 油雾浓度 B. 压力 C. 转速 D. 盐度	B
16	压力传感器的作用是检测____信号并将其转换成____信号输出。	A. 机械压力；位移 B. 气（汽）压力；位移 C. 液体压力；转角 D. 压力；电	D
17	应变式（包括金属片式和压阻式）传感器可用来监测____并将其转换为____信号。	A. 形变；电 B. 烟气浓度；电阻值 C. 加速度；电阻值 D. 温度；电	A
18	金属应变片式压力传感器中，当压力增加，应变片长度____，电阻____。	A. 缩短；变大 B. 伸长；变小 C. 缩短；变小 D. 伸长；变大	D
19	测速发电机常用于船舶机舱有关设备的____监测上。	A. 火情 B. 压力 C. 转速 D. 温度	C

序号	题目内容	可选项	正确答案
20	常用监测船舶柴油发电机转速的非接触式转速传感器是____。	A. 磁电脉冲式 B. 交流测速发电机式 C. 直流测速发电机式 D. 离心式	A
21	机舱单元组合式报警系统中负责将不同的报警信号有选择地送到驾驶台、生活区、轮机长室等的是____。	A. 模拟量报警单元 B. 开关量报警单元 C. 分组报警单元 D. 报警器自检单元	C
22	船舶机电设备的报警系统，按系统工作方式划分，有____两种类型的报警系统。	A. 连续监视和巡回检测 B. 开关量和模拟量 C. 继电接触器和电子器件构成的 D. 有触点和无触点器件构成的	A
23	机舱报警系统中报警指示灯在无故障时____；故障出现后应答前____。	A. 常亮；闪光 B. 闪光；常亮 C. 熄灭；闪光 D. 熄灭；常亮	C
24	机舱报警系统中报警指示灯在故障出现后应答前____；应答后立即____。	A. 常亮；闪光 B. 闪光；常亮 C. 闪光；熄灭 D. 常亮；熄灭	B
25	现对船舶机舱单元组合式报警系统进行试灯操作。试灯后，报警指示灯显示屏上原先常亮指示灯____；原先闪亮指示灯____。	A. 熄灭；熄灭 B. 熄灭；常亮 C. 闪亮；常亮 D. 常亮；闪亮	D
26	在船舶机舱报警系统中的故障指示灯屏上，现指示灯有三种情况：熄灭、闪亮、常亮。它们的含义分别是对应的监视参数____。	A. 正常、故障、故障 B. 正常、正常、故障 C. 故障、故障、正常 D. 正常、故障、正常	A
27	单元组合报警系统的灯光快闪报警，表明____，经____、____之后灯光____。	A. 持续故障；声应答；光应答；熄灭 B. 持续故障；声应答；光应答；变为平光 C. 未声应答；消音；光慢闪；变为平光 D. 持续故障；光应答；声应答；变为平光	B
28	为防止由于干扰或瞬时故障引起误报警或不必要的报警，通常采用____来确认报警。	A. 多数表决器 B. 冗余检测 C. 延时 D. 分时	C

序号	题目内容	可选项	正确答案
29	机舱报警系统的报警"试验"按钮用于检验音响报警器和全部报警指示灯是否正常工作，不论试验前是否已有故障报警，试验完毕后所有报警指示灯____。	A. 全熄灭 B. 全常亮 C. 全闪亮 D. 不改变原状	D
30	在集中监视与报警系统中，不包括的功能是____。	A. 故障报警打印 B. 参数报警上、下限值自动调整 C. 召唤打印记录参数 D. 值班报警	B
31	在主机遥控系统中，不属于安全保护方面的____。	A. 主机故障降速 B. 主机故障停车 C. 超速保护 D. 停油控制	D
32	在故障报警装置中，为防止某些压力系统，由于压力的波动而使报警开关抖动产生误报警，应采用____。	A. 短延时报警 B. 长延时报警 C. 增大压力开关动作的回差 D. 增大报警的极限压力值	A
33	通常在故障报警系统中，发故障报警并按确认按钮后，故障报警系统将会____。	A. 报警灯熄灭 B. 报警灯常亮 C. 声响报警消声 D. 声响报警消声并且报警灯常亮	D
34	故障报警系统中，如果已经发了3 min失职报警，消除该报警的方法是____。	A. 在住舱内按确认按钮 B. 在驾驶台按确认按钮 C. 在集中控制室按确认按钮 D. 故障修复后自动消除	C
35	在监视液位时，为避免因船舶摇摆而出现的误报警，通常采用____。	A. 报警延时 B. 报警封锁 C. 报警解除 D. 报警延伸	A
36	能使主机自动停车的越限报警的参数是____。	A. 气缸冷却水温度较高 B. 滑油压力太低 C. 排烟温度过高 D. 气缸冷却水压力太低	B

序号	题目内容	可选项	正确答案
37	为避免错误地连续报警，单元组合式报警系统有："闭锁控制"功能，该功能常用于____情形。	A. 闭锁有故障监视点的参数检测 B. 关闭有故障检测点的报警指示灯 C. 分组关闭不运行设备的报警指示灯 D. 分组闭锁不运行设备的参数检测	D
38	在集中监视与报警系统中，报警控制单元输出信号可送至____。	A. 报警器控制单元 B. 故障打印记录单元 C. 延伸报警控制单元 D. 选项都是	D
39	机舱单元组合式报警系统中负责将不同的报警信号有选择地送到驾驶台、生活区、轮机长室等的是____。	A. 模拟量报警单元 B. 开关量报警单元 C. 分组报警单元 D. 报警器自检单元	C
40	集中监视与报警系统的核心单元是____。	A. 各种传感器 B. 警报器控制单元 C. 报警控制单元 D. 电源	C
41	全船有很多条火警探测器分路，每一分路都有一个探测器，既有探测火警的功能又有检测该分路断线故障的功能，被安装在每一回路的____位置。	A. 中间 B. 终端 C. 始端 D. 任意	B
42	船舶上火灾自动报警系统中央控制单元的主要作用是____。	A. 接受火灾信号，经过处理后给出声、光火警报警信号，并显示出火警的部位 B. 接受火灾信号，给出声、光火警报警信号，并发出停止火灾区域运转设备的命令 C. 接受人工按钮报警信号，给出声、光火警报警信号，并显示出火警的部位 D. 接受火灾信号，经过处理后给出声、光火警报警信号，并发出主机降速的命令	A
43	报警器是自动探火及报警系统中的输入/输出控制设备，是整个系统的心脏。其输入端连接____；输出端连接____。	A. 机舱所有的传感器及变送装置；各警铃、区域火情指示灯等 B. 各火警探测器、手动报警按钮；各警铃、区域火情指示灯等 C. 各警铃、区域火情指示灯等；各火警探测器、手动报警按钮 D. 各警铃、区域火情指示灯等；机舱所有的传感器及变送装置	B

序号	题目内容	可选项	正确答案
44	报警器是自动探火及报警系统中的输入/输出控制设备，其每一路输入一般是____。	A. 数个不同型号的火警探测器串联 B. 数个不同型号的火警探测器并联 C. 一个火警探测器 D. 数个同型号的火警探测器	D
45	船舶火灾报警器中同一分路的中间探测器和终端探测器相比较____。	A. 后者具有探测器线路自动监测并兼容中间探测器功能 B. 多个功能完全相同 C. 分别用于检测烟雾浓度、温度值 D. 分别用于检测温度值、烟雾浓度	A
46	若将火灾报警器同一分路的中间探测器和终端探测器对调，____。	A. 报警器报警 B. 不能对整个分路进行自动检测其是否正常 C. 完全可以 D. 探测器整定值发生变化	B
47	当船舶火警系统报警后，火警灯应____并接通电铃；按下消声按钮后，火警灯____。	A. 闪亮；熄灭 B. 常亮；熄灭 C. 闪亮；常亮 D. 常亮；闪亮	C
48	消防报警系统和机舱组合式报警系统，二者____。	A. 使用同一个报警音响设备 B. 使用同一种类报警音响设备 C. 分别使用不同种类报警音响设备 D. 报警音响设备可以互换使用	C
49	根据自动探测器或手动按钮从监护现场发来的火灾信号，火警报警系统发出与其他任何报警音响或信号铃声不同的____和____报警信号。	A. 间断铃声；红闪光 B. 蜂鸣器声；黄光 C. 高音电笛声；红闪光 D. 连续铃声；篮光	A
50	火警（消防）报警系统本身故障的声、光报警信号是____。	A. 间断铃声和红闪光 B. 蜂鸣器声和黄光 C. 高音电笛声和红闪光 D. 连续铃声和蓝光	B
51	分路式火灾自动报警系统的每个探测分路最末一个探测器内接一个____。	A. 终端电容 B. 终端电阻 C. 终端线圈 D. 终端电容和终端电阻	B

序号	题目内容	可选项	正确答案
52	差温式火警探测器是在____情况下给出火警信号。	A. 温度差大于给定值 B. 烟气浓度大于给定值 C. 温度变化量大于给定值 D. 烟气浓度变化量大于给定值	C
53	下列火警探测器中，机理上采用波纹片（膜、板）感受因温度变化造成环境气压变化的是____。	A. 定温式火警探测器 B. 差温式火警探测器 C. 感烟管式火灾探测器 D. 离子式感烟探测器	B
54	一种火警探测器是利用火灾前兆的热效应，当温度超过限定值时发出火警信号，称为____火警探测器。	A. 感烟型 B. 差温式 C. 定温式 D. 差定温式	C
55	差温式（或温升式）火警探测器，是根据____超过限定值时发出火警信号。	A. 温差 B. 温度 C. 温升率 D. 温升	C
56	在那些经常存在大量粉尘、油雾、水蒸气的场所，一般使用____才比较合适。	A. 感温式火灾探测器 B. 感烟式火灾探测器 C. 光电式火灾探测器 D. 感湿式火灾探测器	A
57	世界上第一台PLC生产于____。	A. 1968 年德国 B. 1967 年日本 C. 1969 年美国 D. 1970 年法国	C
58	PLC英文名称的全称是____，中文译为"可编程逻辑控制器"。	A. programming logic controller B. programmable logic controller C. programmer logical controller D. programing logic controller	B
59	从PLC的定义来看，PLC是一种用____来改变控制功能的工业控制计算机。	A. 程序 B. 硬件接线 C. 外部电路 D. 内部存储器	A
60	PLC主要由____组成。	A. CPU模块、I/O模块、存储器、电源 B. CPU模块、I/O模块、编程器、电源 C. CPU模块、编程器、存储器、电源 D. 存储器、I/O模块、编程器、电源	A

序号	题目内容	可选项	正确答案
61	下列不属于 PLC 硬件系统组成的是___。	A. 中央处理单元 B. 输入输出接口 C. 用户程序 D. I/O 扩展接口	C
62	PLC 控制系统能取代继电一接触器控制系统的___部分。	A. 整体 B. 主电路 C. 接触器 D. 控制系统	D
63	运行指示灯是当可编程序控制器某单元运行、___正常时，该单元上的运行指示灯一直亮。	A. 自检 B. 调节 C. 保护 D. 监控	D
64	船舶 PLC 控制电压一般是___。	A. 交流 B. 直流 C. 混合式 D. 交变电压	B
65	正常时 PLC 每个输出端口对应的指示灯应随该端口___。	A. 无输出或有输出而亮或熄 B. 有输出或无输出而亮或熄 C. 有无输入而亮或熄 D. 有无输入均亮	B
66	PLC 的工作方式是___。	A. 等待工作方式 B. 中断工作方式 C. 扫描工作方式 D. 循环扫描工作方式	D
67	在输出扫描阶段，将___寄存器中的内容复制到输出接线端子上。	A. 输入映像 B. 输出映像 C. 变量存储器 D. 内部存储器	B
68	PLC 所有软继电器的触点可以___次使用。	A. 有限 B. >256 C. 无限 D. <2 048	C
69	下列对 PLC 软继电器的描述，正确的是___。	A. 有无数对常开和常闭触点供编程时使用 B. 只有 2 对常开和常闭触点供编程时使用 C. 不同型号的 PLC 的情况可能不一样 D. 以上说法都不正确	A

序号	题目内容	可选项	正确答案
70	可编程序控制器的特点是____。	A. 不需要大量的活动部件和电子元件，接线大大减少，维修简单，维修时间缩短，性能可靠 B. 统计运算、计时、计数采用了一系列可靠性设计 C. 数字运算、计时编程简单，操作方便，维修容易，不易发生操作失误 D. 以上都是	D
71	____是可编程序控制器的编程基础。	A. 梯形图 B. 逻辑图 C. 位置图 D. 功能表图	A
72	____不是 PLC 运行指示灯不亮的原因。	A. 输入回路有故障 B. 单元内部有故障 C. 远程 I/O 站的电源未通 D. 程序错误	A
73	具有简单、可靠、精度高、并适于远距离传送温度信号等优点，常用来检测船舶动力装置箱体内、管路内的高温气体、蒸汽或液体介质温度的元件是____。	A. 热电偶 B. 铜热电阻 C. 热敏电阻 D. 铂热电阻	A
74	常用于检测温度的半导体元件是____。	A. 热电偶 B. 铜热电阻 C. 热敏电阻 D. 铂热电阻	C
75	热敏电阻的阻值是____。	A. 随温度的升高而不变 B. 随温度的升高而增大 C. 温度的常数 D. 随温度的升高而减小	D

二、判断题

序号	题目内容	正确答案
1	拖动电动液压舵机的电动机，应选用重复短时工作制。	错误
2	船舶舵机的电力拖动与控制装置通常分左、右舷两路馈线方式向舵机供电，其中之一与应急电源相连。	正确
3	单动操舵时，手柄在零位，则舵叶位置保持不变。	正确
4	随动操舵是通过转换开关进行操作的应急操舵。	错误
5	自动舵是根据陀螺罗经送来的船舶实际航向与给定航向信号的偏差进行控制的。	正确
6	驾驶台的舵机主操纵站通常设有"自动""随动"和"手动"三种操纵方式。	正确
7	在$-200\sim650\,℃$范围内可作为标准温度监测仪器元件的是铜热电阻。	错误
8	热电偶的热端插入测温点，冷端置于室温中。	正确
9	电阻式压力传感器由弹簧管、传动机构、电位器及测量电桥组成，多用于静态压力的测量。	正确
10	电极式液位传感器是利用水的导电性来工作的。	正确
11	监测船舶柴油发电机转速的非接触式转速传感器是直流测速发电机。	错误
12	通常，温度参数的报警为上限报警，压力参数的报警为下限报警，而液位参数的报警则既有上限报警也有下限报警。	正确
13	巡回监测是以一定的时间间隔依次对各个监测点的参数和状态进行扫描，将监测点信息逐一送入监视报警系统进行分时处理。	正确
14	在监视液位时，由于船舶的摇摆，容易反复造成虚假越限现象，导致频繁报警，这些情况可采用$2\sim30\,s$的长延时，在延时时间之内越限不报警。	正确
15	长时报警是指报警发生的原因无法在报警发生之后自行消失，只有进行了相应的处理才能使状态恢复正常。	正确
16	轮机管理人员不但要管理好所有传感器，还要使用好众多的印刷电路板即报警控制单元。	正确
17	开关量报警控制单元和模拟量报警控制单元的工作原理基本相同，只是越限报警值的调整方法不同。	正确
18	开关量报警控制单元输入的信号是开关状态，越限报警值的调整往往是在传感器上，通过调整其幅差来实现。	正确
19	火灾报警中央装置接收到探测器传来的火警信号后，发出声、光报警信号，并指示出火源部位，启动外部报警控制设备。	正确

序号	题目内容	正确答案
20	火警与故障信号不具有记忆功能，在火警和故障消除后自动恢复正常。	错误
21	感烟管式火灾探测器机理上属于光探测法。	正确
22	厨房水蒸气很容易使火灾探测器发出火警信号。	正确
23	探测器缺乏清洁，内部积聚污染物，不会发生误报。	错误
24	PLC 是一个应用于工业控制环境下的特殊的工业控制计算机，其抗干扰能力优于一般的计算机。	正确
25	PLC 硬件系统由输入部分、运算控制部分和输出部分组成。	正确
26	梯形图中，除了输入继电器没有线圈，只有触点，其他继电器既有线圈，又有触点。	正确
27	在 PLC 的梯形图中，触点的串联和并联实质上是把对应的基本单元中的状态依次取出来进行逻辑"与"与逻辑"或"。	正确
28	PLC 与继电器控制的根本区别在于：PLC 采用的是软器件，以程序实现各器件的连接。	正确
29	继电器控制线路的触点状态取决于其线圈中有无电流，PLC 中输入继电器由外部信号驱动，而会不出现它的线圈。	正确
30	继电器控制线路分析时用到动合动断的概念，PLC 梯形图中仍然保留了这些概念。	正确

船舶机电管理

一、选择题

序号	题目内容	可选项	正确答案
1	手头有 200 Ah 的铅蓄电池若干，为给额定值为 24 V、600 W 直流负载供电，应____。	A. 将 12 个蓄电池串联供电 B. 将 20 个蓄电池串联供电 C. 将 12 个蓄电池串联作为一组；利用二组并联供电 D. 将 20 个蓄电池串联作为一组；利用二组并联供电	C
2	铅蓄电池充电终了的标志是____。	A. 电解液的比重达 1.20 B. 单个电池的电压达 2 V C. 电解液中出现了大量的气泡，单个电池的电压达 2.5 V D. 电解液的比重达 1.20 并出现了大量的气泡	C

序号	题目内容	可选项	正确答案
3	将充电装置与蓄电池并联，让其经常处于充电工作状态，这种充电方法通常称为____。	A. 分段恒流充电法 B. 恒压充电法 C. 浮充电制 D. 恒流充电法	C
4	铅蓄电池在充电过程中，发现有个别极板硫化，电解液的比重不易变化。此时应采取____。	A. 更换极板 B. 进行过充电 C. 进行浮充电 D. 更新电解液	B
5	为防止极板硫化，对于经常不带负载的铅蓄电池，应每____进行一次____电。	A. 周；放 B. 周；充 C. 月；充/放 D. 月；充	C
6	单个酸性蓄电池充足电的标志是：电压达____，电解液比重达____。	A. 6 V；1.3 B. 3 V；2.5 C. 2.0 V；1.5 D. 2.6 V；1.3	D
7	遇到下列哪种情况时，应进行过充电？	A. 极板硫化，充电时电解液比重不易上升 B. 放电时，电解液比重下降较快 C. 电解液液面降低较多 D. 对于经常不带负荷的蓄电池，每月进行一次充放电的	A
8	遇到下列哪种情况时，应进行过充电？	A. 当蓄电池电解液液面降低 B. 蓄电池已放电至极限电压以下 C. 在充电完毕后，电解液比重超过正常值 D. 经常不带负荷的蓄电池，定期充、放电	B
9	在____应对蓄电池进行过充电。	A. 蓄电池极板抽出检查，清除沉淀物之后 B. 每次充电时均 C. 电解液液面降低时 D. 每周检查蓄电池时	A
10	对于铅蓄电池必须进行过充电的下列说法错误的是____。	A. 极板硫化 B. 电解液的液面降低 C. 蓄电池已放电到极限以下 D. 蓄电池放电后搁置1～2昼夜未及时充电	B

序号	题目内容	可选项	正确答案
11	铅蓄电池电解液的液面会降低，主要原因是____。	A. 充电时，电解液会飞溅出来 B. 放电时电解液会溅出来 C. 充放电时，会产生气体或蒸发，使电解液中的水分减少 D. 因经常进行过充电	C
12	8个单电池相串联的酸性蓄电池，充电完毕后的电压为____，电解液比重为____。	A. 16 V；1.3 B. 16 V；1.2 C. 20 V；1.3 D. 17.6 V；1.2	C
13	当单个铅蓄电池的电压降到____V时，应及时充电。	A. 1.5 B. 2 C. 1.8 D. 1	C
14	关于铅蓄电池进行过充电的下列说法，错误的是____。	A. 蓄电池放电至极限电压后，2 d没有及时充电，必须进行过充电 B. 蓄电池已放电至极限电压以下，必须进行过充电 C. 以最大电流放电超过10 h，必须进行过充电 D. 蓄电池电解液加水后，必须进行过充电	D
15	为防止极板硫化，应按时进行____，定期进行。	A. 充电；放电 B. 充电；全容量放电、充电 C. 过充电；全容量放电 D. 过充电；放电	B
16	铅蓄电池如果充足了电，则其电解液比重____。	A. 1.20 以下 B. 1.38 左右 C. 1.20 D. 1.28～1.30	D
17	遇到____情况时，应进行过充电。	A. 每月定期一次电解液的检查的 B. 酸性蓄电池放电电压达到1.8 V的 C. 电解液内混有杂质的 D. 电解液液面降低较多的	C
18	金属材料的导电性能从好到差依次是____。	A. 银、铜、铝、金、铁 B. 金、银、铜、铝、铁 C. 银、金、铜、铝、铁 D. 银、铜、金、铝、铁	D

序号	题目内容	可选项	正确答案
19	船舶电气设备的绝缘材料同陆用电气设备的绝缘材料相比，____。	A. 完全一致 B. 由于船舶电力系统比陆上简单得多，故对电气绝缘材料要求不高 C. 由于船用电气设备工作条件较陆地苛刻得多，故对电气绝缘材料要求较高 D. 为减低船舶重量，对绝缘材料无具体要求	C
20	云母制品属于____。	A. 固体绝缘材料 B. 液体绝缘材料 C. 气体绝缘材料 D. 导体绝缘材料	A
21	下列气体中，可用作气体绝缘材料的有____。	A. CO_2、SO_2、空气 B. 空气、P_2O_5、SF_6 C. 空气、CO_2、SF_6 D. N_2、P_2O_5、SF_6	C
22	C级绝缘材料的耐热极限温度是____。	A. 90 ℃ B. 120 ℃ C. 105 ℃ D. >180 ℃	D
23	F级绝缘材料的耐热极限温度是____。	A. 120 ℃ B. 180 ℃ C. 105 ℃ D. 155 ℃	D
24	B级绝缘材料的耐热极限温度是____。	A. 90 ℃ B. 105 ℃ C. 155 ℃ D. 130 ℃	D
25	E级绝缘材料的耐热极限温度是____。	A. 120 ℃ B. 180 ℃ C. 105 ℃ D. 130 ℃	A
26	Y级绝缘材料的耐热极限温度是____。	A. 80 ℃ B. 90 ℃ C. 100 ℃ D. 120 ℃	B

序号	题目内容	可选项	正确答案
27	按绝缘材料的最高允许温度的不同，从低到高依次分为___7种耐热等级。	A. 1、2、3、4、5、6、7 B. 90 ℃、100 ℃、110 ℃、120 ℃、130 ℃、140 ℃、150 ℃ C. A、B、C、D、E、F、G D. Y、A、E、B、F、H、C	D
28	变压器油属于___。	A. 固体绝缘材料 B. 液体绝缘材料 C. 气体绝缘材料 D. 导体绝缘材料	B
29	H级绝缘材料的耐热极限温度是___。	A. 120 ℃ B. 180 ℃ C. 105 ℃ D. 130 ℃	B
30	A级绝缘材料的耐热极限温度是___。	A. 90 ℃ B. 105 ℃ C. 155 ℃ D. 130 ℃	B
31	船用电缆按用途的不同可分为：电力电缆、___电缆和通信电缆。	A. 照明 B. 控制 C. 射频 D. 应急	B
32	为了铺设方便，截面积大于___的电缆宜采用单芯电缆；截面积大于___时，则宜采用两根较小截面积电缆并联的方式来代替。	A. 25 mm²；120 mm² B. 30 mm²；100 mm² C. 20 mm²；110 mm² D. 20 mm²；140 mm²	A
33	单或双芯电缆的截面积应大于___，多芯电缆每芯的截面积应大于___，以满足机械强度的要求。	A. 1 mm²；0.8 mm² B. 1.5 mm²；1 mm² C. 1.5 mm²；1.5 mm² D. 0.5 mm²；0.5 mm²	A
34	发电机与配电板连接电缆，其截面积应按___来选择。	A. 发电机的额定电流 B. 配电板的最大电流 C. 电网所有负荷的额定电流之和 D. 电网所有负荷的额定电流之和并留有一定裕量	A

序号	题目内容	可选项	正确答案
35	电动机的馈电电缆，其截面积应按____来选择。	A. 发电机的额定电流 B. 电动机的额定电流并留有一定裕量 C. 电动机的额定电流 D. 电动机的启动电流	C
36	分配电板的馈电电缆，其截面积应按该____来选择。	A. 发电机的额定电流 B. 分配电板所有负载额定电流之和 C. 分配电板所有负载额定电流之和，并考虑一定的余量 D. 分配电板所有用电设备并考虑负载系数、同时工作系数，以及留有一定的余量	D
37	平时不载流的工作接地线，其截面积应为载流导线的截面积的____，但不应小于1.5 mm²。	A. 1/2 B. 1/4 C. 2倍 D. 1倍	A
38	检查船舶电力电缆绝缘电阻的方法是将被检测电缆的____，用____检查电缆芯线间和芯线对地的绝缘电阻。	A. 电源和负载都断开；500 V手摇兆欧表 B. 电源和负载都断开；欧姆表 C. 电源断开；500 V手摇兆欧表 D. 负载断开；伏特表	A
39	下列关于船舶电缆的说法错误的是____。	A. 通信电缆防护材料不必具有耐湿热、防盐雾、防霉菌的功能 B. 铠装具有防护套的三芯电缆一般用作动力及照明电缆 C. 铠装动力电缆的铠装层作用是增强电缆抗机械损伤及电屏蔽 D. 船用电缆的绝缘和防护材料均应具有阻燃性	A
40	耐热性，抗水性、防锈性、机械安定性、极压性好，最高使用在160 ℃的润滑脂是____。	A. 复合钙基润滑脂 B. 极压复合锂基润滑脂 C. 二硫化钼极压锂基润滑脂 D. 铝基润滑脂	B
41	耐热性好，抗水性、防锈性好，极压性能好，最高使用温度120 ℃，适用于负荷较高或有冲击负荷的部件的润滑脂是____。	A. 复合钙基润滑脂 B. 极压复合锂基润滑脂 C. 二硫化钼极压锂基润滑脂 D. 铝基润滑脂	C

序号	题目内容	可选项	正确答案
42	复合钙基润滑脂最高使用温度为____。	A. 80 ℃ B. 100 ℃ C. 130 ℃ D. 180 ℃	C
43	二硫化钼极压锂基润滑脂最高使用温度为____。	A. 120 ℃ B. 100 ℃ C. 90 ℃ D. 180 ℃	A
44	耐热性、抗水性、防锈性好，机械安定性（抗剪切安定性）较好，最高使用温度为 130 ℃ 的润滑脂是____。	A. 复合钙基润滑脂 B. 极压复合锂基润滑脂 C. 二硫化钼极压锂基润滑脂 D. 铝基润滑脂	A
45	极压复合锂基润滑脂最高使用温度为____。	A. 80 ℃ B. 100 ℃ C. 130 ℃ D. 160 ℃	D
46	在船舶停泊状态下的安全职责中，下列说法错误的是____。	A. 停泊前，做好在港期间的人员值班计划和电气设备的维护保养计划 B. 停泊期间，按计划安排好人员值班，协助航修单位做好有关电气设备的维修工作，接收好备件和物料 C. 带有冷冻机、起货机的船舶在停泊期间设备运行时，根据需要调整好发电机组后电机员不必值班 D. 巡查和监视发电机组等重要设备工作情况，发现问题，及时解决	C
47	监造新船时具有一些重要的职责，包括审图、监造和试验，试验又分系泊试验和航行试验，其中____的内容是指：船舶在系泊试验完全正常、具备安全航行条件时所进行的工作，电气部分主要配合船体、轮机部分，试验船舶在航行中离、靠码头和起、抛锚时的运行情况，同时对在系泊状态无法试验的设备和项目要进行运载试验。	A. 审图 B. 监造 C. 系泊试验 D. 航行试验	D

序号	题目内容	可选项	正确答案
48	监造新船时具有一些重要的职责，包括审图、监造和试验，试验又分系泊试验和航行试验，其中____的内容是指：监督厂方按设计要求使用电气设备、电缆及电器元器件；监督厂方按《钢质海船入级规范》进行设备安装与布线，做到安全、可靠、合理、美观和方便检修。	A. 审图 B. 监造 C. 系泊试验 D. 航行试验	B
49	监造新船时具有一些重要的职责，包括审图、监造和试验，试验又分系泊试验和航行试验，其中____的内容是指：审查船舶电气系统的设计图纸是否符合国际公约的要求，是否满足造船合同设计任务书的要求；审查安装图纸、布线方式是否符合要求和便于维修；审查所选的电气设备是否符合船检要求，是否经济、合理。	A. 审图 B. 监造 C. 系泊试验 D. 航行试验	A
50	监造新船时具有一些重要的职责，包括审图、监造和试验，试验又分系泊试验和航行试验，其中____的内容是指：主要检验电气设备的安装质量和运行工况，调整各项技术指标，使之满足规范和船检的要求，并为以后的航行试验做好必要的准备。	A. 审图 B. 监造 C. 系泊试验 D. 航行试验	C
51	电机员应在____与驾驶员配合做好对舵的检查工作，检查舵机控制设备运转是否正常，检查舵角指示器的指示值是否正确，检查满舵限位开关是否可靠、灵活。	A. 开航前一天进行 B. 开航前 1 h C. 开航后立即 D. 开航后 1 h	B
52	船舶在开航前电机员的工作中，下列说法错误的是____。	A. 观察并联运行发电机工况、主配电板运行状况，调整发电机的负载均匀分配 B. 检查为主辅机运转服务的海水泵、滑油泵、燃油泵等各种泵浦的控制设备工作是否正常 C. 检查锚机，绞缆机控制设备的工作情况 D. 通知驾驶员检查航行灯、信号灯、弱电电源及应急电源的供电情况是否正常	D

序号	题目内容	可选项	正确答案
53	船舶在开航前电机员的工作中，下列说法错误的是____。	A. 检查锚机，绞缆机控制设备的工作情况 B. 开航前1 h，与轮机人员配合做好对舵工作。检查舵机控制设备运转是否正常，检查舵角指示器的指示值是否正确，检查满舵限位开关是否可靠、灵活 C. 检查集控室内的电车钟、主机集控操纵台工作是否正常 D. 观察并联运行发电机工况、主配电板运行状况，调整发电机的负载均匀分配	B
54	在船舶正常航行状态下的安全职责中，下列说法错误的是____。	A. 对发电机组、主配电板、舵机等重要设备的电气系统检查，发现问题，及时解决，坚持每天一次的巡视检查工作 B. 按维护保养周期要求，对电气设备进行有计划的维护保养工作 C. 对故障设备进行检测、修理 D. 按规定做好《电气设备管理工作日志》的记录	A
55	在船舶机动状态下的安全职责中，下列说法错误的是____。	A. 在离靠码头等操作前，事先做好发电机组的并联运行工作，保证有足够的电力供应船舶在各种机动状态下的要求 B. 检查舵机控制系统的运行情况，保证舵机的可靠工作 C. 如果延伸报警至电机员房间的船舶，电机员必须在房间值班 D. 保证发电机组与主配电板的正常工作，防止意外事故发生，一旦发生跳电情况，立即采取应急措施恢复对航行设备的供电	C
56	在电气管理人员交接班时的职责中，对交接有一定的要求，下列说法错误的是____。	A. 接班船员在交接班前首先应仔细阅读本船电气设备的图纸、说明书等技术资料 B. 交接双方对全船电气设备情况，特别是电站、舵机、起货机、锚机和蓄电池等重点设备的控制系统到设备现场作重点介绍，必要时做现场示范操作 C. 交接双方对全船易出故障的电气设备情况应交接清楚，以使接班船员在以后工作中予以注意 D. 交接双方对本船电气设备的有关规章制度、应变部署、救生衣存放位置要予以交代和了解，对正在进行而尚未完成的电气设备的检修工作予以交代	A

序号	题目内容	可选项	正确答案
57	在电气管理人员交接班时的职责中，对交接有一定的要求，下列说法错误的是___。	A. 交接全船电气设备图纸、说明书等有关技术资料，如有改动或与实际设备不同的地方需予以说明 B. 交接《电气工作日志》、主要电气设备的维修保养记录 C. 交接电气设备备件、备品和常用工具清册，在开航后尽快点清 D. 交接在外检修的电气设备单据	C
58	在电气管理人员交接班时的职责中，对交接有一定的要求，下列说法错误的是___。	A. 交接全船电气设备图纸、说明书等有关技术资料，如有改动或与实际设备不同的地方不需予以说明 B. 交接《电气工作日志》、主要电气设备的维修保养记录 C. 交接电气设备备件、备品和常用工具清册，如有必要可当面点清 D. 交接在外检修的电气设备单据	A
59	在电气管理人员交接班时的职责中，对交接有一定的要求，下列说法错误的是___。	A. 交接双方对全船电气设备情况，特别是电站、舵机、起货机、锚机和蓄电池等重点设备的控制系统到设备现场作重点介绍，必要时做现场示范操作 B. 交接双方对全船易出故障的电气设备情况应交接清楚，以使接班船员在以后工作中予以注意 C. 交接双方对本船电气设备的有关规章制度、应变部署、救生衣存放位置要予以交代和了解，而对正在进行而尚未完成的电气设备的检修工作不必予以交代 D. 接班船员在接班后应仔细阅读本船电气设备的图纸、说明书等技术资料，熟悉船舶电站、舵机、锚机、起货机等重要电气设备的控制原理及控制开关的场所和具体位置，尽快掌握全船电气设备的情况，确保设备的正常运行	C
60	船舶电力系统的基本参数是指船舶主电网的___、额定电压和额定频率。	A. 额定电流 B. 额定功率 C. 电流种类 D. 相数	C

序号	题目内容	可选项	正确答案
61	船舶电力网是船舶____的总称。	A. 输电电缆 B. 输电电缆和电线 C. 输电电缆和负载 D. 电源、电缆和负载	B
62	轴带发电机是指____船舶主发电机。	A. 和柴油机同轴制造的 B. 由皮带轮传动的 C. 由专用柴油机驱动的 D. 由船舶主机驱动的	D
63	主配电板上的电压表与电流表是测量____。	A. 发电机的相电压、相电流 B. 发电机的线电压、线电流 C. 负载的相电压、相电流 D. 发电机的线电压、相电流	B
64	从主配电板到直接供电负载或分配电板之间电网是____次网络，通常属于____电网。	A. 一；动力 B. 一；应急 C. 二；动力 D. 二；应急	A
65	三相绝缘系统供电制的船舶电网特征之一是____。	A. 容易发生短路故障 B. 采用照明变压器 C. 故障寻找容易 D. 容易造成跳闸事故	B
66	船舶电力网通常由动力电网、照明电网、____电网等组成。	A. 应急、低压 B. 应急、弱电 C. 低压、弱电 D. 应急、低压和弱电	D
67	主配电板一般由发电机控制屏、并车屏、负载屏和____等四部分组成。	A. 连接母线 B. 照明屏 C. 报警屏 D. 巡回检测屏	A
68	许多船舶有大应急和小应急两种应急照明系统，在配电关系上大应急照明____。	A. 是正常照明系统的一部分 B. 只能由应急发电机供电 C. 不设置分支线路的配电开关 D. 不设置照明器的控制开关	A
69	当岸电的基本参数____与船电系统一致时，船舶才能接用岸电。	A. 额定电压 B. 电制 C. 额定频率 D. 电制、电压、频率	D

序号	题目内容	可选项	正确答案
70	渔船上动力负载、具有固定敷设电缆的电热装置等的额定电压为___V，照明、生活居室的电热器额定电压为___V。	A. 400；230 B. 380；230 C. 400；220 D. 380；220	D
71	对于中性点接地的三相四线制系统，中性点接地线属于___。	A. 工作接地 B. 保护接地 C. 保护接零 D. 屏蔽接地	A
72	下列关于船舶电气设备接地的叙述中，错误的是___。	A. 只要能保证接地可靠，对工作接地线截面积无具体要求 B. 工作接地线不得用裸线 C. 工作接地和保护接地不得共用接地线 D. 工作电压不超过50 V的电气设备，一般不必设保护接地	A
73	下列接地线属于屏蔽接地的是___。	A. 为了防止电磁干扰，在屏蔽体与地或干扰源的金属机壳之间所做的良好电气连接 B. 为保证电气设备在正常工作情况下可靠运行所进行的接地 C. 为了防止电气设备因绝缘破坏，使人遭受触电危险而进行的接地 D. 为防止雷击而进行的接地	A
74	下列关于船舶电气设备接地的叙述中，错误的是___。	A. 铝质上层建筑的工作接地，应接到船体的钢质部分 B. 工作接地线不得用裸线 C. 同一电气设备的工作接地和保护接地应共用接地线 D. 电缆的所有金属护套或金属覆层须作连续的电气连接，并可靠接地	C
75	对于三相三线绝缘系统的船舶，为防止人身触电的危险，大部分的电气设备都必须采用___措施。	A. 工作接地 B. 保护接地 C. 保护接零 D. 屏蔽接地	B

序号	题目内容	可选项	正确答案
76	下列关于船舶电气设备接地的叙述中，错误的是____。	A. 即使当电气设备直接紧固在船体的金属结构上或紧固在船体金属结构有可靠电气连接的底座（或支架）上时，为保证工作接地可靠性，还应设置专用导体进行保护接地 B. 具有双重绝缘设备的金属外壳和为防止轴电流的绝缘轴承座，可不设专用接地线 C. 工作电压不超过 50 V 的电气设备，一般不必设保护接地 D. 电缆的所有金属护套或金属覆层须作连续的电气连接，并可靠接地	A
77	下列接地线属于保护接地的是____。	A. 电流互感器的铁芯接地线 B. 三相四线制的发电机中性点接地线 C. 为防止雷击而进行的接地 D. 无线电设备的屏蔽体的接地线	A
78	在中性点接地的三相四线制的系统中，将电气设备的金属外壳接到中线上，称之为____。	A. 避雷接地 B. 保护接零 C. 屏蔽接地 D. 保护接地	B
79	根据要求，船舶电网的绝缘电阻应不低于____。	A. 0.5 MΩ B. 1 MΩ C. 2 MΩ D. 5 MΩ	B
80	配电板的负载屏上装有三个绝缘指示灯，接成 Y 形，中线接地（船壳），这三个灯的作用是____。	A. 监视电网的绝缘 B. 监视负载的绝缘 C. 监视发电机的绝缘 D. 监视岸电的绝缘	A
81	为了监视电网的绝缘，主配电板上设有绝缘指示灯，正常时这三盏灯应____。	A. 全不亮 B. 全亮且亮度一样 C. 只允许一盏亮 D. 亮度根据负载大小定	B
82	可以采用____监测运行中电源的绝缘情况。	A. 地气灯 B. 配电板上的兆欧表 C. 配电板上的兆欧表和手摇式兆欧表 D. 手摇式兆欧表	B

序号	题目内容	可选项	正确答案
83	为适应船舶的倾斜、摇摆的条件，减少电动机故障和延长其使用寿命，电机装置在船舶上的安装方式应采用____安装。	A. 全部直立 B. 全部首尾向卧式 C. 左右横向卧式 D. 直立或首尾向卧式	D
84	国际上通用的可允许接触的三种安全电压限值中，安全电压限值最高的是____V。	A. 小于100 B. 小于70 C. 小于50 D. 小于36	C
85	船舶甲板上的斜拉索具、活动吊杆、金属舱口盖和输油管路均有可靠的金属接地连接，这是为了____。	A. 保护接地 B. 用于消除静电 C. 避雷接地 D. 抗无线电干扰	B
86	若触电者呼吸、脉搏、心脏都停止了，则____。	A. 可认为已经死亡 B. 送医院或等大夫到来再作死亡验证 C. 打强心剂 D. 立即进行人工呼吸和心脏按压	D
87	防止电气火灾是船舶防火工作的一个重要方面。对电气设备的防火有一定的要求，下列说法错误的是____。	A. 经常检查电气线路及设备的绝缘电阻，发现接地、短路等故障时要及时排除 B. 电气线路和设备的载流量必须控制在额定范围内 C. 严格按施工要求，保证电气设备的安装质量，电缆及导线连接处要牢靠，防止松动脱落 D. 按环境条件选择使用电气设备，易燃易爆场所要使用防水电器	D
88	____绝缘性能好，没有腐蚀性，使用后不留渣渍、不损坏设备，是一种很理想的灭火材料。使用时，不要与水或蒸汽一起使用，否则灭火性能会大大降低。	A. CO_2 B. 1211 C. 干粉 D. 大量水	A
89	____是碳酸氢钠加硬脂酸铝、云母粉、石英粉或滑石粉等粉状物。它本身无毒，不腐蚀，不导电。它灭火迅速，效果好，但成本高。	A. CO_2 B. 1211 C. 干粉 D. 大量水	C

序号	题目内容	可选项	正确答案
90	灭火时，钢瓶中的压缩气体将___以雾状物喷射到燃烧物表面，隔离空气，使火熄灭。灭火后须擦拭被喷射物，一般仅用于小面积灭火。	A. CO_2 B. 1211 C. 干粉 D. 大量水	C
91	船舶电网的欠压保护，保护对象是主发电机和___。	A. 照明变压器 B. 主配电板 C. 电网中的电动机 D. 电网中应急设备	C
92	万能式空气断路器的主要功能是用来对主电路进行___的。	A. 接通控制 B. 接通、断开控制 C. 故障保护 D. 接通、断开和保护	D
93	为了防止发生应急电源和主电源非同步并联投入供电，故要求应急发电机和主发电机之间应有___环节。	A. 联锁控制 B. 延时控制 C. 自锁控制 D. 顺序启动控制	A
94	应急配电板由独立馈电线路径___与主配电板连接，应急电网平时由___供电。	A. 连接导线；应急电源 B. 联络开关；主配电板 C. 连接导线；主配电板 D. 联络开关；应急电源	B
95	在设有主电源大应急和小应急电源的船舶中，它们的关系是___。	A. 各自有其供电范围，故相互独立，同时供电 B. 主电源失电后大应急电源立即启动供电，大应急电源启动失败，小应急电源再投入供电 C. 主电源失电后，小应急电源向应急照明和无线电通等重要设备供电，大应急电源启动后，小应急电源就自动退出 D. 当主电源恢复供电后，应急电源仍可继续供电一段时间	C
96	船舶同步发电机的过载保护是通过___来实现的。	A. 热继电器 B. 自动空气断路器的失压脱扣器 C. 自动空气断路器的过流脱扣器 D. 自动空气断路器的分励脱扣器	C

序号	题目内容	可选项	正确答案
97	船舶电网不设____保护。	A. 短路保护 B. 负序保护 C. 逆功率保护 D. 过载保护	C
98	主配电板出现超负荷而跳闸，合闸前应____。	A. 启动备用发电机 B. 先卸除次要负载 C. 增大柴油机供油量 D. 卸除所有负载	B
99	对船舶主发电机的短路保护主要应考虑保护的选择性、____性和可靠性。	A. 安全 B. 快速 C. 经济 D. 独立	B
100	为了保证船舶电网最大范围连续供电，电网各级短路保护的动作整定原则是朝发电机方向逐渐加大，即所谓____原则。	A. 快速性 B. 选择性 C. 灵敏性 D. 自动分级和卸载	B
101	船舶电网采用的"自动分级卸载装置"可看作是一种____保护。	A. 短路 B. 过载 C. 欠压 D. 逆功率	B
102	电力系统从发电机到负载，应分级设置保护装置，使保护具有选择性，选择性保护是通过整定从发电机到负载的各级保护电器的____和____来实现。	A. 动作电流值；动作延时 B. 动作电压值；快速性 C. 动作电流值；瞬时动作 D. 动作电压值；灵敏性	A
103	对电网的短路保护，要实现选择性保护的要求，对各级开关，保护动作值可按____整定。	A. 时间原则、功率原则 B. 时间原则、电流原则 C. 电流原则、电压原则 D. 电压原则、功率原则	B
104	当同步发电机外部短路时，短路电流为____倍发电机额定电流，过流脱扣器瞬时动作跳闸。	A. 1～2 B. 3～5 C. 4～7 D. 5～10	D

序号	题目内容	可选项	正确答案
105	当同步发电机外部短路时，其短路电流为____倍发电机额定电流，延时____过流脱扣器动作跳闸。	A. 1～2；0.6～0.8 s B. 3～4；0.4～0.6 s C. 2～2.5；0.2～～0.6 s D. 5～7；0.1～0.2 s	C
106	自动分级卸载的作用是____。	A. 当发电机过载时，将次要负载分批从电网上自动切除，以保证重要负载正常工作 B. 当发电机过载时，将大功率负载从电网上尽快切除，以保证电动机正常工作 C. 当电网发生故障时任选部分负荷从电网上自动切除，以保证电网正常工作 D. 自动切除需要停用的负载	A
107	过载反时限特性，是指过载越多，开关脱扣时间____，过载越小，开关脱扣时间____。	A. 越短；越长 B. 越长；越短 C. 一定；一定 D. 不确定；不确定	A
108	关于船舶同步发电机过载保护装置及自动卸载装置，下列说法正确的是____。	A. 过载保护装置和自动卸载装置都应具有延时动作特性 B. 过载保护装置和自动卸载装置都应具有瞬时动作特性 C. 过载保护装置应具有延时动作特性，自动卸载装置应具有瞬时动作特性 D. 过载保护装置应具有瞬时动作特性，自动卸载装置应具有延时动作特性	A
109	对带有时限的发电机欠压保护，当发电机端电压低于额定电压的____时，应经系统选择性保护要求的延时后方能动作。	A. 30％～60％ B. 40％～80％ C. 30％～50％ D. 70％～90％	B
110	同步发电机的欠压保护是通过____来实现的。	A. 负序继电器 B. 自动空气开关的分励脱扣器 C. 自动空气开关的失压脱扣器 D. 自动空气开关的过流脱扣器	C
111	逆功率保护不要求一出现逆功率就瞬间跳闸，其动作值一般整定在____额定功率，延时____动作。	A. 5％～10％；1～3 s B. 10％～15％；3～5 s C. 8％～15％；1～10 s D. 10％～20％；5～10 s	C

序号	题目内容	可选项	正确答案
112	逆功率继电器一般装在主配电板的____上。	A. 并车屏 B. 控制屏 C. 负载屏 D. 岸电屏	B
113	GG－21 型逆功率继电器铝盘____方向转动时，会输出使发电机跳闸的信号。	A. 顺时针 B. 逆时针 C. 任意 D. 先顺时针后逆时针	B
114	自动空气断路器通常由触头系统、____、自由脱扣机构、操作传动装置和保护元件组成。	A. 调整机构 B. 电磁机构 C. 灭弧装置 D. 储能装置	C
115	万能式自动空气断路器通常设有____脱扣器。	A. 过流、自由和分励 B. 失压、自由和分励 C. 过流、失压和分励 D. 过流、失压和自由	C
116	万能式自动空气断路器中的过电流脱扣器是用来进行____保护的。	A. 短路 B. 过载 C. 过载和零压 D. 短路和过载	D
117	具有四连杆自由脱扣机构的自动空气断路器跳闸后如欲手动合闸，必须先将手柄向下扳，然后再向上推，向下扳的作用是____。	A. 恢复四连杆的刚性连接 B. 消除四连杆的刚性连接 C. 将那些因跳闸可能还未闭合的触头全闭合 D. 将那些因跳闸可能还未断开的触头全断开	A
118	船舶电站中下列空气开关的过流保护装置电流整定值最小的是____。	A. 主发电机控制屏主开关 B. 1♯动力分电箱内海水泵的电源开关 C. 负载屏 1♯动力分电箱的电源空气开关 D. 海水泵控制箱内开关	D
119	接岸电时，岸电主开关合上又立即自动跳开，首先可能的原因是____。	A. 相序接错或断相 B. 短路 C. 失压 D. 过载	A

序号	题目内容	可选项	正确答案
120	负序（逆序）继电器的作用是___。	A. 逆功率保护 B. 过载保护 C. 监视岸电的绝缘 D. 逆相序和断相保护	D

二、判断题

序号	题目内容	正确答案
1	蓄电池采用恒压充电法充电初期电流大，易使极板弯曲，活性物质脱落；充电末期电流小，使极板深处的硫酸铅不易还原。	正确
2	对于蓄电池单个电池的电压，如果电压为 1.5 V 则蓄电池中电能已放完须充电。	错误
3	蓄电池配制电解液时，先估算好浓硫酸和水的需要量，把水先倒入容器内，然后将浓硫酸缓缓倒入水中，并不断搅拌溶液。	正确
4	蓄电池电解液的液面应高于极板 10～15 mm，易使注入的电解液被极板所吸收。	正确
5	在构成电气设备的材料中，绝缘材料是耐热最薄弱的环节。	正确
6	温度超过一定极限将加速绝缘材料的老化，甚至失去绝缘性能。	正确
7	软磁材料主要特点是导磁率高，剩磁强。	错误
8	信号电缆不能与控制电缆、电源电缆共用一条多芯电缆。	正确
9	船舶主馈电线、应急馈电线应一起敷设于一处，方便切换。	错误
10	对发电机组、主配电板、舵机等重要设备的电气系统，电机员要坚持每天早、晚各一次的巡视检查工作，发现问题，及时解决。	正确
11	审查船舶电气系统的设计图纸是电机员在监造新船时的重要工作。	正确
12	电机员在监造新船时的工作内容包括监督厂方按设计要求选择和使用电气设备、电缆及电器元器件；监督厂方按规范进行设备安装与布线，做到安全、可靠、合理、美观、方便检修。	正确
13	电机员应根据不同的修理类别制订和提出不同的修理计划。	正确
14	对船舶发电机、舵机、锚机、消防泵、舱底泵及船舶辅机的电力拖动控制系统作效用试验，并测量其绝缘电阻是电气设备定期检验的项目。	正确
15	船舶航行灯是船舶电网的重要负载之一。	正确
16	配电装置根据供电范围和对象的不同可分为主配电板、应急配电板、动力分配电板、照明分配电板和蓄电池充放电板等。	正确
17	额定电压、额定电流和额定频率是船舶电力系统的基本参数。	错误

序号	题目内容	正确答案
18	船舶电站的容量越小，则船舶电力系统的稳定性越高。	错误
19	船舶电气设备工作接地的接地点位应选择在便于检修、维护、不易受到机械损伤和油水浸渍的地方，且应固定在船壳板上。	错误
20	渔业供油船的发电机、供电和配电电路均不应接地。	错误
21	船舶电气设备工作接地中，工作接地和保护接地能共用接地装置。	错误
22	用船体做中性线的三相四线制系统中，因为船体即为中性线，故设备的接零实际上就是接到船体上，其保护原理与保护接地相同。	错误
23	开航前检查航行灯的两路供电及故障报警装置的动作是否正常，各灯具是否完好。	正确
24	每 2 个月 1 次，检查航行灯灯具、导线完整性，测量绝缘电阻，一般应大于 0.2 MΩ。	错误
25	对于镀银层以及银合金交流接触器触头有斑点时，只要表面清洁，不必进行光洁处理。	正确
26	船舶电网绝缘良好时，三个绝缘指示灯都不亮。	错误
27	船舶电气设备应能在相对空气湿度为 95% 的情况下保持正常工作。	正确
28	根据发生触电的危险环境条件，我国将安全电压分三类，分别是 12 V、24 V 和 36 V。	错误
29	进行电气操作时工作服穿戴整齐，袖口扣好，必要时扎紧裤脚，可以把手表、钥匙等金属带在身边。	错误
30	电机轴承中润滑脂不能加得太多或太少，一般约占轴承室空容积的 1/2～3/4。	错误
31	舵机电动机和它的供电线路根据规范要求均应设置过载保护装置。	错误
32	电力系统对继电保护的基本要求是：快速性、灵活性、可靠性和选择性。	正确
33	船舶发电机的外部短路保护通常采用时间原则和电流原则相结合的方式。	正确
34	无自动分级卸载保护装置时，出现 1.25～1.35 倍额定电流后，延时 15～20 s 跳闸。	正确
35	船舶发电机的欠压保护是由万能式自动空气断路器中的电流脱扣器来实现的。	错误
36	逆功率大小为额定功率的 8%～15% 时，逆功率继电器延时 3～10 s 动作。	正确
37	船舶同步发电机，主要设置以下继电保护：过载保护及优先脱扣、外部短路保护、欠压保护和逆功率保护。	正确
38	自由脱扣机构的作用是使触头保持完好闭合或迅速断开。	正确
39	万能式自动空气开关的遥控分励按钮是用来进行"遥控合闸"的。	错误
40	船舶舵机及其供电线路都不能设置过载保护装置。	正确

第六部分

无线电操作员

通信业务与设备

一、选择题

序号	题目内容	可选项	正确答案
1	下面哪一项不是全球海上遇险与安全系统（简称 GMDSS）基本概念的内容？	A. 船舶能够及时播发船位 B. 遇险船舶能够迅速向 RCC 或者附近的船舶报警 C. RCC 协调救助，附近船舶参与救助 D. MSI 信息能及时播发和接收	A
2	GMDSS 规则适用于所有超过总吨___的货船和在国际航线上航行的所有客船。	A. 200 t B. 300 t C. 400 t D. 500 t	B
3	海上电子维修的英文缩写是___。	A. ASM B. DEQ C. OSC D. CCM	A
4	GMDSS 地面通信中，___构成遇险报警与安全通信的基础。	A. NBDP B. SSB TEL C. DSC D. SES	C
5	根据"经 1995 年修正的 1978 年海员培训、发证和值班标准国际公约"（简称 STCW 78/95 公约），船舶无线电人员的证书分为___种。	A. 4 B. 3 C. 2 D. 1	A
6	现场通信主要使用的设备是___。	A. VHF 电话 B. MF 电话、电传 C. INMARSAT－F 电话 D. A＋B	D
7	救助协调中心的缩写是___。	A. RCC B. NCC C. CMS D. OCC	A

序号	题目内容	可选项	正确答案
8	在 GMDSS 中，救生艇通信设备的主要用途是＿＿。	A. 向岸上报警 B. 现场通信与寻位 C. 向附近船舶报警 D. 向岸上和附近船报警	B
9	GMDSS 要求海上航行的所有船舶，无论航行在哪个海区，都必须具备报警、寻位等＿＿个功能。	A. 6 B. 8 C. 7 D. 4	C
10	搜救协调通信中，遇险船舶所采用的有效通信手段主要由＿＿决定。	A. 船舶遇险海域 B. 船载设备 C. RCC D. AB 都是	D
11	在 GMDSS 地面系统中，接收海上安全信息主要由＿＿设备来完成的。	A. NBDP 终端 B. VHF C. NAVTEX D. HF/MF 接收机	C
12	海上安全信息播发系统，由＿＿系统组成。	A. NAVTEX 和 EGC B. NAVTEX 和气象传真 C. Inmarsa‐C 站和 EGC D. DSC 和 NBDP	A
13	GMDSS 主要分为＿＿个分系统。	A. 2 B. 3 C. 4 D. 5	A
14	GMDSS 的遇险报警至少包含的信息是＿＿。	A. 船位 B. 船舶的识别 C. 船舶的遇险时间 D. A 和 B	D
15	在 GMDSS 系统中，主要的功能体现在＿＿。	A. 寻位 B. 现场通信 C. 驾驶台通信 D. 报警	D
16	GMDSS 中，岸到船的报警是＿＿。	A. 船台向 RCC 报警 B. 船台向地面站报警 C. RCC 向船台转发报警 D. 船台向船台报警	C

序号	题目内容	可选项	正确答案
17	没有报警功能的设备为____。	A. EPIRB B. SART C. DSC D. 卫星传站	B
18	在 GMDSS 中，通过何种设备完成寻位功能____。	A. INMARSAT 船站 B. SART C. 组合电台 D. MF/VHF 设备	B
19	GMDSS 对船舶无线电设备配备要求是按____划分的。	A. 船舶吨位 B. 船舶种类 C. 国家或地区 D. 船舶航行的海区	D
20	航行于 A1 海区的船舶，不须配备____设备。	A. VHF B. VHF DSC C. MF/HF DSC D. SART	C
21	不管船舶航行在哪个海区，必须配备____设备。	A. INMARSAT 船站 B. MF DSC C. NAVTEX D. MF/HF 单边带电话	C
22	A1 海区是指至少一个____岸台覆盖，并能实现连续 DSC 报警的海域。	A. MF B. HF C. VHF D. A 和 B	C
23	A2 海区是至少一个____岸台覆盖，并能实现连续 DSC 报警的海域（但不包括 A1 海区）。	A. MF B. HF C. VHF D. A 和 B	A
24	船舶在 A4 海区遇险，可使用的船对岸的报警设备是____。	A. Inmarsat – F B. Inmarsat – B C. 406 MHz EPIRB D. MF 和 VHF DSC	C
25	在 A4 航区播发航行警告主要靠____实现。	A. Inmarsat B. MF/NBDP C. NAVTEX D. HF/NBDP	D

序号	题目内容	可选项	正确答案
26	A4 海区是指____的海域。	A. COSPAS‑SARSAT 卫星覆盖区 B. HF 设备覆盖区 C. INMARSAT 卫星覆盖区 D. 除 A1、A2、A3 海区以外	D
27	GMDSS 把世界海域划分为____个海区。	A. 3 B. 4 C. 5 D. 6	B
28	通报表的英文是____。	A. TRAFFIC LIST B. COMMUNICATION LIST C. STATION LIST D. CALLING LIST	A
29	在电传播发的通报表中，TLX 表示____。	A. 无线电话 B. 无线电传 C. 电文回执 D. 都不是	B
30	在通报表中，SSB 表示____。	A. 船舶单边单电话 B. 船舶有无线电传 C. 船舶要求打电话 D. 收费电传	A
31	通报表的播发时间是____。	A. 固定的 B. 不固定的 C. 由用户要求来定 D. 由船舶要求来定的	A
32	对通报表的收听要求是____。	A. 每 2 h 一次 B. 每 1 h 一次 C. 每 4 h 一次 D. 每天一次	B
33	在电台日志中通报表的缩写是____。	A. T/L B. C/L C. S/L D. C/LIST	A
34	通报表通常的播发形式是____。	A. 无线电话方式 B. 无线电传方式 C. DSC 电文方式 D. AB 都对	D

序号	题目内容	可选项	正确答案
35	通报表的播发时间可以在无线电信号书___查阅。	A. 第一卷 B. 第二卷 C. 第三卷 D. 第四卷	A
36	在 GMDSS 中，驾驶台之间的通信，主要采用___设备。	A. VHF 电话 B. MF/HF SSB 电话 C. 船内对讲器 D. 高音喇叭	A
37	目前，在海上航行的船舶会遇时，与对方沟通是通过___设备实现的。	A. UHF 对讲器 B. VHF 电话 C. 船站电话 D. 单边带电话	B
38	下述设备中属于 GMDSS 船载设备基本配备的设备是___。	A. VHF 无线电话，有 CH70DSC 功能的 VHF 和 VHF/DSC 值守机 B. SART 和 EPIRB C. NAVTEX 接收机 D. 以上都是	D
39	船对船的报警用___。	A. MES B. SART C. EPIRB D. MF/HF DSC	D
40	通常水上业务电台分为___。	A. 港口电台 B. 船舶电台 C. 海岸电台 D. 以上都是	D
41	船舶电台在___时要求二十四小时连续值班。	A. 船舶遇险 B. 船舶遭遇台风 C. 任何情况 D. AB 都是	D
42	船舶一般在开航前___要求接收跟航行海域有关的 MSI。	A. 8 h B. 12 h C. 24 h D. 48 h	C

序号	题目内容	可选项	正确答案
43	GMDSS 系统中，主要覆盖 A4 海区的海岸电台是____。	A. VHF 岸台 B. MF 岸台 C. INMARSAT 地面站 D. HF 岸台	D
44	海岸电台覆盖的范围是____。	A. A1 海区 B. A2 海区 C. A1、A2、A3、A4 海区 D. 不一定	D
45	符合 GMDSS 要求的船舶电台叫____。	A. GMDSS 电台 B. SOLAS 船台 C. 符合电台 D. AB 都对	D
46	下面哪个是海岸电台的无线电话识别号？	A. BOLP B. XSQ C. DALIAN RADIO D. 9 VG	C
47	GMDSS 系统中，主要覆盖 A1 海区的海岸电台是____。	A. VHF 岸台 B. MF 岸台 C. INMARSAT 地面站 D. HF 岸台	A
48	GMDSS 系统中，主要覆盖 A3 海区的海岸电台是____。	A. VHF 岸台 B. MF 岸台 C. INMARSAT 地面站 D. HF 岸台	D
49	港口电台通常使用的通信手段是____。	A. VHF 无线电话 B. MF 无线电话 C. NBDP 无线电传 D. 传真	A
50	港口电台通信的频率范围是____。	A. 156.8 MHz～174 MHz B. 156 MHz～174 MHz C. 123 MHz～126 MHz D. 都不是	B
51	呼号 XSQ 是属于那种电台的呼号____。	A. 船舶电台 B. 海岸电台 C. 航空电台 D. 救生艇电台	B

序号	题目内容	可选项	正确答案
52	船舶呼号 BOLP 是 ___ 国家的船舶。	A. 英国 B. 日本 C. 中国 D. 新加坡	C
53	DSC 电台的识别码采用 ___ 表示。	A. MMSI B. IMO NUMBER C. SELCAL NUMBER D. MSI	A
54	412157200 是 ___ 船舶电台水上移动业务标识。	A. 英国 B. 日本 C. 中国 D. 新加坡	C
55	___ 是 Inmarsat－F 移动站数据 56/64Kbit/s 传输业务识别码。	A. 764120123 B. 341212345 C. 604121234 D. 441254321	C
56	004123100 是 ___ 的识别码。	A. 香港 B. 上海 C. 广州 D. 天津	C
57	下列哪一个属于分配给中国的 INMATSAT－B 移动站识别码?	A. 412197000 B. 441212345 C. 341219701 D. 441254321	C
58	在 NBDP 终端与 MF/HF 电台连接工作时, 发射机的工作种类应为 ___。	A. F1B B. J3E C. A3E D. G3E	A
59	在 DSC 终端与 MF/HF 电台连接工作时, 发射机的工作种类应为 ___。	A. F1B B. J3E C. G3E D. H3E	A
60	VHF 无线电话的发射种类为 ___。	A. F3E B. G2B C. G3E D. A4E	A

序号	题目内容	可选项	正确答案
61	HF 发射机当工作频率切换到 2 182 kHz 时，工作种类应能够自动转换到____。	A. F1B B. J3E C. G3E D. H3E	D
62	在水上通信的发射类型中，单路单边带话用____表示。	A. F3E B. J3E C. J2B D. G2B	B
63	MF/HF 发射机当工作频率切换到 2 187.5 kHz 时，工作种类应能够自动转换到____。	A. F1B B. J3E C. G3E D. H3E	A
64	VHF DSC 的发射种类为____。	A. F3E B. G2B C. G3E D. A4E	B
65	GMDSS 系统中，作为搜救的船舶，其所配备的雷达应在____波段频率上工作。	A. 1.6 GHz B. 1.5 GHz C. 406 MHz D. 9 GHz	D
66	VHF13 频道的频率是____。	A. 156.8 MHz B. 156.525 MHz C. 156.3 MHz D. 156.65 MHz	D
67	国际规定船舶间航行安全通信使用的频道是____。	A. CH16 B. CH06 C. CH13 D. CH70	C
68	我国规定船舶间航行安全通信使用的频道是____。	A. CH16 B. CH06 C. CH13 D. CH70	B
69	VHF16 频道的频率是____。	A. 156.8 MHz B. 156.525 MHz C. 156.3 MHz D. 156.65 MHz	A

序号	题目内容	可选项	正确答案
70	用于 VHF 波段 DSC 呼叫的频道是 ___。	A. CH16 B. CH06 C. CH13 D. CH70	D
71	在国际航线上航行时，发现前面有一艘船从左前方开来，有可能造成紧迫局面，想与其通话进行协调避让，该轮应该使用的工作频道是 ___。	A. CH16 B. CH06 C. CH13 D. CH70	C
72	VHF 波段国际无线电话遇险安全频道是 ___。	A. CH16 B. CH06 C. CH13 D. CH70	A
73	现场通信主要使用电话或电传，其工作频段主要是 ___。	A. MF B. HF C. VHF D. AC 都对	D
74	在 GMDSS 系统中，地面通信系统中，有 ___ 种工作频段是船舶日常工作使用的频段。	A. 1 B. 2 C. 3 D. 4	C
75	NBDP 终端联机的设备是 ___。	A. DSC 终端 B. MF/HF 无线电台 C. INMARSAT 船站 D. VHF 电台	B
76	NBDP 的英文名称是 ___。	A. narrow band direct printing B. narrow board direct printing C. narrow band depart present D. narrow bandwith direct printing	A
77	NBDP 的中文名称是 ___。	A. 窄带直接印字电报 B. 直接打印终端 C. 网络播发终端 D. 窄带传输技术	A
78	在 MF 频段，无线电话的遇险和安全通信频率是 ___。	A. 2 182 kHz B. 2 174.5 kHz C. 2 187.5 kHz D. 2 177.5 kHz	A

序号	题目内容	可选项	正确答案
79	NBDP 终端的用途是____。	A. 自动电报通信 B. 自动电话通信 C. DSC 转接呼叫通信 D. 数据处理通信	A
80	NBDP 中的前向纠错方式的英文缩写是____。	A. AFC B. AGC C. FEC D. ARQ	C
81	NBDP 中的选择性前向纠错方式的英文缩写是____。	A. SFEC B. AGC C. FEC D. ARQ	A
82	NBDP 中的群集性前向纠错方式的英文缩写是____。	A. AFC B. CFEC C. FEC D. ARQ	B
83	前向纠错方式可分为____。	A. ARQ 和 FEC B. ARQ 和 CFEC C. SFEC 和 CFEC D. 以上都不对	C
84	在 8 MHz 频段，无线电话的遇险和安全通信频率是____。	A. 8 291 kHz B. 4 177.5 kHz C. 4 207.5 kHz D. 4 291 kHz	A
85	在 8 MHz 频段，DSC 的遇险和安全通信频率是____。	A. 8 291 kHz B. 4 177.5 kHz C. 8 414.5 kGz D. 4 292 kHz	C
86	在 16 MHz 频段，DSC 的遇险和安全通信频率是____。	A. 16 804.5 kHz B. 4 177.5 kHz C. 8 414.5 kGz D. 4 293 kHz	A
87	电传电文的结束符号为____。	A. NNNN B. MMMM C. AAAA D. BBBB	A

序号	题目内容	可选项	正确答案
88	电传电文报头中的"ATTN"表示具体的____。	A. 收报人 B. 发报人 C. 发信人 D. 收信人	A
89	在 12 MHz 频段，DSC 的遇险和安全通信频率是____。	A. 12 577 kHz B. 6 312 kHz C. 8 414.5 kGz D. 4 293 kHz	A
90	在 6 MHz 频段，DSC 的遇险和安全通信频率是____。	A. 16 804.5 kHz B. 6 312 kHz C. 8 414.5 kGz D. 4 293 kHz	B
91	DSC 国际遇险呼叫频率共有____个。	A. 5 B. 4 C. 6 D. 7	D
92	配备 MF/HF 设备的船舶在任何时间和地点都应使用 DSC 值守的频率是____。	A. 2 187.5 kHz B. 4 177.5 kHz C. 8 414.5 kGz D. AC 都正确	D
93	按"国际海上人命安全公约"（简称 SOLAS 公约）的规定，具有 DSC 功能 VHF CH70 的设备，在其工作状态应保持____值守。	A. 5 B. 4 C. 6 D. 连续	D
94	A1 海区航行的船舶，必须值守的频率是____。	A. VHF CH70 B. 2 187.5 kHz C. 4 177.5 kHz D. 8 414.5 kGz	A
95	地面通信系统中，对于航行在 A1 海区的船舶，所必须强制值守的频率是____。	A. 156.525 mHz B. 156.8 kHz C. 156.3 mHz D. 156.63 mHz	A
96	无线电话现场通信的频率最好是____。	A. CH16 和 2 182 kHz B. CH13 和 2 174.5 kHz C. CH70 和 2 187.5 kHz D. 2 174.5 kHz 和 2 187.5 kHz	A

序号	题目内容	可选项	正确答案
97	在 MF 频段，NBDP 的遇险和安全通信频率是____。	A. 2 182 kHz B. 2 174.5 kHz C. 2 187.5 kHz D. 2 177.5 kHz	B
98	在 MF 频段，DSC 的遇险和安全通信频率是____。	A. 2 182 kHz B. 2 174.5 kHz C. 2 187.5 kHz D. 2 177.5 kHz	C
99	CCIR 规定了 34 个 DSC 专用国际信道，其中用于船舶间呼叫的频率是____。	A. 2 182 kHz B. 2 174.5 kHz C. 2 187.5 kHz D. 2 177 kHz	D
100	DSC 通信在 VHF 频段的发射种类为____。	A. F1B B. G2B C. G3E D. A3E	B
101	Inmarsat 卫星通信主要优点是____。	A. 全球通信 B. 全天候通信 C. 费用低 D. 船自动纠错	B
102	船舶在海上航行期间，INMARSAT 船站的值守时间是____。	A. 8 B. 12 C. 24 D. 48	C
103	____是 Inmarsat - F 站电话业务识别码。	A. 764 120 123 B. 341 212 345 C. 604 121 234 D. 441 254 321	A
104	在 Inmarsat 系统中，电话业务印度洋区洋区码为____。	A. 852 B. 872 C. 873 D. 853	C
105	搜救协调通信中，遇险船舶所采用的有效通信手段主要由 ____、船载设备决定。	A. 船舶遇险海域 B. 船载设备 C. RCC D. AB 都对	A

序号	题目内容	可选项	正确答案
106	在 Inmarsat 系统中，当不知被呼叫船所在洋区时，电话业务洋区码可输入____。	A. 870 B. 872 C. 873 D. 874	A
107	在 Inmarsat 系统中太平洋区的数据（PSDN）接入码为____。	A. 870 B. 872 C. 1112 D. 874	C
108	在 Inmarsat 系统中，电传业务印度洋区洋区码为____。	A. 1 111 B. 582 C. 583 D. 1 113	C
109	在 Inmarsat 系统中，电传业务大西洋东区洋区码为____。	A. 581 B. 582 C. 583 D. 1 113	A
110	当利用船站的传真机给中国用户发传真时其国家代码应为____。	A. 85 B. 868 C. 86 D. 852	C
111	VHF DSC 误报警的善后处理办法是____。	A. 关闭发射并转上 CH16 B. 向所有电台广播，提供船名、MMSI码，解除报警 C. 立即关机 D. AB 都对	D
112	在 Inmarsat 系统中印度洋区的数据（PSDN）接入码为____。	A. 870 B. 872 C. 1 112 D. 1 113	D
113	在 Inmarsat 系统中大西洋东洋区的数据（PSDN）接入码为____。	A. 1 111 B. 872 C. 1 112 D. 1 113	A

序号	题目内容	可选项	正确答案
114	在 Inmarsat 系统中，电传业务太平洋区洋区码为____。	A. 1 111 B. 582 C. 1 112 D. 1 113	B
115	在 Inmarsat 系统中，经地面站请求海事援助的两位数字业务代码为____。	A. 8 B. 12 C. 24 D. 49	D
116	当用船站的电话给中国用户打电话时其电话国家代码应为____。	A. 8 B. 12 C. 24 D. 50	C
117	A4 海区是指____的海域。	A. Inmarsat 卫星覆盖区 B. COSPAS—SARSAT 卫星覆盖区 C. 不包括 A1、A2 海区的 INMARSAT 卫星覆盖区 D. 除 A1、A2、A3 海区以外的海域	D
118	当利用船站给中国用户发电传时其电传国家代码应为____。	A. 8 B. 12 C. 86 D. 85	D
119	Inmarsat 系统规定的通信等级中，遇险通信等级代码是____。	A. 0 B. 1 C. 2 D. 3	D
120	Inmarsat 系统规定的通信等级中，常规通信等级代码是____。	A. 0 B. 1 C. 2 D. 3	A
121	Inmarsat 系统规定的通信等级中，安全通信等级代码是____。	A. 0 B. 1 C. 2 D. 3	B

序号	题目内容	可选项	正确答案
122	Inmarsat 系统规定的通信等级中，紧急通信等级代码是____。	A. 0 B. 1 C. 2 D. 3	C
123	具有 EGC 接收功能的船站是____。	A. Inmarsat－C B. Inmarsat－F C. Inmarsat－B D. Inmarsat－M	A
124	EGC 的业务类型有____类。	A. 安全网业务 B. 船队网业务 C. 系统业务 D. 以上都是	D
125	EGC 业务中属于收费业务的是____。	A. 安全网业务 B. 船队网业务 C. 系统业务 D. 以上都是	B
126	EGC 的业务类型中只能按常规等级发送的是____。	A. 安全网业务 B. 船队网业务 C. 系统业务 D. 以上都是	B
127	增强群呼系统是____系统的一个组成部分。	A. Inmarsat－C B. Inmarsat－F C. Inmarsat－B D. Inmarsat－M	A
128	EGC 系统支持两项业务____。	A. SAFETY NET 和 BBS B. SAFETY NET 和 NAVTEX C. SAFETY NET 和 FLEET NET D. SAFETY NET 和 NM	C
129	EGC 信息是由____以广播的形式播发出去。	A. NCS B. CES C. SES D. IMO	A
130	EGC 系统主要用于播发____。	A. NW B. MSI C. BBS D. IMO NEWS	B

序号	题目内容	可选项	正确答案
131	KANNAD - 406 型 EPIRB 从固定盒中取出超过____s 会自动报警。	A. 10 B. 20 C. 30 D. 40	C
132	EPIRB 的作用是____。	A. 当船舶发生遇险时通过人工发出报警信号，提供 A3 海区范围内报警 B. 当船舶发生遇险时，通过卫星向 RCC 发出报警 C. 当船舶发生遇险时，自动向公司发出遇险报警 D. 当船舶遇险时，向 RCC 发出遇险船位	B
133	COSPAS/SARSAT 系统中，406 MHz EPIRB 使用的工作模式是____。	A. 实时转发和实时处理模式 B. 实时模式和全球覆盖模式 C. 全球覆盖和存储转发模式 D. 存储转发模式	B
134	406 MHz EPIRB 的主要优点____。	A. 实时性强 B. 全球模式 C. 信息量大 D. 报警时间长	B
135	EPIRB 发生误遇险报警时，下面描述不正确的是____。	A. 立即停止 EPIRB 的报警 B. 与所在海区的 RCC 联系，做出解释，要求取消本船的遇险报警信息 C. 等 RCC 与你船联系时，再做出解释 D. 报告船长，采取措施，消除影响	C
136	在 GMDSS 中，船舶遇险后，作为寻位的设备主要是____。	A. EPIRB B. DSC C. SART D. MF/HF TLX	C
137	SART 的电池要有足够的容量，应能保证在待命状态下连续工作 96 h，还能在 1 kHz 雷达脉冲的触发下，再连续工作____。	A. 12 h B. 8 h C. 6 h D. 4 h	B

序号	题目内容	可选项	正确答案
138	SART 的信号发射是____。	A. SART 浸入水后就发射 B. SART 收到 X 波段雷达的触发脉冲就启动连续发射 C. SART 收到 X 波段雷达站的触发脉冲就发射一次 D. SART 浸水后，同时收到 X 波段雷达的触发脉冲，就连续发射	C
139	SART 的电池应该多长时间更换一次？	A. 1 年 B. 1 月 C. 1 季度 D. 四年	D
140	SART 平时放在哪里保管？	A. 电台物料间 B. 驾驶台外两侧 C. 驾驶台内两侧墙壁 D. 驾驶台顶	C
141	SART 收到雷达询问信号时____。	A. 哑声，无光闪 B. 哑声，光闪加快 C. 声响，光闪变慢 D. 声响，光闪变快	D
142	SART 的测试周期是____。	A. 1 年 B. 1 月 C. 1 季度 D. 半年	B
143	SART 在测试时应该注意____。	A. 支得越高越好 B. 避免干扰附近船舶 C. 使用最低功率 D. B＋C	B
144	NBDP 的计费是按____计算。	A. 时间长短 B. 电传的长度 C. 字数 D. 岸台使用情况	A
145	属于免费的通信业务是____。	A. 涉及海上遇险通信和航行安全的公益性通信 B. 航务通信 C. 所有 NBDP 业务 D. AB 都是	D

序号	题目内容	可选项	正确答案
146	地面通信系统中，对于分抄送电报收费，说法正确的是___。	A. 每增加一份，增加一倍收费 B. 每增加一份，增加 1/2 费用 C. 在同一岸台所在地的多个收报单位，每增加一份，加收 1/3 的电报费 D. 不增加收费	B
147	地面通信系统中的通信资费包含___。	A. 陆线费、岸站费、特别业务费 B. 陆线费、海岸费、特别业务费 C. 岸站费、海岸费、陆线费和船舶费 D. 特别业务费、陆线费和星体费	B
148	G4 传真业务的收费规定是___。	A. 按文件页数计费 B. 按通信时间计费 C. 按信息量计费 D. 按通信次数计费	B
149	船舶通过 Inmarsat 卫星向陆地用户发送信息，其通信收费为___。	A. 卫星链路费 B. 地面站设备使用费 C. 公众通信网络使用费 D. 以上都是	D
150	MPDS 业务付费的特点是___。	A. 与通信时间成正比 B. 按占用信道的时间付费 C. 按传输信息量的大小付费 D. 按月付费	C
151	ISDN 业务付费的特点是___。	A. 与通信时间成正比 B. 按占用信道的时间付费 C. 按传输信息量的大小付费 D. 按月付费	B
152	海事卫星的通信资费包括___。	A. 陆线费 B. 岸站费 C. 空间费 D. 以上都是	D
153	地面通信系统中，船舶无线电话的收费，每次按___起算。	A. 1 min B. 3 min C. 2 min D. 6 s	B

序号	题目内容	可选项	正确答案
154	对于国内公众船舶电报的加急业务，其收费为____。	A. 陆线费加倍 B. 该类电报仅作为船岸间优先传递，不加倍收费 C. 增加 1/2 D. 陆线费和岸台费都加倍	A
155	地面通信系统中的国际公众船舶电报，如果涉及人命安全，其收费办法为____。	A. 免费 B. 半价收费 C. 按普通电报收费 D. 按普通电报的 1/3 收费	A
156	地面通信系统的收费标准中，LL 和 CC 表示____。	A. 陆线费和海岸费 B. 岸站费和陆线费 C. 星体费和海岸费 D. 星体费和陆线费	A
157	Inmarsat－C 系统的通信收费以信息量来计算，计费单位是____。	A. 256bit B. 1 000 kbt C. 1 024 kbt D. 2 000 kbt	A
158	交通系统的船舶标志为 ____ 账务结算单位负责电信费用的结算。	A. CN01 B. CN02 C. CN03 D. CN04	C
159	"CN03" 的代码为____。	A. 中国对外账务结算机构单位的识别代码 B. 国际组织账务结算机构的识别代码 C. 卫星通信系统的账务结算机构 D. 地面通信系统的账务结算机构	A
160	船舶无线电人员交接班时，应把交接备忘记录在电台日记上并由____确认。	A. 交接双方 B. 船副 C. 船长 D. 船东	C
161	电台日记中的 "S" 代表____。	A. 本台 B. 发射 C. 发射台 D. 停发	B
162	电台日记中的 "R" 代表____。	A. 本台 B. 发射 C. 发射台 D. 接收	D

序号	题目内容	可选项	正确答案
163	航行于国际航线的船舶电台的电台日记使用的文字是____。	A. 英语 B. 中文 C. 法文 D. 德语	A
164	电台日记的记录时间应以____来记录。	A. Local Time B. GMT C. UTC D. ZONE TIME	C
165	必须记录在电台日记上的是____。	A. 遇险通信情况 B. 通电及 MSI 接收情况 C. 中午船位 D. 以上都是	D
166	《无线电通信日志》由驾驶员或使用人员直接填写，当进行有关遇险、紧急、安全以及重大事件方面的通信时，应____。	A. 请示船长如何填写 B. 详细记载通话内容和过程并有船长签署或加签 C. 船长直接填写 D. 二副直接填写	B
167	航行于国际水域的船舶，日常工作的指导文件是____	A.《海岸电台表》 B.《船舶电台表》 C.《无线电信号书》 D.《ITU 无线电规则》	D
168	电台执照除了使用船旗国的官方文字外，通常还应使用____译文。	A. 英文 B. 法文 C. 西班牙文 D. 德语	A
169	无线电设备安全证书的定期检验时间是____。	A. 1 年 B. 2 年 C. 3 年 D. 4 年	A
170	国际公众电报、卫通电传的报稿保存期是____。	A. 1 年 B. 2 年 C. 3 年 D. 4 年	B

序号	题目内容	可选项	正确答案
171	航海通告的修改资料是由____保管。	A. 船长 B. 无线电员 C. 船副 D. 轮机长	C
172	无线电设备安全证书的有效期是____。	A. 5年 B. 2年 C. 3年 D. 4年	A
173	船岸电台保管各类报底、账单、工作日记，期限一年的有____。	A. 航行警告、气象报告 B. 电报、电话账单 C. 电台工作日记 D. 国内各类报底	D
174	船舶在海上遇险弃船时，无线电人员在离船时应带走的重要文件是____。	A. 电码簿 B. 无线电规则 C. 报文底稿 D. 电台日记	D
175	VHF无线电话的使用应该注意____。	A. 呼叫有专用工作频道的电台 B. 直接在工作频道上呼叫、使用16频道呼叫前要确认没有正在进行的遇险紧急通信 C. 16频道的占用时间不能超过1 min D. 以上都是	D
176	《无线电通信日志》是船舶的重要文件和法律依据之一，填错时应该____。	A. 涂改干净后重新填写 B. 撕掉本页，重新填写 C. 报告船长 D. 划去重写，不得任意涂改和撕页	D
177	电台的账单的保存期是____。	A. 1年 B. 2年 C. 3年 D. 4年	B
178	DSC遇险报警后，在VHF频段上的通信手段只能是____。	A. 无线电传 B. 无线传真 C. 电子邮件 D. 无线电话	D

序号	题目内容	可选项	正确答案
179	GMDSS 对 MF/HF DSC 值守机的基本要求是＿＿。	A. 能够保持在 2 187.5 kHz、8 414.5 kHz 连续值守，以及在 4 207.5 kHz、6 312 kHz、12 577 kHz、16 804.5 kHz 其中之一频率上连续值守 B. 能够保持在 2 174.5 kHz、8 414.5 kHz 连续值守，以及在 2 187.5 kHz、4 207.5 kHz、6 312 kHz、12 577 kHz、16 804.5 kHz 其中之一频率上连续值守 C. 够能保持在 2 187.5 kHz、8 414.5 kHz、12 577 kHz 连续值守，以及在 4 207.5 kHz、6 312 kHz、16 804.5 kHz 其中之一频率上连续值守 D. 能够保持在 2 187.5 kHz、8 414.5 kHz、4 207.5 kHz、6 312 kHz、12 577 kHz、16 804.5 kHz 其中之一频率上连续值守	A
180	DSC 遇险呼叫收妥承认序列的标志是＿＿。	A. DISTRESS B. DISTRESS RELAY C. DISTRESS ACK D. DISTRESS　BQ	C
181	在 Inmarsat 系统中，遇险通信时选择岸站转接到 RCC 的原则是＿＿。	A. 离呼叫船最近的岸站 B. 离被呼叫用户最近的岸站 C. 电传选 CES，电话选 NCS D. 选择空闲的岸站	A
182	Inmarsat 系统规定的通信等级中，遇险通信等级代码是＿＿。	A. 1 B. 2 C. 4 D. 3	D
183	医疗指导医疗援助和海事援助属于紧急和安全通信业务＿＿。	A. 医疗指导 B. 书信业务 C. 船位报告 D. 技术援助	A
184	航行于 A3 海区的船舶遇险时可用的报警手段是＿＿。	A. MF/HF DSC B. Inmarsat 船站报警 C. EPIRB D. 都是	D

序号	题目内容	可选项	正确答案
185	DSC 遇险报警电文共有遇险性质、遇险位置、___ 4 个部分。	A. 遇险种类和遇险通信手段 B. 遇险时间和遇险种类 C. 遇险时间和遇险通信手段 D. 以上都不对	C
186	船台与船台之间的 NBDP 通信应采用方式___。	A. SFEC B. CFEC C. ARQ D. FEC	C
187	船台用 NBDP 经岸台与国际/国内公众电传网用户之间的通信应采用___方式。	A. SFEC B. CFEC C. ARQ D. FEC	C
188	对于 16 频道的使用，正确的说法是___。	A. 16 频道是国际无线电话遇险频道，只能用于遇险紧急通信 B. 16 频道是国际无线电话遇险频道，只能用于遇险紧急和安全通信 C. 16 频道是国际无线电话遇险频道，用于无线电话遇险、紧急呼叫和通信，也用于无线电话的安全呼叫和日常呼叫 D. 都不对	C
189	NAVTEX 报文种类"D"表示___。	A. 航行警告 B. 气象警告 C. 搜救信息 D. 气象预报	C
190	遇险船和救援单位之间进行的通信称为___。	A. 遇险通信 B. 搜救协调通信 C. 现场通信 D. 寻位	C
191	气象预报属于___。	A. 海上安全信息（MSI） B. 气象报告 C. 电报 D. 都不是	A
192	进行无线电报时信号对时时，接收机的工作方式应该选择___。	A. F1B B. ARQ C. J2B D. CW 或 AM	D

序号	题目内容	可选项	正确答案
193	DSC 遇险报警的＿＿应使用 UTC。	A. 遇险种类和遇险通信手段 B. 遇险时间和遇险种类 C. 遇险时间 D. 以上都不对	C
194	AUSREP/FR 是＿＿报告。	A. 航行计划 B. 改航 C. 最终 D. 船位	C
195	CHISREP 叫＿＿。	A. 巴西船位报告系统 B. 中国船位报告系统 C. 澳大利亚船位报告系统 D. 日本船位报告系统	B
196	气象报告业务可以在无线电信号书第＿＿卷查阅。	A. 1 B. 2 C. 3 D. 4	C
197	全球航行警告业务是由＿＿协作提供的。	A. 国际海事组织和国际气象组织 B. 国际气象组织和国际电信联盟 C. 国际海事组织和国际电信联盟 D. 国际海事组织和国际水文组织	D
198	全球航行警告业务是由＿＿协作提供的。	A. IMO 和 RCC B. IHO 和 IMO C. IHO 和 ISO D. NCC 和 LUT	B
199	NAVTEX 报文种类"E"表示＿＿。	A. 航行警告 B. 气象警告 C. 搜救信息 D. 气象预报	D
200	EPIRB 设备在测试中误发了遇险报警信息，不能用＿＿取消误报警。	A. EPIRB B. Inmarsat 设备 C. 地面通信设备 D. A 和 B	A

二、判断题

序号	题目内容	正确答案
1	GMDSS 系统中，主要覆盖 A1 海区的海岸电台是 VHF 岸台。	正确
2	国际无线电话呼叫格式中，被叫台的呼号或识别被呼的次数最多不超过 3 次。	正确
3	VHF DSC 误报警的善后处理办法为向所有电台广播，提供船名、MMSI 码，解除报警。	正确
4	Inmarsat－C 船站误报警正确的处理手法是向发出误报警的同一 CES 发送遇险优先电文，通知 RCC 解除报警。	正确
5	在 DSC 终端与 MF/HF 电台相连接工作时，发射机的工作种类应为 F1B。	正确
6	在 4 MHz 频段，DSC 的遇险和安全通信频率是 4 207.5 kHz。	正确
7	海上移动业务无线电台的工作时间是无要求的。	错误
8	海上移动业务无线电台的工作时间是有要求的。	正确
9	遇险船和救援单位之间进行的通信称为现场通信。	正确
10	NBDP 终端与 MF/HF 设备相连接可以用来实现电传通信。	正确
11	NBDP 中的群集性前向纠错方式的英文缩写是 CFEC。	正确
12	NBDP 中的选择性前向纠错方式的英文缩写是 SFEC。	正确
13	NBDP 中的前向纠错方式的英文缩写是 FEC。	正确
14	在 NBDP 通信中，同一时间发送同一电文给所有船台采取的工作方式是 SFEC。	错误
15	电传电文报头中的"ATTN"表示具体的收报人。	正确
16	DSC 遇险报警电文中坐标为 3452002058，表示遇险时的船位是 $45°20'S—20°58'W$。	正确
17	A1 海区是指至少一个 VHF 岸台覆盖，并能实现连续 DSC 报警的海域。	正确
18	DSC 的码元结构组成为十单位二进制码。	正确
19	配备 MF/HF 设备的船舶在任何时间和地点都应使用 DSC 值守的频率是 2187.5 kHz、8 414.5 kGz。	正确
20	在 16 MHz 频段，DSC 的遇险和安全通信频率是 16 804.5 kHz。	正确
21	作为 VHF DSC 专用值守频道的是 CH70。	正确
22	配备 MF/HF 设备的船舶应在至少 3 个频率上使用 DSC 进行连续遇险与安全值守。	正确

序号	题目内容	正确答案
23	DSC 要定期维护。	正确
24	无线电话沟通后，若被呼电台不能立即接收电话，等待时间超过 5 min 应说明原因。	错误
25	地面通信系统中，船舶无线电话的收费，每次按 3 min 起算。	正确
26	无线电话中 WILCO 表示的是遵命。	正确
27	无线电话通信时，OVER 表示轮到对方讲话。	正确
28	使用无线电话通信时不用按程序使用。	错误
29	使用无线电话通信时严格按程序使用。	正确
30	甚高频无线电话使用登记簿和雷达使用登记簿，保管期为 2 年.	错误
31	使用甚高频时要等对方讲完再讲。	正确
32	在 Inmarsat 遇险电传电信号在 Inmarsat 遇险电传电文中，必须冠以 MAYDAY 信号。	正确
33	Inmarsat 船站多次产生误报警会有取消船站注册后果。	正确
34	在 Inmarsat 系统中，经地面站请求医疗援助的两位数字业务代码为 38。	正确
35	Inmarsat - F 站的数据 56/64 kbit/s 传输业务识别码的前两位数是 60。	正确
36	A3 海区是指不包括 A1、A2 海区的 Inmarsat 卫星覆盖区的海域。	正确
37	GMDSS 主要分为 1 个分系统。	错误
38	EGC 系统是以 Inmarsat - C 站为基础的报文广播业务。	正确
39	全球航行警告主要安排用 Inmarsat 系统的 EGC 播发。	正确
40	EGC 的业务类型中，属于 EGC 基本业务的是安全网业务、船队网业务。	正确
41	EPIRB 发生误遇险报警时，要立即停止 EPIRB 的报警。	正确
42	SART 的信号发射是 SART 收到 X 波段雷达站的触发脉冲就发射一次。	正确
43	SART 在测试时应该注意避免干扰附近船舶。	正确
44	AAIC 为计费机构识别码。	正确
45	"CN03" 为中国对外账务结算机构单位的识别代码	正确
46	负责电台日常管理的操作员，离船休假时应与接班人把电台交接的事项记录在电台日记上。	正确
47	航行于国际水域的船舶，日常工作的指导文件是《ITU 无线电规则》。	正确

序号	题目内容	正确答案
48	船舶在海上遇险弃船时，无线电人员在离船时应带走的重要文件是电台日记。	正确
49	DSC 遇险报警后，在 VHF 频段上的通信手段只能是无线电话。	正确
50	对于 VHF 70 频道的使用，正确的说法是用于 VHF 波段 DSC 的遇险紧急安全和日常呼叫。	正确
51	GMDSS 系统中，作为搜救的船舶，其所配备的雷达应在 9 GHz 波段频率上工作。	正确
52	按 SOLAS 公约的规定，具有 VHF CH70 的有 DSC 功能的设备，在其工作状态应保持连续值守。	正确
53	在 Inmarsat 系统中，遇险通信时选择转接到 RCC 的岸站的原则是离呼叫船最近的岸站。	正确
54	DSC 遇险报警电文共有遇险性质、遇险位置、遇险时间和遇险通信手段 4 个部分。	正确
55	航行于 A3 海区的船舶遇险时可用的报警手段是 MF/HF DSC。	正确
56	船台用 NBDP 经岸台与国际/国内公众电传网用户之间的通信应采用 ARQ 方式。	正确
57	对于 16 频道的使用，正确的说法是 16 频道是国际无线电话遇险频道，用于无线电话遇险、紧急呼叫和通信，也用于无线电话的安全呼叫和日常呼叫。	正确
58	气象预报属于海上安全信息（MSI）。	正确
59	海上安全信息（MSI）不包括船队信息。	正确
60	DSC 遇险报警的遇险时间应使用 UTC。	正确
61	CHISREP 叫中国船位报告系统。	正确
62	气象报告业务可以在无线电信号书第 3 卷查阅。	正确
63	气象报告通常分为三个部分：警告、天气大势和预报。	正确
64	全球航行警告业务是由 IHO 和 IMO 协作提供的。	正确
65	NAVTEX 报文种类"B"表示气象预报。	错误
66	NAVTEX 报文种类"A"表示气象预报。	错误
67	EPIRB 设备在测试中误发了遇险报警信息，不能用 EPIRB 取消误报警。	正确
68	搜救协调通信中，遇险船舶所采用的有效通信手段主要由船舶遇险海域、船载设备决定。	正确

通信英语

一、选择题

序号	题目内容	可选项	正确答案
1	Traditional terrestrial techniques can ____.	A. help the radio system to overcome its basic flaws B. improve the world communications with the help of satellite and digital techniques C. not perfect the existing radio system D. above B & C	D
2	There are ____ NAVAREAs designated by IHO and IMO all over the world.	A. 13 B. 4 C. 21 D. 12	C
3	The INMARSAT system provides the coverage of ____.	A. area A4 B. area A1 & A2 C. area A3 D. area A1 & A2 & A3	D
4	Which of the following is not a DSC distress alert frequency?	A. 2 187. 5 kHz B. 2 182 kHz C. 8 414. 5 kHz D. 4 207. 5 kHz	B
5	Ship which operates in area A4 will have to carry ____.	A. HF equipment B. MF，VHF equipment and SES C. INMARSAT equipment D. EGC receiver	A
6	Where are INMARSAT satellite located?	A. Atlantic Ocean B. Pacific Ocean C. India Ocean D. All of above	D

序号	题目内容	可选项	正确答案
7	What can't existing system overcome?	A. A lot of basic flaws B. Traditional techniques C. Terrestrial techniques D. None of above	A
8	For most people，what are satellites used for?	A. Television B. Entertainment C. Navigation D. above A & B	D
9	What are satellites used for by IMO?	A. Maritime communication B. World communication C. Shore communication D. Entertainment	A
10	What is international NAVTEX based on?	A. Terrestrial technique B. NBDP technique C. Satellite D. Digital technique	A
11	Operating method in which transmission is possible simultaneously in both directions of a communication channel is called ____.	A. Duplex Operation B. Simplex Operation C. Auto-Operation D. Two-way communication	A
12	What should the mounting place of EPIRB be suitable for?	A. testing B. Maintenance C. Commissioning D. above A & B	D
13	The meaning of RCC is ____.	A. Rescue Control Centre B. Receive Company Cable C. Rescue Coordination Centre D. Remain Course Continuously	C
14	For locating the ship in distress，the SAR party will make use of ____ by starting 9 GHz shipborne or airborne radars.	A. DSC B. SART C. EPIRB D. NBDP	B
15	____ receives MSI via INMARSAT SafetyNet service within the INMARSAT coverage.	A. a NAVTEX receiver B. an EGC receiver C. a MF/HF radio D. a VHF R/T	B

序号	题目内容	可选项	正确答案
16	The NCC is located in the ___.	A. IMO Headquarters in London B. Inmarsat Headquarters building in London C. Western European Maritime Organization D. International Maritime Safety Committee	B
17	Mariners should pay much attention in the overlapped area owing to ___.	A. complicated circumstances B. changeable atmosphere pressure C. large density of traffic D. some strong signals from unwanted satellite	D
18	The chapter IV of SOLAS Convention is about ___.	A. maritime radio-communication B. navigational regulations C. terms and definitions D. GMDSS instructions	A
19	For ship-to shore distress alerts, you can use ___.	A. INMARSAT，EPIRB and DSC B. NAVTEX，NBDP and R/T C. INMARSAT，VHF and SART D. EPIRB. DSC and radar	A
20	The satellites over the major ocean regions cover the globe ___.	A. beside the polar regions B. including the North Pole and the South Pole C. above 76 N and below 76S D. as far north and south 76	D
21	There are some back-up satellites in the event of failure. If the operational satellite is out of work，___.	A. communications in the whole system will stop B. the global system will be damaged C. the back-up one will take its place D. the whole system will not work	C
22	Geostainary satellites are the artificial satellites which ___.	A. always move slowly B. are in one place only C. sometimes move and sometimes do not D. synchronize with the movement of the earth	D
23	The quality of the message can be affected by ___.	A. climatic B. sunshine C. Human beings D. Both A and B	A

序号	题目内容	可选项	正确答案
24	A ship station on receiving a shore-to-ship distress alert should ____.	A. keep silence B. interfere with such communication C. establish communication as directed and render such assistance as is required and appropriate D. refuse communication as directed and render such assistance as is required and appropriate	C
25	In GMDSS, the distress or safety message will be picked up by ____ if it is sent using HF, INMARSAT or the COSPAS-SARSAT system.	A. ships B. shore stations C. both ships and shore stations D. either ships or shore stations	B
26	The existing terrestrial radio system has a number of basic flaws which ____.	A. can be overcome by using traditional techniques B. cannot be overcome by satellite system C. can be overcome by satellite and digital techniques D. cannot be tackled by any modern system	C
27	Distress traffic consists of all message relating to the immediate assistance required by the ship in distress, including search and rescue communications and signals for locating, ____ are also distress traffic according to this passage.	A. routine traffic B. VHF calling C. ships for locating D. any signals	C
28	The world's first communication satellite, Telstar, was put into orbit in ____.	A. 1962 B. 1960 C. 1957 D. 1975	A
29	Why do some station keep silence?	A. becasure they are not engaged in the distress traffic B. they will affect the transmission of the distress traffic C. the powers of these station are very weak D. they are not in charge of search and rescue	B

序号	题目内容	可选项	正确答案
30	The auto-operation of Tron-30 s S-EPIRB is mainly controlled by ___.	A. the mercury switch B. battery unit C. its switch on the top D. its environmental conditions	A
31	IMN is an ___ for an SES.	A. International Mobile Number B. INMARSAT Maritime Number C. INMARSAT Mobile Number D. International Maritime Number	C
32	Radio system ___ about 100years ago.	A. came into use at sea B. saved the ships in distress C. has been used by mariners D. was greatly improved	A
33	In the GMDSS，Maritime Safety Information broadcast will be made on two dedicated systems providing near-continuous automated reception on board ships，they are ___.	A. INMARSAT SafetyNet Service and NAVTEX B. SafetyNet Service and COSPAS-SARSAT C. DSC system and Navigation Warning Service D. MF/HF radiotelephone with NBDP and EGC Service	A
34	We ___ the distress signal on our own radio before the shore station relayed it to us.	A. received already B. have received C. had received D. were receiving	C
35	Satellite communication ___ terrestrial radio communication.	A. is more advanced than B. has more advantages than C. is superior to D. all of above	A
36	A SOLAS vessels should be able to communicate with shore stations ___.	A. at any time and from any location B. either in case of distress and exchange of information C. in major ocean regions and at regular times D. above A & B	D
37	Who will receive the distress of safety message sent by COSPAS-SARSAT system?	A. Shore station B. Coast earth station C. Ship earth station D. EPIRB	A

序号	题目内容	可选项	正确答案
38	A distress alert can be relayed from an RCC by ____.	A. major coast stations B. satellite and terrestrial communications C. MF/HF and VHF stations D. COSPAS-SARSAT	B
39	Any ships fitted with SES can ____ and ____ through the satellite system when sending a distress alert.	A. enter the system; contact an RCC B. access to INMATSAT; establish contact with a CES C. have absolute priority to enter the system; make contact with a CES D. enter the system gradually; wait for rescue	C
40	It is quite ____ for an SES operator to send a distress alert.	A. easy and expensive B. simple and certain C. dangerous and stable D. difficult and compulsory	B
41	____ is designed to give an automatic distress signal when a ship sinks suddenly.	A. A lifeboat B. A Survival craft C. An EPIRB D. A SART	C
42	When TRON-30S S-EPIRB is ____, the auto-transmitting will stare.	A. put into water in the upright position B. switch on by the operator C. stored in an inverted position D. mounted up on the ship	A
43	SOLAS ships should keep a continuous listening watch on ____.	A. CH 16 B. 2 182 KHz C. 121. 5 MHz D. CH 70	D
44	There are ____ operational satellites in the INMARSAT system covering the whole globe except the polar regions.	A. 3 B. 4 C. 8 D. 12	B
45	A radio determination system based on the comparison of reference signals with radio signals reflected, or retransmitted from the position to be determined, is ____.	A. DF B. Radar System C. DSC System D. COSPAS-SARSAT	B

序号	题目内容	可选项	正确答案
46	The GMDSS defines ___ sea areas based on the location and capability of shore based communication facilities.	A. Three B. six C. five D. four	D
47	During a ___ period, as a newly commissioned SES, your IMN will be past to the other CESs.	A. 20-hour B. 12-hour C. 24-minute D. 24-hour	D
48	On-scene communications will be between ___ and ___.	A. the ship in distress; SAR B. the ship in distress; RCC C. the ship in distress; vessel in vicinity D. the ship in distress; assisting units	D
49	Sea area A2 is an area within the coverage of at least one MF coast station. Normally the range of it is ___ nm.	A. 20~30 B. 150 C. 65 D. 80	B
50	A NAVTEX receiver receives MSI broadcast from ___.	A. NAVTEX station B. RCCs C. NCCs D. SafetyNET service	A
51	SOLAS vessels are able to communicate with shore stations ___.	A. No matter where they are and what the time it is B. In major oceans and at scheduled time C. At regular times everyday D. From some fixed position	A
52	Any radio communication service which is used for the safeguarding of human life and property, whether permanently or temporarily, is a ___ service.	A. Public B. radio C. safety D. emergency	C
53	A mobile earth station in the maritime mobile-satllite service, which is located on board ship, is called ___.	A. an LES B. an SES C. a ship station D. a Land Mobile Station	B

序号	题目内容	可选项	正确答案
54	_____ is a space system using one or more artificial earth satellites.	A. Satellite network B. Satellite link C. INMARSAT D. Satellite system	D
55	General communications _____.	A. concern the management and operation of the ship B. may affect the safety of the ship C. are between ship station and shore-based communication network D. all of above	D
56	There are _____ NCSs in total, one in each ocean region, the AOR (E and W), IOR and POR	A. 3 B. 2 C. 1 D. 4	D
57	There is actually an overlap of _____, ocean regions somewhere in Western European Waters.	A. as many as three B. more than two C. less than two D. up to four	A
58	The requirement of shipborn communications equipment vary according to the _____.	A. type of the ship B. cargo which the ship loads on board C. tonnage of the ship D. area (or areas) in which the ship operates	D
59	On receipt of a distress alert, the SAR unit ashore and at sea will _____ soonest.	A. coordinate in rescue operations B. send rescue vessels C. reach the distress area at once D. conduct a sector search	A
60	The training of the GMDSS operators should be in accordance with _____.	A. SOLAS 88 B. STCW 95 C. IMO Assembly D. WARC	B
61	Utopia asked for tug assistance because she _____.	A. run aground B. is running aground C. was aground D. is aground	C

序号	题目内容	可选项	正确答案
62	＿＿＿ is the center of the frequency band assigned to a station.	A. Assigned frequency B. working frequency C. MF band D. distress frequency	A

二、判断题

序号	题目内容	正确答案
1	The beacon located on board ship is termed EPIRB.	正确
2	A distress alert will normally be initiated manually and all distress alerts will be acknowledged manually.	正确
3	The list of Coast Station is republished every two years in French, English, Spanish.	正确
4	The satellite and support facilities operated by INMASAT are based on 4 operational regions.	正确
5	The master or the person responsible for the ship is the supreme authority with regard to the operation of the radio station.	正确
6	the fishing vessel left the distress area assistance vessel arrived.	错误
7	When Tron-30 s beacon in the up right position is put into water, transmission will start independent of the switch at the top of the beacon.	正确
8	The INMARSAT consists of 4 major components.	错误
9	The quality of EGC messages is all time affected by the position of the ship, the time of reception and climate conditions.	错误
10	Radar bandwidth is normally fixed to the range scale and the associated pulse length.	错误
11	A ship with the gross tonnage of 500 or upwards should be equipped with 3 portable two-way VHF sets.	正确
12	For COSPAS-SARSAT system, LUT usually transmit initial COSPAS-SARSAT alert.	正确
13	Within the area of INMARSAT coverage, EGC receiver receives MSI via SafetyNet service.	正确

序号	题目内容	正确答案
14	For COSPAS-SARSAT system，Satellite SAR instrument process the distress signal from EPIRB to determine its position and identity.	错误
15	Urgency call shall be transmitted to avoid all ship in a large sea area being alerted.	错误
16	All ships over 300 GTG must be fitted with an Inmarsat Safety Net reception facility on and after 01 February 1999.	错误
17	NAVTEX co-coordinators control messages transmitted by each station according to the information contained in each message.	正确
18	Please use Chinese for some distress calls.	错误
19	The priority of EGC messages is classified by distress，urgent，safety and routine.	正确
20	Category B2＝F is to be used only for broadcasting details of vessel to the pilot service.	正确
21	Ship-to-ship distress alerling should be conducted by VHF/DSC or MF/DSC.	正确
22	For COSPAS-SARSAT system，MCC transmit distress alert and location information to appropriate rescue authorities all over the world.	正确

第七部分

普通船员

一、选择题

序号	题目内容	可选项	正确答案
1	消防演习应在____领导下，由船副直接指挥进行，除值班船员外，所有船员均须参加。	A. 船长 B. 轮机长 C. 值班水手 D. 值班轮机员	A
2	演习中所有船员携带规定的消防器材，必须在____min内赶赴现场集合，消防水带应在警报发出后____min内出水。	A. 2　5 B. 3　5 C. 5　10 D. 1　2	A
3	消防人员用水枪射水的基本姿势有____。①立射；②跪射；③卧射；④肩射。	A. ①②③ B. ②③④ C. ①②③④ D. ②③	C
4	关于渔船安全生产说法错误的是____。	A. 保证船舶安全适航 B. 及时掌握气象动态 C. 遵守值班瞭望制度 D. 安全生产只是船东和船长的责任	D
5	渔船出海作业必须____作业，保持通信畅通，同出同回，互相照应。	A. 单独 B. 交叉 C. 编队 D. 一起	C
6	进出港航行应控制航速，港内禁止____他船。	A. 跟随 B. 追越 C. 相遇 D. 绑靠	B
7	雾中航行不准____驾驶台所有门窗。	A. 打开 B. 关闭 C. 密封 D. 无所谓	B
8	船上禁止使用____。	A. 电烙铁 B. 电水壶 C. 移动式明火电炉 D. 电焊	C

序号	题目内容	可选项	正确答案
9	航行中明火作业须经____同意。	A. 船长 B. 监督长 C. 轮机长 D. 船副	A
10	船员在无人照料或无人知道的情况下____单独进入封闭舱室。	A. 禁止 B. 可以 C. 随意 D. 需要时可以	A
11	船舶是"浮动的国土",因此从广义上讲船员人际关系具有其____。	A. 复杂性 B. 单调性 C. 枯燥性 D. 开放性	D
12	船员的人际关系在劳动过程中的体现具有____。	A. 复杂性 B. 单调性 C. 枯燥性 D. 流动性	A
13	船员不良心理素质的主要表现之一是____。	A. 恐惧和乐观心理 B. 新鲜和好奇心理 C. 刺激和虚荣心理 D. 自我封闭和自卑感	D
14	船员的长期离岸及工作环境等特殊的影响,要求船员能通过调节____增加____能力来适应和克服这种影响。	A. 营养;体格 B. 心理;承受 C. 营养;心理 D. 身体;耐力	B
15	遵守安全作业规章制度,最终受益者是____。	A. 作业人 B. 船长 C. 船公司 D. 其他人员	A
16	____是海上求生过程中必要的物质基础。	A. 救生艇 B. 救生筏 C. 救生衣 D. 救生设备	D
17	下列不属于救生设备的是____。	A. 救生衣 B. 救生筏 C. 救助艇 D. 安全帽	D

序号	题目内容	可选项	正确答案
18	属于个人救生设备的是____。	A. VHF B. 救生筏 C. 救生艇 D. 救生衣	D
19	救生衣是船上最简便的救生工具，船上人员每人应配备____。	A. 三件 B. 两件 C. 四件 D. 一件	D
20	救生服外表颜色为____。	A. 蓝色 B. 黄色 C. 白色 D. 橙色	D
21	救生圈的外表有反光带和____根等间距的扶手索。	A. 1 B. 3 C. 2 D. 4	D
22	存放架上的筒内存放的是____。	A. 救生艇 B. 救生筏 C. 救生圈 D. 救生衣	B
23	在海上扶正倾覆的救生筏时，扶正者必须____扶正。	A. 顺风 B. 斜风 C. 侧风 D. 迎风	D
24	当船舶沉到水下一定深度时，筏架上的____会自动脱钩，释放出救生筏，救生筏会浮出水面并自动充胀成形。	A. 空气压力释放器 B. 静水压力释放器 C. 油压释放器 D. 蒸汽压力释放器	B
25	当船舶沉到水下一定深度时，存放架上的静水压力释放器会自动脱钩，释放出____。	A. 救生衣 B. 救生筏 C. 救生圈 D. 手电筒	B
26	保温救生服在没有别人帮助的情况下，能在____内穿好。	A. 1 min B. 2 min C. 3 min D. 4 min	B

序号	题目内容	可选项	正确答案
27	漂浮烟雾信号的颜色通常为＿＿＿。	A. 橙黄色 B. 蓝绿色 C. 白色 D. 大红色	A
28	弃船命令应由＿＿＿下达。	A. 船长 B. 主要船员 C. 船公司 D. 轮机长	A
29	浸在水中的求生者为了减少体热消耗应＿＿＿。	A. 多穿衣服 B. 少穿衣服 C. 不穿衣服 D. 多穿救生衣	A
30	弃船时，个人的行动应包括＿＿＿。	A. 脱掉外衣再跳水 B. 穿妥救生衣 C. 锁好自己的房间 D. 隐藏好自己	B
31	跳入水中后，必须明确，当前的首要任务是＿＿＿。	A. 救助水中的人员 B. 保存体温 C. 搜集食物 D. 尽快离开难船	D
32	船舶弃船时最后离船的人员应是＿＿＿。	A. 船长 B. 轮机长 C. 轮机员 D. 公司人员	A
33	求生者穿妥救生衣跳水时，应采取的入水方式是＿＿＿。	A. 头在下，脚在上，垂直入水 B. 头在下，脚在上，水平入水 C. 头在上，脚在下，垂直入水 D. 身体与水面平行入水	C
34	在迫不得已的情况下跳水，应选择的跳水部位是＿＿＿。	A. 任何部位 B. 下风舷 C. 中风侧 D. 上风舷	D
35	跳水时，应双脚并拢，身体保持垂直，两眼＿＿＿。	A. 向前平视 B. 俯视水面 C. 仰望天空 D. 低头俯视	A

序号	题目内容	可选项	正确答案
36	跳水前，应查看水面情况，___。	A. 避开水面障碍物或其他落水者 B. 全体一起跳水 C. 直接跳上救生艇 D. 直接跳上救生筏	A
37	从难船上跳水求生的最大跳水高度不超过___。	A. 2 m B. 3 m C. 5 m D. 10 m	C
38	落水者在水中游泳，为避免换气呛水可采用___。	A. 口呼鼻吸 B. 鼻呼口吸 C. 口鼻同时呼吸 D. 鼻吸口呼	B
39	防止溺水法的正确步骤是___。 ①放松体位；②准备呼气；③吸气；④呼气；⑤恢复放松体位	A. ①③②④⑤ B. ①③④②⑤ C. ①②④⑤③ D. ①②④③⑤	D
40	海上求生者，在10～15℃的海水中可生存的时间不超过___。	A. 2 h B. 3 h C. 6 h D. 12 h	C
41	若是多人同时落入低温水中，最好___人一组组成HUDDLE姿势。	A. 1 B. 2 C. 3 D. 4	C
42	HELP姿势是指___。	A. 两腿弯曲并拢，两肘紧贴身旁，两臂交叉抱在救生衣前面 B. 三人肩搭肩围成圈，每个人蜷缩双腿、双脚、双膝贴近腹部，以减少体温扩散，互助互惠，保存体力，浮于水面等待救助 C. 头与水面垂直，向下摆动手臂，双腿并拢 D. 抱紧自己	A

序号	题目内容	可选项	正确答案
43	HUDDLE 姿势是指____。	A. 两腿弯曲并拢，两肘紧贴身旁，两臂交叉抱在救生衣前面 B. 三人肩搭肩围成圈，每个人蜷缩双腿、双脚、双膝贴近腹部，以减少体温扩散，互助互惠，保存体力，浮于水面等待救助 C. 深吸一口气，沉入水面以下，保持面部朝下，脑勺位于水面 D. 抱紧他人	B
44	落水者在低温水中保持 HELP 姿势的最大优点是____。	A. 减少活动 B. 减少体力 C. 减少重量 D. 减少散热	D
45	落水者在低温水中应采取____。	A. 跑步取暖 B. 游泳取暖 C. HELP 姿势 D. 大声呼喊分散注意力	C
46	海面有油火，入水后，手松开挎在肩上的救生衣，迅速采用____向前快速游进。	A. 潜泳 B. 蛙泳 C. 侧泳 D. 仰泳	A
47	海面上有油火，落水者需换气时，应先将手探出水面旋转拨开油火，头出水后立即转身面向____作深呼吸。	A. 上风 B. 横风 C. 迎风 D. 下风	D
48	海面有油火时跳水，应____。	A. 多穿衣服 B. 身穿救生衣，防止下沉溺水 C. 穿妥厚重的衣服和鞋，防止被油火烧伤 D. 将救生衣、衣服、鞋打包，用细绳拖在身后	D
49	对于求生者来说比身体力量更为重要的是____。	A. 意志 B. 情绪 C. 生理 D. 体力	A

序号	题目内容	可选项	正确答案
50	海上求生者在缺水的情况下，海水____。	A. 适当引用 B. 可以饮用 C. 不可饮用 D. 淡水中掺少量饮用	C
51	在晴朗的夜空很容易找到，星间的连线像一个巨大的勺子，这是____。	A. 北斗七星 B. 南十字星 C. 小熊星座 D. 天王星	A
52	可根据飞鸟的____来判断陆地或岛屿的方向。	A. 飞行规律 B. 成群结队 C. 单独飞行 D. 早出晚归的觅食规律	D
53	海上求生者观察到哪种现象说明可能要接近陆地了？	A. 海水呈黑色 B. 海水呈绿色 C. 常有鸟群活动 D. 海面上有时浮过海藻	C
54	观察陆地与岛屿就在附近的正确方法是____。	A. 有船舶过往 B. 有蚊虫叮咬 C. 有飞机经过 D. 有渔船路过	B
55	直升机常用的救助设备主要有____。①救助吊带；②救助吊篮；③救助吊笼；④救助吊座；⑤专用担架等	A. ①②④ B. ②③⑤ C. ③④⑤ D. ①②③④⑤	D
56	可燃物质，按其状态不同可分为____。	A. 固体、钢体 B. 气体、导体与物体 C. 固体、液体和气体 D. 导体、钢体	C
57	氧气是一种____。	A. 可燃物质 B. 可燃、助燃物质 C. 助燃物质 D. 不可燃物质	C
58	氧气是帮助燃烧的物质，另外____也是助燃物质。	A. 氮气 B. 氯气 C. 乙炔气 D. 氩气	B

序号	题目内容	可选项	正确答案
59	产生不完全燃烧的主要原因是缺乏＿＿。	A. CO B. 氧气 C. CO_2 D. SO_2	B
60	引起复燃概率较大的是：＿＿。	A. A 类火 B. B 类火 C. C 类火 D. D 类火	A
61	属于 A 类火灾的是＿＿	A. 棉麻火灾 B. 酒精火灾 C. 液化气火灾 D. 烹饪火灾	A
62	属于 B 类火灾的是＿＿。	A. 棉麻火灾 B. 酒精火灾 C. 液化气火灾 D. 冰箱火灾	B
63	下列属于 B 类火的是＿＿。	A. 可燃液体着火 B. 可溶固体着火 C. 气体 D. 可燃金属着火	A
64	石油着火属于＿＿。	A. A 类火 B. B 类火 C. C 类火 D. D 类火	B
65	C 类火具有的特点是＿＿。	A. 只限于表面燃烧 B. 容易复燃 C. 易燃易爆性大 D. 用水扑灭	C
66	轻金属引起火灾是属于＿＿。	A. A 类火 B. B 类火 C. C 类火 D. D 类火	D
67	燃烧的类型包括＿＿。	A. 金属火、电器火、棉花火 B. 液体火、气体火、固体火 C. 闪燃、着火、自燃、爆炸 D. 闪燃	C

序号	题目内容	可选项	正确答案
68	闪点的定义是：可燃物质产生挥发体遇明火____。	A. 一闪即灭之最高温度 B. 一闪即灭之最低温度 C. 持续燃烧之最高温度 D. 闪发	B
69	机舱内油柜、漏油、油滴在高温排气管上而着火属于____燃烧。	A. 点燃 B. 闪燃 C. 受热自燃 D. 蒸发	C
70	离火较近的可燃物，因热辐射而着火属于什么燃烧？	A. 着火 B. 受热自燃 C. 闪燃 D. 点燃	B
71	爆炸品、可燃气体、蒸汽和粉尘与空气的混合物发生的爆炸属于____。	A. 物理爆炸 B. 化学爆炸 C. 核爆炸 D. 生化爆炸	B
72	可燃物质在与空气中的氧气发生剧烈的化学反应时，所产生出的____，称为燃烧产物。	A. 气体和蒸汽 B. 气体和固体物质 C. 气体、蒸汽和固体物质 D. 蒸汽	C
73	热传播过程中，热量从物体的一端传到一端的现象叫____。	A. 热传导 B. 热辐射 C. 热对流 D. 热交换	A
74	由起火房间燃烧至楼梯间、走廊，主要是____的作用。	A. 热传导 B. 热对流 C. 热辐射 D. 热交换	B
75	在热传播过程中，以热射线传播热量的现象叫____。	A. 热传导 B. 热辐射 C. 热对流 D. 热交换	B
76	隔离法灭火是想方设法使燃烧区域减少____。	A. 氧含量 B. 可燃物 C. 水含量 D. 助燃物	B

序号	题目内容	可选项	正确答案
77	窒息法灭火原理是____。	A. 减少氧气含量 B. 降低现场温度 C. 隔离可燃物 D. 热交换	A
78	冷却法灭火是将燃烧物的温度降到____。	A. 自燃点以下 B. 燃点以下 C. 闪点以下 D. 凝点以下	B
79	当燃烧中物质的温度降至____以下时，火就熄灭。	A. 闪点 B. 燃点 C. 自燃点 D. 凝点	B
80	使用干粉灭火剂扑灭可燃气体火灾属于____灭火方法	A. 冷却法 B. 隔离法 C. 抑制法 D. 窒息法	C
81	扑灭普通固体火效果最好的是____。	A. CO_2 B. CO C. 水 D. 干粉	C
82	为把燃烧区域温度降下来可用____冷却。	A. CO_2 B. 干粉 C. 水 D. 沙子	C
83	CO_2 本身____，比空气重，是一种无色、无味的惰性气体。	A. 能燃、不助燃 B. 不燃、能助燃 C. 不燃、不助燃 D. 能燃、能助燃	C
84	扑灭 B 类火时最适用____进行扑救。	A. 泡沫 B. 水 C. 干粉 D. 沙子	A
85	泡沫中含有水分，对可燃物表面也能起到____作用，并抑制可燃、易燃液体的蒸发速度。	A. 冷却 B. 隔热 C. 窒息 D. 抑制	A

序号	题目内容	可选项	正确答案
86	用泡沫灭火剂扑救未切断电源电气火灾会产生____。	A. 隔离空气作用 B. 冷却作用 C. 触电危险 D. 爆炸	C
87	当泡沫把液面全覆盖以后，就会断绝新鲜空气的来源，起到____灭火作用。	A. 冷却 B. 隔热 C. 窒息 D. 抑制	C
88	化学泡沫气泡群中的气体是____。	A. 空气 B. CO_2 C. CO D. SO_2	B
89	干粉灭火剂的特点为____。	A. 灭火效力大、速度快 B. 无毒、不腐蚀、不导电 C. 灭火效力大、速度快，无毒、不腐蚀、不导电 D. 灭火效力小	C
90	火灾发生的初期，面积不大，产生的热量不多，如附近没有其他灭火器，可随手使用____灭火。	A. 杂物 B. 木屑 C. 黄沙 D. 纸屑	C
91	使用 CO_2 灭火器灭火时，应喷向火的____部位。	A. 周围 B. 上部 C. 根部 D. 中部	C
92	泡沫灭火器的喷嘴应经常保持畅通，筒盖内的滤网应____清洗一次。	A. 每月 B. 每季 C. 每年 D. 每半年	C
93	手提式化学泡沫灭火器内的药剂应____更换。	A. 每月 B. 每季 C. 每年 D. 每半年	C

序号	题目内容	可选项	正确答案
94	使用便携式泡沫灭火器灭火时，应使泡沫向＿＿＿方向喷射。	A. 顺风 B. 逆风 C. 侧风 D. 顶风	A
95	干粉灭火器是依靠压缩＿＿＿驱动干粉喷射灭火的。	A. CO_2 或 N_2 B. CO_2 或空气 C. N_2 或 O_2 D. CO_2 或 O_2	A
96	水成膜泡沫灭火器应对准火焰喷射，尽可能站在＿＿＿处施放。	A. 上风 B. 下风 C. 顶风 D. 侧风	A
97	使用干粉灭火器扑救可燃液体火灾时，应对准火焰＿＿＿左右扫射，且快速向前推进，直至将火全部扑灭。	A. 周围 B. 上部 C. 根部 D. 中部	C
98	使用灭火器灭火时，尽可能站在＿＿＿处。	A. 上风 B. 下风 C. 顶风 D. 侧风	A
99	电器设备起火，应先＿＿＿，断电后的电器火灾可作为 A 类火扑灭。	A. 用水浇 B. 切断电源 C. 用泡沫灭火 D. 沙子浇灭	B
100	自动报警系统主要由＿＿＿组成。①探测器；②报警器；③灭火器组；④灭火管路	A. ①②③④ B. ①②③ C. ②③④ D. ③④	A
101	船舶火灾探测器种类有＿＿＿。①感温探测器；②感烟探测器；③感光探测器	A. ①② B. ②③ C. ①②③ D. ①③	C
102	感温探测器主要是探测火灾区域的＿＿＿而报警。	A. 火光 B. 烟雾 C. 温度 D. 湿度	C

序号	题目内容	可选项	正确答案
103	报警器一般安装在____。	A. 机舱内 B. 驾驶台 C. 海图室 D. 集控室	B
104	水灭火系统组成包括____。①消防泵；②消防总管；③消火栓；④消防水带；⑤水枪或水雾器；⑥国际通岸接头	A. ①②③④⑤ B. ①②③④⑤⑥ C. ②③④⑤⑥ D. ②③	B
105	消防水带长度____。	A. 应大于 30 m B. 应 15～25 m 之间 C. 应少于 15 m D. 应少于 5 m	B
106	水雾灭火系统应确保每个喷水器都能以不少于____L/（min·m²）的出水量连续喷水。	A. 10 B. 5 C. 3 D. 2	B
107	消防毯是用耐火材料制成或经过防燃浸渍处理的专用毯，一般用____制成。	A. 化纤 B. 纯棉 C. 石棉 D. 石墨	C
108	渔船作为水上生产和生活的重要工具，其火灾特点有____。①可燃物质多；②火源多；③人员较多且集中；④燃油储量大；⑤结构复杂；⑥热传导性能强；⑦消防设施及器材有限；⑧初期火苗不易发现；⑨火灾处置难度大	A. ①②③④⑤⑥⑦⑧⑨ B. ①②③④⑤⑧⑨ C. ③④⑤⑥⑦⑧⑨ D. ②③	A
109	船舶潜伏较大的火灾危险性主要是____。	A. 海风太大 B. 存在大量易燃物 C. 机舱温度太高 D. 海浪太大	B
110	船体结构设计____是船舶火灾的特点。①比较紧凑复杂；②分舱多；③回旋余地小。	A. ①② B. ①②③ C. ②③ D. ①③	B

序号	题目内容	可选项	正确答案
111	渔船在港内____停靠，船舶起火扑救不及时会殃及其他船舶。	A. 集中 B. 分散 C. 单船 D. 双船	A
112	船员____等都会引起火灾。①人为疏忽；②违反用火规定；③设备安全状态不佳；④消防管理不善；⑤无证上岗	A. ①②③④⑤ B. ①②③④ C. ①②③ D. ②③	B
113	渔船最易失火的场所是____等处。①甲板；②机舱；③厨房；④船员住舱；⑤驾驶室	A. ①②③④⑤ B. ②③④ C. ①②③ D. ②③	B
114	船舶在补充燃油和驳油过程中造成的____，遇火源或高温物体引起火灾。	A. 溢油和漏油 B. 溢气和漏气 C. 溢水和漏水 D. 溢水和漏气	A
115	____引起的火灾主要是由于短路、超负荷、设计不当、安装错误、绝缘失效，以及乱拉电缆、随意使用电炉和电熨斗等引起的。	A. 热表面 B. 自燃起火 C. 电气设备 D. 电池	C
116	船舶上____燃放烟花爆竹。	A. 过节时可以 B. 春节时可以 C. 任何时候禁止 D. 靠港时可以	C
117	在船上，烟头可以____。	A. 丢向舷外 B. 丢进垃圾桶 C. 放入注水的烟灰缸 D. 丢在驾驶台	C
118	机舱内沾油的棉纱应放在____。	A. 敞开的容器内 B. 带盖的金属容器内 C. 随处都能放 D. 都不对	B
119	对机舱的热表面要采取____。	A. 用水冷却 B. 用自然通风冷却 C. 包扎绝热层 D. 都不对	C

序号	题目内容	可选项	正确答案
120	船上消防部署的分工原则是____。	A. 按职务分工 B. 按工龄分工 C. 随意组合 D. 按年龄分工	A
121	防火控制图必须和船舶实际情况相一致，如有变动应____。	A. 修船时再修改 B. 停船时再修改 C. 随时修改 D. 开船时修改	C
122	船舶防火控制图是一张供____展示全船各种消防设备及设施的总布置图。	A. 1 年 B. 10 年 C. 永久 D. 5 年	C
123	当你在船上发现火灾部位应立即____。	A. 救火 B. 报警 C. 切断通风 D. 停车	B
124	船舶火灾报警内容包括____。①起火地点；②火的种类和范围；③已采取的措施及结果	A. ①②③ B. ①③ C. ② D. ②③	A
125	火警发生后，驾驶台应将火灾发生的____等情况详细地记入《航海日志》。①时间；②准确船位；③火灾种类和地点；④发现者	A. ①②③④ B. ①②③ C. ②③④ D. ②③	A
126	____作为甲板及居住处所火灾现场总指挥，到达现场后，首先要命令关闭通风口，侦察火情，查明火源及部位、燃烧物的数量、火焰蔓延方向是否威胁到人的安全等。	A. 船长 B. 船副 C. 值班水手 D. 轮机长	B
127	发生火灾时对易燃易爆的物品，应迅速撤离或采取隔离冷却等措施，以防灾情扩大，并随时将侦察情况向____报告。	A. 驾驶台 B. 轮机长 C. 船副 D. 值班水手	A

序号	题目内容	可选项	正确答案
128	船舶发生火灾后应采取____的措施。①减速并改变航向；②通风管制；③防止火焰传播；④防止复燃	A. ①②③④ B. ②③④ C. ③④ D. ②③	A
129	当发现火灾时，驾驶员首先应减速改变航向，使失火处转向____。	A. 侧风 B. 上风 C. 下风 D. 顶风	C
130	移走火场附近的易燃及可燃物质，用____冷却火场周围的舱壁和甲板，可以防止火焰的传播。	A. 水 B. 泡沫 C. CO_2 D. 沙子	A
131	火灾扑灭后，应谨慎____。①清理火场；②排烟；③抽水；④彻底扑灭余火	A. ①②③ B. ①②③④ C. ②③④ D. ②③	B
132	船舶机器处所的现场指挥由____担任。	A. 轮机长 B. 船副 C. 船长 D. 值班水手	A
133	船舶机器处所以外的其他处所灭火的现场指挥由____担任。	A. 轮机长 B. 船副 C. 船长 D. 值班水手	B
134	现场指挥要组织力量扑救火灾，同时要向____通报现场情况。	A. 驾驶台 B. 机舱 C. 全体船员 D. 轮机长	A
135	船舶防火责任者为____，对船舶防火安全负全面的责任。	A. 防火员 B. 船长 C. 轮机长 D. 值班水手	B
136	船舶灭火中对可能蔓延到的设备、油柜、舱壁等，利用____进行冷却。	A. CO_2 灭火器 B. 泡沫灭火器 C. 水枪 D. 沙子	C

序号	题目内容	可选项	正确答案
137	利用水灭火应注意船舶的____。	A. 长度 B. 稳性 C. 宽度 D. 吃水	B
138	灭火中对人救助的方法有____。①背式救人；②抱式救人；③抬式救人；④担架救人	A. ①② B. ③④ C. ①②③④ D. ②③	C
139	自火场逃生的姿势是____。	A. 直立奔跑 B. 爬行 C. 低姿行进 D. 直立慢走	C
140	船舶灭火中应注意下列____事项。①第一要务是保证人身安全；②避免过度紧张和焦虑；③发挥消防设备作用；④消防水对船舶稳性的影响	A. ①②③ B. ①③④ C. ①②③④ D. ②③	C
141	____要清楚了解各种消防器材、设备的性能，加强消防器材维护，并掌握其正确的使用方法。	A. 职务船员 B. 全船人员 C. 新船员 D. 船长	B
142	改善病情，减少患者的疼痛____。	A. 是急救的目的之一 B. 是海上求生的目的之一 C. 是船舶消防的目的之一 D. 是海上防污的目的之一	A
143	急救知识是要求____掌握的知识。	A. 干部船员 B. 公司领导 C. 全体船员 D. 小船员	C
144	安静状态下，成人心率____次/min，应急时高达100～150次。	A. 18～20 B. 60～100 C. 100～150 D. 150～180	B
145	正常血压的舒张压为____汞柱。	A. 30～50 mm B. 60～90 mm C. 90～120 mm D. 130～150 mm	B

序号	题目内容	可选项	正确答案
146	正常血压的收缩压为____汞柱。	A. 90～130 mm B. 140～180 mm C. 180～220 mm D. 60～80 mm	A
147	呼吸每____次/min 为正常。	A. 16～20 B. 60～90 C. 90～120 D. 120～150	A
148	正常成年人的呼吸应是每____次/min。	A. 16～18 B. 56～58 C. 96～98 D. 106～108	A
149	在安静状态下，成人心率为____。	A. 30～50 次/min B. 60～100 次/min C. 110～120 次/min D. 120～150 次/min	B
150	下列数据中属于成年人正常呼吸的是____。	A. 16～18 次/min B. 30～40 次/min C. 55～66 次/min D. 77～88 次/min	A
151	以下不是海上急救的原则的是____。	A. 迅速诊断，迅速评估 B. 稳定情绪，树立信心 C. 抓住重点，实施急救 D. 注意沟通，耐心细致	D
152	正常血压范围是____。	A. 舒张压 60～90，收缩压 90～130 B. 舒张压 50～90，收缩压 120～170 C. 舒张压 60～100，收缩压 130～180 D. 舒张压 90～130，收缩压 60～90	A
153	理论上人休克时的血压范围是____。	A. 舒张压低于 60 或收缩压低于 90 B. 舒张压低于 50 或收缩压低于 80 C. 舒张压低于 40 或收缩压低于 70 D. 收缩压高于 150	A
154	伤员无心跳呼吸，有开放性伤口，有骨折，这时首先实施什么抢救措施？	A. 伤口消毒 B. 固定骨折部位 C. 心肺复苏 D. 判断是静脉出血还是动脉出血	C

序号	题目内容	可选项	正确答案
155	没有生命迹象，有骨折的情况下应____。	A. 先固定骨折处 B. 先实施心肺复苏 C. 先呼喊受伤者的名字 D. 先包扎	B
156	对于无心跳无呼吸的伤员，首先实施____。	A. 心肺复苏 B. 检查受伤部位 C. 检查是否有骨折 D. 检查是否出血	A
157	对于无心跳无呼吸瞳孔稍微放大的伤者，在实施1 h心肺复苏后，瞳孔变小但仍没苏醒时____。	A. 还要继续心肺复苏 B. 宣布死亡 C. 停止心肺复苏 D. 放弃抢救	A
158	实施急救的顺序应为____。	A. 恢复心跳和呼吸→止血→防止休克 B. 止血→恢复心跳和呼吸→防止休克 C. 防止休克→止血→恢复心跳和呼吸 D. 止血→防止休克→恢复心跳和呼吸	A
159	对于触电者的抢救步骤是____。	A. 首先要用木棍将电线与触电者分开 B. 接着迅速关闭电源 C. 立即切断电源，心肺复苏，控制惊厥，处理创面 D. 检查外伤	C
160	触电者正在被电击时，____。	A. 直接用手拉触电者的手 B. 直接拉触电者的脚 C. 先用木棍挑开电线、关闭电源，再施救 D. 先扑灭电线上的火花	C
161	电击伤最容易造成____。	A. 心脏损伤 B. 神经损伤 C. 烧伤 D. 心脏损伤、神经损伤、烧伤	D
162	烧伤患者最容易出现____，因此仔细清洗伤口，用抗生素防止感染十分重要。	A. 感染 B. 头疼 C. 肚子疼 D. 出血	A

序号	题目内容	可选项	正确答案
163	造成烧伤的主要因素有____。	A. 只有明火 B. 强酸强碱不会造成烧伤 C. 热力、化学、电击、强光、辐射 D. 强光辐射不会造成烧伤	C
164	对烧伤患者的检查顺序是____。	A. 烧伤面积→烧伤深度→有无出血 B. 烧伤深度呼吸→心跳→意识→烧伤面积 C. 出血状况呼吸→心跳→意识→烧伤面积 D. 呼吸→心跳→意识→烧伤面积→烧伤深度	D
165	开水、热油、热锅、明火造成的烫伤烧伤，都属于____。	A. 热力造成的烫伤烧伤 B. 辐射造成的烧伤 C. 电击造成的烧伤 D. 酸碱液造成的烧伤	A
166	对于____的伤口，一定要将残留化学物质彻底清洗干净后，方可进行后续处置	A. 化学烧伤 B. 辐射烧伤 C. 电击烧伤 D. 热力烧伤	A
167	误食有毒物质，先采取的方法是____。	A. 用催吐方式 B. 用酸性中和 C. 用白酒消毒 D. 用消炎药	A
168	中毒患者，呼吸心跳正常____。	A. 也要做心肺复苏 B. 不需要做心肺复苏 C. 做不做都行 D. 可以做口对口人工呼吸	B
169	发现有人被腐败鱼货熏倒在鱼舱内时，____。	A. 应该立即跳下去施救 B. 先喊人通风，下去营救的人应做好防护 C. 甲板上有人接应的情况下，就要马上下舱施救 D. 下去施救的人体格健壮就不需要做防护	B
170	电击伤不但可以造成心跳停止，也可以造成____。	A. 烧伤 B. 冻伤 C. 骨折 D. 出血	A

序号	题目内容	可选项	正确答案
171	触电的伤员，急救时首先要切断电源，如果发现呼吸心跳停止时＿＿。	A. 应立即就地进行抢救 B. 先抬到室内观察诊断 C. 立即查看是否有烧伤 D. 看是否有出血	A
172	当衣服着火时，应立即脱去着火衣服，千万注意＿＿。	A. 还要大声呼救 B. 不得大声呼救，避免灼伤呼吸道 C. 小声呼救 D. 跳到海里	B
173	烧伤病人口渴时＿＿。	A. 不要给含盐饮料 B. 要给含盐饮料 C. 补充含糖的水 D. 补充抗生素	B
174	骨折同时伴有出血时，应＿＿。	A. 先止血后固定骨折部位 B. 先固定骨折部位后止血 C. 先测量体温 D. 先做心肺复苏	A
175	溺水者被救起时已经无呼吸，此时无论呼吸道有无阻塞，均应＿＿。	A. 先行倒水 B. 先口对口进行人工呼吸 C. 先量体温 D. 先测血压	A
176	溺水的抢救步骤应为＿＿。	A. 倒水，清除口腔异物→心肺复苏→防止失温 B. 心肺复苏→防止失温→倒水，清除口腔异物 C. 防止失温→倒水，清除口腔异物→心肺复苏 D. 倒水，清除口腔异物→防止失温→心肺复苏	A
177	若溺水者被救上船后，心跳缓慢，想睡觉，则＿＿。	A. 可以睡觉 B. 不可睡觉 C. 顺其自然 D. 注意保暖	B
178	以下选项中不是溺水的抢救步骤的是＿＿。	A. 倒水，清除口腔异物 B. 心肺复苏 C. 防止失温 D. 防止中毒	D

序号	题目内容	可选项	正确答案
179	机械伤害导致呼吸停止的首要抢救措施是____。	A. 心肺复苏 B. 止血清创包扎 C. 固定断肢 D. 防止感染与并发症	A
180	物体打击伤者，最严重的受伤部位首先是____。	A. 头部 B. 腹部 C. 背部 D. 四肢	A
181	对于触电者的施救顺序为____。	A. 用木棍将电线与触电者分开→关闭电源→施救 B. 关闭电源→施救→用木棍将电线与触电者分开 C. 用木棍将电线与触电者分开→施救→关闭电源 D. 施救→关闭电源→用木棍将电线与触电者分开	A
182	对于电击伤应重点检查____。	A. 心脏和上肢 B. 神经和下肢 C. 上肢和下肢 D. 心脏和神经系统	D
183	误食有毒物质，呼吸心跳正常，首先要采取下列哪项措施？	A. 猛喝水稀释 B. 喝油 C. 强制呕吐反复洗胃 D. 心肺复苏	C
184	发现有人倒在鱼舱内，下舱施救前要做到____。①迅速通风换气；②施救者要绑好救命绳；③甲板上有人接应	A. ①② B. ①③ C. ②③ D. ①②③	D
185	发现有人倒在鱼舱内，下舱施救前要做到____。	A. 应先通风，然后施救者要绑好救命绳，甲板上有人接应的情况下，才能下舱施救 B. 喊一声"有人晕倒了"，然后立即跳下去施救 C. 救命要紧，赶紧跳下去施救 D. 只要有第三者在场，你就可以立即跳下去施救	A

序号	题目内容	可选项	正确答案
186	急性胃肠炎的主要症状有____。	A. 腹痛、泻肚呕吐 B. 高热 C. 心慌 D. 后背痛	A
187	初步判断是阑尾炎，除了正常消炎，饮食上还要注意____。	A. 忌荤腥 B. 喝酒消炎 C. 多吃辣椒 D. 不喝水	A
188	多喝水多排尿对治疗阑尾炎____。	A. 有好处 B. 没好处 C. 非常不利 D. 没有影响	A
189	急性胃肠炎的治疗过程中，逐步发现右下腹压痛反跳痛，立即按照____。	A. 阑尾炎救治 B. 按照肠炎治疗 C. 按照胃炎治疗 D. 胃肠型感冒治疗	A
190	发烧是身体抵抗病毒和细菌的正常反应，因此低烧时____。	A. 不需要降温 B. 必须降温 C. 物理降温 D. 药物降温	A
191	在退热降温的措施中____，无副作用	A. 物理降温比药物降温好 B. 药物降温比物理降温好 C. 物理降温和药物降温都很好 D. 将病人放在温度较低的空调室里	A
192	最有效的物理降温方法是用湿毛巾放在____。	A. 膝盖上 B. 额头、手心脚心、大腿内侧、肘内侧 C. 手背 D. 后背	B
193	越发高烧越需要____。	A. 多盖被子捂汗 B. 少盖被子或者不盖被子散热 C. 注意保暖 D. 洗冷水澡	B

序号	题目内容	可选项	正确答案
194	对中暑者的处理方法是____。	A. 不要移动 B. 直接药物退热 C. 轻度者补充糖盐水，重度会有发烧，采取物理降温 D. 只能饮用冷水	C
195	发生冻伤后，复温的最好办法是____。	A. 喝点酒精饮料 B. 将病人泡在 38 ℃温水里 C. 饮用酒精 D. 用炉火直接烤	B
196	治疗脱水的方法是给病人足量饮水，正确的方法是____。	A. 一次性喝够 B. 每次喝几口，分多次喝 C. 随便怎么喝都行 D. 直接放到水里	B
197	急性阑尾炎最重要的体征是右下腹____。	A. 固定性压痛 B. 压痛反跳痛 C. 麻 D. 痒	B
198	患者上吐下泻，除了怀疑急性胃肠炎，还要重点怀疑的病症____。	A. 阑尾炎 B. 心肌炎 C. 气管炎 D. 肾炎	A
199	针对发高烧的患者，最佳的降温办法是____。	A. 药物降温 B. 物理降温 C. 顺其自然 D. 肚脐部位放置大量冰块	B
200	针对中暑的患者，要做的是____。	A. 多盖被子捂汗 B. 直接冲凉水 C. 多喝白酒 D. 轻度补充糖盐水，重度会有发烧，采取物理降温	D
201	颈椎受伤或脊柱受伤的患者，应采取哪种搬运方式？	A. 单人抱 B. 单人背 C. 多人多点抬起移到担架上再抬担架 D. 双人，一个抬腋窝一人抬脚	C

序号	题目内容	可选项	正确答案
202	搬运受伤的船员，一定要事先做到____。	A. 保护好颈椎和脊柱就行 B. 固定好受伤部位就行 C. 保护好颈椎和脊柱固定好受伤部位 D. 做好消毒	C
203	消毒程序是用消毒液____清洗创面。	A. 由内向外 B. 由外向内 C. 先污后洁 D. 先洁后污	A
204	对于受过污染的创面，在使用生理盐水反复清洗创面后，还需要用____消毒。	A. 过氧化氢 B. 工业酒精 C. 清水 D. 糖水	A
205	过氧化氢接触到血液，一段时间产生泡沫，表明____。	A. 问题很大 B. 正常现象，无须担心 C. 有问题，但不大 D. 有很大问题	B
206	小而深的创伤（比如锈钉子刺伤），非常容易感染而发生____，因此需要认真仔细清洗。	A. 中风 B. 破伤风 C. 产后风 D. 脑中风	B
207	伤者倒下了，赶紧____室内进行进一步检查急救。	A. 抱起来送到 B. 就地检查逐步判断，再视情况而确定采取哪种办法护送到 C. 心脏按压 D. 人工呼吸	B
208	伤者倒下了，在没弄清受伤部位和严重程度并根据当时状况做前期妥善处理之前____。	A. 不可盲目搬动伤者 B. 先抱到室内再说 C. 先背进室内再说 D. 先用担架抬到阴凉处	A
209	对于颈椎受伤或脊柱受伤的患者，____。	A. 可以将其抱或背，不会造成二次伤害 B. 可以将其抱起 C. 可以将其背起 D. 必须先固定患处再搬运患者	D

序号	题目内容	可选项	正确答案
210	动脉出血,特别是较大的动脉出血的特征是____。	A. 随心跳的搏动呈慢慢浸出 B. 血量少 C. 血色暗红 D. 随心脏搏动喷涌而出的鲜红色量大	D
211	对脊柱损伤的病人在搬运时一定要注意____。	A. 平抬,平放于硬板担架上 B. 可以背、不能抱,以防神经损伤 C. 可以抱、不能背,以防神经损伤 D. 尽量二个人,一人抱头一人抬脚	A
212	在施行心肺复苏术时心脏按压的次数与人工呼气的次数的比例应协调,____。	A. 若两项一人操作,其比例应为 10∶1 B. 若两人操作时,其比例应为 5∶1 C. 若一人操作,其比例应为 30∶2 D. 若一人操作,其比例应为 8∶1	C
213	做胸外按压时,按压的频率应为____。	A. 20~30 次/min B. 40~50 次/min C. 100~120 次/min D. 120~150 次/min	C
214	在施行心肺复苏术之前,应先____。	A. 解开上衣露出心脏部位 B. 取出患者口中的假牙 C. 做好消毒 D. 取出患者口中异物、假牙保证呼吸道畅通	D
215	对脊柱骨折的病人在搬运时____。	A. 用什么担架抬都不重要 B. 用硬担架 C. 用软担架 D. 一人抱头一人抱腿	B
216	脊椎骨折的病人在搬运时,____。	A. 允许一人抬头,一人抬脚 B. 不允许一人抬头,一人抬脚 C. 可以背或抱 D. 最好三个用肩膀扛	B
217	轻微静脉出血可以选择____。	A. 清洗消毒后,包扎 B. 结扎止血 C. 打止血针 D. 吃止血药	A

序号	题目内容	可选项	正确答案
218	较大的动脉出血止血方法应首先采取____。	A. 人工呼吸 B. 结扎止血 C. 打止血针 D. 吃止血药	B
219	实施抢救时，要特别注意保护____部位，避免二次伤害。	A. 头部、颈椎、四肢 B. 颈椎、脊柱、四肢 C. 颈椎、脊柱、四肢 D. 头部、颈椎、脊柱	D
220	用生理盐水清洗创面时____。	A. 从内向外清洗创面 B. 从外向内清洗创面 C. 随便清洗创面 D. 只清洗有脏东西的区域	A
221	清洗受过污染的创面时的办法有____。	A. 先使用生理盐水清洗创面，再使用过氧化氢消毒 B. 只使用生理盐水清洗创面 C. 只使用过氧化氢消毒 D. 先使过氧化氢消毒，再使用生理盐水清洗创面	A
222	用于清洗创面的生理盐水____。	A. 只要是盐水就行 B. 无有效期 C. 有有效期 D. 超过有效期的不可以使用	C
223	什么样的伤口如果不认真仔细清洗，最容易感染____。	A. 浅而长的刮伤 B. 小而深的锈钉子扎伤 C. 小面积表皮擦伤 D. 被蚊虫叮咬	B
224	无线电医疗服务是____。	A. 需要付费的有偿服务 B. 不需要付费的无偿服务 C. 大船收费小船不收费 D. 大船不收费小船收费	B
225	船舶对海洋环境的可能污染源不包括____。	A. 营运产生的废弃物 B. 海损事故造成溢油 C. 海上船舶打捞和拆体 D. 清洁压载水	D

序号	题目内容	可选项	正确答案
226	下列不属于《国际防止船舶造成污染公约》附则Ⅴ所定义的垃圾是____。	A. 食用油 B. 投放海中的贝类种苗 C. 废弃的渔具 D. 食品废弃物及生活废弃物	B
227	《国际防止船舶造成污染公约》附则Ⅴ中有关特殊区域内垃圾处理规定说法错误的是____。	A. 一切塑料制品不得处理入海 B. 禁止处理入海的垃圾必须移入港口或装卸站的垃圾接收设备 C. 合成网具可在距最近陆地12 n mile以外处理入海 D. 食品废弃物可在距最近陆地12 n mile以外投弃入海	C
228	下列有关《垃圾记录簿》的记载，说法错误的是____。	A. 向海中排放垃圾时应记载 B. 向港口接收设施排放垃圾时应记载 C. 在船上焚烧垃圾时也应记载 D. 船舶意外排放垃圾不必记载	D
229	下列说法正确的是____。	A. 总长12 m及以上的船舶都应张贴垃圾处理公告 B. 垃圾处理公告牌使用船旗国官方文字及英文或法文中的两种 C. 垃圾管理计划应用英语编写 D.《垃圾记录簿》记完最后一页留船保留三年	A
230	集污舱内储存的未处理的生活污水排放的要求是____。	A. 船舶航速不低于4 kn，距离最近陆地12 n mile以外，适当的排放速率 B. 船舶航速不低于3 kn，距离最近陆地12 n mile以外，适当的排放速率 C. 船舶航速不低于4 kn，距离最近陆地25 n mile以外，适当的排放速率 D. 船舶航速不低于3 kn，距离最近陆地25 n mile以外，适当的排放速率	A
231	船舶机舱进行____作业时应填入《油类记录簿》。①燃油舱的压载或清洗；②机器处所积存的舱底水向舷外的排放或处理；③燃油舱污压载水或洗舱水的排放	A. ① B. ② C. ③ D. ①②③	D

序号	题目内容	可选项	正确答案
232	保护海洋环境是船员____。①应承担的社会责任；②应尽的法律义务；③应有的职业道德	A. ① B. ② C. ③ D. ①②③	D
233	违反《中华人民共和国海洋环境保护法》规定的，可处以____处罚措施。	A. 警告 B. 罚款 C. 行政拘留 D. 限期整改、暂扣或吊销许可证	C
234	根据《中华人民共和国海洋环境保护法》的规定，在中华人民共和国管辖海域，任何船舶及相关作业不得违反本法规定向海洋排放____。①污染物；②废弃物和压载水；③船舶垃圾及其他有害物质	A. ① B. ② C. ③ D. ①②③	D
235	船上《油污应急计划》应包含的内容为____。①报告程序；②油类或有毒液体物质控制措施；③国家和地方协作的有关规定	A. ① B. ② C. ③ D. ①②③	D
236	吸油毡的吸油量通常为自重的____。	A. 5～10倍 B. 10～20倍 C. 20～30倍 D. 30倍以上	A
237	用木屑、草袋吸附水中溢油时不正确的做法是____。	A. 先用围油栏围控溢油 B. 可放救生艇协助播撒草袋或木屑 C. 要保证木屑、草袋长时间浸泡，充分发挥吸油作用 D. 从水中捞起的吸油材料，尽快焚烧处理	C
238	既可以清除油污又能修复油污对环境的损害的处理方法是____。	A. 回收处理 B. 生物处理 C. 燃烧处理 D. 化学处理	B

序号	题目内容	可选项	正确答案
239	应变部署表的内容不包括____。	A. 船舶及船公司名称、船长署名及公布日期 B. 有关救生、消防设备的位置 C. 食品仓库的位置 D. 航行中驾驶台、机舱、电台固定人员及其任务	C
240	应变部署表的编制原则是____。①关键部位、关键动作派得力人员；②可以一人多职或一职多人；③人员编排应最有利于应变任务的完成	A. ①和② B. ①和③ C. ②和③ D. ①②③	D
241	应变卡应张贴在每名船员的____，供船员熟悉和执行应急时的职责。	A. 救生衣上 B. 床头 C. 床尾 D. 衣柜内	B
242	应变卡的内容不包括____。	A. 船名、姓名、职位、应急编号 B. 各种应变部署中的岗位、任务 C. 各种应变信号 D. 船长姓名	D
243	____应根据船舶应变部署表的布置和人员职责分配，编写应变卡。	A. 船副 B. 船长 C. 轮机长 D. 电机员	A
244	应变部署表粘贴在全船各明显之处，包括____。	A. 驾驶室和机舱 B. 机舱和餐厅 C. 餐厅和驾驶室 D. 驾驶室、机舱和餐厅	D
245	船舶应在____制定应变部署表。	A. 开航前 B. 开航后 C. 航行中 D. 碰撞后	A
246	应变信号七短一长声，表示____。	A. 弃船 B. 有人落水 C. 堵漏 D. 发生火灾	A

序号	题目内容	可选项	正确答案
247	应变信号乱钟连放 1 min 后一短声表示____。	A. 船首起火 B. 船中起火 C. 船尾起火 D. 机舱起火	A
248	应变信号乱钟连放 1 min 后两短声表示____。	A. 船首起火 B. 船中起火 C. 船尾起火 D. 机舱起火	B
249	应变信号乱钟连放 1 min 后三短声表示____。	A. 船首起火 B. 船中起火 C. 船尾起火 D. 机舱起火	C
250	应变信号乱钟连放 1 min 后四短声表示____。	A. 船首起火 B. 船中起火 C. 船尾起火 D. 机舱起火	D
251	应变信号乱钟连放 1 min 后五短声表示____。	A. 船首起火 B. 船中起火 C. 船尾起火 D. 生活区起火	D
252	油污染应急信号是____。	A. 一长声 B. 一短声 C. 一短两长一短声 D. 一长两短一长声	C
253	解除警报应急信号是____。	A. 一长声 B. 一短声 C. 一短两长一短 D. 一长两短一长	A
254	应变信号三长两短声表示____。	A. 有人左舷落水 B. 有人右舷落水 C. 有人船头落水 D. 有人船尾落水	A
255	堵漏应变信号是____。	A. 一长一短声 B. 两长一短声 C. 一短两长一短声 D. 一长两短一长声	B

序号	题目内容	可选项	正确答案
256	应变信号在____里可以查到。	A. 应变卡 B.《航海日志》 C.《捕捞日志》 D.《轮机日志》	A
257	渔具被海底挂住时，应显示失控号灯是____。	A. 垂直一盏红灯 B. 平行两盏红灯 C. 垂直两盏红灯 D. 垂直三盏红灯	C
258	集合地点的引导和指示符号包括____。①集合、登乘地点标识；②方向、紧急出口方向指示标识；③出口、紧急出口标识	A. ①② B. ①③ C. ②③ D. ①②③	D
259	应急培训、训练和演习内容不包括____。	A. 应变信号 B. 集合地点和逃生路线 C. 起放渔网操作 D. 应急用个人安全防护设备	C
260	紧急情况下的行动指标标识包括____。①集合、登乘地点标识；②方向、紧急出口方向指示标识；③出口、紧急出口标识	A. ①② B. ①③ C. ②③ D. ①②③	D
261	听到警报后，首先应立即____。	A. 逃生 B. 弃船 C. 灭火 D. 弄清是何种紧急情况	D
262	当确认警报性质后，应立即确认自己的任务，携带____加入应急行列。	A. 个人物品 B. 灭火器 C. 应急物品 D. 船舶文件	C
263	海上对象的应急优先权依次为____。	A. 人命、海洋环境、船舶 B. 船舶、人命、海洋环境 C. 人命、船舶、海洋环境 D. 海洋环境、人命、船舶	C
264	一切抢救财产的行动，应在不严重危及____的情况下进行。	A. 船舶安全 B. 人身安全 C. 环境安全 D. 财产安全	B

序号	题目内容	可选项	正确答案
265	＿＿负责船舶应急培训、训练和演习计划的制订与实施。	A. 船副 B. 船长 C. 轮机长 D. 电机员	B
266	船员应通过＿＿熟悉警报信号及本人的相应职责。	A. 培训 B. 训练 C. 演习 D. 培训、训练、演习	D
267	每名船员应＿＿至少参加一次弃船救生演习和一次消防演习。	A. 每年 B. 每月 C. 每季度 D. 每两月	B
268	新船、新接船舶、经过重大改建的船舶、有新船员时，应在＿＿举行弃船和消防演习。	A. 开航前 B. 开航后 C. 航行时 D. 随时	A
269	因某种原因，船员为确保自身安全而逃离船舶的主动行为称为＿＿。	A. 弃船 B. 火灾 C. 失控 D. 碰撞	A
270	舵机故障时，充分考虑水深、船舶余速、碍航物、通航密度等情况，如条件许可，应及早＿＿。	A. 减速 B. 抛锚 C. 拖锚减速、抛锚减速 D. 什么也不干	C
271	船舶发生海上事故，危及在船人员生命财产的安全时，＿＿应当组织船员和其他在船人员尽力施救。	A. 船副 B. 船长 C. 轮机长 D. 电机员	B
272	在船舶沉没、毁灭不可避免的情况下，＿＿可以做出弃船决定。	A. 船副 B. 船长 C. 轮机长 D. 电机员	B
273	全体船员按应变部署表的分工完成各自的弃船准备工作，离船前应携带＿＿。	A. 国旗 B. 船舶证书 C. 重要文件 D. 国旗、船舶证书和重要文件	D

序号	题目内容	可选项	正确答案
274	放救生艇人员应在艇长指挥下降艇放至水面，全体船员____登上救生艇。	A. 尽快 B. 随意 C. 依次 D. 无要求	C
275	船员发现船舶失火，应立即____。	A. 进行扑救 B. 发出火灾报警 C. 逃生 D. 置之不理	B
276	航行时发生火灾，应注意减速并操纵船舶使失火区域处于____方向。	A. 上风 B. 下风 C. 斜顶风 D. 任何	B
277	当生活区失火时，应立即通知所有人员撤离，撤离时应____，当心有毒烟雾对人的损害。	A. 快速撤离 B. 保持低姿 C. 正常行走 D. 携带个人物品	B
278	当机舱失火时，____应在船副或轮机长的指挥下迅速查明火情。	A. 探火人员 B. 灭火人员 C. 职务船员 D. 机舱人员	A
279	若有人员被困火中，要将____放在第一位，救护____放在第二位。	A. 财产；救人 B. 救人；财产 C. 船舶；救人 D. 船舶；财产	B
280	船舶碰撞事故发生率很高，95%以上是____造成的。	A. 人为原因 B. 船舶原因 C. 网具原因 D. 气象原因	A
281	船舶发生碰撞后，____应迅速查明碰撞部位损坏情况，判明受损后的船舶状况。	A. 船长 B. 船副 C. 轮机长 D. 船副和轮机长	D
282	当两船发生碰撞，一船嵌入另一船体时，船长应____。	A. 迅速使两船分开 B. 视情况采取慢车顶推等措施减少破洞进水 C. 尽量保全船舶 D. 不必管另一船	B

序号	题目内容	可选项	正确答案
283	当两船发生碰撞，一船嵌入另一船体时，船长应视情况采取倒车或慢车顶推等措施减少破洞进水，尽力操纵船舶使破洞处于____。	A. 上风侧 B. 下风侧 C. 任何一侧 D. 没有影响	B
284	当两船发生碰撞如对方船舶处于危急状态，在不严重危及本船安全时应____。	A. 使用救生设备尽力抢救对方船员 B. 在现场附近等待专业救援船舶 C. 为了自身安全，撤离现场 D. 报警等待救援	A
285	船舶进水，如果进水速度____排水速度，就会危及船舶安全。	A. 等于 B. 小于 C. 大于 D. 等于或小于	C
286	船上要配备不同规格和数量的堵漏器材，主要有____。	A. 堵漏毯、堵漏板、堵漏箱 B. 堵漏螺杆、堵漏柱、堵漏木塞、垫料 C. 黄沙、水泥 D. 以上都是	D
287	船舶进水堵漏，现场指挥是____。	A. 船副 B. 船长 C. 轮机长 D. 电机员	A
288	若船舶进水并知漏损部位，应用车舵配合将漏损部位置于____，减少进水量。	A. 上风侧 B. 下风侧 C. 任何一侧 D. 没有影响	B
289	船体裂缝不可直接用大木楔，应在裂缝____。	A. 两端各钻一个小孔 B. 任何一侧钻一个小孔 C. 随便一侧钻个小孔 D. 上部钻一个小孔	A
290	船体小破洞进水，可于船内____堵漏。	A. 用堵漏毯 B. 用堵漏箱 C. 大木楔 D. 用相当大小的用布料包裹的木塞	D
291	船舶制冷剂泄露，如发现人员失踪，船副应立即派遣救援人员____到达泄露处所搜寻救助。	A. 直接 B. 穿戴呼吸器和救援安全带 C. 携带通信设备 D. 携带灭火器	B

序号	题目内容	可选项	正确答案
292	驾驶台值班人员发现人员落水，应立即停车，并____操满舵，甩开船尾，防止车叶触及落水者。	A. 向人落水一舷 B. 向人落水相反一舷 C. 向任何一舷 D. 保持正舵	A
293	船员发现有人落水，应立即发出警报，并抛下____。	A. 通信工具 B. 救生衣 C. 带有烟雾和灯浮的救生圈 D. 防水服	C
294	直升机的升降设备和舱口一般在飞机的____。	A. 左边 B. 右边 C. 尾部 D. 首部	B
295	患者上吐下泻____。	A. 一定是急性胃肠炎 B. 可能是急性胃肠炎或阑尾炎 C. 一定是急性肠炎 D. 一定是心脏病	B
296	下列情况中不必由船长亲自驾驶的是____。	A. 航行狭水道或岛礁区 B. 遇恶劣天气 C. 船舶失控 D. 正常夜间航行	D
297	在灭火的基本方法中，抑制法是____。	A. 隔离可燃物 B. 夺取助燃的游离基 C. 隔离空气熄灭 D. 替代助燃物	B

二、判断题

序号	题目内容	正确答案
1	消防演习中，值班人员也应按船长命令行动，确保与外界通信通畅。	正确
2	一阵乱钟后敲四响表示 机舱失火。	正确
3	渔船的船高一般不太高，因而登高作业时没必要带安全带。	错误
4	带电作业既可节省时间又不影响正常工作。	错误
5	起网时，为了经济利益，可以超负荷起网。	错误

序号	题目内容	正确答案
6	网机操作人员要仔细观察网机绞网状况，不能擅自离岗，不能吸烟、说笑打闹。	正确
7	起网全过程，舵手必须时刻关注网机运转状况，与绞网、理网、搬锚配合默契。	正确
8	起网过程要不断调整船舶位置、方向，船头航向与网纲要保持适当的角度。	正确
9	渔船出海作业必须编队（组）作业，保持通信畅通，同出同进，互相照应。	正确
10	渔船编队出海是保障水上人命和财产安全的前提。	正确
11	出航前应检查航行设备、通导设备、机舱机器，还应确保消防、救生设备的有效配备。	正确
12	超抗风等级出海是渔船发生事故的原因之一。	正确
13	进出港和靠离码头，应由船长亲自驾驶。	正确
14	进出港航行应控制航速，港内可以追越他船。	错误
15	船舶在复杂海域避让时禁止使用自动舵。	正确
16	使用自动舵时，其本身可以改变船舶航向。	错误
17	锚泊时已开启锚灯，因而不需要安排值班。	错误
18	严禁在货船航道和禁锚区锚泊。	正确
19	冬季作业时为了暖和可以喝点酒。	错误
20	新船员应穿戴救生衣作业，而有经验的船员为工作便利不需要穿戴。	错误
21	只要风平浪静，进行舷外作业可以不用做防护措施。	错误
22	船上打闹嬉戏可调节情绪、减轻疲劳。	错误
23	只要没睡着，可以躺在床上吸烟。	错误
24	明火作业完成后，监督员即可离开现场。	错误
25	发现有船员在舱室里窒息，为了抢救可以直接下去救援。	错误
26	发生缠摆时，水性好的可以下去割摆。	错误
27	船员最主要的是职业技能，服从性相对来说不重要。	错误
28	不良的心理素质会严重危害船舶航行安全。	正确
29	船员工作和生活在船上，其噪声振动，摇摆等虽然对船员的身心健康会有一定影响，但无法调节。	错误
30	船上人员职责分工明确，即使人际关系不好也能做好本职工作。	错误
31	船员之间沟通信息、调节情绪、互相弥补、相互激励，可提高工作效率。	正确
32	救生设备是海上求生人员赖以生存的必要条件。	正确

序号	题目内容	正确答案
33	海上求生的三个基本要素是求生知识、食物和淡水。	错误
34	在海上求生过程中，求生者一定要注意自身保护。	正确
35	救生衣是船上每人必备的个人救生设备。	正确
36	平时妥善保管救生衣，其属具不得随意拆卸。	正确
37	救生衣应存放在易于取用和干燥的地方。	正确
38	救生衣是每个船员必备的救生用品，应锁在衣柜里妥善保管好。	错误
39	救生圈是为了救助落水人员，供落水人员攀扶待救的救生设备。	正确
40	为了取用方便，应将救生圈直接抛向落水者。	错误
41	抛投式降放救生筏的存放应该能够转移到任一舷进行施放。	正确
42	扶正救生筏时，必须顺风扶正。	错误
43	应急无线电示位标在船舶遇险时可人工或自动启动，发出遇险信号。	正确
44	卫星应急无线电示位标在船舶沉没时，能自由漂浮。浮起之后能自动启动发送遇险报警。	正确
45	当听到船舶发出弃船信号时，船上人员应等待船长明确的通知。	错误
46	弃船入水后应尽快离开难船，游向周围的救生艇筏，尽量减少在水中浸泡的时间。	正确
47	落水者在水中为了能够延长游泳的时间，应注意控制好呼吸节奏。	正确
48	如手指肌肉痉挛，可先将手握拳，然后用力张开伸直，反复做几次后即可消除痉挛。	正确
49	防止溺水法可以节省水中漂浮人员的体力，长时间采用防止溺水法比通过游泳保持漂浮的方法更容易。	正确
50	水中的散热速度比陆地上的散热速度要快得多。	正确
51	HELP姿势，可以减少落水者的身体与水接触面积，并且保护好一些散热较快部位。	正确
52	在火海中应采用潜泳方式，换气时应面向上风深呼吸。	错误
53	需要穿越火势较弱的油火海面，可采用蛙泳向前游进，边观察边前进，并应尽量选择油薄、火弱的地方通行。	正确
54	鲨鱼袭击人的规律与水深有关，与水温无关。	错误
55	鲨鱼攻击人的规律与水温有直接关系，水温越高，越容易受鲨鱼攻击。	正确
56	幻觉的内容在希望得到安全、安静以及满足身体需要方面较为突出，这些幻觉主要是一些可望而不可及的想象。	错误

序号	题目内容	正确答案
57	求生者在求生的不同时期有不同的心理表现。	正确
58	求生者的悲观情绪或恐惧心理也会夺走遇难者的生命。	正确
59	对于海上遇险求生者而言，淡水是生命的第一需要。	正确
60	前来援救的船舶一般应停在待救救生艇筏的上风侧近处。	正确
61	一般被直升机吊升的人员均应穿着救生衣。	正确
62	只要具备了燃烧的三个条件，一定能发生燃烧。	错误
63	凡能引起可燃物质燃烧的热能源都叫着火源。	正确
64	着火源着火必须有一定温度和足够的热量，否则燃烧也不能发生。	正确
65	维持可燃物继续燃烧要有充足的石油气。	错误
66	最容易燃烧，最危险的可燃物质是汽油。	错误
67	助燃物质包括氧气和氧化剂。	正确
68	电机、电器设备等在运行中着火，属于电气火灾，也叫 E 类火灾。	正确
69	发生在烹饪器具内的动、植物油脂所产生的火灾称为 B 类火灾。	错误
70	燃烧时能深入内部，有余烟，易复燃的为 A 类火。	正确
71	B 类火燃烧的特点是表面燃烧且速度快温度高易爆炸。	正确
72	动植物油脂着火属于 C 类火。	错误
73	C 类火是指可燃气体着火。	正确
74	可燃物质在空气中未接触明火源，在一定温度时发生的燃烧现象叫自燃。	正确
75	火灾的蔓延主要是由热传导、热辐射和热对流三种热传播的形式而引起的。	正确
76	热通过直接接触的物体，从温度较高部位，传递到温度较低部位现象，称为热传导。	正确
77	通过流动介质将热量由空间中的一处传到另一处的现象，称为热对流。	正确
78	将可燃物质从燃烧的地方移走，将火与可燃物质隔开称为冷却法。	错误
79	使可燃物质与空气隔绝，火因缺氧而窒息达到灭火的目的，这种方法称为窒息法。	正确
80	冷却法是降低燃烧物的温度，使燃烧温度低于燃烧物质的燃点温度时，火因失去热量而熄灭。	正确
81	抑制法又称化学中断法或中止法。	正确
82	当机舱形成火灾，立即关闭油柜阀门，属于窒息法。	错误

序号	题目内容	正确答案
83	向燃烧的舱室、容器灌入 CO_2 或者惰性气体是窒息灭火法。	正确
84	水是应用最广的灭火剂,所以船上火灾比陆地火灾容易扑灭。	错误
85	水柱或水雾能对油舱壁、甲板及油柜表面进行冷却。	正确
86	水灭火的主要作用是冷却。	正确
87	CO_2 的灭火原理主要是窒息作用。	正确
88	电石的火灾可以用水扑救。	错误
89	电器火灾在无法断电时可用干粉、CO_2、泡沫来扑救。	错误
90	可以使用泡沫灭火的是 B 类火。	正确
91	泡沫不可以扑救 C 类火,其灭火效果极差。	正确
92	扑救精密仪器设备和贵重电气设备的火灾,应使用 CO_2。	正确
93	扑救轻金属火灾,可使用金属型干粉。	正确
94	船舶上常用的灭火器有泡沫、干粉、水型等灭火器。	错误
95	灭火器适用于扑救初起的小型火灾。	正确
96	用 CO_2 扑灭室内火灾后,进入舱室前应先打开门窗通风,然后再进入。	正确
97	CO_2 灭火器施放时,不能出现低温,所以不必防止手眼冻伤。	错误
98	泡沫灭火器主要由筒身、瓶胆、筒盖、提环等组成。	正确
99	船上报警器种类有手动报警器、声光报警器、火警控制器。	正确
100	主消防泵由船电供给动力。	正确
101	应急消防泵由独立的发动机或由应急发电机直接供电提供动力。	正确
102	渔船常用的消防用品包括消防斧、钩、沙箱、桶、铁杆、铁钩、手锤、绝缘手钳和防火毯等。	正确
103	消防队员的个人装备主要包括消防鞋、安全帽、消防绳、呼吸器、安全灯和防火服等。	正确
104	掌绳者与探火人之间联络信号"拉四下"表示放绳前进	错误
105	紧急逃生呼吸装置可用于消防员救火。	错误
106	渔船上所配备的灭火器,完全能满足船舶灭火需要。	错误
107	船舶机舱位于船舶最底层,维修时遗留下的火种,在初期不易被发现,从而延误灭火时机而造成火势蔓延。	正确
108	渔船的燃油储量大,是船舶火灾的一大特点。	正确

序号	题目内容	正确答案
109	船舶用火不当，特别是北方在冬季用火炉取暖也不容易引起火灾。	错误
110	船舶购买使用劣质燃油容易引发爆炸或火灾。	正确
111	船上可以随意使用电炉。	错误
112	防火控制图图册每一船员人手一册。	错误
113	船上存放的防火控制图应容易让消防员获取。防火控制图中应有消防路线指示，方便消防人员快速到达。	正确
114	驾驶台在接到报告后应立即发出救火紧急信号，同时可用扩音设备广播失火地点。	正确
115	救火中应打开门窗、通风筒及系统。	错误
116	在查明火情后，根据机舱、货舱、起居舱等不同部位的特点，以隔离、冷却等措施防止火焰蔓延。	正确
117	为防止火灾的蔓延，船舶应减速或倒车，使着火点处于上风。	错误
118	火灾扑灭后，要派人值班看守，防止复燃。	正确
119	机舱是船舶动力装置的所在地和高温处所，对机舱灭火必须高度重视。	正确
120	船舶在输油中导致甲板失火时应首先停止输油，关断油阀。	正确
121	厨房灭火要切断厨房电源、通风、打开所有厨房门窗。	错误
122	驾驶室发生火灾具有地面上楼层建筑火灾的特点，向上部和水平方向蔓延的速度较快。	正确
123	救火中要防止烧伤、烫伤、高处异物坠落砸伤。	正确
124	灭火中人员在舱口等高处要防止跌落等事故的发生。	错误
125	使用高压水长时间喷射灭火，形成自由液面，也不可能造成船舶倾覆。	错误
126	海上急救的目的是：挽救生命，延续生命；改善病情，减少痛苦；预防并发症及后遗症。	正确
127	海上急救的首要目的是：挽救生命，所以只能是专业人员才要掌握。	错误
128	救治过程中，抓住重点，首先解决主要问题。	正确
129	伤者有心跳无呼吸，也要同时进行心肺复苏。	错误
130	对于无心跳无呼吸的伤员，首先实施心肺复苏。	正确
131	对于无心跳无呼吸的伤员，实施心肺复苏 5 min，没效果就可以宣布死亡了。	错误
132	对于无心跳无呼吸瞳孔稍微放大的伤者，在实施超过一个小时心肺复苏后，瞳孔变小但仍无心跳呼吸时，还要继续心肺复苏。	正确

序号	题目内容	正确答案
133	溺水的抢救步骤是：清除口腔异物→倒水→心肺复苏→防止失温→防止肺炎及并发症。	正确
134	骨折会带来剧痛肿胀青紫，用力揉搓可以消除肿胀。	错误
135	开水、热油、热锅、明火容易造成烫伤烧伤，一定要注意做好防护。	正确
136	烧伤的水泡要尽快刺破，这样好得快。	错误
137	皮肤长时间暴露在强烈的阳光下，结果如同烧伤。	正确
138	物理降温是最好的退热手段。	正确
139	在退热降温的措施中，药物降温比物理降温好，无副作用。	错误
140	心肺复苏过程中，按压心脏要轻轻抚摸，以防胸部骨折。	错误
141	人工呼吸时，使被施救者头部向后仰，保持呼吸道畅通，捏住他的鼻子，口对口吹气。	正确
142	加压包扎具有止血功能，所以不能松开。	错误
143	包扎能保护伤口防止感染。	正确
144	只要确认是表皮伤，面积再大也无须消毒，没有事。	错误
145	搬运受伤的船员，一定要保护好颈椎和脊柱，固定好受伤部位。	正确
146	海洋环境污染损害是指直接或者间接地把物质或者能量引入海洋环境，产生损害海洋生物资源、危害人体健康、妨碍渔业和海上其他合法活动、损坏海水使用质量和环境质量等影响。	正确
147	人类活动污染海洋的途径主要是船舶的故意排放。	错误
148	《国际防止船舶造成污染公约》的附则Ⅰ是防止船舶垃圾污染规则。	错误
149	《国际防止船舶造成污染公约》的附则Ⅳ是防止船舶生活污水污染规则。	正确
150	禁止处理入海的船舶垃圾必须移入港口或装卸站的垃圾接收设备。	正确
151	机舱机器处所所积存的舱底水向舷外的排放可以不记入《油类记录簿》。	错误
152	《油类记录簿》全部记完后由船长签字并留船保留 3 年。	正确
153	"油量瞬间排放率"是由任一瞬间每分钟排油量除以同一瞬间的船速得出。	错误
154	未混有货油残余物的含油污水，若含油量不超过 15 mg/L 可直接排放入海。	错误
155	压载水更换需要符合更换标准。如果有可能，均应在距最近陆地 200 n mile，水深至少 200 m 的地方更换。	正确
156	《海洋环境保护法》适用于我国内海、领海，但不适用于石油勘探船舶及钻井平台。	错误

序号	题目内容	正确答案
157	保护海洋环境是每位船员应尽的法律义务，也是一个社会人应有的职业道德和应承担的社会责任。	正确
158	船舶发生油类污染时，应根据《国际防止船舶造成污染公约》及其附则规定，按照《船上油污应急计划》和"油污应变部署表"规定进行应急反应。	正确
159	渔船应具有排放垃圾、生活污水、有毒有害物质等防污染应急措施。	正确
160	木屑、草袋最适用于吸附风化原油和重油。	正确
161	围油栏基本上由浮体、裙体、集油槽和配重链接件组成。	错误
162	使用过的木屑和草袋，应集中堆放和迅速处理，防止二次污染和自燃。	正确
163	集油剂是一种界面活化剂，不溶于水，不使溢油乳化，对鱼类毒性小。	正确
164	消油剂是一种使溢油凝胶成块状的化学试剂。	错误
165	已吸附溢油的木屑和草袋可在船上焚烧处理。	正确
166	应变部署表张贴在全船各明显之处，包括驾驶室、机舱、餐厅和生活区走廊的主要部位。	正确
167	应变部署表应可以在船舶开航后制定，经船长批准后公布执行。	错误
168	船长应根据船舶应变部署表的布置和人员职责分配，编写应变卡。	错误
169	船舶通常使用船舶通用应急报警系统、号笛或汽笛发出应变信号，还可以辅以有线广播。	正确
170	救生（弃船）的应变信号是七短一长声。	正确
171	应变信号连放短声气笛后二长声或乱钟后敲四响表示船中部失火。	错误
172	应变信号连放短声气笛 1 min 后四短声表示机舱失火。	正确
173	应变信号连放短声气笛 1 min 后五短声表示船首失火。	错误
174	油污染应急信号是一短两长一短。	正确
175	解除警报的信号是一长声。	正确
176	集合地点应设在容易从起居和工作场所到达并靠近救生艇筏的地方。	正确
177	通往集合和登乘地点的通道、梯口、出口应至少有 1 h 的应急照明。	错误
178	紧急情况下的行动原则首先应确认警报。	正确
179	听到弃船报警信号后，应立即返回舱室携带自己的钱财到集合地点集合。	错误
180	任何应急中，切忌不穿着衣服就行动，以免造成人身伤害。	正确
181	应急优先权依次为：船舶、人命、海洋环境。	错误

序号	题目内容	正确答案
182	常见的应急种类有：失控、弃船、火灾、碰撞、堵漏、溢油、制冷剂泄露等。	正确
183	应急是使海上人命、财产、海上环境摆脱和远离事故、危险，恢复安全状态的活动过程。	正确
184	应急的成败直接关系着损害程度。	正确
185	成功的应急需要训练有素的人员、完备的应急设备、器材和有效的应急预案。	正确
186	舵机故障时，应立即停车或倒车，尽快使船舶停止对水移动。	正确
187	弃船时，船长应首先离船。	错误
188	船长发布弃船后，全体船员应按应变部署表的分工完成各自的弃船准备工作。	正确
189	当船舶发生碰撞一船撞入另一船体时，应慢车顶推减少破洞进水。	正确
190	碰撞后，如船体破损漏水，船长应立即选择适当的浅滩进行抢滩。	错误
191	船体小破洞进水，可于船内用相当大小的木塞用布料包裹，直接塞进破洞。	正确
192	船体大破洞进水，可用床垫等卧具填塞，再覆以木板，用木柱支撑固定。	正确
193	当发现有人落水时，驾驶台值班人员应立即停车，向落水反向一舷操满舵。	错误
194	舱内装载应逐舱装载，保持平衡以防止船体倾斜，严禁超载。	错误
195	编制应变部署表时，根据本船情况，可以一人多职或一职多人。	正确
196	把应急计划的要求和目标变成船员的熟练行为，能有效地保障应急的成功。	正确
197	氨是一种无色而具有强烈刺激性臭味的气体，对接触的皮肤组织有腐蚀和刺激作用。	正确
198	《国际防止船舶造成污染公约》的设定目标是：通过彻底消除向海洋中排放油类和其他有害物质而造成的污染来保持海洋的环境，并将意外排放此类物质所造成的污染降至最低。	正确
199	"安全第一，预防为辅"是安全管理的最基本的方针。	错误
200	"Help"姿势的最大特点是能够保持体温，最大限度地减少身体表面暴露在冷水中，使头部、颈部尽量露出水面。	正确

图书在版编目（CIP）数据

辽宁省渔业船员考试题库 / 杨书魁主编 . —北京：
中国农业出版社，2023.12
ISBN 978 - 7 - 109 - 31661 - 4

Ⅰ.①辽…　Ⅱ.①杨…　Ⅲ.①渔船－船员－资格考试
－自学参考资料　Ⅳ.①S972.8

中国国家版本馆 CIP 数据核字（2024）第 022470 号

中国农业出版社出版
地址：北京市朝阳区麦子店街 18 号楼
邮编：100125
责任编辑：杨晓改　林维潘
版式设计：杨　婧　责任校对：吴丽婷
印刷：中农印务有限公司
版次：2023 年 12 月第 1 版
印次：2023 年 12 月北京第 1 次印刷
发行：新华书店北京发行所
开本：787mm×1092mm　1/16
印张：41.75
字数：990 千字
定价：198.00 元

版权所有·侵权必究
凡购买本社图书，如有印装质量问题，我社负责调换。
服务电话：010 - 59195115　010 - 59194918